江苏高校优势学科建设工程资助项目(PAPD)“雾霾监测预警与防控”资助

气候变化与公共政策研究报告 2015

史 军 戈华清 主编

图书在版编目(CIP)数据

气候变化与公共政策研究报告 2015/史军，戈华清主编．北京：气象出版社，2015.11

ISBN 978-7-5029-6196-1

Ⅰ.①气… Ⅱ.①史… ②戈… Ⅲ.①气候-政策-研究报告-中国-2015 Ⅳ.①P46-012

中国版本图书馆 CIP 数据核字(2015)第 210606 号

Qihou Bianhua Yu Gonggong Zhengce Yanjiu Baogao **2015**

气候变化与公共政策研究报告 2015

出版发行：气象出版社

地　　址：北京市海淀区中关村南大街 46 号　　**邮政编码**：100081

总 编 室：010-68407112　　**发 行 部**：010-68409198

网　　址：http://www.qxcbs.com　　**E-mail**：qxcbs@cma.gov.cn

责任编辑：刘　畅　蔺学东　　**终　　审**：阳世勇

封面设计：易普锐创意　　**责任技编**：赵相宁

印　　刷：北京京华虎彩印刷有限公司

开　　本：787 mm×1092 mm　1/16　　**印　　张**：16.375

字　　数：419 千字

版　　次：2015 年 12 月第 1 版　　**印　　次**：2015 年 12 月第 1 次印刷

定　　价：68.00 元

前　言

气候变化是全球经济社会发展过程中必须要面对的重大问题。正在发生着的气候变化，不仅给人类的经济生产与社会生活造成了一些后果，也正深刻地影响着人类的生存与发展。它对不同国家或地区经济的破坏、环境与社会的影响，让人们因此付出了沉重代价，也许明天还将会为之付出更大的代价。正在发生着的气候变化，不仅向我们的社会治理、环境应对发起了挑战，也正在悄然改变着人类对于气候问题的认知与思考。也正是这种挑战与改变，使我们越来越清楚地认识到，面临紧迫的气候治理形势与复杂的国际关系，我们目前还能采取可承受、可伸缩、可改良的各种办法，使各国在应对或适应气候变化的同时，以实现各国跳跃式或渐进式的发展，使各国的经济变得更加清洁、更具有复原力。但若我们现在不采取行动，不改变我们的生产与生活方式，社会的可持续发展便会成为一种空想与期待了。

自 1992 年《联合国气候变化框架公约》生效以来，联合国、区域性国际组织、各国政府及其他相关组织一直在努力促成全球性的应对气候变化的有效方案与具体行动，也一直在动员全世界所有人行动起来共同应对气候问题。现任联合国秘书长潘基文先生特别关注气候变化问题，他曾邀请各国采取行动，减少排放，加强气候复原力，并通过达成有意义的法律协定调动政治意愿。2014 年 5 月 14 日，潘基文秘书长的一项倡议“联合国全球脉动”发起了“大数据应对气候挑战”，以便全球所有人行动起来，推动采取气候行动和提出创新办法来减缓或适应气候变化。的确气候变化的应对之策，非一人、一国、一区域的行动或方案所能达成，它需要全球所有人、所有地区、所有国家都行动起来，共同面对。

虽然关于气候变化的影响仍有些许争议，但气候变化已是众所周知的事实，我们能看到、感觉到，也能测量到。因此，面对气候变化所带来的风险与危险，气候变化所导致的灾害与危害，以及这些负面影响背后蕴藏着的机遇，我们需要站在更高的角度来解释并努力探寻解决风险的规则与对策，我们需要有更客观的立场去积极应对并减缓气候变化对社会、经济与环境的实际影响。从科学发展进程看，虽然我们不能改变气候，但影响着气候进程的人类行为是可以通过规则与对策予以改变的；虽然我们不能改造气候，但我们能改变人类的行为方式、生产方式与生活方式，来逐渐适应气候变化。无论所谓的“曲棍球杆曲线”理论是否正确，气候变化正在改变着我们的社会；无论全球是否在变暖，无论这种全球变暖是否主要由工业化和碳排放导致，无论全球变暖是否会导致全球灾害，保护地球环境总是正确的①。因此，我们应该从人类行为方式、社会生产方式以及生活方式等的改变入手，对相关的对策、制度与具体措施进行全面理性的思考，制定出更符合气候变化趋势的对策与制度。

当今国际社会围绕着气候议题的谈判之所以步履维艰，一个重要的原因就是，在应对气候挑战时忽视了气候问题还是一个伦理问题，只是偏执于争论技术转让和减排责任分担，却低估

---

① 江晓原. 科学与政治：“全球变暖”争议及其复杂性. 科学与社会，2013(2)：44.

了伦理道德考量在解决气候问题中的作用[1]。虽然气候伦理维度或伦理共识难以独自支撑一个国家或其他经济政治实体的气候战略与政策选择，但如何厘清基本的气候正义、气候公平，以及公平正义背后的社会发展等问题是一个国家进行国际气候谈判与选择气候战略与政策的前置性条件，南京信息工程大学气候变化与公共政策研究院的相关学者对此展开了颇有意义的论述。

国际气候谈判的复杂性与反复性，源自于谈判背后所体现的各国的社会经济利益与地缘政治的动态博弈。欧盟和美国都是温室气体的重要排放国，也是国际气候谈判中的重要角色。在国际气候谈判中，欧美的双行路线虽不算完美，但的确对国际气候谈判与国际社会气候政策的制定产生了深远影响。当然，欧盟的气候政策并非仅建立在经济发展与地缘政治的基础上，对安全利益的考量是欧盟积极扮演国际气候合作领导者的重要原因。诚如本书中董勤副教授所指出的：气候变化政策实质上已经成为欧盟安全战略的一个重要组成部分，欧盟将气候变化问题视为其所有面临的重大安全威胁的"倍数"。

虽然应对气候变化问题的过程中必然会出现诸多的不确定性与争议，但不容争辩的事实是：所有国家都要面对气候变化问题。在国际社会，发达国家与发展中国家的全方位博弈在气候变化政策领域达到峰值。钮敏教授对这种两极博弈的现象与成因及其具体对策展开论述，她提出对这种两极化现象的分析不仅为我国制定高效的应对气候变化政策与国际谈判策略提供重要依据，亦直接影响我国在联合国峰会和地区谈判中展示论点与论据的力度，更有助于进一步构建推动整个国家可持续发展的绿色低碳增长模式，减少我国乃至全球的极端天气现象与暖化进程，迅速增加我国在新经济时代的市场竞争力、提高我国在新政治时代的话语地位。

为顺应国家与社会文明发展需求，作为负责任的大国，中国一直坚持共同但有区别的责任原则，在气候变化问题的国际谈判与合作、各类产业的低碳发展、应对或适应气候变化的政策法规、适应气候变化的发展与社会影响、复杂而颇具挑战的碳交易市场建设等方面努力承担着应有的国家责任与社会责任。作为勇于承担责任的中国，在《国民经济和社会发展第十三个五年规划的建议》中，不仅积极倡导绿色低碳的生产方式和生活方式，还坚称我们要积极承担国际责任和义务。坚持共同但有区别的责任原则、公平原则、各自能力原则，积极参与应对全球气候变化谈判，落实减排承诺。

在本书中，一些致力于气候变化问题研究的学者们，不仅全面系统地分析了气候变化应对与适应的理论基础、国际谈判风险与对策、不同国家的应用对策、具体的法律制度，还特别针对我国气候变化问题，分别从亚非拉国家应对气候变化立法与政策、地方环境立法对气候变化的适应与调整、我国可再生能源法律制度建设、人工影响天气的法律问题及对策、农村气象灾害整体性防御体系的构建、基于科技支撑体系建设的突发事件应急能力建设、跨区域气象灾害应急管理、跨区域性气象灾害应急调配优化等开展特别有实践意义的探索性研究。

编者

2015 年 9 月

---

[1] 郁庆治. 对气候变化伦理维度的大胆探索. 绿叶，2015，3.

目　　录

由“争”到“和”:对全球气候谈判理念、合作原则和治理模式的思考①

李志江　王　萌

(南京信息工程大学气候变化与公共政策研究院,南京　210044)

摘　要:气候谈判和气候治理充满了博弈和争斗,使得谈判和治理工作进展缓慢。根本原因是谈判理念和治理理念存在问题。中国传统文化中的“和”观念经过现代的改造能够成为国际气候谈判的理念,以代替目前以“争”为本的国际气候谈判的理念,使谈判获得新的动力和进展;以“和”为本的理念能够为国际气候合作的原则提供新的依据,使一个强调责任差别的原则向强调共同责任的原则转换;以“和”为本的理念,同时可以给世界带来一种合作共治的责任民主模式,以代替传统的“抗争性”权利民主模式,使气候治理建立在公民与政府、政府与政府、公民与公民之间合作而非对抗的基础上,共同应对气候变化给人类带来的挑战。

关键词:气候变化;气候谈判和治理;“争”;“和”

2011年,在南京信息工程大学举办的“第一届气候变化与公共政策国际学术会议”上,美国宾夕法尼亚州立大学的唐纳德·布朗(Donald Brown)教授在发言中提出一个问题:在应对气候变化的过程中,中国的文化能够提供什么?随着中国经济社会发展,世界产生了日益强烈的了解中国以及从中国寻找传统和现代发展资源、发展动力和发展方向的愿望。唐纳德教授的这一问题正是这种愿望的体现。中国的学术界有责任回答这样的问题。自那时以来,我们不断思考上述问题,与感兴趣的一些学者以及研究生进行讨论,并发表了一些研究的成果。我们认为,中国传统文化中的“和”观念经过现代的改造能够成为国际气候谈判的理念,以代替目前以“争”为本的国际气候谈判的理念,使谈判获得新的动力和进展;以“和”为本的理念能够为国际气候合作的原则提供新的依据,使一个强调责任差别的原则向强调共同责任的原则转换;以“和”为本的理念,同时可以给世界带来一种合作共治的责任民主模式,以代替传统的“抗争性”权利民主模式,使气候治理建立在公民与政府、政府与政府、公民与公民之间合作而非对抗的基础上,共同应对气候变化给人类带来的挑战。

气候政治研究有三大核心问题,或者说是热点问题。一是国际气候谈判;二是国际气候治理责任与义务的分配原则;三是气候治理的民主模式。这三个问题看似十分不同,但实际上被某种政治理念所勾连和贯穿起来,无论是谈判,还是治理活动都是在一种政治理念的指导下进行的。政治理念如果不符合客观实际和需要,则政治行为不会取得预期的成果。因此,研究应对气候变化的政治理念,并深入研究一种理想理念带来的具体变化具有紧迫性和十分现实的意义。

---

① 作者简介:李志江,男,哲学博士,南京信息工程大学气候变化与公共政策研究院教授,硕士生导师,主要研究方向为马克思主义政治哲学、气候政治。本文受到江苏省高校哲学社会科学重点研究基地“南京信息工程大学气候变化与公共政策研究院”开放课题资助,项目编号12QHB004。

一、由“争”到“和”——全球气候谈判理念的转变

全球气候变化已经成为各国政府普遍关切的问题，气候谈判随之在多个层次展开。联合国召开的《联合国气候变化框架公约》(UNFCCC)缔约方大会每年举行一次，目的是为全球气候变化寻找可能的解决方案。但现实状况却是气候谈判举步维艰，难以取得实质性进展。我们认为，造成这种状况的一个重要原因是，斗争思维、博弈思维主导了谈判，谈判各国从本国利益出发结成不同的同盟和团体，利益之争、话语之争已经先于谈判成为一种思维定式和策略，各国抱着这种“争”的目标和策略进入谈判大厅，坐到谈判桌前，谈判失败几乎是注定的。概而言之，全球气候谈判进入瓶颈时期，各国间话语权、主动权以及发展权的争夺压过了谈判应有的目标而成为气候谈判的焦点。这种误入歧途的谈判需要新的理念和新的思维来纠正。

(一)“争”思维：贯穿全球气候谈判的误区

气候谈判自开始以来，一直处于“争论”的状态，无论是谈判开始前、谈判过程中还是谈判结束后的协议实施阶段，气候谈判都是一个“没有硝烟的战场”，每一个参与气候谈判的国家都各执一词，争论不休。那么参与大会的各方都在争论些什么，这些争论背后隐藏着些什么呢？笔者认为，气候谈判的争论主要集中在四个方面，即争取主动权、话语权、发展权以及国际事务的主导权。

首先，与会代表极力争取在大会中获得主动权。“主动权”就是一种能按自己意图行事的能力。在全球竞争日益激烈的当今社会，占据主动权是每一个国家、集团的意图，气候谈判涉及每个国家、集团的利益，对于主动权的争取就在所难免了。德班会议期间，欧盟代表国就表示欧盟期待此次会议落实《坎昆协议》的成果，启动“绿色气候基金”，愿意达成约束性减排目标。但是欧盟与会代表同时表示，欧盟的温室气体排放只占全球排放量的11%，排放量并不是最多的，因此，不能对环境问题负主要责任。所以，欧盟只承诺主要经济体承担减排任务并设定减排的方式方法，但不承诺开始强制减排的具体日期。欧盟这种“隔岸观火”的态度就是在为自己争取主动权，这样既不会落得不配合、不合作的骂名，又不失减排上的主动权。

其次，与会代表极力争取会中会外的话语权。“话语权”简单地说就是说话的权利，即控制谈判舆论的权力，话语权掌握在谁手中，谁就决定了社会舆论的走向。在当代社会，话语权是影响社会发展方向的重要力量，气候谈判中各国的争论也会涉及话语权。往往不引人注目的气候谈判参与者，例如各国媒体，会对气候谈判的话语权之争有不可忽视的潜在作用。德班气候大会期间，加拿大环境部长彼得·肯特(Peter Kent)表示，《京都议定书》已成为“历史”。据此，多国媒体纷纷报道加拿大拟正式退出该协议。虽然事后彼得否认加拿大正式退出《京都议定书》，但在各国代表正为《京都议定书》第二承诺期开始磋商之时，这一“传闻”的杀伤力可想而知。可见，虽然媒体不是最主要的参与者，但他们对与会代表争取话语权有着不可估量的重要作用。

再次，与会代表对发展权的争夺。气候谈判是为了解决全球生态环境恶化的问题以保护人类赖以生存的地球家园，气候变暖导致的全球生态恶化已经到了非常严重的地步，要想生态环境有所好转，不得不对环境污染加以限制。然而，造成环境污染的主要原因是污染型工业、

企业的存在，对它们进行限制，无疑会对本国的经济发展造成不利的影响，至少在短期内会是这样。在这样的背景下，气候谈判各与会代表对发展权展开了激烈的争夺。可以这样说，与会代表对所有权利的争夺归根结底都是对发展权的争夺。美国先是签订《京都议定书》，后又退出，俄罗斯、日本、加拿大不准备续签《京都议定书》，美国坚决否认自己及其他各发达国家应该为历史上的排放进行补偿，哥本哈根大会召开后，由西方国家主导的"大会最终文件"①使发达国家拥有了一项特殊权利，他们可以根据发展中国家的"实际表现"来决定是否向其提供资金援助，该文件背弃了"共同但有区别的"原则。这些事实都是各国争夺发展权的证明。当然，在气候谈判的语境中，发展权主要是指发展经济的权利，但发展权在更深的层次上，其本质上意味着公平的发展权，发达国家在争取经济发展的过程中占有种种先天的优势，这对发展中国家的经济发展构成了不平等。世界各国不仅在争取发展权，而且还在争取"公平的"发展权以及平等地享有发展所带来的利益的权利，这种错综复杂的现状致使对国家发展权的争夺更加激烈。

最后，与会代表对国际事务主导权的争夺。"主导权"顾名思义就是起主导作用的权利。当代社会是全球化、一体化的社会，任何一个国家都无法"闭关锁国"发展本国事务，它必须主动地或是被动地参与到整个世界中，参与到国际事务中。在国际事务上占据主导权可以把国际事务的发展方向引导到有利于本国的轨道上去，占据国际事务主导权理所当然更利于本国各项事业的发展。气候谈判中占据主导权就更容易左右政策的走向。历届气候谈判大会都无法摆脱对国际事务主导权的争夺，这种主导权是建立在话语权、主动权的基础上的。

气候谈判之所以没有得出具有可行性的决议，就是因为这样的"争"思维主导着气候谈判，各与会代表以争夺"发展权"为核心，以争夺主动权、话语权为基础，进而夺取对国际事务的主导权、控制权。以"争"理念为中心而衍生出如此复杂的权利斗争，谈判的失败就是必然的了。

在目前的谈判中，各国政治家和谈判者的一个误区是，将一个化解风险的谈判当成了利益分割的谈判。他们都设想从谈判中获得某种"好处"，并且认为坚持斗争策略能从这个利益总盘子中分得尽可能大的一块，但本质上气候变暖是一种负价值，没有人能从中获益，最多只可能减少自己付出的治理成本。但拖延和对立的谈判却使治理成本在不断上升，危险在不断逼近，最终的结果可能是所有谈判、博弈的参加者都遭受更大的损失，变成一种负和游戏(negative sum game)。我们不妨设想一下，倘若气候谈判以这种争论的方式继续下去，地球会变成什么样。据科学家研究发现，由于气候变暖，北极地区的暖季不断延长，而北极冰层的厚度变化和该地区暖季延长有明显的对应关系。如果这种变暖趋势继续发展，将导致北极冰川最终消失[1]，届时，将有一部分岛屿从地球上消失。同时，更多的阳光被吸收而不是反射到空中，这又将加剧全球气候变暖。人类生活在现实的世界中，不得不为自己的生存发展考虑，各个国家为了本国的发展而争取更有利的条件和更多的发展空间本无可厚非，但是在全球生态环境极

---

① http://www.qnsb.com/fzepaper/site1/qnsb/html/2009-12/10/content_235837.htm 据《中国日报》综合外国媒体报道，英国《卫报》披露了一份由西方国家主导的"大会最终文件"。尽管是非正式文件，但由于内容涉及排放峰值等敏感问题及众多有利于发达国家的条款，引起了广大发展中国家的强烈不满。根据《卫报》的报道，这份名为"丹麦提议"的决议草案实际上是一份"西方密约"，因为它是由包括英国、美国和丹麦在内的几个西方工业发达国家共同起草的。该草案背弃了《京都议定书》规定的由发达国家带头减排、发展中国家无须强制减排的精神，亦即"共同但有区别"的原则。

度恶化的当今社会，各个国家还在为一己之私，不顾整个人类生存环境整体上恶化的现状而争夺国家权力的做法实在让人费解。没有了整个生态环境与人类社会的和谐共存，何来国家话语权、何来国家发展权、何来国际事务主导权？如果把气候谈判比作一座大厦，那么“争”理念就是它现在的地基，这座大厦已经摇摇欲坠了，旨在解决全球气候问题的气候谈判都无法正常进行，人类将面临怎样的厄运？

（二）“和”思维：中国的智慧与一种可能的出路

面对无休止的争论，我们不得不说，当务之急是换一种谈判策略；换一种思维方式；换一种交往理念。在全球化和多元化的今天，我们需要重新考虑各国已经习惯了的谈判策略、思维方式和交往理念。特别是要从谈判和交往理念的层次去寻求谈判陷入僵局的原因，去寻求打破僵局的路径。理念，即价值观，“是文化、政治、经济的核心问题，是社会文明发展的动力和成果。换言之，它构成了人选择的依据和取向，以及人的行为方式的最基本动力[2]。”我们说，气候谈判桌上的争论是为了自身的利益，而更深层次的原因是理念和价值观的不同。因而，寻求一种合理的气候谈判价值观就成为气候谈判顺利进行的当务之急。笔者认为，将“争”的理念转换为“和”的理念是最佳选择。“和”的理念是中国传统文化给陷入僵局的全球气候谈判提供的一种打破僵局的智慧。

中国自古以“和”为美，“和”是中华民族的传统美德。中国文化的主流是以孔孟为代表的儒家思想，“和”在儒家思想中有着举足轻重的作用。儒家的“和”思想主要体现在三个方面：其一，人与自然的和谐统一；其二，兼容天下的胸怀；其三，天下为公的大同理想。

儒家文化注重个人的道德修养，以及人与人之间的和谐共处，同时追求人与天地间万物共同建立共存共荣的和谐统一关系。儒家认为，天、地、人三者是并列关系，“天有其时，地有其财，人有其治”①。天、地、人是不可分割的统一体，儒家文化认为，“人类依赖于自然，人类的一切需要取之于自然，但这种索取是有节制的，应该在自然本身有发展潜力的前提下有计划地进行开发与利用自然资源[3]”，我国早在上古时代，就十分注重保护自然资源、维护生态平衡。“春三月，山林不登斧斤，以成草木之长；夏三月，川泽不如网罟，以成鱼鳖之长。”②即春天万物生长期间，不能砍伐森林，不能打猎和捕捞，做到“不夭其生，不绝其长”③，这也就是儒家文化中时常提到的“天人合一”的思想：人类只是天地万物中的一部分，人与自然是息息相通的一体。

儒家文化讲求“中庸”，主张“和而不同”。“和”，是对立物的结合，“同”，是同一事物的结合。孔子所说的“和”，就是承认对立的结合，而且是有原则的“和”。“知和而和，不以礼节之，亦不可行也。”④《周易》讲“地势坤，君子以厚德载物”，厚德载物，就是说君子对人应有宽厚包容的态度，即和而不同，对不同的事物和思想观点，不是排斥，而是协调平衡，统一在一起，即所谓“万物并育而不相害，道并行而不相悖”⑤。所以我们说，中华传统文化是讲求在差异基础上

---

① 引自《荀子·天论》。

② 引自《逸周书·大聚解》。

③ 引自《荀子·王制》。

④ 引自《论语·学而》。

⑤ 引自《礼记·中庸》。

的“和”，我们听得了不同的声音，也可以接受不同的意见，我们在与他人交往中要有一种和谐友善的关系，但是在具体问题的看法上可以不苟同、不附和于他人。孟子曰：“老吾老以及人之老，幼吾幼以及人之幼”，这是对弱势群体的关爱，也是一种兼容天下的情怀，正是因为有这种胸怀，才可以使“天下一致而百虑，同归而殊途”①，相信天下的人们尽管有许多不同的看法和意见，但终究会达成共识。

儒家文化兼容天下，由此提出了“大同社会”的理想。《礼记·礼运》曰：“大道之行也，天下为公……是故谋闭而不兴，盗窃乱贼而不作，放外户而不闭，是谓大同。”其意就是整个社会就像一个大家庭，人人过着和平安定的幸福生活，这就是两千多年前儒家所追求的理想社会中的生活。到了近代，康有为认为，“人民由分散而合聚之序，大地由阻塞而开辟之理，天道人事之自然者也。虽有至圣经纶，亦不过因其所生之时地国已布化，隔于山海，限于舟车，阻于人力，滞于治化，无由超至大同之城”[4]。“大同社会”是一种“人得其所、人人为公、各尽其力”的理想社会。

中国传统儒家文化的“和为贵”精神，曾经在历史上使我们的民族产生了巨大的亲和力、凝聚力和融合力，在处理各种内部事务上不走极端、平衡有序；在处理外部事务上同样注重相互沟通、互相学习，让利议和，终而使中华民族成为一个大家庭。在中国近现代外交史上，将“和”理念运用得炉火纯青而达极致的当数周恩来总理 1954 年在万隆会议上的发言。在许多国家对中国不理解，甚至有意围堵中国的情况下，周恩来总理面对吵吵嚷嚷、充满敌意的代表，掷地有声地说出的第一句话就是：“中国代表团是来求团结而不是来吵架的。”[5]一句话改变了大会的气氛，一句话挫败了孤立中国的图谋，一句话展示了新中国外交的形象，一句话奠定了中国外交的基调，一句话彰显了中华民族泱泱大国的气度，一句话展示了中华民族传统的“和”理念的当代价值。

“天下为公，世界大同”使人们在交往的过程中互爱、互利、立己达人。“天人合一”的思想更是把人与自然的关系简单明了地表述出来，这也是正确处理人与人交往的前提和基础，具有巨大的人文价值和世界意义。把中国传统“和”文化应用到处理国际事务，例如全球气候谈判中有重要意义，它可以减少国家之间、利益集团之间的无休止的、相互伤害的冲突和争吵。

（三）由“争”思维向“和”思维转变的价值取向

把“和”的理念运用到气候谈判中，对于气候谈判的顺利进行有不可忽略的重要意义。笔者认为，在当今气候谈判的语境下，“和”理念的转变有一个大的前提，即视世界为大同，承认我们生活在同一个地球上，我们有着共同的命运。当然，这里所说的大同并不是要“去国界合大地”，而是一种“天下为公”的处事理念。在这个大的背景下，“和”有三个维度的含义：其一，“和”意味着包容；其二，“和”意味着谦让；其三，“和”意味着互利。

环境问题一直是人类特别关注的一个话题，特别是工业社会以来生态恶化、环境污染等现象层出不穷。这一方面引起了自然的“反抗”，人类深受各种极端气候灾害的影响，另一方面，人类对经济发展的关注远远超过了对自然环境的关注，只是环境问题得不到很好的解决，人与自然的关系陷入了一个恶性循环的深渊。在人与自然关系的一端总是具体的人，想要正确处

---

① 引自《周易·系辞》。

理好人与自然之间的关系，首先必须懂得处理人与人之间的关系。气候谈判的目的就是为了解决关于气候问题的争端，找到解决生态环境恶化的治理机制。处理好各与会代表之间的关系就成为重中之重，笔者认为，“和”思维是应该贯穿于整个谈判过程中的价值理念，但是气候谈判有一个重要的前提就是各与会代表认同“我们生活在同一个地球上，我们有着共同的命运”，也就是说要将世界视为“大同”。在气候谈判中，各与会代表要真正认同我们有着共同的命运，而不是随声附和，随口一说。只有以“天下大同”为前提和基础才能使“和”理念真正发挥它的价值。

在“天下大同”的前提下，首先，“和”意味着包容，也就是说事物之间存在差异，一个事物的存在以与自己相异事物的存在为前提，它的存在和发展要求承认、容忍不同的事物，乃至对立的事物的存在。当今世界有 200 多个国家和地区，每个国家或地区的经济、政治和文化的发展是不一样的。受历史条件、自然条件的制约，世界上还有很多相对落后的国家和地区，虽然目前它们的国家状况是落后的，但是它们也应该有发展的权利和机会。一方面，在气候谈判中，对于国家发展权的争斗十分激烈，一些发达国家的争斗在某种程度上会对这些相对落后的国家造成损害和影响；另一方面，气候谈判的结果有时候也会对相对落后国家和地区的发展产生不利影响，甚至是限制。这些相对落后的国家政治经济等方面的发展是有所欠缺的，他们在话语权以及影响力方面都无法与发达国家相抗衡，这就不可避免地造成了被动的地位。这时候，就需要那些发达国家能够以一颗包容的心对待那些相对落后的国家，让他们也能有机会发展自己。

其次，“和”意味着谦让，“谦让”即谦虚退让之意，中国自古就有“孔融让梨”的典故，世世代代都以“谦让”为美。包容是指对待他国他人、对待不同意见，特别是对待弱势方，要承认、接纳；谦让则是对待自己，特别是强势方，要主动让出一部分利益；包容和谦让是一种态度的两个方面。没有谦让的精神，气候谈判同样不会成功。美国拒绝在《京都议定书》上签字以使自己的温室气体排放量不受限制。美国的这一做法给气候谈判造成了新的障碍，并且影响了其他国家的态度，日本和加拿大不准备续签《京都议定书》就是最好的引证。从这个例子中我们不难看出，参与气候谈判的国家和集团互不相让才致使谈判陷入僵局，这是多次气候谈判无果而终的直接原因。倘若在气候谈判中，每个与会代表都能在利益中退让一步，是不是谈判的气氛会比较和谐，谈判的结果会比较令人满意呢?

再次，“和”意味着互利。互利即互相增益，共同发展，各方通过合作、交流，使对方和自己都获得益处，最终达到世界的和谐和统一，进而生生不息。中国传统文化崇尚“礼之用，和为贵”，孟子所说“天时不如地利，地利不如人和”，把“人和”看得高于一切，崇尚“以和为美”，把“人和”原则作为一种价值尺度规范每一个社会成员。包容、谦让，要以互利为目标和基础，没有互利，包容和谦让就没有实质性意义，也难以坚持下去。在气候问题国际谈判中，各国代表应该充分地认识到，谈判成功最终有益于每个国家，就可达到互利的状态，而执着于自己一时之利而使谈判陷入僵局甚至破裂，结果只能是互损。如果发达国家对相对落后的国家提供一定的资金和技术的支持，承诺减少温室气体的排放，同时相对落后的国家限制污染型企业和重工业的建立和发展规模的话，地球的生态环境会变得更好，人与自然的关系也不会那么紧张，政治、经济的发展就会更加顺利，这不是一个互利互惠的事情吗?

总之，在“和”理念的指引下，每一个参与到气候谈判中来的国家或地区都应该以人类共同的切身利益为中心，正确处理国家间的博弈，“化干戈为玉帛”，真正地坐下来为气候问题出谋划策,停止无休止的争论。

不妨这样说,气候谈判理念由"争"向"和"的转变可以看作是应对气候谈判低效,规范气候谈判体系,建立良序气候谈判议程的核心,而"共同但有区别的责任"等一系列的原则和公约都是核心周围的保护带,谈判理念的转变是规范气候谈判的本质与关键所在,它从根本上规范着人们的思维模式和走向,直接决定着良序气候谈判的建立,从而决定了气候变化问题未来的发展方向。

概而言之,联合国召开的历次缔约方大会要么是探讨减排限排的表面问题,要么是争论哪个国家或者地区应该承担怎样的减排责任,而谈判理念的转变才是解决问题的根本所在,坚持"争"的思维,是没有出路的;只有坚持"和"的思维,转变谈判理念及态度,从而建立良序的气候谈判环境,才能从根本上构建解决气候危机的全球性体制。将"和"思维看成是应对气候变化挑战的目标走向,既可以避免当前气候谈判领域的"道德败坏"问题,结束气候谈判的无政府状态,又可以给良序气候谈判的建立提供伦理基础。国际气候谈判的精神是"和"而不是"争"。

二、由"共同但有区别的责任"到"有区别的共同责任"——全球气候合作原则的转换

气候变化是目前世界范围内最突出的环境问题,旨在应对气候变化的全球气候合作早已提上各国政府的议事日程。不可否认,国际气候合作是解决气候变化问题的最重要途径之一。1992年联合国环境与发展大会所确定的国际环境合作原则,国际社会在应对气候变化这一突出的全球性环境问题上,已将这一原则作为了法律框架和基础性机制。这一原则在推进国际合作治理过程中无疑起到过非常重要的作用,但是这一原则在实行过程中却充满了分歧,并没有成为有效的实际通行的原则。在气候合作这个没有硝烟的战场上,"共同但有区别的责任"被看作合作应遵循的具体原则,侧重点在于"区别责任"。使得气候合作这座大厦摇摇欲坠的正是对"区别责任"理解上的严重分歧,显然,无论是在语言表达上还是原则的侧重点上,"共同但有区别的责任"这一表述有失偏颇。我们需要在"和"思维的主导下打造国际合作原则2.0版,从强调责任之区别向强调共同责任转变。"有区别的共同责任"应取代"共同但有区别的责任"成为全球气候合作更具说服力的重要原则。这在某种意义上可以弱化发达国家减轻自己责任的理据,削弱其在谈判和合作中已经形成的话语权优势。

(一)责任的思辨:"共同"与"区别"

1972年,斯德哥尔摩第一次人类环境会议指出,全球环境治理是世界各国的共同责任,因为气候变化可能演变为人类共同的灾难。大气是全球公共财产,认识和解决气候变化问题需要各国从保护全人类共同利益的立场出发,开展广泛积极的全球合作,承担应对气候变化的共同责任。

顾名思义,"共同责任"就是各国都应该承担的、无区别的责任,在"气候谈判"的语境中,共同责任主要指气候治理的"政治责任"无区别,具体而言,是指世界各国政府有责任积极参与气候治理,与此同时,各国政府要鼓励本国民众的参与,并为民众参与提供方便,必要的时候为民众的参与制定相应的规则和制度。国际气候谈判是气候合作的重要途径,以确立温室气体减

排目标和途径为直接目的，以减缓气候变化为最终目的。国际气候谈判涉及全球公共资源配置的公平问题，既要考虑到历史排放责任，也要考虑现实排放和未来排放的需要。全球气候治理首先是人类不可推卸的共同责任。国际气候谈判的直接参与代表有缔约方、观察员和媒体，主要利益相关者包括主权国家、国际组织、非政府组织和研究机构、企业和社会公众。主权国家是最主要的参与者，但是其他组织和个人参与的权利也不应该被剥夺。国际组织、非政府组织和研究机构、媒体以及企业都能通过一定的组织活动参与气候谈判，但是“和其他环境问题不同，气候变化涉及所有人的生活。一般公众虽然不直接参加气候制度谈判，却是温室气体减排活动的参与者，而且影响各国的气候政策和气候合作立场”[6]。民众选举产生政府，政府代表民众的利益，按照民众的意愿行事，所以即便民众不能直接参与国际气候治理，却可以通过各种渠道参与政府决策。从某种意义上说，公众更有权利参与气候治理，因为“世代居住在一个地方的公众，往往对当地环境最关心，也最了解当地的情况，能够对环境标准和法规的实施起到监督作用”[6]。无论是发达国家政府还是发展中国家政府都有相同的责任支持、鼓励本国民众参与气候治理，并最大限度地代表民众利益。

如果现实世界中个体理性的总和可以导致集体理性，那么就不会存在诸如分歧、争论等社会现象，但事实却如囚徒困境的假设一样，个体理性无法有效促成集体理性的顺利实现。此时往往需要一个有约束力的机构，迫使个体理性的行动无限接近集体理性的需要，然而，这样的机构在当下并不存在，在未来也很难成立。在气候合作中，不同国家源自自身利益的个体理性如果不考虑全球一体的背景和前提，将不可能实现集体理性，气候治理和合作将无法取得预想的结果，全球生态环境持续恶化，气候合作终将失去意义和价值。

诚然，全球气候合作为气候治理提供了良好的平台，但是过分追逐自身利益拒绝承担相应的责任难免使气候合作硝烟四起。美国生态学马克思主义学者詹姆斯·奥康纳指出，面对日益严重的全球生态环境污染，我们必须坚持“既是全球性地也是地方性地思考和行动”。[7]生态环境治理的重要前提就是承认人类生活在同一个地球上，有着共同的生态感受，任何一个地区或国家的生态环境恶化都会在全球范围产生严重的不良影响。“地方性的思考和行动”是气候治理的基础和前提，却不能从根本上解决气候恶化的问题，若单方面从自身出发反而会加速生态环境的恶化，只有每个部分协同合作，气候治理才有成功的可能。为了避免“地方性”事件的发生，需要各国政府以“共同责任”的态度面对气候合作，应对气候危机。

生态环境治理本身具有“共同责任”和“区别责任”的双重属性。一方面，生态环境天然具有集体性和关联性，无论哪个地区的生态环境出现问题都可能波及其他国家或地区；另一方面，由于造成生态环境恶化的主体不同，环境恶化的程度及资金投入不同，相应的，环境治理的责任也存在差别。气候治理合作中，气候治理是各国不能逃避的“共同责任”，但也不能忽略各国的“区别责任”。毕竟发达国家经济繁荣，技术先进，生活水平较高，而发展中国家在经济、社会等方面的发展程度相对较低，其主要任务还是发展经济、摆脱贫困。在气候治理的过程中发达国家在承担更多减排责任的同时有义务向发展中国家提供技术和资金的支持，这并不是因为历史上发达国家排放了更多的温室气体，也不是因为发展中国家在发展经济的过程中，没有对生态环境造成污染，而是因为气候治理的底线和基础是不损害基本的发展。也就是说，承担责任的区别是根据现实社会中，总体承担责任的能力必须以不损害各国基本的发展和生活水平为底线，在此基础上承担最大的责任，而不是追溯历史责任或者计算未来责任。按照对“区别责任”的理解，气候治理中发达国家的主要责任是减排、限排以及对发展中国家提供资金和技术的支持,而发展中国家则是在不影响本国经济发展的基础上进行最大程度的减排。

如果说"共同责任"强调的是政治责任无区别,那么"区别责任"则强调治理成本有区别。一般情况下,成本大多指资金的投入,全球气候治理的成本除了一般意义上的资金投入外,还包括气候治理的技术投入。较之发展中国家,发达国家可用于气候治理的资金更多,从气候治理中获得的收益也更多,所以发达国家的更多投入理所应当。除此之外,成本的另一个方面,即"技术投入"或"技术转让"更为重要,因为实现环境友好技术转让是解决全球环境问题的有效途径之一。

《21世纪议程》①强调,发展中国家尤其需要新的和有效的技术,以便摆脱贫困和苦难,发展中国家发展经济、技术和管理的能力需要国际社会的支持。"发达国家政府按照商业条件购买专利和许可证,以非商业条件转让给发展中国家;政府应该支持技术合作和无偿援助的项目,支持建立环境无害技术研究中心的国际合作网络"[8]。这些都体现了发达国家和发展中国家之间不同的责任,《21世纪议程》为这种区别提供了制度保障。

发展中国家的资金和技术在一定程度上落后于发达国家,气候治理是影响全球的公共事务,发展中国家的落后必然导致全球气候治理的落后,如果发达国家不提供资金和技术支持,全球气候治理无疑会受到严重影响。

不可否认,从环境方面考虑,发展中国家有参与全球温室气体减排或限排的必要,但绝大多数发展中国家的首要任务仍然是摆脱贫困和发展经济。相对于发展中国家,发达国家的环境治理收益更多。因此,相对发达的国家理应承担比发展中国家更多的责任和义务。

(二)有区别的共同责任:气候合作之"魂"

"责任冲突是责任履行的矛盾状态,是不同的利益取向,价值观念之间的相互碰撞"[9],责任冲突的出现增加了责任履行的困难,而责任冲突又具有社会历史的普遍性和必然性。既然"责任冲突"无法避免,那么对于责任的选择就显得格外重要,正是因为对责任的选择和认证有不同的倾向,才最终造成了责任冲突。对"责任"的理解有很多种,具体到气候谈判中,"共同责任"就是每个国家都应当承担减缓全球气候变化的责任,"区别责任"就是各国根据自身发展的不同,最大限度承担力所能及的责任。"共同责任"之争体现了承担责任与逃避责任之间的冲突,"区别责任"之争则体现了不同层次的责任之间的冲突。

当前,在气候合作中,"共同但有区别的责任"是合作所遵循的重要原则,从字面上看,这一原则着重强调"有区别的责任";从合作的过程和结果看,争议的重点在于"有区别的责任"。但是,"区别责任"必然是以"共同责任"为基础,如果从一开始就拒绝承担责任,如何能对理应承担的责任进行"区别"?因此,不妨将气候合作的原则进一步明确为"有区别的共同责任",侧重点更明确,也更具说服力。

"有区别的共同责任",首先强调全球气候治理是每一个国家必须要承担的责任,各国应共同参与对国际公共事务的管理,任何国家拒绝承认这一共同责任就是逃避责任。其次,考虑到不同国家发展程度、发展重点的不同,各国内部责任的选择也有不同。责任主体为了履行某种

---

① 《21世纪议程》于1992年6月14日在里约热内卢环境与发展大会上通过,它是一份没有法律约束力、旨在鼓励发展同时保护环境的全球可持续发展行动蓝图。《21世纪议程》大体可分为可持续发展战略、社会可持续发展、经济可持续发展、资源的合理利用与环境保护四个部分。

责任，例如发展经济，在不得已的情况下不履行其他责任。这种有取舍的选择以“不损害基本发展”为底线，在这个基础上承担相应的责任。以上两者的结合诠释了“有区别的共同责任”，该原则的核心在于首先履行共同的责任，在此基础之上按照能力大小分担不同的责任。

“不损害基本发展”就是不影响现有的发展和生活状况——包括目前发展的状态、形式和本国人民的基本生活水平。历史上出现过刻意强调转变经济发展方式而对普通公民的生活造成不良影响的事件，这种做法损害了相关民众的利益，可行的方法是循序渐进的改变，维持现有的发展。不合理的发展方式当然应该变革，但至少要考虑变革将产生的一系列后果，倘若最终无法保障普通民众的基本生活，那么这样的变革乃至气候治理也就失去了意义。

同样的情况也出现在当今气候治理的过程中。不能一味要求所有国家都承诺限排、减排或者对未来的排放做硬性规定，因为大多数的发展中国家要维持现有的发展水平和生活状况就必须以持续发展经济为主要目标。相反，大部分发达国家的经济发展水平远远超过发展中国家，在这些国家实行减排、限排不会对其民众的日常生活造成很大的影响，也就是说对其“最基本的发展”不会造成影响。当然，这并不是为发展中国家开脱，也不是意味着发展中国家可以不参与全球气候治理，正如前文所述，共同责任才是气候治理的前提和基础，任何国家在任何情况下都不能否认这一点。区别责任的规定是为了减少争议、加强在气候治理问题上的合作。

较之“共同但有区别的责任”，“有区别的共同责任”不仅是字面上的变化，更是全球气候合作理念的根本改变。它强调世界大同的“和”思维，强调世界各国的团结合作。

当然，责任冲突表面上看是履行不同的责任要求之间的冲突，但实际上是各种不同责任观所代表的利益之间的冲突，“利益是责任冲突的根源所在”[9]，所以，关于“共同责任”、“区别责任”之争又回到了利益问题上。全球生态环境治理成功的关键前提是将全人类的利益放在首位，即承认“共同责任”。这样看来，“共同责任”更应当成为气候合作的核心原则。

“共同责任”既是全球气候治理的重要原则和基础，也是实现人类共同利益的要求，其重要性不言而喻，在当前全球政治、经济、文化全球一体化的时代，只有沿着“世界大同”的道路走下去，才能实现全世界的和谐。“共同责任”是进行气候合作、规范气候合作体系的核心，“区别责任”则是全球气候治理顺利进行的有力保障。承认气候治理是每个国家的“共同责任”，将从根本上规范人们的思维模式，关乎良序气候合作体系的建立，决定了气候变化问题未来的发展方向。

三、由“独治”到“共治”——全球气候治理民主模式的再造

英国著名的社会学家安东尼·吉登斯在其《气候变化的政治》一书中提出了“吉登斯悖论”。他认为“大多数公众认可全球变暖是一个严重的威胁，但只有少数人愿意彻底地改变自己的生活”。吉登斯认为，气候变化的政治必须处理这种悖论，即有效地激发人们参与到其中去。他认为政治家们已经觉醒，但由于种种原因公众还没有现实地投入治理中。在应对气候变化的行动中，国家将会是一个至关重要的活动者，成功的机会将极大地取决于政府和国家。由此吉登斯认为，应对气候变化的政治，“必须有一种向更大的国家干预主义的回归”[10]。这种更多干预的国家，吉登斯称其为“保障型国家”，它应该激发前者，实现政治敛合、经济敛合等，同时国家还是必须在已有的制度下活动，按照尊重代议制民主的方式行事。

吉登斯虽然不否认企业、非政府组织和公民个人的作用,但是总的来说,他对企业、非政府组织和公民个人的作用持一种悲观的看法,而对政府寄予更大的希望,还没有从根本上跳出政府"独治"的模式。我不想说吉登斯的政治设计毫无道理,他显然也不是一个大政府的无节制的倡导者,但是当我们回顾三十多年来人类应对气候变化的历史时,我们也不得不承认那些非正式的政治力量的显著作用,不得不承认他对非正式的政治力量看得过于悲观了。在笔者看来,事实上,在过去的几十年中,由企业、非政府组织和公民个人组成的非正式的政治力量成为社会实现公共目标的重要动力,改变了传统的政治力量结构,从它们中间正在形成一种新的民主治理模式。这种模式甚至可能会越出气候变化的领域,而具有更一般的意义。这里我们尝试刻画这样一种模式并说明其意义。当然这种模式并非从气候变化这一单一背景下产生出来,实际上在公司发展的历史上,它早有身影。因此,笔者借用了微观经济学上早已为人熟知的"公司共同治理"这个术语,将这种民主模式命名为"共同治理的民主",简称为"共治民主",以区别于我们所熟知的传统的民主模式:直接民主、聚合民主和协商民主以及参与民主。由于笔者掌握的材料有限,这样的概括只是尝试性的,但是,笔者认为,这一概念的提出,有助于我们理解在应对气候变化的过程中,政治行为已经并且需要进一步发生哪些调适。

(一)传统民主模式的特征

在民主的传统中,直接民主是最古老的形式。它意味着共同体成员直接参加公共事务的协商和决策。由于共同体范围比较小,成员之间彼此熟悉,公共事务比较简单,所以其成员能够了解公共事务的利害和运作。在这样的共同体中,直接民主是成本最低的政治过程。随着共同体的扩大,成员彼此之间越来越陌生,社会分工日趋复杂,公共事务也越来越复杂,直接民主的成本越来越高,以至于变得不再可能,代议制民主应运而生。但在共同体的最基层一般保留着直接民主的决策模式。代议制民主提高了决策的科学性、合理性,但是政治和公共事务开始变得与共同体成员疏远,从而公共决策往往得不到成员的真诚的支持;各种利益群体的分歧缺乏沟通,从而缺乏理解,因而决策往往比较困难。于是,随着科技的发展和社会的需要,在20世纪后期产生了远程民主(网络民主)、协商民主、参与民主等民主的新形式。协商民主的支持者认为,民主不应只是一个聚合意见的过程,它还应该成为自由和平等的公民进行协商的过程;民主不能仅仅理解为投票民主,因为在多元主义和社会高度复杂性的条件下,这样的决策过程过于简单,无法体现和包容各种不同的立场。而协商民主可以使各种意见得到充分讨论和理解,并尽可能使各种意见达成共识和妥协,而不是简单以多数的意见为决策依据,这样才能使决策得到真正的认同,并加强共同体的团结和力量。参与民主也是近年来人们谈论较多的一个概念,人们认识到,即使协商也无法使公民充分参与公共事务的决策,体现民主所欲实现的基本价值,因此,必须实现从政策议程到政策执行的全过程的大众普遍参与。这样有利于提高人们的政治效能感,培养对公共问题关注的公民,建立一个民主化的社会。

毫无疑问,协商民主、参与民主作为适应全球化、信息化和多元主义现实的民主形式,可以弥补聚合民主、代议民主的缺陷,俞可平称其"可能形成西方民主的一个新的发展阶段[11]"。但是它们并非抛弃聚合民主、代议民主,而是以其为基础的,也只有在后者的基础上才能运转。

代议民主、协商民主、参与民主具有一些共同的特征。首先,它们的目标是通过聚合共识,为决策提供合法性基础。无论是协商,还是投票,简单说来,它们的目的都是共识和决策,民主的过程也终止于共识和决策。正如费斯廷斯泰因所说的那样，“它表达这样一种思想，即民主决策是合理、公开讨论支持和反对某些建议的各种观点的过程，目的是实现普遍接受的判断[12]。”参与民主中的参与是指“决策活动中的参与[13]”。但是毋庸讳言，人们并非总能达成共识，更不要说决策。这样，在没有达成共识和做出决策的广大公共领域，民主就难以体现而成为盲区，这一领域的治理就只能等待共识的形成。

其次，民主的过程是一个说服和博弈的过程。在传统的民主形式中，人们实现民主的过程首先是一个说服的过程，每一方都试图用理由使对方信服，因此，强调的是话语参与，强调的是辩论；在话语结束的时候并且作为话语结束的标志是投票。在投票乃至话语过程中始终渗透着博弈。民主的过程不仅仅是陈述理由，而是为博弈而陈述理由。协商和投票渗透着竞争。当人们走进会议室，甚至在确定会议议程之时，已经在琢磨对方的策略，设计自己的策略，种种详细的话语策略和投票策略因而成为政治学研究的主要内容，如此的民主过程中的各方往往不关注观点本身，而是为胜出而设计观点。总之，传统的民主形式渗透着强烈的竞争意识，以至于简直可以将竞争确定为这种民主形式的本性。这样的民主习惯往往使一些议题一开始就误入歧途，人们的协商和决策目的不是解决问题，而是为在竞争中获胜，或者说是自身利益最大化。

第三，它预设了私人领域与公共领域、市民社会与政治社会的严格区分，私人领域由个人支配，公共领域则由民主基础上的政府治理。传统的公共领域是标准的政治领域，传统民主过程因而是一个标准的政治过程，这意味着，在传统的公共领域，权力的争夺和运用是重要的内容，人们参与讨论和投票的民主过程是作为“政治人”行动着。但是随着公共领域的结构转型，出现了与政府的正式公共领域有别的非正式公共领域，即使某些政府的正式公共领域，其政治性质也出现了弱化的趋势，而其社会性质则越来越明显。在此背景下，人们参与治理的过程中“政治人”的性质在淡化，作为共同体成员而非某种党派或意识形态的代表的身份则在强化。这即是说，公民可以不再以政治的方式参与和介入某些公共领域，他们是非政治的公共领域的参与和治理者。而在这样的公共领域，聚合民主和协商民主都不敷使用。

第四，传统民主形式的内在标准是认知理性，即真理。通过把主要目标限制在共识这种认识论的范围，它就把合理性与真理捆绑在一起，强调真理在民主程序中的价值，强调通过说服改变人们的偏好，服从真理。

总之，传统民主的实践主要局限在达成共识的过程，它将公共领域的治理委托给了遵照共识行事的政府，治理的实践中难以体现民主，而这种没有民主参与的治理实践充其量只是半截子民主。

(二)共治民主的概念和特征

所谓的“共治民主”指的是由政府、企业、非政府组织和个人共同合作实现某些公共领域的治理，达成公共利益目标的过程。正如笔者在一开始指出的，这个概念与“公司共同治理”的概念确实有点相似。公司共同治理强调的是利益相关的各方共同参与公司的治理，而不是将公司治理看作是公司法人一方的事情，与之相对的即是单边治理。笔者借用这个概念，主旨也在说明，面对新的治理环境和治理任务，比如像气候变化这样的公共领域，政府、企业、非政府组织以及个人共同参与治理，而不能实行单边治理。另外，在当代治理理论中，参与式民主理论中的本杰明·巴伯的“强势民主理论”与共治民主的概念很相似[14],不过,因为参与式民主这个概念在多数情况下被默认为政治参与,强调参与的政治功能,而笔者要强调的恰恰是更广泛的公共领域的参与,因而不宜采用它,以避免失去可辨别的特征。有人可能合理地怀疑,这样一种侧重点在公共领域治理行动的民主概念是不是可以作为一种民主的形式。笔者认为,这样一种治理结构须有合理的政治构架和政治文化做基础,其合理构架正是一种民主的制度和民主的文化,同时,这样的治理在实现公共利益的同时,实现了个人和非政府组织的自治,成为新的条件下体现民主价值和民主程序的重要领域,因此,在以上的意义上,可以视为一种民主的形式或模式。

20 世纪以来,社会嬗变的一个重要标志是公共领域的结构转型,即大量非正式、非政治的公共领域的出现。对这些公共领域的治理产生了共治民主的需要,因此这些公共领域的出现是共治民主的现实依据。哈贝马斯关于公共领域结构转型的论述既是深刻的,也是有片面性的。他的公共领域结构转型理论是其批判理论的一部分,主要指大众传媒功能的转变。哈贝马斯认为,以媒体为代表的公共领域原本是介于国家和社会之间的一种具有独立、自由批判能力,形成公众舆论的领域,但是随着国家干预主义的出现,这一领域的独立性日益削弱,出现“公共领域和私人领域融合的趋势”[15]。哈贝马斯认为这是社会的重新政治化过程。哈贝马斯指出的这种趋势是存在的,这即是说,今天的私人领域已经日益社会化,公私有时是很难区别的,个人事务具有了越来越多的公共性和社会意义,这是公共领域结构转型的一个方面。但同时我们也应该看到,很多正式的公共领域、政治领域的事务正在社会化,从政治领域中脱离出来,不再是一种纯政治的事务,从而具有了民间性。一个简单的例子是救灾,这原本是典型的政府的事务,现在越来越多的公民和社会组织参与其中,发挥重要作用;环境治理和应对气候变化是最近几十年形成的一个公共领域,这一公共领域从形成之初就带有很强的民间性,事实上,环境和气候变化成为一个话题和领域恰恰首先是由民间发起的,而不是任何政府。

这类公共领域有两个特点。第一,这类公共领域往往有着超越党派甚至民族、国家的公共利益,在这一点上各派具有不言自明的共识,但在更具体的层次上,即如何推进此公共利益的问题上,往往暂时难以达成共识和协议;第二,在这些领域,公民和社会组织极为活跃,其积极性甚至超过了正式的政治机构,如政府。在这一点上,如前所述,笔者觉得,吉登斯的认识是不足的。实际上,政府往往受制于代议制民主和共识的要求,显得比较被动,而个人和社会组织显得非常主动,这是该公共领域的一个特点。只要看一下与应对气候变化有关的社团组织的情况,就不难发现这一点。大家公认由于中国社团组织发育较晚,在公共生活中发挥的作用并不如一些西方国家那样明显,不过即使如此,我们国家的绝大多数高等院校都有环保组织,高校之外也有很多民间组织,人们甚至说“民间组织在中国是推进低碳减排的先知先觉者”和“新兴力量”[16]。在社团之外,更有无数倡导和接受低碳生活方式的人们以独立的形式参与到应对气候变化的公共生活中。

这些力量无论还多么弱小,也无论各种力量之间有多少不同见解,显而易见的是,政府、企业、非政府组织和公众都已投入到共同应对气候变化的活动中,初步形成了一种共同而民主治理的局面。这一共同而民主的治理与聚合民主和协商民主相比较有一些新的特点。

第一,共治民主的目标是行动而不是共识。前面我们表明,聚合民主、协商民主的目标是要达成共识,并在共识的基础上做出决策,但是,在很多情况下,这样的民主过程并不能达成共识。在事关重要的公共利益然而又一时难以达成共识的情况下,政府往往难以行动,这是因为国家和政府的行动具有强制性，而任何强制性行动都须有合法性，即源于民主基础上的共识（同意），否则这种强制性行动将被视为对一部分公民权利的侵犯。在暂无共识的情况下，让非政府组织和公民按照自愿和不侵犯他人权利的原则先行行动，是打破僵局的一个好办法，因为这种非政府组织和公民的行动不是政治行为，不具有强制性，它体现了公民的社会权利、良善，体现了与其他公民的平等。这种民间的先行治理具有实验性、对话性和示范性。它的最大优点是服务于公共利益但不与他人（达不成共识者）的权利发生冲突。

第二，它的过程是一个合作过程，而不是博弈过程。共治民主强调的是为公共利益合作行动，而不是为自身利益和权利斗争、争夺。合作的每一方不是为了赢对方，因为它没有对手，更没有敌人。即使与持不同观点的人达不成共识或共同行动，双方之间可以保持互不干涉和相容的关系。

第三，共治民主的过程具有非政治的特点。当人们说到民主的时候，往往习惯于把它当成一种政治过程，但是由于大量非政治的公共领域的兴起，现在民主同样也会延伸和体现在这些领域中，使民主成为无政治目的和不使用政治手段的过程。共治民主的目标是超党派的公共利益，甚至是超越民族国家的人类共同体的利益，因此本身没有特定的政治目的，当然不排除它会产生一定的政治效果，但这种效果并非其出发点。它并不使用政治的手段实现自己的目的，因为它根本没有此类手段，它只是一种民间的、社会的自发的力量。

第四，共治民主的内在标准是实践理性，而不是真理。实践理性并不要求认识上的真理性作为硬基础，而是作为一个软要求。共治民主的实践理性就在于，它仅仅要求符合公共利益，并且不与宪法规定的他人或社会组织的权利相冲突。

第五，共治民主并不一定要凝聚共识，它是分散决策、分散行动、分散风险的。在它不需要代议者和代理人的意义上，它是向直接民主的回归。共治民主强调的是合法性和公共责任感基础上的“各行其是”，最大限度地发挥各方，特别是公民自身的主动性、创造性和公共意识。

（三）共治民主的未来

毫无疑问，共治民主还很不成熟，最主要的问题是它现在需要制度衔接。笔者的意思是，这种共同治理的民主形式本身的合法性还没有得到解释和确认，也就是说，在宪法构架下，共同治理民主的意义和形式、规则还没有确立。而其确立需要一个标准的政治过程。

一种完整的民主架构不仅要能够规约正式的政治过程，也必须注意非正式的公共领域人们行动的合法性，使该领域的行动符合或至少不冲突于民主制度和理念。同时，一种完整的民主架构不仅要设置达成共识和决策的程序，也必须对暂无共识的公民自治领域做出程序性规定，使该领域的行动互不冲突。对于共治民主的健康发展来说，这两者都非常重要。就这一领域的参与者与外部的不参与者来说，他们之间缺少基本的内在价值共识，因此必须将二者建立在政治正义即罗尔斯的重叠共识和民主架构基础上，设定双方基本的权利划界，保护双方的基本权利。就参与共同治理的各方来说，因为各方常常是在没有达成充分和系统的共识的情况下“各行其是”，虽然他们的目标是公共的和内在一致的，即他们之间不缺少内在价值共识，但是在没有程序规约和权利划界的情况下，在具体行动的层次极易发生冲突。例如，保护生态资源与开发新资源以减少碳排放之间很可能是冲突的，这就需要对二者进行规约以减少冲突。

在权利划界的基础上，我们认为，共治民主具有很大前途。一旦我们将其确定在一个更为基本的政治框架内，那么各方的利益都能得到有效保护，各自参与治理的积极性就能得到最大的发挥。其意义可能不仅仅在于应对气候变化领域和环境保护领域。前文已经指出,非政治的公共领域的兴起是现时代公共领域结构转型的重要标志。私人领域日益带有公共领域的性质,政治的公共领域向非政治公共领域转变,这两个反向的运动正日益造成大量非正式、非政治的公共领域,从而使公民个人和国家日益社会化,这种社会化正是公民民主权利实现的表征,从这个意义上说,它是一种历史趋势。马克思曾经展望一个公民自治的社会,在那里国家机关成为公共事务管理的机构,“公共权力就失去政治性质”,“代替那存在着阶级和阶级对立的资产阶级旧社会的,将是这样一个联合体,在那里,每个人的自由发展是一切人的自由发展的条件。”[17]恩格斯说,他宁愿称其为“共同体”,而不是国家[18]。从某种意义上说,这种公民自治、共治的领域越多,越符合马克思关于未来社会的展望。

因此,共治民主不仅适合了实践的发展,可以解决很多政治、政府难以解决的问题,而且政治家应该认识到,它并不构成对国家权力的挑战,而只是与正式的政治力量携手缔造更好的社会;通过努力将大量团体和组织吸纳进政治体中,使国家和社会最终融合,使民主变得更为真实和有效,使社会真正成为多元和谐的社会。

共治民主也是应对气候变化全球行动所不可缺少的机制和观念。应对气候变化是一个全球性公共领域,共治民主不仅适用于民族国家内这一领域的行动,而且应该成为全球治理的现实的方针。事实上,共治民主的治理模式不仅发生在民族国家内,而且在全球尺度上更加明显,也更加现实。这是因为目前一个世界政府本身是缺位的,只有联合国这种谈判机构和机制相当软弱地履行着某种世界政府的治理职能。在此情况下,由民族国家的谈判达成共识和决策是艰难和遥远的。因此,应对气候变化必须在缺少充分和系统的共识的情况下,发挥各方力量,开放公共治理和民主治理空间,并且将这种共治民主中的合作精神带进民族国家的谈判中,逐渐使各方放弃政治博弈的思维方式。共治民主可以此方式为建设一个和谐世界发挥不可或缺的引导、示范和推动作用。

参考文献

[1] 陈云峰,等.气候变化——人类面临的挑战.北京:气象出版社,2007.
[2] 张立文.和合哲学论.北京:人民出版社,2004.
[3] 程静宇.中国传统中和思想.北京:社会科学文献出版社,2010.
[4] 康有为.康有为文集·大同书.北京:线装书局出版社,2009:56.
[5] 江明武,等.一代天骄周恩来的历程.北京:解放军文艺出版社,1996:75.
[6] 庄贵阳,等.全球环境与气候治理.杭州:浙江人民出版社,2009:194-195.
[7] 詹姆斯·奥康纳.自然的理由——生态马克思主义研究.南京:南京大学出版社,2003:476.
[8] 国家气候变化对策协调小组办公室,中国21世纪议程管理中心.全球气候变化——人类面临的挑战.北京:商务印书馆,2004:202.
[9] 谢军.责任论.上海:上海世纪出版集团,2007:138,163.
[10] 安东尼·吉登斯.气候变化的政治.北京:社会科学文献出版社,2009:3-4,168.
[11] 德雷泽克.协商民主及其超越:自由与批判的视角.北京:中央编译出版社,2006:1.
[12] 登特里维斯.作为公共协商的民主:新的视角.北京:中央编译出版社,2006:41.
[13] 卡罗尔·佩特曼.参与和民主理论.上海:上海世纪出版集团,2006:65.
[14] 王诗宗.治理理论及其在中国的适用性.杭州:浙江大学出版社,2009:72.

[15] 哈贝马斯. 公共领域的结构转型. 上海：学林出版社，1999：170.
[16] 王丽，孟华，等. 民间组织已经成为中国推进低碳减排的"新兴力量". http://news.xinhuanet.com/politics/2010-12/03/c_12844181.htm.
[17] 马克思恩格斯选集. 第一卷. 北京：人民出版社，1995：294.
[18] 马克思恩格斯选集. 第三卷. 北京：人民出版社，1995：324.

风险、信任与合作:全球气候治理的民主模式建构[①]

苏向荣

(南京信息工程大学气候变化与公共政策研究院,南京 210044)

摘 要:近几十年来,人类正进入一个气候风险的时代。面对气候风险,全球社会已经在民主的基础上展开相互合作。但是,从现实情形看,全球气候治理的民主模式还存在诸多问题,全球气候治理遭遇严重困境,其有效性受到严峻挑战。全球气候治理的民主模式具有文明博弈、理性对话、平等参与、共同协商、转换偏好、走向共识等特征,对于有效应对全球气候风险具有重要意义。只有建构与完善全球气候治理的民主模式,从政治信任培育、决策共识论证、多项领域合作等方面拓展路径,才能有效应对气候风险,实现全球气候治理。

关键词:气候风险;全球气候治理;政治信任;气候决策;协商民主;全球民主

随着IPCC第五次研究报告(以下简称AR5)在近两年的陆续发布,国际主流学界已经确认了20世纪中叶以来全球气候变暖的事实,而且基本断定(95%以上的可能性)人为影响是造成观测到的20世纪中叶以来全球气候变暖的主要原因。报告还指出,温室气体继续排放将会造成进一步增暖,并导致气候系统所有组成部分发生变化,对自然系统、生物系统及人类系统均产生极大的影响与危害,人类正面临着巨大的气候风险。

人类正在进入一个气候风险的时代。1986年,德国社会学家乌尔里希·贝克(Ulrich Beck)在其著作《风险社会》中率先提出"风险社会"概念,阐发了自己的风险社会理论。风险社会理论指出,随着科学技术和全球化的快速发展,人类面临越来越多的巨大风险。随着金融危机、疯牛病、SARS病毒、核泄漏等全球性危机的爆发与蔓延,风险社会理论受到全球关注。按照英国社会学家吉登斯(Anthony Giddens)的划分,当前人类面临的风险有两种,一是自然灾害带来的外部风险,二是科技发展或人为因素带来的风险,即被制造出来的风险。他认为,传统的工业社会及此前的社会,人们所担心的是外部风险,而在当代,被制造出来的风险取代了外部风险,人类当前及未来更多面对的是后一种风险[1]。显然,全球气候变暖正是后一种风险的典型表现形式。根据AR5,既然全球气候变暖主要是由人类大量燃烧化石燃料导致,那么有效应对气候变暖的关键就是需要大幅度和持续地减少温室气体排放,这将导致人类部分生活方式、行为方式的重大改变。而要做到这一切,就需要国际社会联合起来,共同展开积极有效的应对行动,实现全球气候治理。AR5及其他一些报告(英国的《斯特恩报告》)还告诉我们,目前这样做在时间上还来得及,只是大自然留给我们的时间已经不多了。

从20世纪80年代中期起,人类就已开启全球气候治理的艰难历程,各国在相对平等的基础上展开相互合作,共同探讨气候治理的政策与行动方案。这一治理合作的模式基本称得上是民主模式。但是,20多年的治理现实已清晰表明,虽然全球气候治理的民主制度框架仍在

① 作者简介:苏向荣(1965—),江苏南京人,法学博士,南京信息工程大学气候变化与公共政策研究院副教授,主要从事政治学研究。本文由南京信息工程大学气候变化与公共政策研究院2012年开放课题资助。

维系，但其相关机制的建构、参与主体的变动、政策方案的制定及执行效果均不甚理想，全球气候治理的有效模式亟待重新构建或进一步完善。近年来，学界对全球气候治理的研究取得众多成果，但着力探讨全球气候治理民主模式构建问题的研究还不多见。本文试图在前人研究的基础上，分析全球气候治理民主模式构建的主要类型、内在机理、相关路径及实际意义，为分析未来全球气候治理走向及我国气候政策制定提供应有的学理基础。

一、前人研究成果综述

民主是现代政治合法性的首要标准。虽然不同的民主国家各有不同的民主特色，但是当今全球大多数国家都以民主作为国家构建和国家治理的重要价值。对于民主问题，前人大多将其放在国家政治的范畴中加以研究，而放在国际政治的视野下所做的研究相对较少，特别是将全球气候治理与民主联系起来的研究成果，也只是在近几年才逐渐涌现出来。

（一）国外研究综述

在传统意义上，西方国际政治学中的自由主义流派（理想主义或新自由主义）长期奉行国际关系的自由民主模式。自 20 世纪 80 年代末以来，西方民主理论与实践得到长足发展，尤其是协商民主理论在西方逐渐流行起来；而与此同时，全球变暖问题也在西方引发强烈关注，成为政治家、科学家及普通公众日常谈论或深入探讨的重大问题，全球变暖问题迅速进入国际政治议程。因此，将民主与全球气候治理结合起来思考，应该是十分自然的思维过程，由此产生了一些重要的研究成果。

目前，从全球气候治理与民主的相互关系而言，国外研究大致存在着两种观点。

1. 主张全球气候治理应该采取民主的模式，民主在全球气候治理过程中的作用不可忽视，民主是全球气候治理的主要方式。但是，究竟是采用哪一种民主模式，学术界又存在不同的观点：

（1）有的学者主张采取自由民主制或代议制民主的方式，但需要作一些政治变革。

吉登斯对于如何应对气候变化的风险，就曾指出："我们还必须在已有的制度下活动，按照尊重代议制民主的方式行事。"[1] 吉登斯强调，需要改变旧有的政治思维方式，但必须尊重原有的代议制民主框架，建立"保障型国家"而不是"赋权型国家"，实施"经济敛合"和"政治敛合"的公共政策，才能有效应对气候变化。

美国学者利 · 格洛弗（Leigh Glover）指出，从一开始气候谈判时，自由民主就渗透其中。自由民主对于全球环境治理（例如气候治理）的价值与作用：一是表现了代表的功能；二是保护了公民的自然权利；三是将国家与公民社会作了区分，重视了利益集团和个人对国家的影响[2]。

（2）有的学者主张通过建立世界政府或全球国家的方式建构世界主义民主或全球民主，以此来解决全球气候变化问题。

英国政治学家戴维 · 赫尔德（David Held）是一位国际著名的民主理论家。他指出，民主以前只被用于"政府事务"，并假定民族国家是民主的最合适的载体，但是，需要在国家之间深化和扩展民主。在全球化时代，需要在地区和全球的层面发展行政管理能力和独立的政治资源,以作为地方和国家政治的必要补充。世界主义民主将不需要逐个削弱国家的能力,而是在全球范围内试图巩固和发展地区和全球层面的民主制度,以作为对民族国家层面的民主制度的必要补充。赫尔德还构建了这样一种世界主义民主的基本模式,即所谓的短期和长期两种模式:从短期来看,要改革联合国现有机构,创立新的国际人权法庭,建立一支有效的、负责的国际军事力量等;从长期来看,要确立新的权利与义务宪章,建立全球议会、全球法律体系,民族国家强制力量越来越大的部分将永久转移到地区和全球机构中来[3]。

在强调世界主义民主的基础上,赫尔德进一步发掘协商民主在全球气候治理中的价值与作用。针对全球变暖问题,赫尔德等人指出:"在原则上,协商民主能够增强环境政策制定的质量与合法性,因此也增强其可持续性。……气候变化方面的有效和公正的行动,取决于公众在制定及传递政策方面的持续参与,而仅有传统的代理民主,显然不足以实现这一目标。因此,以协商民主理念重塑环境政治,就创造了一个机会,来改变民主解决一般的环境管理问题(具体而言即气候变化问题)的方式。"[4]

美国生态政治学家大卫·格里芬(David Ray Griffin)也主张运用全球民主建立生态文明来解决类似气候变化那样的全球性问题。他肯定全球民主的重要价值:如果我们同意民主是统治国家的最好方式,我们为何不同意它是统治世界的最好方式呢?为此,他提出,要建立一个世界法庭,国家间的所有争论均由这个法庭来解决;第二,要建立一个全球层面的民主政府,它超越国家政府层面之上,并且只为那些国家政府无法解决的全球事务负责,全世界人民选举出的代表可以审议通过那些旨在减缓并且最终扭转全球变暖和其他生态危机的法律。格里芬对全球民主抱有乐观的态度。他认为,全球民主将战胜现在对生态文明的阻碍;只要我们遗忘掉现代世界秩序而赞同一种后现代的世界秩序,即全球民主,那么发展一种生态文明就是很有可能的[5]。

德国学者奥特弗利德·赫费(HÖffe O.)也认为,在全球化时代,单个国家无法完成全球性事务,在解决跨国的和国家间的事务时,应该要求政治以单个国家的民主制度扩展为世界性的民主制度,扩展为世界共和国,进而确立起全球性法共同体的责任。赫费指出,世界共和国不是要解散、取代单个国家,不是简单化的或无差别的"世界主义",它是作为国家的联盟,是世界联邦国家,而不是全球性的统一国家;世界共和国的建立遵从"过渡原则",并且把国际组织和国际规则作为必要的准备阶段,它要求一种分层次的世界秩序,由诸如单个国家、国际组织、中间层次的区域国家联盟、世界联邦等多层次构成的、与联邦制一致的世界国家;世界共和国坚持并实行辅助性原则,单个国家仍然是独立的国家主体,单个国家及其区域联盟所完全不能或几乎不能承担的事情,由世界共和国完成,世界共和国不能在单个国家或大区域联合体所已达到的事情上发挥作用,所以世界共和国是一个补充性国家、一个辅助性国家[6]。

(3)也有的学者主张通过"没有政府的治理"来建构世界民主,他们担心全球机构的建立反而有可能产生对世界民主的威胁与控制,导致世界民主无从实现。

美国学者詹姆斯·罗西瑙(James N. Rosenau)和奥兰·扬(Oran R. Young)等人主张"没有政府的治理"。他们认为,治理的实现并不一定需要创建政府或类似于政府的正式组织或实体,而是需要建立一些制度,但这些制度可能会为解决国际冲突、实现国际合作提供规则与办法。国际制度是一种既可避免国际无政府状态,又能绕过民族国家的国际协调方式。罗西瑙指出,没有政府的治理是可能的,尽管一些实现治理的规章机制未被赋予正式的权力,但在其活动领域内也能够有效地发挥功能。既然存在这样一种缺乏中央权威却仍能在全球范围内强制实施某些决定的秩序或机制，因此，首要的任务就是探究通常与治理相联系的那些职能在不具备政府制度的世界政治中能在多大限度内履行其职责[7]。奥兰·扬指出，对于气候变化问题，由于国家主权的影响，国际条约不可能直接改变缔约国成员的行为方式、价值观念及政府机构。“在这种情况下，我们显然需要更系统地思考制度关联(institutional linkage)和在不同社会范围里运作的制度间的相互作用问题。”[8]他主张实现国际体制创新，以增强人类应对气候变化的能力。

澳大利亚学者约翰·德雷泽克(John S. Dryzek)承认没有政府的治理是存在的，但认为罗西瑙没有深入讨论这种治理的民主化可能性，而他所提出的国际话语秩序应是构建国际制度及国际民主的重要内容和基础。与赫尔德相似，他也主张协商和交往能够对付流动的边界以及跨界产品的生产，这使得协商民主不再局限于国家发展的进程当中。他认为，通过互联网可以建立跨国公民社会，这有助于国际民主的实现[9]。

2. 与上述试图建构全球治理与民主之间关联的观点相反，西方学术界也有的学者主张全球气候治理与民主无关，认为现行民主政治在应对气候变化带来的挑战方面已出现失灵现象，应该采取威权主义的政治或强有力的全球法治来有效应对气候变化。

20 世纪 70 年代，美国学者加勒特·哈丁(Garrett Hardin)和罗伯特·海尔布罗纳(Robert L. Heilbroner)等生态权威主义者认为，在民主政体中，为了减少环境压力而限制经济活动与人口的增长，是非常困难的；而如果采用威权主义政体则会方便得多，因为它不需要对公民权利予以太多关注，不需要让公民参与环境决策[10]。

澳大利亚学者大卫·希尔曼(David Sheaman)、约瑟夫·韦恩·史密斯(Joseph Wayne Smith)也持有类似观点。他们指出，民主是有严重缺陷的，正是民主的固有缺陷导致了环境危机。在大多数情况下，正是自由民主制的个人主义所培育的人民意愿威胁着作为一种资源的环境。民主社会在应对气候变化问题上已经出现失灵现象，应对气候危机的最好方式就是建立威权主义的政府，这样的政府不是由一个人掌权，而是由一个正直而博学的社会阶层来掌权。民主的价值应该让位于生存的价值[11]。

瑞典学者拉斯洛·松鲍法维(László Szombatfalvy)从风险治理角度研究了全球气候治理问题。他认为，全球性问题只能用全球性措施来解决，但全球性措施需要全球决策；而全球决策只能由超国家的决策机构做出，但到目前为止还没有一个有效的超国家决策机构存在。他对现行的民主制度表示失望，认为民主的政治体制并不保证总能做出正确的政治决定。这种体制的弱点是：在危急时刻依赖于大多数人意见的质量。但是，公众目前对全球气候危机普遍缺乏了解，因而他们的意见质量不高。因此，他呼吁要弱化民族主权或国家主权，建立一个全球法治秩序，加强人类的合作与团结。由此，才能有效应对气候风险[12]。

应该说，当今世界民主的思想与价值信念已遍及全球，在真正意义上反对民主在国家事务及国际事务中的观点明显为少数人所有，其立论理由也大多比较牵强。相反，这些对民主的反论反而促进了全球民主治理理论体系的严密与完整，也提醒或预示了民主治理理论在实践中可能遭遇的困难，这些都进一步强化了全球民主治理的理论与实践。

(二)国内研究综述

2005 年以来，中国的党和国家领导人不断提出，要争取国际关系的民主化，推进和谐世界建设。在这一指示影响下，近年来国内关于全球气候治理的研究蓬勃展开，取得众多研究成果。这些研究成果大约分为两大部分:一是关于全球治理理论的宏观研究;二是关于全球气候治理的中观或微观研究。

1. 关于全球治理理论的宏观研究

关于全球治理理论的宏观研究,对于全球气候治理具有重要影响,它在理论、方法、立场上指引和影响着全球气候治理的研究。因而,需要对此做一简要总结。

俞可平是国内较早研究治理问题的著名学者。他指出,治理是一种不同于统治的政治管理方式,它主要通过合作、协商、伙伴关系、研究认同和共同的目标等方式实施对公共事务的管理。治理的实质在于建立在市场原则、公共利益和认同之上的合作。它所拥有的管理机制主要不依靠政府的权威,而是合作网络的权威;其权力向度是多元的、相互的,而不是单一的和自上而下的。有效的或良好的治理即为善治。善治的本质特征就在于它是政府与公民对公共生活的合作管理,展现出政治国家与公民社会的一种新颖关系,构建了两者的最佳状态。关于善治与民主的关系,他指出,善治是民主化进程的必然结果。因为民主化是我们这个时代的政治特征,也是人类社会不可阻挡的历史潮流,因此,善治的出现应该是必然的,它是民主化的重要表现形式。善治只有在民主政治的条件下才能真正实现,没有民主,善治便不可能存在[13]。

在"治理与善治"理论的基础上,俞可平阐发了全球治理理论。他认为,全球治理就是指通过具有约束力的国际规制(regimes)解决全球性的冲突、生态、人权、移民、毒品、走私、传染病等问题,以维持正常的国际政治经济秩序。它是各国政府、国际组织、各国公民为最大限度地增加共同利益而进行的民主协商和合作,其核心内容应当是健全和发展一整套维护全人类安全、和平、发展、福利、平等和人权的新的国际政治经济新秩序。俞可平一方面充分肯定了全球治理在当今国际社会在解决相关国际问题方面的重要作用,但另一方面也指出全球治理还面临许多现实的制约因素,对其前景不能抱过分乐观的态度,对其应用应抱有警惕的态度,以防全球治理理论成为强国和跨国公司干预别国内政、推行国际霸权政策的理论工具。他还认为,将联合国改造为"世界政府"这样一个全球权力机构的设想是不现实的,在可见的将来,全球治理的责任应当由各国政府、政府间的国际组织和全球公民社会共同承担[14]。

庞中英则认为,目前旨在修修补补、强化旧秩序的国际治理改革不能解决全球治理问题。他主张,应该"另起炉灶",建设、塑造世界民主政府。他还认为,"只有全球民主政府才是应对全球危机的根本方案:把'政府'和'治理'通过全球民主结合起来。同时,值得注意的是,在全球治理的背景下,全球政府首先不能被误解为是世界超级中央集权[15]。"庞中英的这一观点同赫尔德等人所主张的世界主义民主或世界共和国观点大致相同。

钮汉章[16]研究了世界的新民主治理的问题,他的研究角度是"新帝国"和"国际恐怖主义",虽未直接探讨全球气候治理,但对全球气候治理的民主化具有启发意义。段小平[17]研究了全球治理民主化的问题,他以全球治理与民主因素的密切联系为着眼点,分析了全球治理兴起并逐渐走向民主化的必要性、可能性,论证全球治理民主化是走向和谐的全球善治的必然途径,因而人类能够解决面临的共同问题,建设一个持久和平、共同繁荣的和谐世界。虽然他并未研究全球气候治理的问题,但其所得的一般性结论对于全球气候治理的民主模式显然具有重要的参照价值。

2. 关于全球气候治理的中微观研究

国内学者关于全球气候治理的研究,基本上均是对全球气候治理中产生的若干重要问题的研究，国际制度或机制、国家间利益博弈、国家主权让渡、国际政治经济秩序、全球正义、价值共识的达成等问题是国内研究中经常出现的主题。关于全球气候治理民主模式问题的研究成果目前尚未发现，不过，上述关于多类主题的研究对于全球气候治理民主模式的研究具有多方面指导意义和借鉴价值。它们一方面整体描绘了全球气候治理的历史图像，甚至相关的历史细节也刻画得清晰细致，这为全球气候治理的民主模式研究提供了历史资料和技术细节；另一方面它们还对全球气候治理的历史、现实，甚至包括未来，都进行了某种意义上的独特思考和理论建构，这对全球气候治理的民主模式研究极具理论启发意义和理论对话价值。

薛澜等[18]研究了应对气候变化的风险治理问题，构建了治理气候变化风险的分析框架。他们认为全球气候变化及其应对行动会带来自然领域和政策领域的双重风险，他们利用自然科学领域的研究成果，在风险治理的框架下全面梳理了气候变化的自然风险，创新性地研究了减缓和适应气候变化行动可能造成的政策风险，并对我国应对气候变化提出了全面的风险治理策略。该研究基于现代风险管理理论，重在对我国在节能减排、金融投资、技术创新、区域与城市发展等领域的重大政策进行风险评估和定量分析，从技术层面对气候风险治理的自然和政策问题做了细致阐发，但该研究并未从政治学角度对气候风险治理展开论述，因而也未涉及风险治理的民主模式建构问题。

庄贵阳、朱仙丽、赵行姝等[19]比较全面地研究了全球气候治理的相关问题。他们从世界经济与国际政治的视角分析了气候变化问题的实质，从科学认知、经济利益和政治意愿三个方面探讨了国际气候治理中的公平与效率问题，及多方利益之间的均衡性问题，展示了当今全球气候治理的复杂性和困难，为我们把握全球气候治理的内在机制提供了丰富的材料和深刻的理解。他们的研究间接涉及了全球气候治理的民主问题。

傅聪[20]研究了欧盟气候变化治理模式问题，指出欧盟气候变化治理模式具有多层治理的特点，欧盟气候决策体现了国家治理和超国家治理间的平衡、正式决策与非正式决策的结合与互动。庄贵阳、陈迎等[21]从国际制度角度研究了全球气候治理问题，他们跟踪国际气候谈判进程，从维护发展中国家利益出发，对国际环境制度的形成、发展进行了深入分析，并站在发展中国家利益立场上，对国际气候制度的发展提出了重要建议。

张海滨[22]指出，气候变化正在塑造 21 世纪的国际政治，将导致国际关系格局的重大调整，对 21 世纪全球治理模式提出严峻挑战。当今全球环境治理之所以治理不了全球环境，是因为国际社会的无政府状态和不平等性。为此，他提出要切实加强国际环境合作，动员国际社会的全体成员，包括非政府组织的积极参与。虽然气候安全是张海滨的气候政治研究重点，但在他的研究中也能看到他关于全球气候治理民主化的基本主张。

于宏源[23]、杨洁勉[24]研究了气候外交问题，薄燕[25]、何一鸣[26]、孙振清[27]、郦莉[28]、康晓[29]等则较为细致地梳理了全球气候谈判的基本过程。他们的研究细致刻画了全球气候治理的历史过程，对全球气候谈判及国家气候外交过程中产生的多个焦点性问题做了充分论述。虽然他们一般未从协商民主角度展开分析，但在他们著作中所包含的部分内容却可以看作是全球气候民主治理相关细节的展现与阐发，对探寻全球气候治理的民主模式大有帮助。

综合国内外研究成果可发现，全球气候治理的学术背景十分深厚，学术资源十分丰富，但关于全球气候治理的民主模式的成果相对较少，尤其是国内学者在此方面的研究成果较少。上述研究状况既为研究全球气候治理的民主模式建构奠定了良好的基础，同时也表明开拓新的研究方向既有必要，也具可能。

二、全球气候治理的现实困境

当今社会早已进入全球化及全球治理时代。20 世纪 80 年代中后期以来,全球气候变暖问题开始进入国际政治议程,成为全球治理的重要议题和重要领域。1992 年,全球 154 个国家的代表在联合国总部签署了《联合国气候变化框架公约》(以下简称《公约》),提出所有国家均要应对气候变化,但在责任分担上则要遵循"共同但有区别的原则",发达国家应率先开展减排行动。1994 年《公约》生效以后,《公约》缔约方每年均举行一次缔约方大会。1997 年,在第三次缔约方大会上通过了《京都议定书》,确定了附件一国家整体的和具体的量化减排指标,将减排任务落到实处。2005 年 2 月,《京都议定书》生效。2005 年之后,围绕着减排指标的分担及削减、减排机制的设计与安排、气候资金的数额与拨付等问题,《公约》缔约方之间展开了漫长而艰难的合作与谈判。迄今为止,"双轨制"谈判依然存在,但全球气候治理的环境效益则不甚理想,人类的温室气体排放总量不但没有减少,反而呈高速增长态势,全球气候治理遭遇严重困境。

具体来看,当前全球气候治理所遭遇的严重困境大致表现为以下两方面。

(一)政策行动拖延的时间较长,实际治理绩效大大低于预期

自 20 世纪 80 年代中后期以来,人类逐渐意识到气候变化问题的巨大风险性,但是,围绕着如何应对气候变化,国际社会却陷入谈得多、做得少的困境之中,实际的气候治理绩效往往因人类的个体理性而被抛弃在一边,没有得到应有的重视。

1997 年,《公约》第三次缔约方大会通过了《京都议定书》,议定书对附件一国家(发达国家和经济转型国家)规定了在具体的承诺期(2008—2012 年为第一承诺期)数量减排目标(在 1990 年水平上平均减少 5.2%),同时也引入了联合履行、排放贸易和清洁发展机制等三个灵活机制。但是,美国于 2001 年 3 月宣布退出《京都议定书》。为挽救《京都议定书》,欧盟和广大发展中国家向俄罗斯、日本、加拿大等国在二氧化碳吸收汇的问题上做出了巨大让步,达成了《波恩政治协定》。在第七次缔约方大会上通过《马拉喀什协定》,完成《京都议定书》生效的准备工作,但《京都议定书》的环境效益大打折扣,附件一国家的减排义务从 5.2%降为 1.8%。即便如此,附件一国家对于第一承诺期的减排目标也完成得并不好,它们大都没有完成相应的减排任务,没有展开相应的政策行动。

自 2009 年哥本哈根气候大会开始,各国就开始讨论《京都议定书》第二承诺期(2013—2020 年)的减排任务分担问题。2012 年的多哈气候大会通过《京都议定书》修正案,从法律上确保了《京都议定书》第二承诺期在 2013 年实施,但是在合作机制、气候资金数额等方面一直未达成实质性的有效协议,相关的气候政策行动自然也无从展开,这必然影响到实际的气候治理绩效。

(二)"双轨制"谈判机制渐趋崩溃,未来合作机制尚不明朗

"双轨制"即指围绕着《公约》与《京都议定书》的两大谈判机制,目前《京都议定书》机制渐趋崩溃,"双轨制"谈判机制岌岌可危。

1988 年，联合国政府间气候变化专门委员会(IPCC)成立。1992 年，在巴西里约热内卢召开的联合国环境与发展大会上，与会国家共同签署了《联合国气候变化框架公约》，《公约》于 1994 年生效。1997 年，在《公约》第三次缔约方大会上，各国又签署了《京都议定书》，《京都议定书》于 2005 年生效。自此，世界大多数国家与地区就在这两个条约所构成的"双轨制"谈判机制下共同商讨应对气候变化问题。但是，自 2011 年德班大会后，加拿大、俄罗斯、日本、新西兰等国相继步美国后尘，宣布退出《京都议定书》。美国等一些发达国家试图抛开《京都议定书》机制另外谋求建立应对气候变化的单边或多边机制，这给未来的全球气候谈判与合作机制带来大量的不确定因素。

全球气候治理陷入治理绩效与治理机制的双重困境，其原因学界一般用奥尔森的"集体行动的逻辑"理论来解释，即在为数众多的集体中，由于个体理性与集体理性的差异，在个体利益与理性驱使下，个体总会想"搭便车"，不愿为集体利益付出劳动，哪怕这种集体利益对自身也是有利的。处于集体行动困境中的"局中人"为何这样做呢？在这里，除了用理性人假说和博弈理论解释外，还可进一步追问，为什么在集体行动中个体理性会优先于集体理性？从处于博弈状态中的"局中人"的思维理性看，一种合理的回答就是信任的缺乏。正是由于缺乏应有的信任，处于集体行动中的个体才不愿与其他个体一起为集体利益最大化而展开共同行动。因此，形成上述全球气候治理困境的主要原因可以追溯到各国彼此间的政治信任不足。

当然，我们还可以再进行追问：政治信任不足又是如何造成的呢？对这一问题的回答将是我们消除或降低政治信任缺乏的方法或路径所在。

三、全球气候治理民主模式的建构理由

(一)民主能够产生政治信任

全球气候治理之所以要采取民主的模式，主要是因为民主的模式能够催生和加强不同国家间的政治信任。

波兰学者彼得·什托姆普卡指出："信任就是相信他人未来的可能行动的赌博[30]。"而民主制度的存在恰恰是因为对权力或权威的怀疑。正是因为怀疑代表或官员有可能背叛选民的利益与信任，才催生了一系列民主的原则与制度，选民试图用这些民主的原则与制度来保障他们的信任不被辜负。也就是说，正是由于不信任，才产生了民主制度。民主制度一旦产生，将通过一系列约束性规范和制度，强化人们对民主政治的信任。人们可以不信任某些代表或官员，但他们可以信任民主制度。在民主的选举、决策、监督、参与等过程中，由于民主制度的保障，民众从信任制度自然过渡到信任民主过程中的代表和官员。信任与民主之间构成一个正反馈关系，民主产生信任，而信任又有助于维护民主的持久发展。当然，民主制度并不总是得到信任的，也不是无条件地得到信任的，一旦制度在执行过程中发生扭曲变形，信任就很容易转变为不信任。但是，在信任匮乏的时候，我们首先要做的是建立民主制度，然后才是执行好民主制度。在这里，不能因为执行问题有可能出现扭曲就完全否定民主制度建构的必要性。什托姆普卡因此而指出，民主政治之所以产生信任，一是它提供了责任性的环境背景，二是通过强调有约束力的和稳定的宪法，创造了事先承诺的环境。责任性和事先承诺的环境限制了

代表或官员改变原先承诺的可能性，从而为可信性确立了应有的基础[30]。

当前，国际社会在气候变化问题上的政治信任不足表明，亟须构建一种全球民主模式以应对气候变化。全球民主制度正是因为国家间的不信任才有必要构建，由此才能消除或降低信任不足的状况。

（二）全球气候治理宜采用协商民主模式

民主就其本意而言，就是人民的统治。自古希腊城邦民主出现以来，民主的发展已有两千多年的历史。但是直到最近100年，民主的发展才出现大幅度飞跃；直到最近20～30年，民主的谱系中才出现了协商民主的类型。

以往的代议制民主更多是聚合式民主。从现实角度看，这种民主是一个通过对公民偏好的聚合来选择政府官员和公共政策的过程。在这一过程中，公民展现出自己对官员和政策的偏好，然后在规则的制约下，将这些偏好相加或聚合，得出相应的结果。在这样的民主图景中，首先预设了每个公民在进入公共决策或选举之前已经具备了偏好，且这一偏好已经固定化，无法改变，具有平等的价值，民主程序的任务只是将其统计归类，简单相加。民主就是这样一个竞争性过程，政党候选人通过提出最能满足人民偏好的政纲来争取选票，而具有相同偏好的公民可以参加政党或组建利益集团来影响选举和决策过程。

协商民主则是另一幅民主图景。它主张公民按照民主规范要求，通过平等交流与对话方式来积极参与公共事务的讨论与决策，在协商讨论中不但进行偏好的聚集，而且更要进行偏好的转换，以此来消除利益分歧与价值冲突，或达到利益的平衡与妥协。协商民主的理念是以公共决策为其目标的，协商的目的就是要进行公共决策。“从广义上讲，协商民主是指这样一种观念：合法的立法必须源自公民的公共协商。作为对民主的规范描述，协商民主唤起了理性立法、参与政治和公民自治的理想[31]。”从这一协商民主的基本理念中，可以看出，协商民主理念的关注点是公民参与立法决策，在这一过程中，公民是平等的、自由的，他们通过理性来进行讨论与说服，或者坚持自身偏好而成功说服他人，或者转换自身偏好而被他人所说服，或双方共同走向妥协与均衡。在公开的理性协商过程中，公民不能为了追求个人利益而完全置公共利益和普遍理性于不顾，他们总是试图在自己与他人利益之间寻求共同的平衡点，努力追求一种公共理性，从而为立法和决策的合法性基础做出贡献。

全球气候治理适宜采用协商民主模式，其理由如下。

1. 全球气候变暖问题具有全球性或公共性特征

气候无国界，“环球同此凉热”，全球变暖问题具有鲜明的全球性特征。全球气候系统让生活在地球上的全人类成为一个气候共同体。从长远看来，全球变暖带来的影响和危害对于所有人都是共同的、一样的，它关系到地球上每一个人的利益，是典型的、重要的人类公共利益之一，因而全球变暖问题具有全球性特征。一般说来，政治是关于共同体公共利益的决策及其执行过程，政治处理的问题就是共同体所面临的公共问题。一旦一个问题具有公共性特征，成为影响共同体全体成员利益和福祉的问题，就有可能进入政策议程，成为政治共同体需要解决的公共政策问题。全球气候变暖问题正因为具有全球性特征，因而也理所当然地成了国际政治议程需要研究解决的国际公共政策问题。

2. 全球变暖问题具有风险性或不确定性特征

根据 AR5 第二工作组报告，全球变暖未来有可能引发巨大灾难，有可能影响或毁灭人类的未来；全球变暖已经发生、正在发生，如果人类不改变自己的行为方式，则变暖现象会进一步加剧，毁灭性的灾难会更早到来。这些均表明全球变暖具有巨大的风险性特征。全球变暖的风险既可能引发传统意义上的军事冲突和战争，又可能引发环境安全、生态安全、经济安全等非传统安全问题，具有根本性、全局性、压倒性和紧迫性等多项子特征，因而极为深刻地影响着人类的未来。如果国际社会长期议而不决，拖延行动，全球气候治理失败，则百年内地球升温将会迅速突破 2℃的安全阈限，气候灾难将从可能化为现实，甚至会提前降临。全球变暖问题的风险性又意味着不确定性，面对未来有可能出现的巨大灾难，人类社会可以采取预防原则，投入成本积极应对；也可以采取“鸵鸟”政策，不管不顾，希图侥幸过关。到底采取哪一种原则，则需要人类通过讨论和辩论迅速确立态度立场，正确应对未来风险。

3. 全球气候变暖问题具有可治理性特征

全球变暖问题是可以应对和解决的，虽然不可能完全从根本上解决，但是，科学家们已经证明，及时有效的气候治理可以帮助人类避免灾难性结局。人类可以为了公众利益而采取行动，迅速而切实地减轻全球变暖的威胁。现在开展切实有效的政策行动还来得及，而且国际社会有能力开展这样的行动[32]。《斯特恩报告》也指出，尽早行动的收益将会大于成本。可问题在于，成本由谁支付、谁先支付。收益是全体人的收益，而支付总是具体国家、具体人的支付，很多问题由此而产生，需要各国认真讨论和研究，找出相关的办法来。

4. 全球气候变暖问题具有论辩性特征

虽然国际主流科学界普遍认为，全球变暖问题的存在毋庸怀疑，需要国际社会积极应对，但是这一问题却充满了论辩特征。无论就全球气候变暖的事实、成因、影响，还是就相关减排责任的分担、具体资金、技术的提供等问题，国际社会均存在诸多论辩。造成全球变暖论辩的原因既包括科学认知及道德认知差异，也包括利益分歧或冲突。全球变暖论辩一方面造成了国际社会的决策共识无法迅速达成，另一方面也说明，全球协商决策的重要性，只有让分歧意见充分展示，公开交流，才有可能避免专制与暴力主宰全球气候谈判与合作的进程。

从公共政策角度看，“政治”概念可以被简要地定义为：“一群在观点或利益方面本来很不一致的人们做出集体决策的过程，这些决策一般被认为对这个群体具有约束力，并作为公共政策加以实施。”[33]全球变暖问题原来只是一个自然科学问题，但随着科学认识的不断进步，其内在的全球性、风险性、可治理性、论辩性等特征逐渐显现出来，相互渗透、彼此强化，共同对政治系统产生外在压力。是进行平等、公正、理性的协商，还是进行专制、集权、暴力的统治，还是进行简单、粗略的统计聚合？以上三种选择将决定全球气候治理的公正、绩效与文明。显然，只有选择第一种协商民主模式，才能将全球气候治理奠基于全球各国平等的基础上，才能充分保障全球各国人民的利益诉求，也才能维护全球共同体的根本利益。

四、全球气候治理民主模式的主要特征

全球气候治理采用协商民主模式，该模式具有以下主要特征。

(一)文明博弈、理性对话

话语是人类和平交往的主要方式。话语本质上与和平、理性联系在一起,话语交往拒绝暴力。在民主社会里,人民行使主权的方式表现出对“话语和平”价值的强烈追求。在一个国家内部,政治领导人的轮换不再是通过屠杀或阴谋,而是通过自由而公正的选举;在国际社会,公共问题的讨论免受武力的威胁或恐吓,国家间展开文明博弈、理性对话。英国哲学家波普尔指出了一个简单的事实:“怎样才能做出一个决定呢?大致只有两种可能的途径:辩论(包括交付仲裁的辩论,例如交付某个国际法庭仲裁)和暴力。”[34]文明对话昭示着人类解决争端的方式还存在另一种,即话语交流和论辩。政策论辩不用流血,远离恐怖,体现了对人生命价值的深深敬重。尽管人类和平彻底实现的这一天还远未到来,但是,只要协商民主模式能够逐渐被推广,这一天就会离我们越来越近。亚里士多德曾经说过:“一个不能在体力上自卫的人应该感到羞耻,而一个不能据理力争来保护自己的人更应被人耻笑,以理服人比真刀真枪更具人类特色。”[35]波普尔也明确指出:“一个理性主义者,在我使用这个词的意义上,是试图通过辩论,在某些场合也许通过妥协而不是暴力来做出决定的人。他是一个这样的人:宁可在用辩论说服另一个人上遭到失败,也不愿用势力、威胁和恫吓甚或花言巧语的宣传来成功地压服他。”[34]从暴力走向文明博弈、理性对话是人类政治文明进步发展的重要标志。

(二)平等参与、共同协商

古典民主最动人的理想便是人人可以平等地参与关于公共事务的讨论和决策,人民主权理想就是一个人人平等地分享主权的理想。现代民主则更多从法律的意义上来肯定人的平等参与权利。虽然在民主社会中,人与人之间的不平等远远多于平等,但从政治权利分配的角度看,人与人之间仍然是平等的,他们都拥有参与政治的平等机会。美国政治学家科恩特别强调参与在民主中的重要性,他明确指出:“民主决定于参与——即受政策影响的社会成员参与决策。”[36]在现代民主理念中,平等一般不意味着全体社会成员在学识、能力、生理、财富分配等方面有所谓的结果平等,到了20世纪60年代以后,机会平等,也即平等参与的政治权利在许多发达资本主义国家基本得以实现。平等参与的政治理念至此得到了现实的支撑,成为民主的重要特质。

协商民主推崇公民积极参与政治活动。在现代民主社会中,参与的选择性或过滤性正慢慢变成参与的“相关性”。政治参与的主要意义在于保障政策利害相关人的参与权利。达尔甚至极端地说:“所谓参与,可以说就是公开争论的制度。”[37]政策利益相关人必须参与到涉及他们利益的公共政策过程中,必须参与公共政策论辩。由于气候变暖涉及所有地球人的利益,因而理论上所有人都应参与到气候政治活动中来,而协商民主模式为这一理想提供了实现的可能。

(三)消除分歧、转换偏好

全球不同气候治理观点的差异与冲突根本上还是导源于利益,气候政治活动的源泉和动力均与人的利益相关。马克思主义政治学从人的需要出发,通过对人的劳动实践到人的社会关系形成过程的考察,得出了“利益是社会政治成员政治行为的动因”、“利益是一切社会政治组织及其制度的基础”、“利益是社会政治心理和政治思想的源泉”、“利益是政治发展的根本动力”等结论[38]。在一定社会中，人与人之间存在着大量的利益分歧与冲突，民主政治的基础与动力无非是不同人的不同利益需要。要满足这些各不相同的利益需要，就必须对利益进行统计、分析、分配及调适。

不同的利益需要一旦进入政策制定过程，就体现出了不同的“需要程度”，相应的选择也就有了不同的“选择强度”，由此政策论辩中的“期权交易”就有可能达成，这意味着不同利益的交融、转换及整合是有可能的。政策论辩过程的波谲云诡、曲折无常大多是利益整合转换的缘故。所以，美国学者萨巴蒂尔指出：“政策过程最后的复杂因素在于，大多数辩论涉及根深蒂固的价值观/利益观、巨大数额的金钱以及在某些时候权威的强制力量。考虑到这些影响因素，政策之争很少能做到像学术争论那样文明。相反的是，大部分的行为者面临巨大的诱惑，去有选择地提供证据、歪曲对方的情况和立场、扼制或是损毁对方的声誉，通常还会按有利于自己的原则歪曲整个形势。”[39]

（四）言论自由、走向共识

全球变暖问题具有典型的论辩特征，构建协商民主模式有助于坚持和捍卫言论自由，走向决策共识。

全球气候政策论辩涉及的大多是一些具体的公共政策问题，其方案往往是指向未来，论辩主体基本上是面向未来而辩。从逻辑思维的角度看，这实际上是从过去推向未来的不完全归纳推理过程，其结论的真假是不确定的，因而更能体现出决策的有限理性特征。另外，除了对客观规律性而产生的科学认识以外，政策论辩中还存在着反映人的利益和价值观念的价值认识，其真假更是难以把握，有时甚至难以决定真假。所以，气候政策论辩要想从分歧走向共识，就必须要肯定人的言论自由。只有人们畅所欲言，意见和观点才会全面，利益的聚合和协商才有可能，才有可能由观点分歧走向决策共识。

政策论辩最能表现人的言论自由，在论辩中人们直抒胸臆，以理而辩，为事求真，其表现形式均是自主独立的言语交锋，这里的言语交锋不受压制，除了受论辩本身的规则所限外，不受其他外在的信仰、权威或意识形态的限制。“正像沃尔特·李普曼指出的那样，我们最珍贵的自由之一——言论自由，只有通过创造和保持辩论的永恒，才能保持下来。”[35]政策论辩创造了言论自由这一饱含人类尊严的行为方式，又将其保存了下来，并加以拓展它的运用范围，使其成为民主社会的核心价值之一。现代民主社会对人权规定的一项重要内容便是言论自由，它被载进了几乎所有民主国家的宪法条文当中。因此，在国际气候谈判中，应该充分展示政策论辩，维护言论自由，想方设法从分歧与冲突走向团结与共识。

五、全球气候治理民主模式的建构路径

全球气候治理的民主模式建构具有重大意义和价值，但这一模式的建构路径却需要在现实条件下做细致探索。结合当前国际气候政治的现实状况，全球气候治理协商民主模式的建构路径大致如下：

(一)更多授权

目前，联合国气候变化政府间谈判委员会在全球气候谈判中发挥了重要作用，但这一机构发挥作用的空间还可以进一步提升。需要加强联合国气候变化相关组织在国际气候政策制定过程中的权力，赋予联合国相关机构更多授权，更为积极地引导气候谈判走向富有成效的目标。要解决好气候条约的缔结与国家主权让渡之间的关系，从全球性角度进一步理解部分国家主权让渡或共享的内在必然性及现实紧迫性。虽然在当前建立“世界政府”还只是一个理想，但是强化国际制度建构的组织基础则是十分必要的。在这里，需要更新旧有的主权观念，赋予国际条约、国际制度更多的约束权力和治理效能。授权需要加强国际法或国际制度的权威性，强调并切实落实对违法国家的制裁权。这里，也要防止某些霸权主义国家利用国际法无理干涉发展中国家的合理内政。

(二)更多主体参与

更多主体参与国际气候合作是应对全球气候变暖的必要保证。扩大国际气候合作相关主体的规模，尽可能团结包括美国在内的众多国家开展气候合作与谈判，共同在民主平等的基础上制定国际气候政策。一些发达国家如果游离于《京都议定书》机制以外，则全球气候治理的效果不可能达到理想化程度。在一些国家拒绝加入《京都议定书》机制的情况下，能否另外开辟新的机制，吸纳更多的国家参与进来将是考验国际社会政治智慧的重要课题。

除了国家这一国际关系行为体以外，一些非政府间国际组织也是全球气候治理的当然主体。随着全球公民参与意识的不断激发，以及全球气候变暖问题的持续传播，全球民间力量的崛起将是全球气候治理的重要希望。全球气候治理应将政府间国际组织与非政府间国际组织同等看待，赋予它们共同但有区别的参与权利。在国际气候政策制定中，尤其需要倾听非政府间国际组织的观点主张，将其尽可能纳入正式公共领域，以便国际气候政策更加公正与完善。

(三)更为灵活多样的协商机制

目前，全球气候治理的协商机制既包括每年一度的众多《公约》缔约方参加的大会，又包括为开大会而开的若干次小规模会议，甚至还包括地区性的、个别国家之间的合作谈判会议(例如金砖组织国家气候会议每季度就召开一次)。但是，总的说来，《公约》缔约方大会举办次数较少(一年一次)、参与人数较多，且很难达成有约束力的协议，以至于有人因此而反对以民主的方式来进行全球气候治理，其理由就是民主协商的决策效率低，更多人没有从全人类角度考虑问题，导致全球变暖趋势无法在近期内得到明显的延缓。

鉴于这一情况，可以考虑吸纳民主国家代议制的某些优点，让各国派出代表，并使得代表任职专门化、长期化，经常性地或全天候地开展气候合作与谈判。在气候谈判过程中，允许或提倡国家之间构建气候政治联盟，联盟的整体性意见出现在更高层面的谈判会议上有利于整合分歧的观点，从众多分歧到几种观点，这样容易进行讨论与辩论，有助于在短时间内达成决策共识。

(四)更多的宣传与教育

当前,根据 AR5,全球气候变暖已是事实,而且极有可能是人为原因导致的,它对人类未来的发展是根本性的、致命性的。但是,全球气候变暖又具有极大的"欺骗性",它对我们日常生活的影响目前并不显著。在全球性问题中,它的排名并不靠前,饥荒、环境污染、资源短缺、恐怖主义等问题甚至更能牵动人的神经,有些国家并未将全球变暖列为将要解决的重要问题。在这一情况下,国际社会需要更多的宣传与教育,不仅对于普通民众要加强全球气候治理必要性、紧迫性的宣传与教育,对于各国政要更要加强这方面的宣传与教育,以便让全球变暖问题更快进入某些国家的公共政策议程,产生应有的治理绩效。

参考文献

[1] 安东尼·吉登斯.气候变化的政治.北京:社会科学文献出版社,2009:5.
[2] Glover L. *Postmodern Climate Change*. NY:Routledge,2006:171-172.
[3] 戴维·赫尔德.民主与全球秩序:从现代国家到世界主义治理.上海:上海人民出版社,2003:282-301.
[4] 戴维·赫尔德,安格斯·赫维.民主、气候变化与全球治理:民主机构与未来政策清单//戴维·赫尔德,安格斯·赫维,玛丽卡·西罗斯.气候变化的治理:科学、经济学、政治学与伦理学.北京:社会科学文献出版社,2012:110-111.
[5] 大卫·格里芬.全球民主和生态文明//曹荣湘.全球大变暖:气候经济、政治与伦理.北京:社会科学文献出版社,2012:258-259.
[6] 奥特弗利德·赫费.全球化时代的民主.上海:上海译文出版社,2007:4-5.
[7] 詹姆斯·罗西瑙.没有政府的治理.南昌:江西人民出版社,2001:5-7.
[8] 奥兰·扬.世界事务中的治理.上海:上海人民出版社,2007:14.
[9] 约翰·德雷泽克.协商民主及其超越:自由与批判的视角.北京:中央编译出版社,2006:112-130.
[10] 戴维·赫尔德,安格斯·赫维.民主、气候变化与全球治理.国外理论动态,2012,(2):64.
[11] 大卫·希尔曼,约瑟夫·韦恩·史密斯.气候变化的挑战与民主的失灵.北京:社会科学文献出版社,2009:158-181.
[12] 拉斯洛·松鲍法维.人类风险与全球治理.北京:中央编译出版社,2012:74-87.
[13] 俞可平.引论:治理和善治//俞可平.治理与善治.北京:社会科学文献出版社,2000:6-15.
[14] 俞可平.全球治理引论//俞可平,张胜军.全球化:全球治理.北京:社会科学出版社,2003:13-31.
[15] 庞中英."全球政府":一种根本而有效的全球治理手段? 国际观察,2011,(6):22.
[16] 钮汉章.世界的新民主治理:终结邪恶的战略选择.北京:世界知识出版社,2009.
[17] 段小平.全球治理民主化研究.北京:中共中央党校国际战略研究所,2008.
[18] 薛澜,等.应对气候变化的风险治理.北京:科学出版社,2014.
[19] 庄贵阳,朱仙丽,赵行姝.全球环境与气候治理.杭州:浙江人民出版社,2009.
[20] 傅聪.欧盟气候变化治理模式研究.北京:中国人民大学出版社,2014:101.
[21] 庄贵阳,陈迎.国际气候制度与中国.北京:世界知识出版社,2005.
[22] 张海滨.气候变化与中国国家安全.北京:时事出版社,2010.
[23] 于宏源.国际气候环境外交:中国的应对.上海:东方出版中心,2013.
[24] 杨洁勉.世界气候外交和中国的应对.北京:时事出版社,2009.
[25] 薄燕.国际谈判与国内政治.上海:上海三联书店,2007.

[26] 何一鸣.国际谈判研究.北京:中国经济出版社,2012.
[27] 孙振清.全球气候变化谈判历程与焦点.北京:中国环境出版社,2013.
[28] 郦莉.全球气候治理中的公私合作关系.北京:时事出版社,2013.
[29] 康晓.气候变化全球治理与中国经济转型:国际规范国内化的视角.广州:世界图书出版广东有限公司,2014.
[30] 彼得·什托姆普卡.信任:一种社会学理论.北京:中华书局,2005:33,186.
[31] 詹姆斯·博曼,威廉·雷吉.协商民主:论理性与政治.北京:中央编译出版社,2006:1.
[32] 格雷克 PH,等.气候变化和科学的整体性.西安交通大学学报(社会科学版),2010,**30**(4):1-2.
[33] 米勒,波格丹诺.布莱克维尔政治学百科全书.北京:中国政法大学出版社,2002:630-631.
[34] 卡尔·波普尔.猜想与反驳.上海:上海译文出版社,1986:507.
[35] Freeley A J.辩论与论辩.石家庄:河北大学出版社,1996:4.
[36] 科恩.论民主.北京:商务印书馆,1988:12.
[37] 达尔.多头政体——参与和反对.北京:商务印书馆,2003:15.
[38] 王浦劬.政治学基础.北京:北京大学出版社,1995:70-71.
[39] 萨巴蒂尔.政策过程理论.北京:生活·读书·新知三联书店,2004:5.

国际气候合作的公平问题及应对气候变化的国家类型研究①

唐美丽

（南京信息工程大学气候变化与公共政策研究院，南京　210044）

摘　要：国际气候谈判之所以难以取得实质性进展，其根本原因在于各国对于应对全球气候变化责任分担的公平性问题难以达成共识。对公平原则的不同认识使各国坚守自己的原则和立场，致使谈判陷入僵局，尤其是在发达国家和发展中国家之间存在较大分歧，因此，需要对这些问题加强分析研究。本文分三部分来探讨这些问题，分别为：国际气候合作的公平问题、国家间不同的公平立场及地区合作的必要性、应对气候变化的国家类型研究。

关键词：国际气候合作；公平问题；赋权型国家；保障型国家

国际气候政治的进程与不同国家对国际气候合作的公平问题的理解和原则息息相关，正因为各国对于应对全球气候变化的责任分担的公平性问题站在各自的利益立场上各持己见，难以达成共识，因此，目前国际气候谈判难以取得实质性的进展。因此，本文首先探讨国际气候合作的公平问题。

一、国际气候合作的公平问题

众所周知，1992 年 6 月在巴西里约热内卢召开的“联合国环境与发展大会”上，大会正式批准了《联合国气候变化框架公约》（简称《公约》）。《公约》第四条正式明确提出“共同但有区别的责任”原则。在国际气候谈判中，绝大多数参与国都承认、至少表面承认这一原则。然而，这条原则也在不断地受到挑战，特别不同国家和地区对什么样的“区别责任”才是公平的责任存在严重分歧。2014 年的第五次联合国政府间气候变化专门委员会（IPCC）报告将气候变化与国际正义、应对气候变化的公平问题作为专题进行探讨。因此，气候变化的公平问题研究已经引起国内外学术界高度的关注。

（一）气候公平研究的价值

研究气候公平既有理论价值，又有实际应用价值。

① 作者简介：唐美丽（1975—），女，法学博士，副教授，主要研究方向为气候伦理学、当代西方伦理学与国外马克思主义等。本文是南京信息工程大学气候变化与公共政策研究院开放课题“国际气候合作的公平问题及中国的公平诉求研究”（项目批准号：12QHB008）的结题报告。

1. 理论价值

其一，研究气候公平有助于了解当前国际社会应对气候变化各种公平主张的利弊，理解各个利益体的公平立场。公平问题是气候变化国际合作的首要问题，是促进国际气候合作和建构2012年后国际气候制度的重要基石。由于气候变化涉及国家之间的利益冲突，且与减缓、适应、技术和资金等国际气候合作重要议题密切相关。研究寻求各个利益体对于“公平原则”的“共集”，是目前研究应对气候变化国际合作最基本的理论问题。

其二，研究气候公平有助于探讨国际气候合作的“公平原则”的共识。国际气候谈判之所以难以取得实质性进展，其根本原因在于各国对于应对全球气候变化责任分担的公平性问题难以达成共识。对公平原则的不同认识使各国坚守自己的原则和立场，致使谈判陷入僵局，尤其是在发达国家和发展中国家之间存在较大分歧。因此，研究解决应对气候变化的公平争论、探讨可被广泛接受的公平原则对于解决目前困境具有重要的理论价值，有助于我国以及其他发展中国家在气候公正问题上进行理论创新，在应对气候变化国际合作中占据主导地位。

2. 实际应用价值

研究气候公平在促进全球合作尽快形成的目标下解决公平争论、提出可被广泛接受的公平原则将是解决目前应对气候变化困境的研究方向。气候合作中关于公平性问题的主要矛盾有两点：一是公平原则的南北分歧，二是公平与效率的分歧，国际气候谈判所争论问题的实质也在于此，深入探讨国际气候合作的公平问题具有重要的实际应用价值。

研究气候公平、探讨我国应对气候变化的对策，对我国更好地参与国际气候谈判和合作具有重要的实践意义。我国作为经济总量最大的发展中国家和人口最多的国家，应该积极思考在气候谈判和合作中坚持既能维护我国权益又能被国际社会广泛接受的公平诉求，在应对气候变化国际合作中起到积极主动的作用。

(二)气候公平的国内外研究现状

1. 国外研究现状

国外对气候公平问题的研究逐渐兴盛起来，并呈现学科化、体系化的特征，主要研究主题如下：

气候公平原则方面，美国学者罗斯(Rose)等比较了不同公平原则的界定及其对温室气体排放权分配的经济含义。分别为：基于分配的公平、基于结果的公平和基于过程的公平。埃里克·波纳斯和戴维·韦斯巴赫也从多个角度探讨了国际社会气候变化正义的分歧问题。但是对于应该遵循什么样的公平原则，目前国际社会还难以取得一致意见。

在人际公平方面，舒伊(Shue)对生存排放与奢侈排放做出了区分，其中生存排放是维持基本生活标准所必需的排放，且应根据各国的人口进行平等分配。辛格(Singer)也赞成：每个人都应拥有同等的大气份额。

在国际正义层面，加德纳(Gardiner)指出，富国对解决气候变化问题负有特殊的义务。发达国家对很大比例的历史排放负有责任，而这些排放所产生的负担却不成比例地降临在穷国。萨加尔(Sagar)则指出了气候变化领域的另一种国际不平等：程序不平等，即发展中国家由于谈判能力和气候伦理研究上的落后，无法充分参与国际气候变化决策的制定过程，导致发展中国家的利益难以得到充分保护。对于发展中国家是否应当坚持自己的排放权利，贝克(Beck)认为，人类或许必须跳出狭隘的权利立场，建构一种具有包容精神的全球正义理念才有可能从根本上解决气候变化问题。哈里斯(Harris)也主张建构一种世界伦理，使气候变化问题由国际正义走向全球正义。

在代际正义方面，费西金(Fishkin)认为气候变化与代际正义理论相关性的基础在于：任何具有说服力的正义理论都不能忽略人们出生和死亡这一事实，而且我们的行为可能对那些尚未出生的人们的利益产生严重的影响。诺顿(Norton)也指出，如果正义理论不能认识对遥远未来世代的义务，那么这个理论在其最重要的本质方面就是不充分的，这一理论在处理气候变化问题时也是不够的。

气候政治方面，迈克尔·诺斯科特从伦理角度探讨了气候变化问题。英国著名学者吉登斯指出，目前存在很多"吉登斯悖论"，大家都在关注气候问题，但真正愿意做出牺牲的人少之又少，为了化解这一悖论，吉登斯设计了一个以"政治敛合"和"经济敛合"为主要内容的气候变化政治框架，呼吁各国政府以一种积极的"保障型国家"姿态高调介入。

可见，国外对全球气候变化问题的伦理研究已经逐渐深入。但是，许多研究实际上是打着正义的旗号维护发达国家的利益，具有发达国家倾向性，这不利于全球气候变化问题的真正解决。

2. 国内研究现状

国内研究气候变化的公平问题起步较晚，属于新兴交叉学科。潘家华等提出了我国基于人文发展的公平理念，其主要含义包括：(1)公平的主体是人；(2)公平原则的目标应该将满足人的基本需求作为优先目标；(3)公平原则既要考虑历史，又要着眼未来。这一理念既考虑到国与国之间的"国际公平"，又考虑到人与人之间的"人际公平"，主张保障人生存和发展的基本人权，又指出人们需要遏制奢侈消费，形成可持续发展道路。这一气候公平主张比较具有前瞻性，还可以进一步具体化。潘家华、吕学都等认为气候公正成为外交的主题词，气候变化问题成为当今国际关系的一个重要考量因素，已经渗入国际关系的方方面面。曹荣湘教授主编和翻译了一系列的气候伦理和气候政治的著作，成为研究气候公正的重要资料。气候变化的公平正义问题近几年逐渐成为经济学、政治学、伦理学、法学、国际关系学等领域的热门话题，如王青松、秦利提出，在国际气候谈判中，要激励和约束各国的行为，需要合作，而合作中最有效的因素是追求公平，否则只会陷入非合作或囚徒困境。因此，他们主张运用 ERC 公平偏好来解释国际气候谈判中的合作，分析了三种博弈状态。于海洋从国际关系的角度、曹明德从环境法角度、徐之祥从国际法的角度对应对气候变化问题进行探讨。朱晓勤对"共同但有区别的责任"原则、何建坤对"气候公平"、钱皓对"气候正义"问题进行研究。钟茂初、史亚东、宋树仁对国际气候合作中的公平性问题研究进行了评述，重点针对公平原则的南北分歧以及公平与效率的矛盾进行了综述。邓梁春、吴昌华探讨了中国参与构建 2012 年后国际气候制度的战略，王建廷从法哲学与经济学的跨学科考察气候正义的僵局与出路。叶小兰以哥本哈根气候峰会为视点，分析风险社会下国际气候正义的困境与出路。刘激扬、周谨平研究了气候治理正义与发展中国家策略。

但与国外比起来，研究成果相对较少且系统性不够。本文拟将结合国内外社会研究气候公正的最新成果，对应对气候变化的公正问题进行深入的思考，探讨既具有理论意义又具有实践价值的应对气候变化的公正问题研究成果。

(三)气候公平研究的主要观点

目前,气候公平研究的主要观点如下。

(1)不同公平原则的界定对国际气候谈判和合作的各方温室气体排放权和经济影响差别很大。从减缓方面来说,主要有三类公平原则:1)基于分配的公平:主要是注重排放权的初始分配,其中包括主权原则、污染者付费原则、支付能力原则等;2)基于结果的公平:主要是注重减排义务分担对福利的影响,其中包括平面公平、垂直公平、补偿原则等;3)基于过程的公平:主要是注重排放权分配过程的公平特性,包括趋同原则、市场公正、罗尔斯最大化最小值(Rowlsian maxi-min)原则等。

(2)如果将碳排放视为一种对大气资源的基本权利,则公平的分配方法是按人均的标准来进行,因为这反映了每个人在权利上的平等,是公平原则的基本内涵。但是这种分配方法对于控制总的排放量并非有益,因为它将鼓励人口增长从而导致环境进一步恶化。

(3)在"适应"层面上,气候变化所导致的危害,各国的适应能力是不同的,尤其体现在发达国家和发展中国家的差距上。由于经济发展程度的悬殊,很多发展中国家还停留在主要依赖农业等初级产品的生产和加工制造上,而农业对气候的要求是极高的,很容易受到气候变化的影响,再加上本身综合国力较弱等因素,其所受到的损害也往往最为惨重;但是发达国家一方面受气候变化影响较小;另一方面,因为有先进的科技和资金做后盾,抵抗能力相对较强。根据"谁损害、谁负责"的原则,发达国家应为其历史承担责任,向发展中国家无偿或低价转移应对气候变化的先进技术。

(4)应对气候变化的公平原则也可以从程序公平和实体公平两个层面上来理解。实体层面上,各国人民均享有免于遭受"气候变化迫害"的权利,同时亦负有保护和改善环境、不侵害他国和后代人环境利益的义务。在程序层面上,国际气候公平主张,各国不论大小、强弱,都有参与国际气候事务的平等权利。在具体实践中,适应公平既包括分配公平也包括程序公平,相比减排义务的分配问题,适应公平需要考虑和解决的问题更广泛、更复杂。

(5)适应气候变化的公平原则主要是针对发达国家和发展中国家在适应气候变化的公平问题。在现有气候国际制度构建下,减缓和适应气候变化之间存在严重的不平衡。适应气候变化问题仍得不到应有的重视,不仅缺乏具体的行动计划和时间表,可用的资金也非常有限。发展中国家遭受气候变化不利影响的额外成本得不到应有的补偿,更谈不上国际社会对此进行公平的分担。都只能在单一维度上得以阐释和解读,而无法涵纳时空向度上的所有正义关系,将气候"类正义"作为气候正义可能是一种有益的政治伦理尝试。

(四)气候公正的分配正义与矫正正义

无论是坚持各种气候资源与责任公正分配的分配正义、坚持溯及既往的矫正正义还是强调世代公正的代际正义,国际气候谈判就气候变化的减排和适应的公正问题始终难以达成共识,气候变化问题始终悬而未决,减排和适应责任的分配和制度的落实也始终难以确定。其中分配正义和矫正正义争论最为激烈。

1. 分配正义

分配正义和矫正正义都是由希腊哲学家亚里士多德提出。分配正义涉及领域广泛，主要包括对财富、荣誉和权利等有价值的东西进行的分配，其中，不同的人应该承受不同的对待，相同的人应该享受相同的对待，此谓正义。而在应对气候变化问题上而言，分配正义更多的是针对气候变化的减排领域，其主要体现在公平地承担环境责任、公平地分配环境利益。其主要遵循主权原则、平等原则和支付能力等原则。主权原则主张所有国家具有平等的污染权利和不受污染的权利。无论是发达国家还是发展中国家都按同比例减排，维持现有相对排放水平不变；平等原则主张所有人具有平等的污染权利和不受污染的权利。减排量按国家人口比例来决定，与人口量成反比，按人口相对份额分配排放权。应该考虑到部分国家，尤其是发展中国家人口较多的现状；支付能力原则主张各国根据自身的实际能力承担经济责任。所有国家总减排成本占 GDP 比例相等。发达国家经济较为发达，应该多承担经济责任，而发展中国家经济能力较为薄弱，应该相对少承担[1]。如果说可以将大气资源视为一种基本的权利，则按人均分配或者按 GDP 的标准来分配则应该被认为是一种最公平的分配方法，因为满足了相同的人应享有相同的对待的论点，这也成了公正原则基本内涵的一部分。

当然，也有部分学者对此持反对观点，认为按人均进行分配的方法对于控制大气中总体温室气体的排放没有益处，同时该方案会间接鼓励人口的增长进而使环境更加恶化。而按 GDP 进行分配虽然体现了满足基本需要的原则，但是由于发达国家和发展中国家技术与减排效益的起点不一，如果过分强调按 GDP 分配的原则，在一定程度上就加大了发展中国家的减排成本，加重发展中国家的经济负担，不利于发展中国家的长期发展和减排。

2. 矫正正义

亚里士多德提出的“矫正正义”是指涉及对被侵害的财富、荣誉和权利的恢复和补偿，在该领域，不管是谁受到伤害，伤害者必须要补偿受害者，受害者应该从伤害者那里得到补偿，此谓正义。在应对气候变化问题中，矫正正义在很大程度上是针对适应气候变化而言的。其主要是指，发达国家应承担主要的历史责任，采取减缓和适应气候变化的行动。

根据谁导致此损害即应当由谁负责的矫正正义原则，历史贡献原则应当作为讨论损害赔偿和适应气候变化资金分担的主要原则和基本原则，即根据各国对空气中温室气体贡献的份额分担对国际气候适应性资金的相应义务[2]。纵观人类发展历程，发达国家自工业革命以来不断向大气中排放二氧化碳等温室气体，其经济得到迅猛发展，国力得到大幅度提升，但同时也对环境造成极大破坏，因此，造成当今气候变化问题的很大部分责任在于发达国家，发达国家应该承担起诸如强制减排等减缓气候变化的历史责任，发展中国家只要在符合道义范围和自己的能力范围内承担相应的义务。而由于发展中国家经济和技术的落后和不完善，其应对气候变化的脆弱性相对较高，在应对气候变化方面，发达国家也该对发展中国家提供资金和技术补偿，以适应气候变化。

但是另一方面，矫正正义诉诸某些强有力的直觉。我们会看到，它也存在严重的缺陷，且并没有为气候协议的制定提供有益的指导。将这一观点运用到现实中会出现严重的问题。以 2005 年为例，中国（的碳排放）占累计排放量的 10%，并且就总排放量而言，发展中国家并不比发达国家少多少，同时再想想出现在发展中国家的爆炸式的排放增长。到 2030 年，发达国家是否要对所有损失负大部分的责任，就很难说了。

气候变化的正义需要坚持，而坚持的准确标准却很难统一。无论是分配正义还是矫正正义，都存在其不可避免的弊端和缺陷。但是，我们不能因为达成统一标准的困难度而因噎废食，世界是一个共同体，面对气候变化的实际，任何一个国家都不可能全身而退，国际气候合作仍需继续坚持和进行，而具体采取什么样的标准，仍然需要很长一段时间的谈判和磨合。许多学者意识到实现国际气候合作的前提是在公平原则上消除分歧，消除分歧的解决之道也就在于找出一个行之有效的能够被大多数国家所能接受的策略，这一策略也就是能够满足大多数国家的利益需求，是一个能够被广泛接受的利益平衡点。例如，在碳排放权分配问题上，有许多被认为是公平的分配方法，而每种方法下各国的减排成本和收益都有所差异，因此，任何单一标准的分配方法不能获得所有国家的认同。一种解决的途径是令决策者为每种分配方法打分或赋予权重，从而建立一个多标准的公平原则体系，使各方利益在多个标准中进行协调，最终得出一种被广泛接受的折中的利益平衡的方案。

所以，任何一种公正原则对于不同的国家而言都有其不公正之处。我们更该坚定立场，在人文发展的角度上找到一个相对于发展中国家而言相对公正的原则主张，这也将成为未来解决气候公正问题的突破点和难点。

二、国家间不同的公平立场及地区合作的必要性

减排和适应气候变化不只是某个国家的必然选择，而是国际社会每一个国家的必然选择。适应也许在一定程度是更注重于本国国内的适应，而减排则未必。减排则更多的是关乎国际社会的合作和共同努力，因为也许有些国家努力减排了，而另一些国家不做出努力，那么这些国家也就搭了那些做出努力国家的便车；更糟糕的是，另一些国家非但不做出努力反而进行破坏，那么之前那些国家做出的减排努力也就付诸东流。因此，减排要求的更多的是国际社会之间的合作。但是，围绕减排的公平公正问题，这一合作的实现却陷入僵局。减排的焦点问题是发达国家和发展中国家的减排义务的分担问题。为了不损害自己国家的利益，最大限度地争取对本国有利的方案，国际气候谈判也一次又一次地进行着，发达国家和发展中国家就谁应付更多的责任以及减排的公平问题也表示出了各自不同的利益立场，各国的利益角逐也愈演愈烈。

(一)发达国家和发展中国家不同的公平立场

气候变化减排领域内的国际谈判实际上已经逐渐演变为各主要国家和利益集团之间在政治、经济、科技、外交和环境等领域内的综合实力的较量，在国际气候的谈判中，已经形成了三大利益集团：欧盟、中国加 77 国集团以及以美国为首的伞形国家集团。国际气候谈判的基本格局间接上是由这三大集团的利益角逐所主导和决定的。发达国家理解的公平是建立在成本收益原则的基础上，而发展中国家理解的公平却是一种占有资源权利和发展机会的平等。如在有关碳排放权诸多不同的分配方法使各国在选择具体标准时产生争议，发达国家偏向于按 GDP 分配，而发展中国家则偏向于按人口或历史累积因素分配。欧盟国家在气候谈判上态度积极，力图在国际气候谈判中占据主导优势地位，极力主张采取大量措施进行温室气体的减排和限排，其主要依靠的是欧盟主要国家内部发达的经济、良好的环境、较强的环保政治实力、能

源结构中清洁能源的较大比例以及先进的环保技术和充分的环保资金等绝对性优势。中国和77国集团都是发展中国家，其基本的立场是发达国家对于全球气候变化负有最主要的现实和历史的责任，发达国家应当率先采取行动进行减排和限排，同时极力反对发达国家提出的在当前发展中国家自身应对气候变化较为脆弱的情况下进行减排。但是由于集团内部体系比较庞大，错综复杂，内部分歧也较为严重：产油国担心减排措施会影响其石油的出口和需求，因此极力反对减排的要求；以中国和印度等为代表的发展中国家由于本身面临的能源和可持续发展的挑战，在减缓气候变化的问题上基本上持中立态度；小岛联盟（35国）由于受气候灾害影响比较严重，与欧盟观点相似，比较激进地强烈要求所有国家一起行动，认为发展中国家也应该积极加入到减排的行动中；以巴西和阿根廷为代表的拉美国家对于主动承担义务表现出跃跃欲试的姿态。

不同的地缘政治现状，决定了各国不同的对外政策和目标，同时也成为各国共同解决气候变化问题的国际气候谈判中决定气候外交政策的重要依据。在长期的协商和谈判过程中，为了实现自己的利益目标，扩大自身影响，无论是发达国家、经济转型国家、发展中大国，还是中小发展中国家，在气候变化的国际角逐中，均有利益诉求[3]。在共同利益的驱使下形成了以中国、美国和欧盟为主要代表的三足鼎立的局面。

1. 美国——“伞形集团”的重要成员

美国较强的经济实力使其拥有广阔的发展空间，但它并不可能在一己之力下解决气候变化问题。其背后也有一个利益集团，包括日本、新西兰、澳大利亚和加拿大等国。因其成员在地图上分布形状像一把伞，因此，被统称为“伞形集团”。这些国家在谈判中，并不正式作为一个集团参与谈判，更多的是通过一些非正式沟通和协调，商定立场。谈判中，每个成员都为争取这个集团的共同利益而努力，但是每个成员自己的利益，则自行独立争取[3]。

美国最大的发达国家的地位使其在气候变化问题上极力争取话语权，以压过欧盟在该问题上的“风头”。但是前期在气候谈判中的积极主动犹如昙花一现，《京都议定书》的退出更显示了其在应对气候变化问题上不愿作为的心态。美国总统布什认为《京都议定书》存在严重的缺陷，因为它没有规定发展中国家承担的减排义务。美国认为，当前各国的排放现状和未来的排放趋势都不容许发展中国家置身事外，尤其是像中国和印度这样的排放大国，他们也应当承担减排的责任。美国、加拿大和日本等“伞形集团”国家执意推行其所谓的“换取排放”和“抵消排放”的提案，并试图以此来作为进行减排的替代性方案。其真正意图在于不想真正减少温室气体的排放量，试图以植被吸收二氧化碳的能力，包括现有植被和新植被，来抵消掉国内温室气体的超标排放量；或者意图利用清洁发展机制（CDM）项目在发展中国家的实施和执行以换取本国进一步增大温室气体排放的指标。因此，以美国为首的“伞形集团”国家极力试图摆脱自身的减排义务和责任，以发展中国家做出减排承诺、履行减排义务为借口作为其逃避责任的幌子，其真正目的在于在公约之外建立自身外部的应对机制以期能够掌握在国际气候谈判中的话语权。

2. 欧盟——27国集团强调其积极地位

欧盟是欧洲发达国家推行经济、政治一体化，并具有一定超国家机制和职能的国际组织。在参加《联合国气候变化框架公约》和《京都议定书》签约的实体中，欧盟是迄今为止唯一的非国家缔约方。欧盟由27个成员国组成，相对于气候谈判的其他集团，欧盟集团最为团结，话音一致，行动统一。欧盟27个成员国私下会面，商讨共同谈判立场。欧盟轮值主席发言。作为一个地区经济一体化组织，欧盟自身可以成为而且是《公约》的一个缔约方。但是，欧盟没有独立于其成员的投票权[4]。

在应对气候变化问题上，欧盟一直保持积极状态，以最积极的态度参与全球环境保护，并且呼吁其他国家特别是发达国家参与到温室气体减排的行动中，同时强调自己在全球环境领域的领导地位。欧盟之所以保持其积极的减排态度的主要原因在于它具有较大的减排潜力，并且其减排的成本相对较小，减排所产生的影响对经济的冲击力也较小。近些年来，欧盟的人口数量增长较慢，甚至一些国家出现了负增长，其经济发展也逐渐趋于成熟和稳定，加之其所拥有的世界领先的技术优势使欧盟在可再生能源等技术领域底气十足。通过其内部协议分担责任，欧盟内部最大的两个排放国——英国和德国就承担了其减排总量40%的任务，一定程度上降低了其减排成本[4]。欧盟国家企图通过其减排和技术优势，在国际政治和国际气候谈判中占据领先地位，同时提升国际竞争力。

3. 以中国为代表的“77＋1”发展中国家阵营

中国作为最大的发展中国家以及联合国常任理事国成员之一，在国际气候谈判及减排中占据独特的地位。但同为发展中国家的中国更加重视与发展中国家的联盟组织——77国集团——的合作。77国集团始于1964年召开的第一届联合国贸易发展会议，是联合国中最大的发展中国家政府间组织，其宗旨是帮助发展中国家阐明和维护发展中国家的集体经济利益，提高其在联合国系统所有主要国际经济问题上的联合谈判能力。

发展中国家由于利益不同。在国际气候谈判中立场也有所差异。在《公约》谈判中，发展中国家倾向于采取被动和防御性的谈判战略。即便是最大的发展中国家也不能与发达国家对手平等地进行谈判。因此，发展中的小国如果不与一个联盟立场保持一致，其国家利益很难得到保证。在国际气候谈判的大环境下，发展中国家根据《公约》“共同但有区别的责任”原则，要求发达国家在减排上率先垂范，并通过技术转让和资金援助帮助发展中国家实现低碳发展。发展中国家认为，发达国家在资金援助和技术转让方面是缺乏诚意的。随着气候谈判的进展，发展中国家面临与日俱增的国际压力。尽管花样不断翻新，但核心是要求主要发展中国家要有意义地参与。由于发展中国家集团内部也有着不同的利益诉求，因此，协调统一立场的难度也在加大[3]。

除了中美欧三足鼎立的主要阵营外，由于地缘政治上的相似性，也形成了如小岛国联盟、雨林国家联盟、石油输出国组织等不同的国家联合组织，为了争取其自身在国际气候谈判中利益的最大化，从本国的实际情况和地理特点出发，分别表达不同的利益愿望，积极活跃于国际气候谈判的舞台上。

(二)气候地区气候合作的有效性

应对气候变化，行之有效的方法之一在于开展地区间的气候合作。气候变化的政治学视角尤其关注气候变化的地缘政治学，主张在小范围内开展的有效地域间的合作才是进行气候合作和应对气候变化的有效方案，如双边性、区域性、多边性的合作，或是在国际组织的框架内展开的区域合作。在《联合国气候变化框架公约》谈判格局下，出现了如欧盟、非洲集团、拉美国家动议集团、中部集团和CACAM(中亚、高加索、阿尔巴尼亚和摩尔多瓦区域性集团)等区域集团[5]。处于同一片地区的国家往往在环境问题上面临着相同的处境，同时因为各国在语言、文化、地理和历史、经济等方面具有千丝万缕的联系，相同区域的国家更容易在应对气候变化问题上找到共同的语言和共识，进行国际气候合作。因此不难发现，适当和及时的地区间的气候变化合作可以在一定程度上促进气候变化信息的交流、优化区域间气候变化政策的方向和内容，同时监控地域气候政策的实施，这些都在较大层面上推动了气候变化合作的进程。

1. 中美气候合作

中国和美国作为最大的能源消费国在主导国际气候谈判与解决气候变化问题上起到重要作用。中美气候合作不但能够对全球温室气体减排行动的总体成效产生决定性的影响，同时也能提升国际社会共同应对全球变暖问题的信心，为其他国家间应对气候变化问题合作起到示范和带头作用[6]。因此，吉登斯认为美国和中国确实有必要走到一起，因为只要涉及气候变化和能源安全问题，他们就把世界的未来握在了手中[7]。中国和美国的气候立场将对气候变化问题的解决起到主导性的作用，因此，中美的合作也备受关注。

在各自利益的基础上，中美加强能源和气候变化领域内的合作，有广泛的共同利益，对发展和稳定新型的中美关系具有积极的促进作用。首先，奥巴马政府的首要任务是应对金融危机，他提出要实施绿色复苏计划，将新能源技术作为创造就业和刺激经济的新增长点。中国在实现保增长目标的同时，也必须加强节能减排，并利用这一契机，促进经济结构和产业结构的调整。其次，保障能源安全也是两国面临的共同挑战。第三，中美都是温室气体排放大国，排放总量占世界总排放量的 40%。美国作为世界唯一的超级大国，不可能置身事外，奥巴马政府调整气候政策，也有意争夺气候变化的国际话语权和领导地位。而中国的快速发展使中国拥有了全球利益，也必须承担更多与自身发展水平相适应的国际义务。毋庸置疑，由于政治制度、经济差异和战略机制的不同，中美的合作障碍不可避免。美国的某些社会舆论认为，中国没有承担起其应有的减排义务，中国是通过不公平的竞争才使其社会得到了发展，因此近年来美国的贸易保护主义也有所抬头。美国期望中国作为“负责任的利益攸关方”，应承担更多的“全球性责任”。而中国作为发展中国家，参与国际合作的优先领域是提高技术和管理水平，加强能力建设，促进经济可持续发展。因此，中美之间存在一种既合作又竞争的微妙关系，必须小心平衡各自的政治经济利益。

吉登斯认为中美合作首先应形成地方性知识，放弃简单的技术转让，而致力于打造这样的一种情景，即这类转让有旨在应用和推广技术的投资相伴随——通过提供技术培训或者提高发展中国家内部的自主研发能力。

2. 东亚共同体区域气候合作

因同属于东亚地区，在应对国际社会间的各种问题上面临同样的问题和处境，唇亡齿寒的现状使得东亚各国家间需要相互扶持，互相依靠以应对各种困境，此种背景下，东亚共同体应运而生，主要包括东亚三大国：中国、日本和韩国，以及东盟各国。东亚共同体主要以区域经济一体化作为基石，通过经济共同体、货币联盟和自由贸易区等形式，由低级到高级，逐步形成一种“你中有我、我中有你、相互联结、利益交织而成一体”的关系状态，并进一步发展成为社会共同体和安全共同体[8]。面对日益严峻的气候变化问题，东亚共同体也发挥出了其区域合作的巨大作用。

东亚共同体的合作最早源于 1999 年举行的东亚领导人会议，会议上东亚各国就经济、外交和财政等八个关键性合作领域扩大展开了进一步的合作，环境保护被列为其中一项，东亚区域间气候合作也由此拉开序幕；两年后的5月，东亚区域间的贸易部长会议在柬埔寨举行，会议决定扩大对未来六个合作领域的支持，环境保护是六个领域其中之一；目前，环境保护的议题也被列为东亚区域合作框架的八个政策领域的17个政策议题之一[9]。不难发现，东亚共同体在应对气候变化问题上表现出了积极应对的态度和共同面对问题的决心。其决心主要表现为：在日益严重的自然灾害频繁发生以后，东亚国家领导人就解决气候问题纷纷制定各种政策进行应对，如老挝政府编写的《适应气候变化国家行动计划》以及韩国政府于2008年颁布的《应对气候变化综合行动计划》都为解决本国的环境问题做出了一定的贡献。

目前，东北亚国家间就解决和探讨共同面临的区域气候变化问题建立了以东北亚环境合作高官机制，中国与部分东南亚国家也建立了大湄公河次区域经济合作组织，其主要任务在于保护该区域的生态环境以进一步促进大湄公河地区生态环境的可持续发展[10]。在哥本哈根会议期间，日本就帮助其他东盟国家应对气候变化曾做出过表态，它表示将会在2010—2012年出资约100亿美元帮助发展中国家应对气候变化，减缓全球变暖进程；韩国虽未明确表态，但其较高的经济发展水平在帮助发展中国家应对气候变化方面也将游刃有余。因此，东亚共同体间完全具有共同应对气候变化和共同解决问题的可能和能力。

但是中国和日本作为东亚共同体中最大的两个国家，因为一些政治问题和历史问题，关系一直处于较为紧张的状态，近段时间的钓鱼岛问题更是让两国关系进入白热化阶段。这直接导致了两国的国际合作逐渐淡化，这也成为东亚共同体合作中一个不可调和的现状。当前的东亚共同体主要是以中日韩为核心，三国要发挥其核心作用，通过碳排放交易和联合履约等机制展开减排合作，在东亚国家之间推行技术的开发和转让，尤其是中日两国间的合作，既能为技术条件低的国家提供技术支持，降低碳排放，同时也能够使高技术国家获得相应的技术转让的回报[10]。无论是有怎么样的分歧和立场，在人类共同即将面临的灾难面前，相信中日两国能够摒弃政治隔阂，以保障人类共同的生存环境为基础，共同应对气候变化问题。

3. 上海合作组织高层气候对话明显增多

上海合作组织是中国、俄罗斯、吉尔吉斯斯坦、塔吉克斯坦、哈萨克斯坦和乌兹别克斯坦六国组成的一个国际组织。该组织另有五个观察员国：蒙古国、巴基斯坦、阿富汗、伊朗和印度。总人口占到世界总人口的1/4，其主要任务和宗旨在于解决各成员国地区间的边境问题、维护地区及国际和平问题。近年来，由于气候变化问题的升级，再加上中国与其成员国环境形势日益严峻，气候变化问题成为讨论和关注的焦点。

在上海合作组织的推动下，与地区气候问题相关的高层对话交流明显增多，其框架下探索建立新的多边对话与磋商机制方面取得明显进展，有关区域间气候变化合作的上海合作组织的首脑及部长级的会议不少于7次。同时，会议期间还陆续发表了一些具有深刻意义的有关气候环境合作的宣言和宪章，多维度和多角度地表明了上海合作组织对待气候变化的自身立场，着重强调了各成员国之间加强合作以共同应对气候变化的重要性。同时，上海合作组织成员国还积极举行了各种形式的部长级环保会议、军事气象水文联合保障研讨会等，商讨建立气候合作常态机制和地区气候变化等事宜，共同筹划上海合作组织成员国军事气象水文人员交流机制、完善信息共享体系、优化联合保障程序并逐步扩大军事气象水文保障合作与交流的领域和层次，这同时也为中国与中亚国家的气候环境合作朝着制度化和规范化的方向迈出了可喜的一步[11]。积极加强与联合国环境规划署(UNEP)、联合国政府间气候变化专门委员会(IPCC)、亚洲合作对话(ACD)以及亚洲开发银行(ADB)等国际或地区间组织的交流与合作，进一步拓展地区气候环境合作空间。与此同时，中国与中亚国家还利用参与各种国际组织的机会，加强双方在气候环境合作上的沟通与协调，共同表达对地区气候环境问题的关注和期待。

4. 非洲联盟在应对气候方面也表现出积极的态度

非洲国家人口约占世界总人口的11%，但其总的国内生产总值却仅占世界GDP的1%，全世界有49个最不发达的国家其中有34个是在非洲，近一半的非洲人生活在贫困线以下。债务沉重，外债总额高达3 500多亿美元[12]。面对如此残酷的现实，非洲国家的领导人开始意识到仅仅依靠各国自身的发展或外部的力量都很难使自己摆脱贫困的现状，解决其面临的各种问题，只有将非洲各国相联合，才是解决问题的唯一出路，经济一体化和政治一致化才能摆脱贫困、实现振兴，因此，非洲各国领导人联合成立了一个包含54个非洲成员国的非洲联盟，以共同解决非洲面临的各种政治、经济和军事问题。

非洲联盟的成立为共同解决各类问题提供了新的出路，各国团结一致，为争取集团利益共同努力。在应对气候变化问题上，对于非洲国家而言，其减排总量可以忽略不计，主要面临的问题在于适应。其经济发展的滞后性和技术政策的落后都决定了其应对气候变化的脆弱性，需要得到发达国家的资金和技术支持。因此，非洲联盟在国际气候谈判中努力争取自身利益，以得到发达国家的援助。目前大约有22个非洲国家完成了适应气候变化的国家行动计划，另外也有些国家正在追求遏制森林退化和可持续的土地利用[13]。2010年6月28日，联合国环境规划署以第13届非洲环境部长级会议秘书处的名义发表声明称，与会的40余个非洲国家的环境部长就加强应对气候变化和保护生物多样性等方面的合作与互动达成一致[14]。

因此，非洲联盟在应对气候变化问题上也表现出了积极的态度，就增强本国应对气候变化的适应能力和积极为减缓气候变化做出努力方面表现出了积极的态度。在发达国家的资金和技术支持下，其适应能力也将得到更大提高。

以上地域性的合作组织或多或少都对气候变化问题的解决起到一定的促进性作用，使各国在地域间形成良性的互动和合作，彼此增进沟通和理解，能够更好地为气候变化问题的解决提供更多的辅助性作用。

三、应对气候变化的国家类型研究

国家和政府在应对气候变化问题中扮演着重要的角色。伦敦政治经济学院前院长、剑桥大学国王学院成员、英国知名学者吉登斯(Anthony Giddens)在其著作《气候变化的政治》中谈到了国家和政府在解决气候变化问题中的作用，主张国家应该成为气候变化的主要行为者，国家要在民主体制内进行政治变革——由赋权型国家向保障型国家过渡，发挥国家和政府的主导地位，制定长期的规划，监管减排并且保证目标的实现。当然，保障型政府也需要与威权政府、民众以及非政府组织多方合作，积极应对气候变化。

气候变化作为一个政治问题，在解决该问题的过程中，国家和政府已经扮演着越来越重要的角色。1988年联合国政府间气候变化专门委员会(IPCC)的成立就标志着多数国家开始对气候变化问题予以关注，气候变化问题就开始向政治化方向演进，其任务是对全球范围内有关气候变化及其影响、气候变化减缓和适应措施的科学、技术、社会、经济方面的信息进行评估[15]。2007年，联合国安全理事会也首次将气候变化与国家和国际安全挂钩，使气候变化问题的政治化达到了新高度[16]。因此，国家与应对气候变化这个问题有着密切的关系。吉登斯指出，“工业化国家必须在应对气候变化方面走在前头，成功的机会将极大地取决于政府和国家[7]。”这一行为者目标的实现则需要政府从上而下的统筹规划，即国家要在民主体制内进行政治变革——由赋权型国家向保障型国家过渡，必须建构出一个保障型的国家。赋权型国家(Enabling State)是一种自下而上的民主，它更多的是强调民众和社会团体等的社会自治作用；保障型国家(Ensuring State)“其首要的角色是帮着激发起多元化的团体在集体问题上达成解决的方案”，它意味着“国家应负责监督公共目标，并负责保证这些目标以一种可见的、可接受的方式实现[7]”。

(一)赋权型国家在应对气候变化中的利与弊

赋权型国家的概念是由美国加州大学伯克莱校区社会政策专家内尔·吉尔伯特(Neil Gilbert)教授在20世纪80年代后期提出的，之后他在其一系列著作中不断深化这一概念。赋权型国家推崇所谓的“公共支持私人责任”(public support for private responsibility)的理念，即国家通过各种方式来支持民间，也就是个人、家庭、社区和非营利组织来承担更多社会责任[17]。也就是说国家不会直接对社会事务进行管制，而是会通过各种间接方式对民间提供支持，赋予公众参与国家和社会事务的权利，激发公众的集体智慧，发挥公众在解决共同问题中的能力，从而发挥出社会各种力量的作用。其实质是一种自下而上的民主形式。而在应对气候变化问题上，它就是一种自下而上的环境民主形式，它更多地强调的是公众的一种自下而上的集体参与环保和应对气候变化的行为。公众参与环境保护的形式可以分为两种：一种是个人作为社会公众中的一员，参与环境保护；另一种是建立相应的环境保护团体或组织，反映公众的环保建议、意见和要求[18]。也就是说，应对气候变化主要依靠的是民众个人或社会团体组织的积极参与行动，而国家在很大程度上则是保持一种消极被动的态度，其环境作为更多的是依赖于社会的推动。

1. 赋权型国家在应对气候变化中有利之处

从世界范围看，自下而上的环境民主首先在西方一些工业发达国家形成，后渐渐被国际社会逐渐认可。1992年6月联合国环境与发展会议通过的《里约环境与发展宣言》强调了公众参与的重要性。美国在1969年通过了《国家环境政策法》，充分体现了环境民主的原则，该法规定，“国会认为，每个人都应当享受健康的环境，同时每个人也有责任对维护和改善环境做出贡献”；该法案同时规定了一切联邦政府的部门应该将他们制定有关环境影响的评价和意见向民众公布，并要向机关团体或个人提供有关对保持、恢复和改善环境现状的有价值的情报和建议。我国的《环境保护法》中也规定：“一切单位和个人都有保护环境的义务，并有权对污染和破坏环境的单位和个人进行检举和控告。”①种种法律条文的发布为民众参与管理环境问题和气候问题提供了合法性和合理性。

---

① 《中华人民共和国环境保护法》第一章，第六条。

回顾世界各国公众参与应对气候问题的历史，无论是其政党型的绿党联盟、民间组织型的国际组织还是环境运动型的环境保护运动[15]，这些自下而上的组织和活动也曾取得过一些成绩，发挥出了其特有的作用：

(1)赋权型国家能够集中多数人的观点和意见，充分发挥全体社会成员的力量和智慧，全面认识到问题和风险所在，能够按照多数人的意见统一行动。

(2)自下而上的民主化的形式充分调动了民众的积极性和主动性，使有识之士能够积极主动地参与到应对气候变化的行动中。

(3)能够有效地平衡个人和集体的利益关系，协调和沟通不同利益集团之间的冲突，从而减少应对气候变化的巨大利益冲突引发的社会矛盾，使一些法律制度得以顺利实施，进而得以保障环境公平的实现[19]。

2. 赋权型国家应对气候变化的局限性

不可否认，自下而上的赋权型国家在历史长河中发挥了其独特的优势，也取得了些许的成绩。但正如吉登斯在接受专访中所言，"赋权型国家是一个太弱的概念"，其固有的局限性使其很难再在应对气候变化问题上有扩展性空间，也很难进一步发挥作用，从根本上解决问题。

(1)复杂不一的观点，难以协调一致的行动，使公众很难在真正意义上找到共同的目标并采取一致的行动。再多的成绩也不过是"东一榔头西一棒子"，很难统一在某一共同目标上有大的作为。

(2)容易造成工作量的无限放大和大量资源的浪费。由于没有统一的行动观念，在处理问题中很可能会造成问题的无限放大，从而花费过多的人力物力，却还是难以收到理想的效果。

(3)气候问题的解决的关键点在于思想意识的觉悟和全体成员的共同努力和统一行动。而一般意义上采取行动的仅是一些有识之士，并非所有社会成员都有意愿要参与其中。这就造成了前面治理后面破坏，然后再治理再破坏的恶性循环的结果。长此以往，问题始终难以得到根本解决，甚至会有继续恶化的趋势。

(4)赋权型国家的致命弱点在于，它没有看到国家和政府本身所具有的优势，更不能发挥国家的作用。其行动过程中，一味依赖于公众的作为，国家毫无作为或只是被动作为，处于一种消极被动的地位，如此被动和消极的局面也就注定了其很难有大的作为或者提出长期性应对战略。

毋庸置疑，虽然赋权型的国家具有其优势，但其对于公众的过度依赖，以及它对于国家地位和作用的忽视，成为其难以克服的弱点和缺陷，在应对气候变化问题上更是显得力不从心，难有作为。在应对气候变化方面必须向保障型国家进行过渡，才能更好地解决气候变化问题。

(二)保障型国家在应对气候变化中的主导作用

如果说赋权型国家强调的是国家和政府的"掌舵"职责，或者说连"掌舵"都称不上，而保障型国家则强调的是国家和政府的"掌舵"和"划桨"的共同职责。保障型国家需要发挥政府和国家的主导地位，制定长期的应对策略和公共目标，这就说明了政府不但要掌好舵——制定出长期战略，更要划好桨——监督并且保证目标的实现，从而保证国家和社会能正确地应对气候变化并且做出一定的成绩。其实质是一种适度的自上而下的民主，它强调的是国家的指挥作用和保障实施潜能。

1. 由赋权型国家向保障型国家过渡的必要性

吉登斯构建保障型国家的观点与另一位美国学者托马斯·弗里德曼的观点不谋而合。弗里德曼在批判了美国政府以往在应对气候变化问题上的迟滞和低效之后，还是将希望寄托在政府身上，认为只有政府引领才可能凝聚一切应对气候变化行动的能量[20]。尤其是在应对气候变化问题上，更需要保障型国家的构建和保障。因此，积极由赋权型国家向保障型国家过渡，构建保障性国家，充分发挥国家和政府的作用有极大的必要性。

首先，明确的目标和正确的引导，能够充分发挥出全体社会成员的力量，共同努力。保障型国家是由政府和国家占主导地位的，具有赋权型国家无可比拟的优越性。只有向保障型国家的成功过渡，国家才能在其主体地位的基础上制定出行之有效的气候变化政策，强化气候变化的政治力量，对解决气候变化问题进行协调、监督并保障实施，才能克服重重困难，解决气候变化问题，化解“吉登斯悖论”(Giddens'paradox)[7]。

其次，正如吉登斯所言，保障型国家比赋权型国家更强，意思是它履行着更强的功能，它必须进行长远的策划，必须监督和检查，这些是公民社会本身所无法做到的事情。但是，保障型国家可以做到这些方面。也就是说，保障型国家能够就气候变化问题制定出高瞻远瞩的计划，并充分保障这一计划的实施，并监督其实施过程，检查其实施结果。稳定的政府、稳定的计划，充分保证了在节能减排、环境保护和生态建设等方面做出成绩的可能性。

最后，也是最为重要的，从1992年《联合国气候变化框架公约》签订后直到现在，都未能就气候变化问题拿出国际社会普遍认可并行之有效的真正方案，《京都议定书》的签订更多也只是一种摆设。各国在维护各自利益的立场下，很难在短时间内就气候变化问题拿出一个大家一致认可的可行方案。但日益严峻的气候变化问题已经成为迫在眉睫的难题。在未能达成一致强有力的协议前，从各国国内自身着手，在民主体制内进行变革，向保障型国家的过渡，在气候变化和能源安全领域做好保障工作，何尝不是一种减缓气候变化的切实可行的方案呢？

2. 适度的“自上而下”气候民主

吉登斯提倡保障型国家，但是对构建自上而下的民主体系并未给出绝对性的肯定定论，在郭忠华对其的采访中，他说：“我并不是说我们要迈向一种‘自上而下’的体系。”也就是说，虽然吉登斯对自上而下的保障型国家的构建予以推荐和肯定，但他并没有不顾实际地完全主张在气候问题上实施“自上而下”的计划体系。既然不是完全的“自上而下”的体系，在具体做法上，吉登斯更是谨慎细致，在《气候变化的政治》的后半部分，花了大量的篇幅探索如何在保障型国家的体制下，合理而又不过度地利用这个计划体系。吉登斯指出气候变化要求政府加强管制和监督，但是必须要在自由民主的政治框架内进行，吉登斯并不推崇威权政府。在民主国家和政府的具体做法上，他主张：

(1)保持乐观心态，做好应对气候变化后果的准备，抢先适应。对于气候变化问题以及全球暖化的现状，我们应该始终保持清醒的头脑。问题的存在我们不容忽视，其可能造成的后果也可以预见。而当下我们所应该做的则是未雨绸缪，在以风险评估数据为基础的前提下，做好一切应对气候变化的准备。制定出切实可行的减缓气候变化的方案，同时进行经济创新、制度创新和技术创新。

(2)始终将气候变化保持在政治议程的首位[7]。气候变化的不可见性和无形性使人们对于气候变化问题很难保持严肃对待的态度，对于这个问题的关切很容易被恐怖主义等立竿见影的问题所取代。所以吉登斯提出“竞争性的政党之间应该有这样一种共识,即气候变化和能源政策应撇开现有的其他分歧和冲突而不断坚持下去”。也就是说,气候变化问题具有“政治超越性”[7],它不同于任何一个政治议题,不是一个“左”或右的问题,它应该越过所有党派之争,在任何时候、任何情况下,都应该成为所有政党首先也最为重要的政治议题。

(3)摒弃谨慎原则,实施比例原则。吉登斯批判谨慎原则,认为谨慎原则关注的只是风险的一面,“它一味关注最坏的可能性,既引致对现状全然无动于衷,又引致赞同极端的反应”[7],它很容易走向一味关注风险的极端,而忽视其他方面,从而导致惧怕作为或根本不作为。吉登斯提倡比例原则,即对某些行动和某项政策实施机遇和风险的比例评估,通过评估来决定行动与否。这一原则的提出就避免了一味冒险或一味不作为的情况,是做出决策应该予以利用的有效原则。

(4)为走向低碳经济推出一种合意的经济和财政框架[7]。所谓“合意的经济和财政框架”意指实施碳税。税收是国家调节社会各项事务的主要工具,对国家和社会经济的发展也具有至关重要的影响和作用。合理征收碳税,是国家解决气候变化问题的重要手段,秉承“谁污染,谁买单”的理念,不但能够有效降低社会污染,减少排放量,同时也可以让国家用征收的碳税来解决其他的社会问题。

(5)实施政治敛合和经济敛合。这两个概念是吉登斯的创造性提法,这两个概念的提出试图解决两个问题,即经济和政治的健康发展和气候环境问题的有效解决。政治敛合(political convergence)是指“与减缓气候变化有关的整合和其他领域的公共政策积极重叠以至于彼此都可用来牵制对方”[7]。经济敛合(economic convergence)是指“低碳技术、商业运作方式、生活方式与经济竞争性的重叠”[7],其实质主要是依靠经济利益的驱动以做出减缓和适应气候变化的行动。吉登斯试图将解决政治、经济的议题与解决气候变化议题紧密相结合,使人们在力求政治、经济发展目标的同时也争取实现解决气候变化问题的目标,从而达到一举两得的效果。吉登斯从长远角度和整体角度思考了气候问题的解决和经济、政治、社会问题解决之间的内在联系,从而思考出将这几者相结合,在政策上将它们“打包”一起,共同解决。

(三)保障型国家与多方力量合作,积极应对气候变化

吉登斯气候变化的政治思想以保障型国家的构想作为核心[21]。就如何构建保障型国家上而言,他又从政治敛合和经济敛合两方面进行深入思考,为从政治学角度看待和解决气候变化问题拨开一层迷雾,指明了务实可行的方向。吉登斯就政府该如何应对气候变化以及政府需要做些什么做出了详尽的阐述和分析,对我们从政治角度解决气候变化问题提供了有力的指导。气候变化在著名的斯特恩报告中被称为“迄今为止最大的市场失灵问题”[22],需要各国政府积极的作为,尽量避免“公地悲剧”。正如相关研究者所指出的那样,吉登斯应对气候变化的保障型国家思想的“这种调节是政府与市场、社会的关系的创新”[23]。吉登斯呼吁世界各国特别是西方国家进行政治体制改革,强调政府应该积极作为,在应对气候变化中发挥主导作用,这是吉登斯气候政治思想的亮点。同时,大家在看到吉登斯保障型国家思想的同时,也不能忽视其他的力量,保障型政府需要进一步发挥作用,进行多方合作,积极应对气候变化。

(1)民主政府和威权政府合作应对气候变化。吉登斯指出气候变化要求政府加强管制和计划,但是必须要在自由民主的政治框架内进行,他认为威权政府在应对气候变化方面起着消

极作用。吉登斯对于中国和俄罗斯的评价带有鲜明的立场和意识，他自恃是站在民主国家的立场上高度评述两国是非民主国家，是威权式国家，并且认为在这样的国家中产生碳排放的必然性，与此相反，在谈到欧盟时，尽管也有批评，但总体上却是一种不顾实际的称赞。因此，我们需要辩证地看待吉登斯的思想。他认为保障型国家必须在自由民主的框架下来过渡，但他并没有更深入地探讨出自由民主的制度应该采取怎样修正才能够保证政府从“赋权型”向“保障型”过渡。这点上大卫·希尔曼在《气候变化的挑战与民主的失灵》中则提出相反的意见，认为自由和民主救不了当前的气候形势，他指出：“自由民主制天生是不稳定的，并在缓慢却稳定地走向威权主义”，“在世界危机管理上，一个威权的精英统治比当前的民主制平庸统治更有效。”[24]各国选择自己的政府需要根据各国的实际情况，威权政府如果积极作为，制定更加切实有效的长远和近期目标，同样可以为应对气候变化做出突出的贡献，被吉登斯视为威权政府的中国政府在近些年的国际气候谈判和应对气候变化中也采取了积极的行动，从国家的层面发挥了应对气候变化的主导作用，与其他国家一道通力合作，合力应对气候变化。

(2)保障型国家与民众和非政府组织的合力应对气候变化。保障型国家在应对气候变化中发挥着主导，但不是全部。在应对气候变化这场全球的长期战役之中，我们也需要重视民众和非政府组织(Non-governmental Organizations)的作用。气候变化的影响遍布全球，应对气候变化影响需要全世界的民众和各种组织通力合作。正如吉登斯所言，“一个保障型国家必须和不同的团体，当然也必须和公众协同行动，以便推进气候变化目标”[7]。非政府组织在应对气候变化中取得的成果也日渐获得国际社会的认可，它们试图通过多种途径使得气候向着有益的方向转变。一些有影响力的非政府气候组织，比如：世界自然基金会(World Wide Fund For Nature，WWF)、气候行动网络(Climate Action Network，CAN)、美国气候行动合作组织(United States Climate Action Partnership，USCAP)、气候项目(The Climate Project)等，它们积极参与国际气候谈判，开展有影响力的特色活动，发挥公共“问责”作用，非政府组织与私人部门合作方面也有优势，它们以自己的方式发挥着自己的作用和影响力[25]。在应对气候变化这一项大工程中，除了保障型政府的主导作用之外，还需要全世界民众和有效的非政府组织的作用。

参考文献

[1] 潘家华.低碳转型——践行可持续发展的根本途径.北京：学苑出版社，2010：68.
[2] 徐以祥.气候保护和环境正义——气候保护的国际法律框架和发展中国家的参与模式.现代法学，2008，**1**：34.
[3] 庄贵阳，朱仙丽，赵行姝.全球环境与气候治理.杭州：浙江人民出版社，2009.
[4] 庄贵阳.试析国际气候谈判中的国家集团及其影响.太平洋学报，2001，**2**：72-78.
[5] 张磊，庄贵阳.国际气候谈判困局与东亚合作.世界经济与政治，2010，**7**：60.
[6] 张莉.中美气候变化合作前景探析.新视野，2011，(3)：91-93.
[7] 安东尼·吉登斯.气候变化的政治.北京：社会科学文献出版社，2009.
[8] 胡怡梦.从气候与环境问题入手构建东亚共同体.重庆工学院学报(社会科学版)，2008，**22**(5)：102-104.
[9] 李同.东亚区域气候合作浅析.东南亚纵横，2011，**10**：66-69.
[10] 郭磊.东亚共同体——路在何方.企业家天地(下旬刊)，2009，**11**：245-246.
[11] 朱新光，张深远，武斌.中国与中亚国家的气候环境合作.新疆社会科学，2010，**4**：56-61.

[12] 丁丽莉. 非洲联盟. 国际资料信息,2002,**9**:38.

[13] 詹世明. 应对气候变化:非洲的立场与关切. 西亚非洲,2009,**10**:47-48.

[14] 王雅楠. 非洲国家决定加强应对气候变化的合作. http://www.cma.gov.cn/2011xwzx/2011xqhbh/2011xgjhzyjl/201111/t20111109_151770.html[2010-06-29].

[15] 陈鹤. 气候危机与中国的应对. 北京:人民出版社,2010:5.

[16] 马小军. 气候政治已走进国际战略博弈的中心. 理论视野,2010,**2**:29-30.

[17] Gilbert N. *Transformation of the Welfare State: The Silent Surrender of Public Responsibility*. New York: Oxford University Press,2002:163-189.

[18] 周辉,宣海霞. 论环境民主原则. 宜宾学院学报,2004,**6**:72-74.

[19] 王宏巍. 环境民主原则简论. 中国法学会环境资源法学研究会 2008 年会与学术研讨会论文集,2008,**18**:931-934.

[20] Friedman T L. *Hot, Flat and Crowed: Why We Need a Green Revolution and How It Can Renew American*. New York: Farrar, Straus and Giroux,2008:89.

[21] 郭忠华. 求解"吉登斯悖论"——评《气候变化的政治》. 公共行政评论,2010,**1**:172-182.

[22] Nicholas S. Key Elements of a Global Deal on Climate Change. The London School of Economics and Political Science,2008.

[23] 孟蕾. 安东尼·吉登斯气候变化的政治学分析视角评析. 科技管理研究,2011,**7**:42-45.

[24] 大卫·希尔曼,约瑟夫·韦恩·史密斯. 气候变化的挑战与民主的失灵. 北京:社会科学文献出版社,2009:19.

[25] 唐美丽,成丰绛. 非政府组织在应对气候变化中的作用研究. 理论界,2012,**1**:167-169.

欧盟的气候政策及其治理战略①

李慧明

（济南大学政治与公共管理学院，济南 250022）

摘　要：自20世纪80年代中后期以来，欧盟就开始积极关注气候变化议题并从90年代开始采取了一系列积极措施。2008年欧盟形成其2020年气候与能源战略，2014年形成其2030年气候与能源战略，提出到2030年与1990年相比减排40％的战略目标。欧盟的气候战略就是一条生态现代化道路，是一条以预防为主，打造气候治理领域“领导型市场”为主要经济动因的战略举措。通过此举促使其内部产业结构调整和升级，抢占低碳技术和低碳产业的先机，掌握低碳经济的主导权。欧盟气候治理的生态现代化战略取得了较为明显的成效，迄今为止，在世界范围内应对气候变化的战略行动中是一种相对较为成功的应对战略，但也存在着不可忽视的缺陷和不足，生态现代化之外的国家经济社会发展的深层次结构性调整与转变仍然需要。

关键词：欧盟；气候变化；生态现代化；气候治理

全球气候变化问题是当今世界所面临最严峻的全球性挑战之一，现在俨然从一个科学和环境问题已经上升为一个国际社会广泛关注的“高级政治（high politics）”问题[1,2]。欧盟是国际气候谈判中最为重要的博弈者之一。自从20世纪90年代以来，欧盟在国际气候政治中实际上一直在两条道路上采取积极行动，一条是在国际气候谈判中积极推动，试图建立一套符合欧盟治理理念以及规范的国际气候制度，运用这种国际制度或机制达到约束和限制其他国家和地区的目的，实现欧盟的目标；另一条就是积极先行，试图通过国家之间的竞争与学习，依靠自身的先驱行动影响和带动其他国家和地区“追随”和“效法”欧盟，使欧盟成为其他国家和地区的榜样。② 而欧盟以其自身积极的气候政策使这两者有机地结合起来。1997年“京都谈判”之前，欧盟通过积极行动，首先达成了内部的“责任共担”协定，提出了到2010年工业化国家温室气体减排15％的目标，并最终推动《京都议定书》的达成；之后，欧盟在其内部采取有效措施为实现自身的京都承诺而积极行动并取得了良好的成效；进入2000年以后，欧盟一方面在国际气候政治中为“挽救”《京都议定书》而积极奔走，另一方面在其内部采取了一系列积极举措，

---

① 作者简介：李慧明，男，济南大学政治与公共管理学院副教授，中共中央编译局博士后，主要研究领域是环境政治、全球气候治理、欧洲政治。本文由南京信息工程大学气候变化与公共政策研究院资助。

② 这种行动战略在某种程度上正符合德国著名环境政治学者马丁·耶内克（Martin Jänicke）曾经指出的国际环境治理的两条路径：一种是通过国家之间的协调或通过国际组织（如联合国）的努力在国际上达成共识，来解决全球环境问题（如《联合国气候变化框架公约》及其《京都议定书》的达成），这种模式可以称之为“通过国际规制的治理（governance by international regulations）”；另一种就是通过国家之间的竞争与学习，主要依靠某些国家的先驱行动影响和带动其他国家来达到解决环境问题的目的，这种模式可以称之为“通过国家先驱政策的治理（governance by national pioneer policy）”。参见 Martin Jänicke. *The Role of the Nation State in Environmental Policy: the Challenge of Globalisationy*, Forschungsstelle für Umweltpolitik (FFU) Report 2002-07. Berlin: Free University of Berlin, 2002: 6.

发起了“欧盟气候变化规划(ECCP)”,开始了欧盟排放交易体系的实施,并在 2007 和 2008 年逐步制定了其“后京都时代”的气候治理战略,形成了“气候与能源一揽子计划”,提出了欧盟的“20-20-20”气候行动战略[3]。2013 年以来,欧盟继续推动国际气候谈判达成一项综合的国际气候协议,在 2014 年提出了 2030 年气候与能源政策框架,为 2015 年国际气候谈判积极行动。纵观欧盟的气候治理战略,与世界其他发达国家相比,一直较为积极超前,并通过其内部的成功治理实现“通过榜样和示范进行领导”的战略目标。这种气候治理战略实质上是欧盟试图通过其自身经济社会发展的“绿化”,用更高的环境标准和生态原则促使其经济结构进一步调整,最终走向低碳经济,占据低碳经济时代的制高点,进一步提升欧盟在国际格局中的竞争力和综合实力。因此,欧盟应对气候变化问题的内部行动战略实际上是一条“生态现代化”道路,把生态原则贯穿到了经济社会发展的各个层面。那么,欧盟积极应对气候变化的这种战略有哪些值得我们借鉴的经验和教训?其实施这种战略的深层次动因有哪些?我们该如何客观评价其战略行动的成就与局限?这是本文所要关注的主要问题。

一、生态现代化及其主要内涵

长期以来,环境保护与经济发展的关系一直是学术界、政策界争论的一个焦点问题[4]。环境保护实质上是通过某种管治措施实现外部成本的内部化,使生产活动承担环境成本。因此,一定意义上,环境标准的提高是生产成本或消费成本增大的代名词。就企业而言,这又意味着市场竞争力的削弱。就此而言,环境保护的加强意味着经济发展受到负面影响。但是,这往往只是一种静态化观察的结果,也没有考虑企业技术革新所带来的另外收益。哈佛大学学者米切尔·波特(Michael Porter)对环境保护与国家的经济竞争力之间的关系进行了深入研究之后,提出了严格的环境政策与环境标准会提高国家经济竞争力的“波特假说”[5]。第一,如果一种严格的环境政策随后能够国际性扩散,那么首先采取这种环境政策的国家或地区就会获得竞争优势。因为严格的环境政策会促使企业(不一定是污染企业)进行技术革新,而随后采取这种环境政策的国家就会引进这种技术,技术革新者就会获得竞争优势(通过后来者的学习支付或技术革新专利与知识产权保护);第二,严格的环境政策会导致污染企业本身进行技术革新,这种技术革新能够补偿甚至会超额补偿他们改造技术的成本(“免费午餐”甚至“付费午餐”假说)。这种理论假说正在受到越来越多的经验证据的支持[6~10]。而这也正是生态现代化理论的一个核心主张[11~14]。生态现代化理论认为可以通过一种政策推动的技术革新和现有的成熟市场机制,实现减少原材料投入和能源消耗,从而达到改善环境的目的。也就是说,一种前瞻性的环境友好政策可以通过市场机制和技术革新促进工业生产率的提高和经济结构的升级,并取得经济发展和环境改善的双赢结果。因此,可以说,技术革新、市场机制、环境政策和预防性原则是生态现代化的 4 个核心性要素,而环境政策的制定与执行能力是其中的关键[12]。

生态现代化理念的核心在于,它是一种强烈依赖技术革新以及这种技术革新的成功市场化并在市场经济中进行扩散的环境政策理念。这样一种以技术革新为导向的环境政策就其本质而言是一种国家的先驱政策(pioneer policy)。环境政策以及环境技术革新的先驱者在一种存在全球市场潜力的背景下,从长远的战略视角来看,也就具有了特别突出的优势地位。在一个全球化时代,鉴于环境问题的普遍存在和严峻挑战,应对环境问题已经成为摆在每一个国家和政府面前的紧迫问题。而应对环境问题的战略决策始终与国家经济社会的发展有着密切的关系。一方面,环境政策本身对经济社会的发展模式会产生重大影响,另一方面,应对环境问题的技术及其相关产业本身就具有巨大的经济价值。在这种背景下,处于全球竞争中的环境“先驱国家”的环境技术革新就具有特别重大的经济潜力。因此,某种环境问题具有的普遍性越大,其市场潜力也就越大,而“领导型市场”最终获得的经济利益也就越大。从一个全球性国际竞争的视角来看,在一个低碳经济时代,环境技术及其相关的环境产业将成为未来经济的关键,生态效率将成为所有工业产品与服务的一个主要特征。未来的国际竞争将不仅仅在于产品的价格、质量与设计,环境标准与生态效率也将成为一个更加重要的因素。在这种情况下,在环境技术方面处于领先地位的“先驱国家”将在未来的国际竞争中具有非常突出的优势。而全球气候变化问题是当今世界面临的最具有普遍性的全球性问题。综上所述,在应对气候变化问题上走在世界前列的国家(集团)不但可以掌握国际气候治理的主导权,而且,更为重要的是占据未来新能源和低碳经济的主导权,从而,在未来的国际竞争中处于优势地位。正如有的研究者指出,“未来国际体系重大结构性变化的前提和条件仍然是能源权力结构的变化,即出现了新能源和低碳经济的主导国。未来大国要争夺国际体系的优势就必须具有发展低碳经济方面的优势,从表面上看气候变化谈判是如何实现对气候危机的全球治理;更深层次的问题涉及各国竞争能源创新和经济发展空间,进而影响长期的国际体系权势转移。”[15]

事实上,气候变化问题不仅仅因为经济发展空间和减排成本而涉及国家利益,更为重要的是应对气候变化的现实行动及其对未来国家经济社会发展方式和道路的实质性影响而触及国家利益。因此,只要科学认知和全球舆论继续肯定全球气候变化是我们人类当前面临的最大挑战之一,只要“低碳经济”不再只是书本上的一种愿景而成为未来发展的真实选择,那么,应对全球气候变化的战略行动必将关系到国家(集团)在未来国际体系中的实力和地位。因此,应对气候变化问题的行动(温室气体减排或限制温室气体排放)从根本上触及了一个国家(集团)经济社会发展模式和方向的转型问题。而这种模式和方向无疑直接关乎国家(集团)的现实利益以及持续发展的潜力。从这种意义上讲,一种既能有效应对气候变化问题,也能给国家(集团)带来经济利益并促进其实现“低碳化”转型的战略无疑也就成为一种较为理想的气候战略选择,也就是说,一种有效的气候战略需要找到应对气候变化与促进经济发展二者的契合点,实现二者的互利耦合。这种战略实质上就是要求决策者在这种短期利益与长期利益、传统发展模式与新兴发展模式之间激烈博弈的关键时期要有一种“投资低碳未来”的长远战略性考量,也就是通过技术革新与新能源的开发和利用实现低碳发展,这种战略无疑对于一个国家未来的发展具有无可估量的影响。这种战略就是一种符合“生态现代化”理念的经济社会发展战略。

二、欧盟应对气候变化问题的战略及其行动

从 20 世纪 80 年代起,欧盟就开始积极关注气候变化议题,乃至制定切实可行的政策措施具体落实其减排目标,从理念走向行动。接下来,本文首先对 20 世纪 80 年代以来欧盟应对气候变化的生态现代化战略进行一个实证性分析,然后归纳其主要特点及值得借鉴的经验。

(一)欧盟"京都时代"的气候战略

1. 从 20 世纪 80 年代中后期到 1990 年是欧盟对全球气候变化问题的科学认知与政治行动意愿的形成阶段。纵观整个欧盟气候政策的发展历程,这个阶段在欧盟气候政策的发展史上处于科学认知与采取行动的准备时期,这个时期应对气候变化问题(当时欧盟的文件一般称为"温室问题")更多似乎是从能源安全的战略视角来考虑和出发的。但是,基于强烈的环境政治传统以及对环境问题的高度关注,特别是 1986 年通过的《欧洲单一法令》第一次引入"环境条款",使欧盟在环境保护问题上有了法律基础,欧盟对气候变化问题的反应是比较积极的。比如,虽然在 1988 年 11 月欧盟委员会发布的关于气候变化的第一个官方文件"温室效应与共同体:关于解决'温室效应'政策选择评价的委员会工作规划"中欧盟强调"在这个阶段削减温室气体浓度似乎并不是一个现实的目标,而可能只是一个非常长期的目标"[16,17],但 1990 年 6 月都柏林欧洲理事会上,欧盟各国首脑就呼吁尽早采取措施限制温室气体排放,紧接着在 10 月的欧盟能源与环境联合部长理事会上明确规定,欧盟作为一个整体在 2000 年把温室气体排放稳定在 1990 年的水平[17]。正如有的研究者指出,考虑到温室问题具有高度不确定性和复杂性特征的本质,这个阶段欧盟气候政策的进展得相当快速与平稳,在不到两年的时间内从一个相当模糊的"问题诊断"已经发展到提出具体的政策目标[18]。尽管这个时期欧盟还没有提出实现目标的非常具体的政策建议,主要是延续过去的能源政策。但是,非常明确的是,欧盟之所以在所有发达国家之中首先提出如此积极的温室气体减排目标,是因为其在环境治理方面的政策、技术优势为其带来了强烈的自信,而所有这些无疑与欧盟 20 世纪 80 年代在环境治理方面的成功转型——从传统的环境治理向"生态现代化"的转型——有着极大的关系,或者说,正是 20 世纪 80 年代以来,欧盟在环境治理方面的成功转型使其增强了在气候变化问题领域发挥领导作用的信心和意志。

2. 从 1991 年《联合国气候变化框架公约》(以下简称《公约》)谈判开始到 1994 年《公约》生效,可以说是欧盟气候政策的具体化阶段。从 1991 年到 1995 年《公约》缔约方第 1 次会议(COP1)召开前夕,欧盟委员会、欧盟理事会和欧洲议会发布了一系列关于气候变化或间接与气候问题相关的政策文件。仅 1992 年欧盟委员会就发布了 7 项政策建议,包括一个关于促进共同体可再生能源的决定("ALTERNER"规划)[19],一个关于 CO_2 和其他温室气体排放监督机制的决定[20],一个关于通过提高能源效率(在现存"SAVE"之中的)来限制 CO_2 排放的指令[21],一个关于引进 CO_2 和能源税的指令[22],一项关于委员会建立援助钢铁工业规则决定的修正建议[23],一个限制 CO_2 排放和提高能源效率的共同体战略文件[24],一个关于气候变化框架公约结论的决定[25]。1993 年底欧洲理事会正式批准了《公约》[26]。总体而言,这个时期欧盟的气候政策主要包括三个部分:提高能源效率和发展替代/可再生能源,监督机制,碳/能源税[27]。在能源政策方面主要是发展了一个"节约"计划(Directive 93/76/EEC,SAVE Programmes)和"替代"计划(Decision 93/500/EEC,ALTERNER Programmes)。监督机制是通过一个理事会决定(Decision 93/389/EEC)要求成员国定期向委员会报告其温室气体排放情况,委员会定期发布有关报告进行通报。而关于二氧化碳/能源税计划却由于涉及成员国不同的利益,遭到部分成员国的反对而没有成功。纵观这些政策,一个最为重要的特点就是,依靠技术革新促进生产效率(比如提高能源效率)和发展可替代资源(可再生能源)来解决温室气体的过度排放问题。尽管运用经济手段(税收)实现减排的目的没有实现,而这项政策建议却充分反映了欧盟委员会和部分"绿色成员国"运用经济手段解决环境问题的强烈理念。

3.1995到2001年从"柏林授权"到《马拉喀什协定》的签署,是欧盟京都目标形成并提出具体落实措施的阶段。1995年在德国柏林召开的《公约》缔约方第1次会议(COP1)在某种程度上重新激发了欧盟及其一部分"绿色成员国"(德国、荷兰与丹麦等)在国际气候治理中发挥"领导作用"的雄心与意愿。正是在欧盟团结一部分发展中国家的努力下,会议通过的"柏林授权"基本接受了国际气候谈判以来欧盟一直主张的但受到美国抵制的减排"目标和时间表",尽管仍然由于美国的反对在措辞上改为了"在一个具体时间框架内的量化限制和削减目标",并呼吁在1997年COP3上最终达成一个规定这样目标的"议定书或另一种法律机制"。柏林会议之后,为了更好地协调成员国的政策立场,欧盟设立了一个气候变化特设工作组,由一个专家组专门研究欧盟"共同且协调的政策措施"[28],这一措施提高了欧盟内部的政策协调,减少了欧盟的"信用差距"。柏林授权之后欧盟面临的一个首要任务就是达成一个共同的减排目标,欧盟委员会建议在2000到2010年间温室气体减排10%的目标,英国提出到2010年减排5%~10%,德国提出到2005年CO_2减排10%,到2010年减排15%~20%的目标建议。在1995年12月欧盟环境部长理事会上,成员国接受了每一个国家可以采用不同的目标,根据各自的发展水平和其他内部状况而有所不同。这样,欧盟内部必须达成一个"责任共担"协定,但是成员国之间对于负担的分配和具体操作缺乏共识,关于"责任共担"协定的内部谈判成为欧盟在京都会议之前一个极其重要的问题。1996年6月(就在1996年7月日内瓦召开的COP2前夕),欧盟环境部长理事会达成共识,寻求2000年之后进行重大减排,并第一次提出全球平均气温升高不应该超过前工业化水平的2℃,强调这个目标应该成为全球限制和削减排放的指导原则[29],但是关于减排负担的分配问题仍然没有解决。1997年上半年荷兰担任欧盟理事会的轮值主席国,在荷兰的努力之下,1997年3月,经过紧张的内部讨论,欧盟最后达成一个"责任共担"协定(表1)[30~32]。在这个"责任共担"协定的基础上,欧盟提出共同的减排立场,那就是到2010年工业化国家三种温室气体(CO_2,CH_4,N_2O)的排放要减少15%。1997年6月,欧盟环境部长理事会又提出一个中期目标作为补充,那就是到2005年减排7.5%。这是京都谈判中工业化国家所提出的最激烈的减排目标[28,31,32]。1998年6月根据《京都议定书》规定的目标,欧盟环境部长理事会对"责任共担"协定进行了重新修正(表1),2002年4月欧盟环境部长理事会通过正式的"责任共担决定"(Council Decision 2002/358/EC)[33]并提交《公约》秘书处,欧盟的气候变化"责任共担"协定正式成为欧盟的法律。

1997年10月1日,京都会议召开前夕,欧盟委员会发布了关于京都谈判的政策立场文件[34],全面阐述了欧盟对于京都谈判(COP3)的立场,并阐述了欧盟实施其目标的政策手段和建议。这些措施与欧盟理事会的战略目标相互补充,有力地推动了欧盟气候政策的进步。"责任共担"协定的达成、积极减排目标的提出以及具体政策措施的出台,所有这一切都增强了欧盟在国际气候谈判中"国际信用",并为欧盟发挥"领导作用"奠定了基础。

表 1　1997 和 1998/2002 欧盟责任共担协议

成员国	1997 年 3 月：到 2010 年的减排目标	1998 年 6 月：2008—2012 年的减排目标
奥地利	−25.0%	−13.0%
比利时	−10.0%	−7.5%
丹麦	−25.0%	−21.0%
芬兰	0.0%	0.0%
法国	0.0%	0.0%
德国	−25.0%	−21.0%
希腊	30.0%	25.0%
爱尔兰	15.0%	13.0%
意大利	−7.0%	−6.5%
卢森堡	−30.0%	−28.0%
荷兰	−10.0%	−6.0%
葡萄牙	40.0%	27.0%
西班牙	17.0%	15.0%
瑞典	5.0%	4.0%
英国	−10.0%	−12.5%
欧盟	−9.2%	−8.0%

1998 年 6 月欧盟委员会发布“气候变化——走向欧盟的后京都战略”的文件[36]，1999 年 5 月欧盟委员会发布“准备实施《京都议定书》”政策文件，详细阐述了欧盟实施《京都议定书》的具体政策措施和手段[37]。2000 年在海牙召开的 COP6 会议上，美国提出可以没有限额地使用土地管理及森林活动所导致的“碳汇”作为温室气体减排份额，“碳汇”还可以包括在清洁发展机制（CDM）项目之中，欧盟对此强烈反对，谈判最终失败[38]。2001 年 3 月美国宣布退出《京都议定书》，致使欧盟面临一种十分艰难的抉择：或者在没有美国参与甚至反对的情况下继续坚持推进《京都议定书》生效的进程，或者追随美国抛弃《京都议定书》而再开辟一条新的路径。欧盟最终选择了前者。2001 年 6 月哥德堡欧洲理事会（欧盟首脑会议）主席结论声明：“欧盟将努力工作以确保尽可能广泛的工业化国家参与到确保到 2002 年使议定书生效的努力之中。”[39]同时，欧盟及部分成员国借助各种机会劝说美国回归到京都进程之中，并积极开展各种外交工作，争取日本和俄罗斯对《京都议定书》的支持[40,41]。2001 年 7 月 COP6 续会在波恩召开，在美国退出的情况下，欧盟为了挽救《京都议定书》对日本做出了较大的让步，比如不再坚持对通过灵活机制实现的减排份额设置上限（no cap），允许国家在内部和发展中国家通过“碳汇”活动来实现其减排目标[40]。2001 年底 COP7 在马拉喀什召开，通过了《马拉喀什协定》，最终解决了包括灵活机制和“碳汇”在内的《京都议定书》实施细节问题，为《京都议定书》的生效铺平了道路。2002 年 5 月欧盟正式批准了《京都议定书》[42]。

4. 2002—2005 年欧盟在国际上努力“拯救”《京都议定书》，而在内部继续采取各项积极政策落实京都目标。上文指出，进入 2000 年之后，欧盟的整个气候战略双轨并进，一方面实施气候变化规划，运用一体化方法统筹各个相关部门的政策，达到气候政策目标；另一方面积极准备实施欧盟范围的排放交易。2002 年 5 月在美国退出《京都议定书》的情况下欧盟依然坚决批准了《京都议定书》。2003 年 10 月温室气体排放交易指令正式通过（Directive 2003/87/EC）[43]，决定从 2005 年 1 月正式开始实施覆盖整个欧盟的二氧化碳排放交易。欧盟的碳排放交易体系(ETS)覆盖欧盟25个成员国的上万个工商业企业，涉及欧盟总体二氧化碳排放的40%。2004年排放交易体系又与《京都议定书》的灵活机制进行了联系(Directive 2004/101/EC)，使排放交易体系涵盖了更加广泛的领域，成为欧盟气候政策的核心。除了准备实施排放交易体系之外，这段时间欧盟的气候政策逐渐扩展到包括科学技术研究与开发、能源、交通、工业、农业、森林、建筑以及居民住宅等相关经济社会部门，成为一个综合性整体战略，在能源领域、电力生产和供热等部门制定了许多政策措施，包括：关于建筑物的能源表现指令(Directive 2002/91/EC)，关于在交通部门提升生物燃料的指令(Directive 2003/30/EC)，关于提升联合供热和电力生产的指令(Directive 2004/8/EC)。

(二)欧盟“后京都时代”气候战略的酝酿与提出

2005—2009年是欧盟进一步落实21世纪初实施的一系列气候政策并提出“后京都时代”气候政策目标的阶段。2005年2月16日，《京都议定书》经过近8年的漫长批准期终于生效。2005年2月9日，欧盟委员会发布了一份题为“赢得应对全球气候变化的战斗”的文件，强调随着《京都议定书》的生效，应对气候变化的国际努力进入了一个新阶段[44]。这份文件分析了全球气候变化的形势与现状，然后重点强调了欧盟的应对策略，提出了优先发展的15种具有重大减排潜力的技术。同时，这份文件也开始强调适应气候变化的重要性，强调气候变化不可避免会带来一些后果，必须做好适应的积极准备。2005年欧盟在深刻总结第一个气候变化规划的基础上又发起了第二个气候变化规划(ECCP II)。2007年初欧盟委员会发布了“限制全球气候变化到2℃：通向2020年的道路及其超越”[45]，提出欧盟全球气候变化政策的目标是限制全球气候温度升高不能超过工业化前水平的2℃。与此同时，欧盟委员会还在能源领域发布了一系列政策文件，以期进一步提高能源效率，达到温室气体减排目标[46,47]，除此之外，还包括建立使用能源产品生态设计要求的框架指令(Directive 2005/32/EC)以及关于能源终端利用效率和能源服务的指令(Directive 2006/32/EC)。为具体落实欧盟所提出的“20/20”目标，2008年1月欧盟委员会发布“2020年的20，20——欧洲的气候变化机会”的文件[3]，并提出了一个“气候行动与可再生能源综合计划”[48]，为2012年后的欧盟的气候政策以及国际气候谈判立场奠定了基础，并提出四项立法建议：(1)扩大和加强欧盟碳排放交易体系(EU-ETS)[49]；(2)排放交易之外的温室气体减排目标，包括建筑、交通和废物管理[50]；(3)碳捕获与封存以及环境补贴的新规则[51]；(4)成员国可再生能源强制发展目标[52]。综合计划于2008年12月12日在欧盟首脑会议上获得通过，12月17日欧盟议会正式批准了这项计划。根据该项计划，欧盟修正了碳排放交易体系，提出了第三阶段(2013—2020年)排放交易体系。根据欧盟提出到2020年减排20%的目标(与2005年相比是减排14%)，欧盟委员会把相关的目标对象分为两类，一部分被新“排放交易体系”覆盖，另一部分就是“非排放交易部门”。欧盟减排任务中的很大部分通过新的“排放交易体系”完成，这个体系所覆盖的部门到2020年与2005年相比大约减排21%。没有被“排放交易体系”所覆盖部门的温室气体减排任务在成员国之间进行分配，达成了一个新的“努力共享决定”，这些部门的温室气体排放占欧盟总排放的60%，为达到2020年减排20%的目标，这些部门需要减排大约10%(以2005年为基年)，就这10%的任务在27个成员国之间进行分配(图1)。而成员国之间的目标是根据人均GDP进行核算的，从减排20%到增排20%不等(图2)。可再生能源发展目标也根据各成员国实际情况进行了分配(表2)。

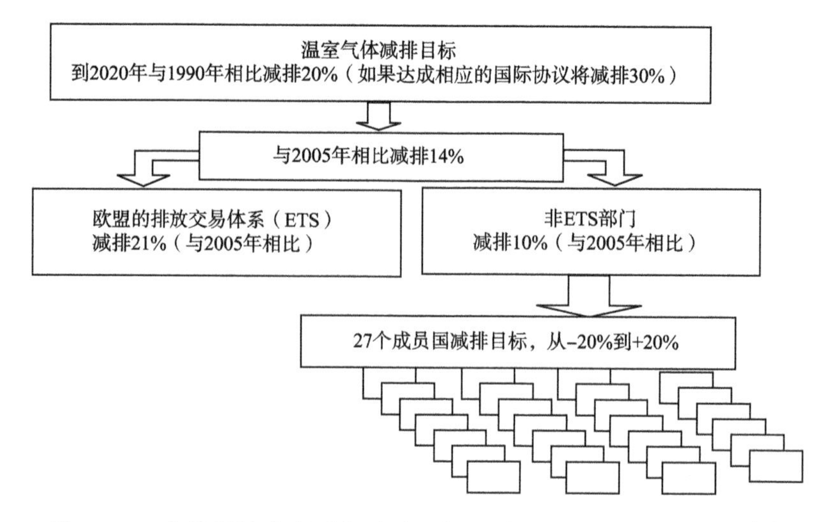

图 1　2008 年欧盟“气候行动与可再生能源一揽子计划”的基本结构图[53]

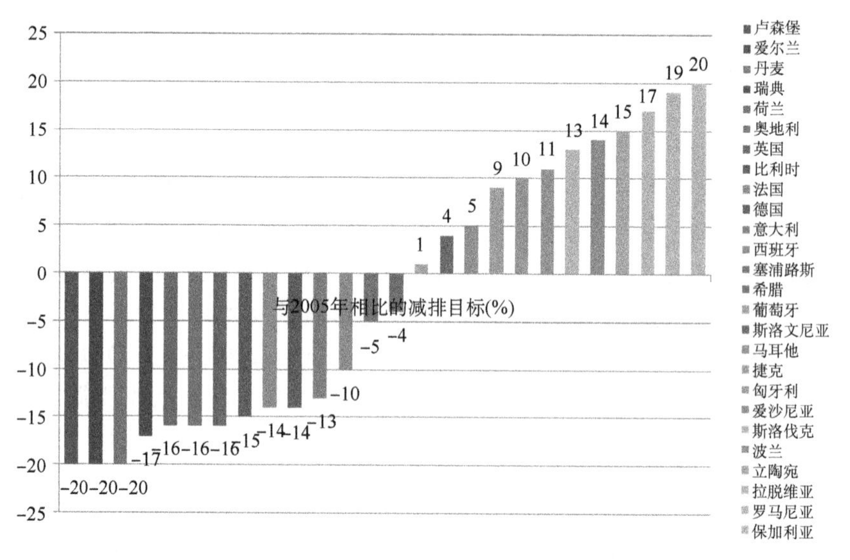

图 2　“努力共享决定”规定的欧盟 27 个成员国“ETS”没有覆盖部门的温室气体减排目标(到 2020 年与 2005 年相比)[54]

表 2　欧盟成员国 2005 年可再生能源在最后能源消费中的份额及 2020 年发展目标(%)[52]

国家	2005 年	2020 年	国家	2005 年	2020 年
奥地利	23.3	34	拉脱维亚	34.9	42
比利时	2.2	13	立陶宛	15.0	23
保加利亚	9.4	16	卢森堡	0.9	11
塞浦路斯	2.9	13	马耳他	0.0	10
捷克	6.1	13	荷兰	2.4	14
丹麦	17.0	30	波兰	7.2	15
爱沙尼亚	18.0	25	葡萄牙	20.5	31
芬兰	28.5	38	罗马尼亚	17.8	24

续表

国家	2005 年	2020 年	国家	2005 年	2020 年
法国	10.3	23	斯洛伐克	6.7	14
德国	5.8	18	斯洛文尼亚	16.0	25
希腊	6.9	18	西班牙	8.7	20
匈牙利	4.3	13	瑞典	39.8	49
爱尔兰	3.1	16	英国	1.3	15
意大利	5.2	17			

(三)欧盟后哥本哈根气候战略

2009 年的丹麦哥本哈根气候会议使欧盟遭遇重大挫折,最后时刻的被“边缘化”极大地刺激了一贯以气候变化政治“领导者”自居的欧盟。面对国际气候政治格局的变化以及欧盟自身深陷欧债危机,欧盟的气候外交无疑也受到某种程度的影响,但对于欧盟而言,全球气候治理依然是其在国际舞台上展示“规范性力量”的最佳议题之一,因此,欧盟从 2010 年的墨西哥坎昆气候会议开始积极调整自己的谈判策略,依然采取积极的政策立场,力促国际气候谈判达成具有法律约束力的具有明确减排目标的新的国际气候协议。对于后哥本哈根国际气候谈判立场,欧盟继续重申到 2020 年在 1990 年的基础上减排 20%,如果其他国家能够达成一项全面的国际协议,欧盟的减排目标可以提高到 30%。与此同时,在 2011 年南非德班气候会议上,欧盟联合小岛国联盟和欠发达国家,一起促使会议达成一项涵盖所有国家的新的国际气候协议,最后通过了“德班加强行动平台”(Durban platform for enhanced action),制定了在 2015 年达成一个要求所有缔约方参与的具有法律约束力的气候协定的路线图,拟订一项《联合国气候变化框架公约》之下对所有缔约方适用的议定书、另一法律文书或某种有法律约束力的议定结果,决定不迟于 2015 年完成工作,以便在缔约方第 21 次会议上通过以上所指议定书、另一法律文书或某种有法律约束力的议定结果,并使之从 2020 年开始生效和付诸执行。[①] 欧盟主张新的国际气候协议将包含所有国家,使京都时代既有约束性减排也有非约束性减排的碎片化制度变成一个单一的综合制度。为了推动国际气候谈判取得积极进展,欧盟接受了《京都议定书》第二承诺期,在 2012 年的多哈会议上正式达成协议,确定第二承诺期从 2013 年到 2020 年,确保不出现空档期。2014 年初,欧盟又提出到 2030 年在 1990 年的基础上减排 40%的目标,制定了气候和能源一揽子政策,力争促使国际气候谈判在 2015 年取得实质性进展,完成“德班加强行动平台”的谈判。

欧盟委员会气候行动委员康妮娅·赫泽高(Connie Hedegaard)会后说:“欧盟的战略发挥了作用。……欧盟达到了其德班气候会议的关键目标。”波兰轮值主席也强调指出:“这是一个唯一能够与 1995 年第 1 次缔约方会议的成功相比较的时刻——如果不是超越的话,正是在 1995 年达成了‘柏林授权’,它导致迄今唯一具有法律约束力的应对气候变化的国际协议——《京都议定书》的创建和采纳。今天,我们采纳了‘德班平台’,它也将会导致一个在 2015 年完成的所有各方都参与的具有法律约束力的协议。……这是欧盟理事会波兰轮值主席国与欧盟

① 参见第 1/CP.17 号决定,设立德班加强行动平台问题特设工作组。

委员会、欧盟以及作为一个整体的国际社会的共同重大成功。”[55]

基于此，实现 2015 年国际气候谈判目标成为欧盟在后德班时代国际气候政治中最主要的战略目标，此后欧盟的整个气候政策和行动战略可以说就是围绕上述目标展开。2012 年卡塔尔多哈气候会议围绕《京都议定书》(以下简称《议定书》)第二承诺期达成了协议，以《议定书》修正案的方式欧盟及其成员国以及部分发达国家接受了第二承诺期，标志着自 2005 年《议定书》生效以来和 2007 年巴厘路线图以来的整个国际气候谈判进程告一段落，国际气候谈判自此进入了一个关于 2020 年后国际气候治理体制安排的新阶段。2013 年波兰华沙气候会议尽管没有取得实质性突破，但也达成了某些重要协议。2014 年是围绕“德班平台”展开国际气候谈判的关键之年。国际社会要在 2015 年法国巴黎会议取得成功，2014 年必须在许多重大问题上取得实质性突破。为此，紧紧围绕 2015 年“德班平台”规定的谈判目标，欧盟内外兼修，展开了积极的行动。

(四)欧盟 2030 年气候与能源政策出台及其战略意蕴

早在 2013 年初欧盟委员会就开始着手准备 2030 年气候与能源一揽子政策框架，3 月 27 日欧盟委员会发布《2030 气候与能源政策框架绿皮书》(Green Paper on a 2030 framework for climate and energy policies)，开始向所有利益相关方就欧盟 2030 年气候与能源政策目标公开征求意见和建议。2014 年 1 月 22 日欧盟委员会在该绿皮书及公众意见的基础上正式向欧盟理事会及欧洲议会等有关部门提出了关于欧盟 2030 年气候与能源政策框架的磋商文件[56]。这是继 2008 年欧盟提出并实施 2020 年气候与能源一揽子政策措施之后的又一重大气候战略行动。该政策行动的一个重要宗旨就是继续促进欧盟的低碳转型，以应对气候变化为最终目标，打造一个充满竞争力、安全、可持续的能源体系，提高欧盟的能源供应安全，确保欧盟在全球低碳经济中的领导地位。

具体而言，该政策框架的主要目标就是完全实现欧盟的“20-20-20”目标，并在此基础上明确 2020—2030 年期间的气候与能源发展目标。因此，与 2008 年欧盟的 2020 年气候与能源一揽子政策相似，欧盟 2030 年气候与能源政策框架的核心内容包括三个主要目标，那就是温室气体排放目标、可再生能源发展目标和能源效率目标。(1)温室气体排放目标。欧盟委员会充分评估了欧盟当前气候政策对于实现其 2020 年目标的潜力，预期到 2020 年欧盟将实现温室气体减排 24%(与 1990 年相比)，2030 年将实现进一步减排 32%。鉴于此，欧盟委员会提出如果采取新的政策措施，到 2030 年欧盟可以实现减排 40%的目标。与 2020 年目标一样，2030 年 40%的目标仍然由排放交易体系(ETS)和非排放交易体系部门共同完成，与 2005 年相比，ETS 部门将完成减排目标的 43%，非 ETS 部门完成 30%。(2)可再生能源发展目标。在 2020 年一揽子政策目标的推动下，2012 年欧盟已经实现可再生能源增长 13%，预期到 2020 年将进一步升至 21%，到 2030 年将升至 24%。为此，欧盟委员会提出 2030 年的框架目标是实现增长至少 27%。可再生能源在欧盟的气候与能源政策框架之中占据关键地位，也是欧盟一直以来追求的提高能源供应安全、降低能源进口对外依存度、抢占低碳经济制高点的最核心举措。“可再生能源必须在欧盟向一个更加充满竞争力的、安全的、可持续的能源体系转型之中继续发挥至关重要的作用。”[56]温室气体减排 40%的目标内在地鼓励可再生能源占据更大的比例。为此，欧盟作为一个整体实现可再生能源增长至少 27%，而每一个成员国都可以根据其能源现状及能源偏好发展自己的能源战略。(3)能源效率目标。欧盟委员会强调提高能源效率和节约能源的重要性，但鉴于即将对欧盟的能源效率指令(energy efficiency directive)进行评估，届时将考虑对该指令进行修正，所以欧盟并没有提出一个明确的 2030 年能源效率的目标。但是，欧盟委员会强调它们的一个分析表明温室气体减排 40%将要求能源效率到 2030 年提高大约 25%。

欧盟 2030 年气候和能源政策框架除了提出 2030 年的发展目标之外，还包括排放交易体系的改革，确保一体化市场中的竞争，对所有消费者而言具有竞争力和可负担得起的能源，提升欧盟的能源供应安全等内容。欧盟委员会还分析了全球能源趋势及当前其他国际伙伴的减排情况与未来发展趋势。分析指出，由于中国及印度等亚洲国家能源需求的持续上升，全球能源需求将会持续增强。由于欧盟较高的能源进口依赖，这些能源需求增长将会对欧盟的能源政策产生重要影响。欧盟的国际伙伴在温室气体减排方面的情况呈现复杂情形。就全球温室气体排放情况而言，2012 年尽管低于过去 10 年的平均增长率 2.9%，但仍增长了 1.1%。全球最大的排放者分别是中国(占全球排放的 29%)、美国(占 16%)、欧盟(占 11%)、印度(占 6%)、俄罗斯(占 5%)、日本(占 3.8%)。自从 1990 年中国的 CO_2 排放迅猛增长大约 290%，2005 年增长了大约 70%，而且人均排放已经接近欧盟的人均排放水平(7 吨)，与此同时，中国与欧盟一样，为了控制温室气体排放，也是全球最大的可再生能源的投资者并发起了一些地区性的排放交易体系。2012 年美国 CO_2 排放下降 4%，虽然自从 2005 年已经降低超过 12%，但人均排放仍然远远超过世界其他国家(16.4 吨)，其排放的下降很大程度上是由于内部电力部门页岩气代替煤炭所致。2012 年印度的排放增长了 6.8%，从 2005 年到 2012 年增长了 53%，自从 1990 年已经增长了 200%。而日本自从 2005 年其排放没有发生变化，但近年来由于福岛核事故导致其能源政策调整，原先的减排政策已经发生回缩。澳大利亚和加拿大同样如此。欧盟的分析表明，全球温室气体排放的形式仍然相当严峻，而且以中国和印度为代表的新兴经济体的排放份额正在持续走高。正因如此，欧盟再次强调了 2015 年所有缔约方参与的新的国际气候协议的重大意义，呼吁所有的缔约方在 2015 年第一季度准备明确它们的减排贡献，为全球平均气温升高低于工业革命前 2℃努力。欧盟将采取更加雄心勃勃的行动减少其温室气体排放、提升可再生能源、促进能源效率。

2014 年 1 月欧盟委员会正式向欧盟立法机构提出关于 2030 年气候与能源框架政策，得到了 3 月和 6 月召开的欧洲理事会的积极回应，理事会敦促欧盟委员会尽快完善有关政策，要求最晚不迟于 2014 年 10 月完成关于 2030 年气候与能源政策的立法程序，正式成为欧盟行动的法律依据，为 2015 年欧盟参与国际气候谈判注入了新的动力[57,58]。

2014 年 10 月 23—24 日，欧洲理事会达成协议，同意欧盟委员会提出的欧盟 2030 年气候与能源政策框架，即从欧盟成员国国家和政府首脑会议的层面上明确同意了欧盟委员会提出的 2030 年的减排目标、可再生能源目标和能源效率目标，到 2030 年减排 40%(与 1990 年相比)，可再生能源提高到 27%，能源效率提高 27%(在可能的情况下将提高到 30%)[59]。欧盟首脑会议顺利通过该一揽子协议的同时，欧洲理事会主席范龙佩和欧盟委员会主席巴罗佐给联合国秘书长潘基文写了一封联合公开信，非常自豪地向联合国通报了欧盟为 2015 年国际气候谈判做出的明确减排承诺，同时呼吁所有国家，包括所有主要经济体尽快做出适当的承诺，为 2015 年达成新的气候协议积极行动[60]。欧洲理事会同意欧盟委员会提出的 2030 年气候与能源目标，进一步彰显了欧盟决心在 2015 年巴黎气候会议上发挥领导作用的雄心与意志，也表明欧盟试图掌握和主导 2015 年国际气候谈判议程和话语权的战略考量。在距离 2015 年巴黎气候会议越来越近的道路上，欧盟吸取 2009 年哥本哈根气候峰会的教训，步步推进，并且继续采取积极的先行者战略，“通过榜样与示范进行领导”(leadership by example)，向国际社会表明其采取的低碳转型的道路在经济上是可行的，在政治上是可信的，决心把欧盟打造成世界上最气候友好的地区，为欧盟赢得政治和道义上的声誉。正如欧盟委员会主席巴罗佐在欧洲理事会结论通过之后发表的演讲所指出：“今天的这个协定无疑能使欧盟在明年的巴黎峰会以及即将到来的利马会议之前的国际气候对话中保持驱动者的地位。我们已经树立了一个一个榜样，其他国家应该紧随其后。”[61]

(五)欧盟参加 2014 年联合国气候峰会

为了凝聚共识，加快应对气候变化的全球行动，2014 年 9 月 23 日，联合国秘书长潘基文邀请来自世界各国、商业金融界、非政府组织等领导人在联合国总部召开了联合国气候峰会，这是继 2009 年哥本哈根气候峰会之后国际气候政治史上又一次重要的气候峰会，共有 100 位领导人出席了此次峰会。欧盟对此次峰会非常重视，认为此次峰会是走向将在 2015 年巴黎气候会议最终达成的新的全球气候协议的一个重要里程碑。对欧盟而言，这将是一次重申其应对气候变化承诺并展示欧盟在此次气候峰会界定的所有行动领域采取的气候行动的一个重要机会[62]。为参加峰会做充分准备，就在峰会召开前的 9 月 20 日，欧盟委员会气候行动委员赫泽高在纽约组织了一次非正式的气候变化部长级圆桌会议，此次圆桌会议的目的是讨论一些在应对气候变化领域比较“激进的国家”(progressive countries)如何为在 2015 年巴黎气候会议达成一个气候协议而一起工作，会议大约有来自 40 个发达国家和发展中国家代表参加，包括欠发达国家(LDCs)和小岛国发展中国家(SIDS)。赫泽高强调，高级部长的参会是一个非常好的展示，说明他们对保持 2015 年气候会议的雄心并为了确保取得最好的结果而一起积极工作有着共同的兴趣。赫泽高还高度评价潘基文秘书长召集的气候峰会，认为这是联合国历史上国家或政府首脑在最高层面讨论气候变化问题的最大集会[63]。此次圆桌会议实际上是欧盟再次团结欠发达国家和小岛国发展中国家，为 2015 年巴黎气候会议能够达成一项符合欧盟意愿的新国际气候协议而开展的颇有成效的气候外交行动。欧盟试图再次联合欠发达国家和小岛国联盟这些在全球气候变化问题上最脆弱的国家，向其他国家施加压力，敦促其他国家采取更加积极的措施应对日益紧迫的气候变化问题，推动 2015 年巴黎气候会议取得实质性成果。

欧盟委员会主席巴罗佐代表欧盟出席了 9 月 23 日的联合国气候峰会，并在“国家行动与雄心宣布”全体会议上发表讲话，指出欧盟的温室气体排放自从 1990 年已经下降了 19%，而同时 GDP 却增长了 45%。巴罗佐期盼在《公约》缔约方会议第 21 次会议(即 2015 年巴黎气候会议)最后达成一个新的国际气候协议，他重申了欧盟到 2030 年与 1990 年相比减排 40% 的目标。巴罗佐强调欧盟 2014—2020 年预算的 20%将用于气候行动(大约 1800 亿欧元)，在接下来的七年欧盟将贡献 30 多亿欧元对发展中国家的可持续能源提供支持[64]。巴罗佐的声明向国际社会重申了欧盟 2030 年气候与能源政策框架，为推动国际气候谈判在 2015 年达成新的国际气候协议注入了政治动力。与此同时，欧盟成员国德国、法国、英国、意大利、西班牙、荷兰、丹麦、奥地利、芬兰、瑞典等 24 个国家的国王、总统、首相或有关部长出席了此次联合国气候峰会，并且都结合欧盟的气候目标和各自国家的现状提出了自己国家的减排目标和金融援助数额，向国际社会进一步展示了欧盟及其成员国在应对气候变化问题上的决心和行动。

三、欧盟气候治理的生态现代化理念及其动因

(一)生态现代化与欧盟的气候战略

基于以上分析，可以看出，从 20 世纪 80 年代逐渐发展起来的欧盟气候政策涉及几乎所有经济社会领域，已经成为一个包含经济社会各个领域和部门的整体协调战略，它以技术研发为基础，依赖欧盟和成员国的积极政策推动，以市场机制为主要方式，综合运用管治、自愿协定、财政税收和市场等手段，以减少温室气体排放为目标，关系到经济、社会、环境等各个层面的综合战略。纵观欧盟应对气候变化的整体战略，有几个非常突出的特点：一是强调环境政策目标(温室气体减排)要纳入和“一体化”到欧盟所有相关政策的制定和实施，“生态原则”成为欧盟制定各项政策时必须考虑的首要原则；二是强调环境技术和管理政策的革新，紧紧依靠技术和管理提高效率，节约能源，大力发展可再生能源；三是在加强宏观管治的基础上，主要依靠市场机制来达到欧盟温室气体减排的目标，其中最为重要的政策措施就是排放交易体系；四是综合运用多种方式实现气候政策目标，包括自上而下的管治，自下而上的自愿减排协定，经济手段与市场机制结合，让所有利益相关方都参与到气候治理之中；五是大力发展生态产业，力争形成环境技术和可再生能源等环境保护领域的“领导型市场”。综合这些政策特点，欧盟在气候治理领域的战略思路清晰可见：依靠环境技术革新及其市场化运用来提高资源利用效率，同时大力发展低排放或无碳排放的可替代能源(可再生能源)，以期最终走向一种低碳经济，把环境关切和生态原则“一体化”到经济社会发展的所有相关领域，实现一种环境友好(气候友好)的发展方式，最终实现经济发展、社会协调和环境友好的多赢局面。结合前文所归纳和总结的“生态现代化理论”的核心主张，我们不难得出结论：那就是，欧盟在气候治理领域所实施的这种战略思路实质就是一种生态现代化战略。也就是说，欧盟的气候政策符合生态现代化理念的核心主张，并反映了生态现代化的发展理念。

以上分析表明，欧盟的 2020 年气候与能源一揽子政策与 2030 年气候与能源政策框架都是基于一个低碳经济转型，把欧盟地区打造成全球气候最友好的地区，在可再生能源和能源效率方面取得重大突破，提升欧盟的能源供应安全，使欧盟地区实现生态现代化转型。接下来，本文以欧盟刚刚提出的 2030 年气候与能源政策为例，进行详细解读。欧盟继 2020 年气候与能源一揽子政策措施提出之后，又提出 2030 年气候与能源政策，一个核心目标在于促使欧盟加快低碳转型的步伐，确保进一步提高欧盟的能源供应安全。“我们需要驱动朝向低碳经济继续不断地进步，这样的低碳经济向所有消费者确保充满竞争力的、可支付得起的能源供应，创造新的增长与就业机会，提供更高的能源供应安全，使欧盟作为一个整体降低能源进口依存度。”“我们需要给低碳技术投资者尽可能早地提供监管的确定性，以便刺激研究、发展、创新以及新技术供应链的更新与产业化。”[56]这是欧盟提出 2030 年气候与能源政策的宗旨与目的，而这些正是生态现代化理论的核心要素，通过技术创新及其产业化，在应对全球气候变化领域打造先行者优势，实现欧盟自身的生态转型，尽早实现经济社会发展的低碳化，确保欧盟在低碳经济时代保持优势地位。作为对 2014 年 1 月欧盟委员会提出的 2030 年气候与能源政策框架的回应，在 2014 年 3 月的欧洲理事会结论中，欧洲理事会强调“一个协调一致的欧盟能源与

气候政策必须确保负担得起的能源价格、产业竞争力、供应安全和我们气候与环境目标的实现。”[57]也就是说，欧盟的气候治理战略实质上是通过气候治理实现欧盟的产业竞争力和能源安全的提升，最终实现环境与经济目标的双赢结果。同时，在该理事会结论中欧洲理事会明确提出了实施新的气候与能源政策框架的主要原则：进一步增强温室气体减排、能源效率、可再生能源使用与以一种成本有效的方式实现 2030 年目标之间的一致性；发展一个促进可再生能源发展的支持性框架并确保国际竞争力；确保居民和商业以负担得起的和具有竞争力的价格获得能源的供应安全；为成员国提供一个关于其怎样实现其承诺的灵活性，以便反映成员国之间不同的国情，尊重成员国自行决定其选择能源的自由[57]。所有这些原则非常典型地突出了欧盟在应对气候变化问题上的生态现代化考量，贯彻和实施了一条生态现代化战略，即通过气候治理的内部严格政策和较高的标准，一方面实现欧盟的低碳转型，确保欧盟环境目标的实现，同时，提升欧盟在未来的低碳经济时代的产业竞争力和产业优势，实现欧盟的经济增长和社会发展目标，也就是最终实现经济、环境与社会的多赢局面。

(二)欧盟气候治理生态现代化战略的深层动因

通过以上分析，欧盟在全球气候变化问题领域的生态现代化战略可谓清晰可鉴。那就是，以赢得未来低碳经济时代的主导权为战略宗旨，同时在两个层面采取积极行动：一方面，在其内部采取严格的气候政策和气候管治促进技术革新和政策革新，打造与气候变化问题相关的环境“领导型市场”，取得气候治理领域的先行者优势，这可谓其气候战略的“内在向度”；另一方面，积极促进国际气候谈判，利用国际气候制度和国际气候治理来推动世界其他国家和地区采取类似的应对气候变化问题的行动，推广欧盟的环境标准和环境技术，这可谓欧盟气候战略的“外在向度”。这种双重向度的行动主要指向两类“三重目标”：从经济社会发展的全局来看，保持经济增长(经济目标)，促进社会就业(社会目标)，改善自然环境(环境目标)；或者从安全视角而言，提升经济竞争力(经济安全目标)，保障能源供应(能源安全目标)，实现环境改善(生态安全目标)。其气候战略的实施重点在四大经济社会领域：技术研发，能源，交通和工业。其中，技术研发是实施欧盟气候战略的基础和支点，而能源部门(包括能源供应和能源需求)是整个气候战略的关键和重中之重，交通部门则是整个气候战略的难点，工业则是落实整个气候战略并促使整体社会经济实现“生态化”转型的保障。据此，本文把欧盟的气候战略概括为“一个宗旨，两重向度，三重目标，四大领域”(图 3)。这种战略理念反映在诸多欧盟的气候政策文件之中，比如 2005 年 2 月 9 日欧盟委员会发布的“赢得应对全球气候变化的战斗”文件指出，在里斯本战略的背景下，通过聚焦于具有较高资源利用效率的气候友好技术，欧盟能够赢得先行者优势并能够创造一种竞争优势，因为其他国家最终必将采用这些技术。例如，那些在促进风能发展中起领导作用的国家占据了正在快速发展的风力涡轮机生产 95%的全球份额，而这种现象预期也可能在其他国家和其他部门(比如汽车或航空)出现。如果在将来国际气候协定中的参与得以扩展和深化，这种竞争力优势将会被强化[44]。

欧盟之所以在气候变化问题上如此积极，是因为“欧盟是站在发展低碳经济的大视野上，通过果断地制约自己现在的传统型的经济活动，为迎接必将到来的低碳经济而大胆地进行政策创新和技术创新，从而在政策和国际标准以及新的游戏规则方面主导世界的低碳经济，并且在国际市场上提高欧盟的产品和服务的竞争优势[65]。”正是本着这样的战略动机，欧盟在走向低碳经济的道路上未雨绸缪，率先行动，力图在应对气候变化和能源挑战的政策和技术方面取得突破，以期成为低碳经济的先驱者。通过积极的气候政策促使其内部技术革新，抢占低碳技术和低碳产业的先机，发展清洁能源，走在低碳经济的前列，掌握低碳经济时代主导权。正如欧盟委员会在其2030年气候与能源政策框架磋商文件中明确指出："鉴于欧盟当前是低碳技术的全球领导者，其他主要的快速增长的经济体也有战略利益去在这些新市场中展开竞争，新的气候与能源雄心将确保欧盟在这些快速增长的全球市场中保持它的先行者优势。"[56]

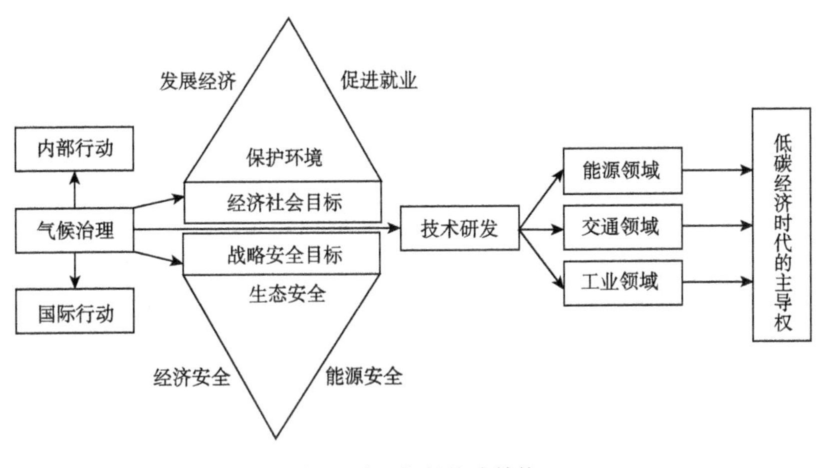

图3　欧盟气候战略结构

四、对欧盟气候治理生态现代化战略的评价

应对气候变化对于促进经济增长和社会就业，提高能源安全，改善环境等全方位的重大影响事实上成为欧盟制定和实施经济社会长远发展"大战略"的重要依托和支点。而所有这些战略考量的最终出发点从宽泛的意义上讲就是要实现欧盟经济社会的可持续发展，而从更加现实的意义上讲就是实现欧盟的"生态现代化"，以便在未来的低碳经济时代引领潮流，占尽先驱者优势。欧盟在国际气候治理中发挥领导带头作用，其背后实质上具有非常深刻的利益动机，而这种利益动机受到生态现代化理念的影响并在现实的气候治理中通过生态现代化战略显现出来。通过坚定的减排承诺和立法措施，力促欧盟的整个经济社会走低碳发展道路，抢占低碳经济时代的制高点，赢得先行者优势，这是欧盟整个气候战略的出发点和最终归宿。就这一点，欧盟把应对气候变化视为里斯本战略和可持续发展战略的核心要素，而且仍然把它作为2010年初制定的"欧洲2020年战略"[66]的一个核心要素，也是欧盟提出和实施2030年气候与能源政策的核心动机，有其深刻的战略性利益考量。总体而言，欧盟气候治理战略的生态现代化路径迄今为止是一条相对比较成功的路径选择，气候治理也是欧盟整体经济社会走向生态现代化的一种重要战略性手段。生态现代化理念为欧盟的气候战略提供了重要的理念支撑与价值基础，而在这种理念的指导下，欧盟采取的现实气候政策措施与治理行动也较好地达到了生态现代化理念的预期效果。从理念到行动，从行动到结果，欧盟的整体气候战略呈现一种良性发展的态势。如果说走向低碳经济已经成为人类社会未来发展的理性选择，那么，欧盟的道路至少迄今为止是朝着正确的方向发展，这条道路在某种意义上代表了人类未来的某种发展趋势。此外，正是由于全球气候变化问题已经成为一个整个人类社会面临的挑战与难题，应对

气候变化的行动，无论其来自于任何国家或集团，也无论其动机和目的是什么，其事实上也是在保护全人类的利益，因此，欧盟积极超前的气候政策立场某种程度上引领了世界各国应对气候变化的“集体行动”，而应对气候变化问题的生态现代化战略也就为其他国家和地区提供了某种可行的发展模式和道路选择，这也是迄今为止欧盟能够在国际气候治理中发挥“领导”作用的一个重要原因。

然而，这种战略本身也具有一定的局限性。正如众多学者（包括生态现代化理论的主要创立者）都强调指出生态现代化本身所具有的局限性[6,7,11,13]，作为一种“现实主义”色彩浓重的环境政策理念，生态现代化战略实施过程中面临着众多挑战。比如技术革新与突破的限度，生态现代化的渐进变革与经济增长所导致的经济总量提升对变革效果的抵消，环境问题的区域性解决与全球性存在的矛盾。还有一个更为严重的问题是在一个全球化时代，经济发展受到众多复杂因素的影响，而任何经济波动往往都会影响到环境治理。近年来，欧盟经济增长乏力，失业率居高不下，特别是在近期世界金融危机和欧洲主权债务危机的影响下，欧盟经济面临更多的挑战。在存在诸多强劲竞争对手（美国、日本的挑战以及新兴经济体的崛起）的情况下，欧盟的气候治理战略能否达到理想的预期效果，生态现代化战略所预期的先行者优势是否会受到无法预料的其他因素的影响而有所降低，如何协调短期战略利益与长期战略利益之间的矛盾，这些都是欧盟气候战略所面临的严峻考验；另外，鉴于欧盟本身的结构特点，多年以来，欧盟对内实质上一直倾向于采取一种“软治理”方略，也就是对内更多倾向于采取一种基于市场机制（如排放交易体系）和自愿减排协定等手段来达到减排目标，这种政策有助于降低执行成本，更多提高治理效率，但同时也存在着诸多漏洞与弊端（比如排放交易体系运行初期的问题以及与汽车工业达成的自愿减排协定并没有达到预期效果），如何运用更多基于市场机制的成本有效的手段而同时使用有效的管治措施，也是欧盟气候治理过程中遇到的重大挑战。正如德国著名环境政治学者耶内克强调指出：“我们可能存在满足于市场化的、‘双赢方案’的‘眼下成果’的风险。归根结底，如果不将可持续发展管治纳入一个结构性解决方案的话，其最终是不可能成功的。因为，更为关键的任务将是长期性环境干扰的预防，工业转型终将不可避免地与既得利益集团相冲突。”[67]全球气候变化问题将是国际社会面对的一个长期风险与挑战，其解决不但需要基于短期利益考量的政策举措（比如清洁技术的突破与应用），更需要基于长期利益考量的人类经济社会发展和人类行为的根本性转变。基于此，我们认为，“生态现代化战略”从根本上讲仍然是一种治标不治本的环境治理战略，其属于生态政治理念中倾向于继续维护资本主义社会制度、以经济技术手段革新为核心的“浅绿”阵营[68]。在一定程度上讲，这种战略也就是在当前人类社会现有条件和智慧的状况下，与其他环境治理战略（比如先污染后治理或者某些“末端治理”措施）相比，相对具有较强现实可行性和可接受性的一种战略方案，人类社会所面临的巨大的以气候变化为代表的环境难题的解决，可能需要整个人类社会进行重大的结构性转变，包括社会制度、人类自身的文化理念以及国际社会的性质与状态。也正因为如此，包括应对气候变化问题在内的人类社会发展难题的解决必将是一个长期的复杂进程，需要我们的耐心更需要我们的智慧。在这个进程中，“生态现代化战略”尽管并不是一条解决生态环境难题的理想道路，但它的价值理念与其所追求的目标在当下仍然值得我们维护和坚持，就此而言，它对于当前国际社会，尤其是正处于经济高速增长之中的发展中国家（比如中国）而言，具有重大的参考价值和借鉴意义。

2013 和 2014 年欧盟在全球气候治理领域采取了一系列政策措施，继续采取先行者政策，提出并通过了欧盟2030年气候与能源一揽子政策框架，明确提出欧盟2020—2030年的减排目标及其配套能源措施，遵守2013年华沙气候会议要求各缔约方最晚不迟于2015年第一季度提出各自的气候行动目标的要求，向国际社会传递明确的信号，为2015年国际气候谈判取得突破发挥欧盟的榜样和示范作用。以上分析表明，欧盟最新的气候治理战略有如下几个值得注意的变化与特点：

第一，欧盟利用德班平台通过的要求所有缔约方都参与的新的国际气候协议的重要机会，开始明确强调所有国家的减排贡献和义务，特别突出强调所有主要经济体的减排责任，而对“共同但有区别的责任原则”不再提及。从2011年德班气候会议达成的“德班增加行动平台”，欧盟就开始决心把美国、中国、印度和巴西等这些在京都时代没有接受法律减排义务的国家纳入新的国际气候协议，这是欧盟2015年国际气候谈判最重要的一个政治诉求。欧盟的主要目标在于迫使其他主要经济体也接受量化减排义务，使欧盟牢牢掌控国际气候治理的议程设定和话语权，使欧盟成为低碳技术的引领者。

第二，欧盟更加强调自身的榜样和示范作用，与2008年欧盟提出的2020年气候与能源战略相比，欧盟此次提出自身的2030年气候与能源政策框架更加强调是一种出于自身低碳转型的内在需要，而没有提出条件性的目标，而在当时提出2020年目标的时候明确提出如果国际社会其他国家也能够提出相比较的减排的目标的话，欧盟将会把减排目标提高到30%。而欧盟此次提出的2030年气候与能源政策目标只强调其自身40%的减排目标，强调其2030年目标与2050年目标的一致，而并没有向其他国家提出相对应和相比较的减排要求。欧盟自身的气候治理成效是其在国际气候谈判中发挥领导作用的重要基础，也是欧盟在国际气候治理中发挥积极推动作用的前提条件，这也是欧盟采取气候治理的生态现代化道路的主要动因。

第三，欧盟的2030年气候与能源一揽子政策旨在继续促进欧盟低碳技术的创新与发展，从而巩固和扩大欧盟的生态现代化成效，提升欧盟的能源安全，打造新的欧盟能源战略，实现欧盟的气候治理战略。2014年7月15日作为欧盟委员会主席候选人容克(Jean-Claude Juncker)在欧洲议会所做的政治承诺中提出新一届欧盟委员会将集中关注十项政策，其中第三项就是关于能源与气候，容克强调新一届欧盟委员会需要增大可再生能源的份额，这不仅仅是一个负责任的气候变化政策的问题，同时，它也是一个产业政策急切需要解决的问题。“我强烈相信绿色增长的潜力。因此，我想让欧盟的能源联盟成为可再生能源领域的世界第一。”[69]这些政治承诺以及刚刚通过的2030年气候与能源一揽子政策，都充分说明欧盟将在未来的国际气候治理中继续推行生态现代化战略，对内积极推动经济低碳转型，对外积极推动达成一项具有法律约束力的量化减排协议，推动国际气候治理取得积极成效。

参考文献

[1] Sebastian Oberthür. The Role of the EU in Global Environmental and Climate Governance//Mario Telo. *European Union and Global Governance*. London: Routledge, 2009: 194.

[2] Claire Roche Kelly, Sebastian Oberthür, Marc Pallemaerts. Introduction//Sebastian Oberthür, Marc Pallemaerts. *The New Climate Policies of the European Union: Internal Legislation and Climate Diplomacy*. Brussels: VUBPRESS, Brussels University Press, 2010: 12.

[3] CEC, *20 20 by 2020: Europe's Climate Change Opportunity*, COM(2008)30 final, Brussels, 23.1.2008.

[4] Weale A. Ecological Modernisation and the Integration of European Environmental Policy//Liefferink J D, Lowe P D, Arthur P J Mol, *European Integration and Environmental Policy*. London: Belhaven Press, 1993: 196-216.

[5] Michael E P, Claas van der Linde. Green and Competitive: Ending the Stalemate. *Harvard Business Review*, 1995(73): 120-134.

[6] Martin Jänicke. *Ecological Modernization: Innovation and Diffusion of Policy and Technology*. FFU-report, 08-2000.

[7] Martin Jänicke, Klaus Jacob. *Ecological Modernisation and the Creation of Lead Markets*. FFU-report, 03-2002.

[8] Martin Jänicke. *The Role of the Nation State in Environmental Policy: The Challenge of Globalization*. FFU-report, 07-2002.

[9] Martin Jänicke, Manfred Binder, Harald Mönch. "Dirty Industries": Patterns of Change in Industrial Countries. *Environmental and Resource Economics*, 9, **4**: 467-491.

[10] Klaus Jacob, et al. *Lead Markets for Environmental Innovations*. Heidelberg: Physica-Verlag, 2005.

[11] 郇庆治. 生态现代化理论与绿色变革. 马克思主义与现实, 2006, **2**: 90-98.

[12] 郇庆治, 马丁·耶内克. 生态现代化理论: 回顾与展望. 马克思主义与现实, 2010, **1**: 175-179.

[13] Martin Jänicke. Ecological Modernization: New Perspectives. *Journal of Cleaner Production*, 2008, **16** (5): 557-565.

[14] Arthur P J M, Martin Jänicke. The Origins and Theoretical Foundations of Ecological Modernisation Theory//Arthur P J M, Sonnenfeld D A, Spaargaren G. *Ecological Modernisation Reader: Environmental Reform in Theory and Practice*. London: Routledge, 2010: 17-18.

[15] 于宏源. 波兹南气候谈判和全球气候治理的发展. 世界气候外交和中国的应对. 北京: 时事出版社, 2009: 129.

[16] CEC, *The Greenhouse Effect and the Community. Commission Work programme concerning the evaluation of policy options to deal with the greenhouse effect*, COM(88)656 final, Brussels.

[17] Heike Schöder. *Negotiating The Kyoto Protocol: An analysis of negotiation dynamics in international negotiations*, Münster: LIT, 2001.

[18] Jon Birger Skjærseth. The Climate Policy of the EC: Too Hot to Handle? *Journal of Common Market Studies*, 1994, **32**(1): 25-45.

[19] CEC, *Specific action for greater penetration for renewable energy sources ALTENER*, COM(92)180 final, Brussles.

[20] CEC, *Proposal for a Council Decision for a monitoring mechanism of Community CO_2 and other greenhouse gas emission*, COM(92)181 final, Brussles.

[21] CEC, *Proposal for a Council Directive to limit carbon dioxide emission by improving energy efficiency (SAVE programme)*, COM(92)182 final, Brussles.

[22] CEC, *Proposal for a Council Directive introducing a tax on carbon dioxide emission and energy*, COM (92)226 final, Brussles.

[23] CEC, *Commission Communication to the Council Amendment to Commission Decision No* 3855/91/*ECSC of* 27 *November* 1991 *establishing Community rules for aid to the steel industry*, SEC(92)992 final, Brussles.

[24] CEC, *A Community Strategy to Limit Carbon Dioxide Emission and to Improve Energy Efficiency*, COM(92)246 final, Brussles, 1 June 1992.

[25] CEC, *Proposal for a Council Decision concerning the conclusion of the Framework Convention on Cli-*

mate Change, COM(92)508 final, Brussels, 14 December 1992.

[26] Council Decision 94/69/EC of 15 December 1993 concerning the conclusion of the United Nations Framework Convention on Climate Change, OJ L033, 7. 2. 1994.

[27] McCormick J, *Environmental Policy in the European Union*, Hampshire: Palgrave, 2001: 281.

[28] Sebastian Oberthür, Hermann E O. *The Kyoto Protocol: International Climate Policy for the 21st Cencury*, Berlin: Springer, 1999: 65-66.

[29] Council of the European Union(Environment), Conclusions of the 1939th Environment Council, Meeting 25-26 June, 1996, Brussels: Council of Ministers.

[30] Constanze Haug, Andrew Jordan. Burden Sharing: Distributing Burdens or Sharing Efforts? //Andrew Jordan, Dave Huitema, Harro van Asselt, et al. *Climate Change Policy in the European Union: Confronting the Dilemmas of Mitigation and Adaptation?* Cambridge: Cambridge University Press, 2010: 83-102.

[31] Lasse Ringius. Differentiation, leaders, and fairness. *International Negotiation*, 1999, **4**(2): 133-166.

[32] Loren R C. *The Failures of American and European Climate Policy: International Norms, Domestic Politics, and Unachievable Commitments*. New York: State University of New York Press, 2006: 143-145.

[33] Decision 2002/358/EC of the Council of the European Union of 25 April 2002 Concerning the Approval, on Behalf of the European Community, of the Kyoto Protocol to the United Nations Framework Convention on Climate Change and the Joint Fulfilment of Commitments Thereunder. *Official Journal of the European Union*, 15 May, L 130/1.

[34] CEC, *Climate Change-The EU Approach for Kyoto*, COM(1997)481 final, Brussels, 01. 10. 1997.

[35] Sebastian Oberthür, Marc Pallemaerts. *The New Climate Policies of the European Union: Internal Legislation and Climate Diplomacy*. Brussels: VUBPRESS, Brussels University Press, 2010: 34.

[36] CEC, *Climate Change-Towards an EU Post-Kyoto Strategy*, COM (1998) 353 final, Brussels, 03. 06. 1998.

[37] CEC, *Preparing for Implementation of the Kyoto Protocol*, COM (1999) 230 final, Brussels, 19. 05. 1999.

[38] Michael Grubb, Farhana Yamin. Climatic Collapse at The Hague: what happened, why and where do we go from here? *International Affairs*, 2001, **77**(2): 261-276.

[39] European Council, Presidency Conclusions, Göteborg European Council-15 and 16 June, 2001(SN 200/01), Göteburg.

[40] Schreurs M A. The Climate Change Divide: the European Union, the United States, and the Future of the Kyoto Protocol//Norman J V, Michael G F. *Green Giants? Environmental Policies of the United States and the European Union*. Cambridge: The MIT Press, 2004: 207-230.

[41] Schreurs M A. *Environmental Politics in Japan, Germany and the United States*. Cambridge: Cambridge University Press, 2002.

[42] Decision 2002/358/EC of the Council of the European Union of 25 April 2002 Concerning the Approval, on Behalf of the European Community, of the Kyoto Protocol to the United Nations Framework Convention on Climate Change and the Joint Fulfilment of Commitments Thereunder. *Official Journal of the European Union*, 15 May, L 130/1.

[43] Directive 2003/87/EC of the European Parliament and of the Council establishing a scheme for greenhouse gas emission allowance trading within the Community and amending Council Directive 96/61/EC, OJ L 275, 25. 10. 2003.

[44] CEC, *Winning the Battle Against Global Climate Change*, COM(2005)35 final, Brussels, 9. 2. 2005.

[45] CEC, *Limiting Global Climate Change to 2 degree Celsius: The Way Ahead for 2020 and Beyond*, COM

(2007)2 final,Brussels,10. 1. 2007.

[46] CEC,*Renewable Energy Road Map-Renewable Energies in the 21st century:building a more sustainable future*,COM(2006)848 final,Brussels,10. 1. 2007.

[47] CEC,*An Energy Policy for Europe*,COM(2007)1 final,Brussels,10. 1. 2007.

[48] http://ec. europa. eu/environment/climat/climate_action. htm,accessed on 5 March 2010. ; Pew Center on Global Climate Change, European Commission's Proposed "Climate Action and Renewable Energy Package" January 2008,http://www. pewclimate. org/docUploads/EU_Proposal_23Jan2008. pdf,accessed on 5 March 2010.

[49] CEC,*Proposal for a Directive of the European Parliament and of the Council amending Directive* 2003/87/*EC so as to improve and extend greenhouse gas emission allowance trading system of the Community*,COM(2008)16 final,Brussels,23. 1. 2008.

[50] CEC,*Proposal for a Decision of the European Parliament and of the Council on the effort of Member States to reduce their greenhouse gas emission to meet the Community's greenhouse gas emission reduction commitments up to* 2020,COM(2008)17 final,Brussels,23. 1. 2008.

[51] CEC,*Proposal for a Directive of the European Parliament and of the Council on the geological storage of carbon dioxide and amending Council Directives* 85/337/*EEC*,96/61/*EC*,*Directives* 2000/60/*EC*, 2001/80/*EC*,2004/35/*EC*,2006/12/*EC and Regulation*(*EC*)*No* 1013/2006,COM(2008)18 final,Brussels,23. 1. 2008.

[52] CEC,*Proposal for a Directive of the European Parliament and of the Council on the promotion of the use of energy from renewable sources*,COM(2008)19 final,Brussels,23. 1. 2008.

[53] CEC,Questions and Answers on the Decision on Effort Sharing,MEMO/08/797,Brussels:Commission of the European Communities,2008.

[54] Decision 2009/496/EC of the European Parliament and of the Council on the effort of Member States to reduce their greenhouse gas emissions to meet the Community's greenhouse gas emission reduction commitments up to 2020. *Official Journal of the European Union*,L140/136,5. 6. 2009.

[55] European Commission. Durban conference delivers breakthrough for climate. *MEMO*/11/895,Brussels,11 December 2012.

[56] European Commission,*A policy framework for climate and energy in the period from* 2020 *to* 2030, Brussels,22. 1. 2014,COM(2014)15 final.

[57] European Council,*Conclusions of the European Council*(20/21 *March* 2014),Brussels,21 March 2014.

[58] European Council,*Conclusions of the European Council*(26/27 *June* 2014),Brussels,27 June 2014.

[59] European Council,*European Council*(23 *and* 24 *October* 2014)*Conclusions on* 2030 *Climate and Energy Policy Framework*,Brussels,23 October 2014.

[60] European Council,*Joint letter of President of the European Council Herman Van Rompuy and President of the European Commission José Manuel Barroso to the United Nations Secretary-General Ban Ki-moon on the EU comprehensive Climate and Energy Framework*, Brussels, Press Release, 24 October 2014.

[61] José Manuel Durão Barroso,Statement by President Barroso following the first day of the European Council of 23-24 October 2014,Press Conference,Brussels,24 October 2014,SPEECH/14/719.

[62] European Commission, UN Climate Summit 2014, http://ec. europa. eu/clima/policies/international/summit_2014/index_en. htm,accessed on October 28,2014.

[63] International Institute for Sustainable Development(IISD),EU Climate Action Commissioner Hosts MinisterialRoundtable on Climate Change, http://climate-l. iisd. org/news/eu-climate-action-commissioner-

hosts-ministerial-roundtable-on-climate-change/, accessed on October 28, 2014.

[64] International Institute for Sustainable Development(IISD). A Summary Report of the UN Climate Summit 2014. *Climate Summit Bulletin*, 2014, 172(18).

[65] 蔡林海. 低碳经济：绿色革命与全球创新竞争大格局. 北京：经济科学出版社, 2009:46.

[66] CEC, *Europe* 2020: *A Strategy for Smart, Sustainable and Inclusive Growth*, COM(2010)2020, Brussels, 3. 3. 2010.

[67] 马丁·耶内克, 克劳斯·雅各布. 全球视野下的环境管治：生态与政治现代化的新方法. 济南：山东大学出版社, 2012:28.

[68] 郇庆治. 当代西方绿色左翼政治理论. 北京：北京大学出版社, 2011:导言.

[69] Jean-Claude Juncker, *A New Start for Europe: My Agenda for Jobs, Growth, Fairness and Democratic Change*, Political Guidelines for the Next European Commission, Opening Statement in the European Parliament Plenary Session, Strasbourg, 15 July 2014.

欧美气候博弈
——以欧美气候政策的安全利益驱动为分析视角①

董 勤

(南京信息工程大学气候变化与公共政策研究院,南京 210044)

摘 要:对安全利益的考量是欧盟积极扮演国际气候合作领导者的重要原因。欧盟 2003 年安全战略开始关注气候变化的安全含义。气候变化政策实质上已经成为欧盟安全战略的一个重要组成部分。欧盟将气候变化问题视为其所有面临的重大安全威胁的“倍数”。欧盟的能源安全利益决定了欧盟必须利用气候变化这个平台,调动欧盟内部与外部一切可以利用的资源,降低其发生能源危机的风险。美国军方事实上已经成为全球最大的温室气体排放组织,应对气候变化国际合作的深入开展不利于美国军事霸权寻租。中国需要尽快从国家安全战略的高度谋划应对气候变化问题,灵活运用硬实力资源与软实力资源,否则可能陷于被动。

关键词:气候变化;欧盟;美国;博弈;安全利益

国际气候博弈错综复杂,不仅包括发展中国家与发达国家之间的斗争与较量,而且也包括发达国家之间的利益争夺。应当看到,这两方面的斗争是密切关联的,尤其是以欧盟和美国两大集团为主的发达国家之间的利益争夺不仅会影响到应对气候变化国际制度构建的整体发展趋势,而且也会对包括中国在内的发展中大国在国际气候合作中所面临的形势和处境产生较大的影响,值得深入加以研究。欧美气候博弈不仅涉及环境利益和经济利益,而且还涉及安全利益,而后者尚未引起学界应有的关注。本文以应对气候变化国际合作对欧美安全利益的影响为分析视角,试图从该角度进一步分析和揭示欧美气候博弈的深层次驱动因素,为中国进一步调整与完善气候外交政策提供参考与借鉴。

一、欧盟气候变化政策背后的安全利益驱动

(一)欧盟独立安全战略的形成

欧盟于 2003 年所发布的第一份欧盟安全战略(*A Secure Europe in a Better World—European Security Strategy*)共分为“安全环境:全球挑战与核心威胁”、“战略性目标”与“安全战略对欧盟的政策含义”三部分[1]。在第一部分“安全环境:全球挑战与核心威胁”中,该安全战略首先分析了冷战结束后全球安全环境所发生的变化。该安全战略指出,后冷战的安全环境具有一个不断开放的边界。在这个安全环境中,安全的内部与外部维度不可分割地交织在一起。一方面,贸易、投资、科技发展与民主传播的潮流将自由与繁荣带给世界各地的人民;另一

① 作者简介:董勤(1970—),男,法学博士,副教授,主要研究国际法和国际政治。本文是南京信息工程大学气候变化与公共政策研究院开放课题“安全利益驱动下的欧美气候博弈”(12QHB001)结题报告。

方面，全球化又被一些人视为挫折与不公正的源泉。这些发展增加了非国家集团在国际事务中发挥影响的空间，同时也增加了欧盟对于互相联结的交通、能源、信息以及其他领域的基础设施的依赖。安全是发展的前提。在此基础上，该安全战略高度强调了自然资源在冷战后欧盟安全环境中的重要地位。该安全战略认为，冲突不仅毁坏基础设施，而且鼓励犯罪，阻碍投资，使得正常的经济活动难以开展。对于自然资源的竞争，尤其是对于水资源的竞争，将在未来的数十年中因为全球变暖而加剧，这将导致不同地区出现进一步的骚乱和大规模的人口迁移。能源依赖是欧盟特殊的忧患。欧盟是世界上最大的油气进口者，欧盟能源消费的50%依靠进口，到2030年这个比例将上升至70%。该安全战略认为，在上述安全环境下，欧盟成员国遭受大规模的军事入侵已不可能，取而代之的是，欧盟面临的新的安全威胁将更加具有分散性、无形性与不可预见性，主要有以下方面的核心安全威胁：恐怖主义、大规模杀伤性武器的扩散、地区冲突、国家功能的丧失和有组织犯罪。

欧盟2003年安全战略报告的出台，意味着欧盟独立的安全战略已经形成。上述安全战略的重点在于对欧盟安全威胁滋生所赖以存在的政治与社会根源的应对和处理，而非单纯依赖军事手段来处理安全问题，因此可以被视为一份具有欧盟特色的、以预防为导向的“欧盟安全路线图”。

欧盟第一份安全战略还特别强调了气候变化国际机制对于建立“基于有效的多边主义基础上建立以规则为基础的国际秩序”方面的重要性。安全战略指出，应对大规模杀伤性武器扩散、恐怖组织、全球变暖等发展问题的国际法是建立以规则为基础的国际秩序所不可缺少的前提。欧盟已有的经验表明安全度的提升可以通过信心建立与武器控制等机制获得。这些国际制度同样可以对欧盟周边及更大范围的区域的安全与稳定做出重要贡献。

(二)气候变化成为欧盟安全威胁的倍数

欧盟及其主要成员国围绕气候变化安全问题开展了系统、深入的研究与分析工作，并努力推动国际社会关注、讨论和应对气候变化安全问题。2007年德国“全球变化咨询委员会”(German Advisory Council on Global Change，简称GBWU)发布了题为“变迁中的世界——作为安全威胁的气候变化”(*World in Transition-Climate Change as a Security Risk*)的报告[2]。该报告系统地分析了气候变化的安全含义，具有相当大的影响力。联合国副秘书长、联合国环境规划署(UNEP)执行主任阿齐姆·施泰纳(Achim Steiner)称该报告为针对气候变化安全问题的“旗舰报告”(flagship report)，并认为通过该报告的论证，使得气候政策很明确地成了“预防性的安全政策”(preventative security policy)。该报告的核心观点是，如果不采取坚决的应对措施，气候变化将在未来数十年超出许多社会组织的适应能力，并且这将导致不稳定与暴力，对国家安全与国际安全造成新的更高程度的影响。如果人类社会不能联合起来应对气候变化，那么气候变化将在国际关系中划出更深的裂痕，并加剧国际冲突。报告通过对最近数十年来战争与冲突的起因进行实证研究与分析，认为当环境变化与其他的冲突扩大因素以某种方式联系在一起的时候，确实导致了冲突与暴力。虽然在1980—2005年发生的73起“环境冲突”都是区域性的，尚未对全球安全造成实质性的威胁，但是如果全球气候变化不能够得到有效控制的话，将必然会改变以前“环境冲突”仅限于区域性冲突的状况。

报告认为，气候变化将通过以下四个方面成为国际冲突的引发因素：①气候变化导致淡水资源更为紧缺。全球现有11亿人不能得到安全的饮用水。数亿人的饮用水安全状况将可能因为气候变化而恶化，因为气候变化将极大地改变降水状况，并改变可获得水源的数量。同时，人类人口的增长与他们需求的上升将进一步导致对水的需求的上升。这种状况将导致因为水资源分配而引起的冲突，并对有关国家水资源管理体系形成压力。例如，依赖山顶雪水融化而获得水源供应的地区将因为气候变化导致水源受到非常大的影响，这些地区将需要新的水管理战略和基础设施，并需要采取政治努力以改变全国性的以及跨越边境的因水资源日益稀缺而引发的冲突。然而那些遭受最为严重的水源压力的国家与地区实际上是那些已经缺乏必要的政治与制度框架来适应水资源以及危机管理的国家。这将导致现有的冲突解决机制超出承受能力，并最终导致不稳定和暴力。②气候变化导致食物生产减少。全球有超过 8.5 亿人口处于营养不良状况。这种状况未来将因为气候变化而进一步恶化。如果全球气温在 1990 年基础上上升 2℃的话，很多处于低纬度的发展中国家的食物不安全状况将会更加严峻。如果全球气温在 1990 年基础上上升 2～4℃的话，全球范围内将出现农产品产量降低。这种趋势将因为水资源稀缺而导致的沙漠化和土壤盐碱化而加剧。例如，在南亚与北非，适合农业生产的土地几乎已经被开发，因此将可能遭遇地区性的粮食危机，并将进一步导致经济状况恶化、社会不稳定、社会体系的崩溃和暴力冲突。③气候变化导致洪水与风暴灾害增多。气候变化将导致海平面进一步上升，发生更多更加强烈的风暴和暴雨。这将导致在沿海地区的城市和工业地区发生更加严重的自然灾害。这些风险将由于这些地区河流上游的森林的破坏、都市地区土地的减少和大规模的人口与财富的集中等因素加剧。洪水与风暴灾害在过去已经引发了冲突，尤其是在国内政治处于紧张局势的时期。冲突在未来可能发生得更为频繁。④环境问题所引发的人口迁移。可以预计的是未来环境移民将因为气候变化而大规模增加。最初大规模的环境移民可能发生在一国的国境之内。跨越国境的环境移民将主要表现为南南移民，但是欧洲与北美将最终可能因为气候变化而面临实质性的环境移民进入的压力。哪些国家应当承担环境成本的问题有可能引发国际冲突。

报告对气候变化的国际政策环境进行了分析，由于巨大的人口规模和经济活力，印度和中国尤其有可能在不远的将来在全球政治中发挥巨大的影响力。而与此同时，美国作为世界上唯一的超级大国有可能相对地丧失部分权力。中国与印度地位的上升将导致全球秩序中的政治权力中心的转移，这将导致全球秩序从单极模式向多极模式转变。回顾历史，我们可以发现世界秩序从一种模式转向另一种模式很少会和平地进行。伴随这种转型所发生的政治、制度和社会与经济的骚乱以及其适应需求可能在国际社会中引发重大的利益冲突，并增加一些国家因为武装冲突所导致的脆弱性。这并不意味着未来国际社会中可以预期的这种转型必然是暴力性的，但是这种转型将不可避免地需要大量宝贵的时间和资源，因此这些时间与资源将不再能为气候变化政策所利用。由此可以预见的是，未来二十年全球必须同时面对两种相互平行的挑战：一是全球秩序中的政治权力中心的转移，二是全球转向有效的气候变化政策。对于这两种挑战，未定与进一步发展多边体系是至为关键的。最终，未来新的与旧的全球行为体的互动将成为决定以下事项的一个关键因素：21 世纪所面临的全球挑战与危机是否以及如何被有效地管理，以及“这个世界的其他行为体”将如何在此背景下采取行动。全球气候变化政策因此可能成为一个典型案例，如果没有经济合作与发展组织(OCED)国家与全球变化新的驱动者之间的建设性互动，将不可能在避免不稳定的社会影响和对国际安全产生威胁的情况下限制全球气候变化。

报告认为，国际安全与稳定面临以下六方面威胁：①气候变化可能导致脆弱的国家数量增多。脆弱国家没有能力保障国家的核心功能。国际社会未能聚集足够的政治意愿与财政资源来支持这些国家的长期稳定。此外,气候变化将可能给这些国家更为严重的打击,并进一步限制这些国家的问题处理能力,使其问题处理能力超出其负荷。气候变化冲突因素可能互相激化,例如,直接受气候变化危害的国家的环境移民将可能导致邻国的不稳定,这最终可能导致由数个同时面临危机处理超出其负荷能力的国家组成的"失败的亚区域",形成世界政治的"黑洞",这些政治黑洞的特征是法律与公共秩序的崩溃,而法律与公共秩序正是国际安全与稳定的支柱。②全球经济发展的风险。气候变化将改变区域生产程序与供应基础设施的状况。区域性的水资源缺乏将阻碍农业灌溉以及其他对水资源需求较大的部门的发展。干旱与土壤退化将导致农业产量的下降。更加频繁的风暴与洪水灾害将导致沿海地区的工业基地与生产、供应与运输基础设施面临风险,这将迫使公司改变其营业地址或关闭其现有的经营场所。不同类型与强度的气候变化将对全球经济产生负面影响。这将在全国以及全球范围内限制经济发展,可能导致国际社会不能应对与千年发展目标相关的那些迫切的挑战。③气候变化主要驱动者以及主要受害者之间由于不断增长的资源分配冲突而导致的风险。气候变化主要是由于工业化国家与新兴的正处于工业化阶段的国家造成的。工业化国家与发展中国家以及新兴的正处于工业化阶段的国家之间关于人均温室气体排放的差异正越来越被视为"公平裂口",特别是当气候变化主要由发展中国家来承担代价的时候,这种分歧尤为严重。南方国家因气候变化而遭受的损害以及为适应气候变化所承受的负担越重,气候变化主要驱动者以及主要受害者之间由于资源分配冲突而导致的风险也就越大。受气候变化损害最为严重的国家试图援引"污染者付费"的原则,因此,在气候变化补偿问题上的国际争论也就会更加激烈。除了当前的工业化国家,中国、印度和巴西等温室气体排放实质性增加的正在上升的主要经济体未来也将被发展中国家要求承担责任。21 世纪全球政治冲突的阵营划线将不止在于工业化国家与发展中国家之间,而且也将在于迅速增长的新兴的正处于工业化阶段的国家与相对更为贫穷的发展中国家之间。国际社会目前对这种分配冲突的准备尚不充分。④人权问题与工业化国家作为全球治理的行为体的合法性方面的风险。得不到有效削弱的气候变化将会威胁人类生计,削弱人类安全,并因此而侵犯人权。在全球气温不断上升的背景下,人们对气候变化的社会危害以及减缓努力的不充分性的认识越来越明确,因此,工业化国家与中国等正在处于上升阶段的新兴经济体将来可能被指责为故意侵犯人权,或至少事实上在侵犯人权。未来联合国组织的国际人权进程的焦点很可能是气候变化所引起的对人权的侵害。工业化国家很可能因此陷入合法性的危机,并在国际范围内的行动能力受到限制。⑤引发与加强人口移徙。人口移徙是一个重大的、尚未得到解决的国际政策挑战。气候变化及其社会影响将影响越来越多的人群,全球人口移徙热点也将随之增加。与此相关的冲突隐患也是巨大的,尤其是国际法尚未对环境移民加以规制。在这方面,关于补偿支付与管理难民危机的财政体系的争论将会加剧。根据"污染者付费"原则,工业化国家将需要为此承担责任。如果全球气温在得不到遏制的情况下继续上升,未来人口移徙可能成为国际政治中的一个主要冲突领域。⑥气候变化将使传统的安全政策超出其能力。不能得到遏制的气候变化将不太可能在未来引发传统的国家之间的战争。取而代之的是,气候变化将可能导致不稳定状况的加剧,伴随扩散的冲突结构而导致国家功能的丧失,以及对于在政治与经济方面已经超出其承受能力的国家与社会形成安全威胁。尤其是极端天气气候事件之后的灾害管理与不断增加的环境移民等问题的解决几乎不可能离开政治与军事能力的支持。在此背景下,发展与安全政策之间的合作至关重要,因为民事冲突管理与重建援助必须以最低限度的安全水平为依赖。与此同时，由高度装备的军事派遣队所实施的旨在稳定局势和为脆弱国家带来和平的、大规模的、不成功的行动表明传统的安全行动能力是具有局限性的。由气候变化导致的大量脆弱国家的出现以及整个不稳定的亚区域（subregion）将可能使得传统的安全政策超出其承受能力。

报告认为，气候变化的规模越大，就越有可能发生以下问题，即因气候变化导致的冲突因素不仅会影响某一个单独的国家，而且会影响整个全球治理体系。这种可能发生的全球危机只能依靠有效的针对全球变化的政策来应对。上述安全威胁之间存在关联互动关系，更加使得全球政治面临严峻挑战。在全球化的国际背景下，未能得到有效减弱的气候变化将使得本来已经力不从心的全球治理体系严重超出其承受能力。由于 21 世纪全球气候变化所导致的安全威胁具有独有的特征，因此，传统的武装干预的手段不可能有效减缓这方面的安全威胁。即使拥有较高的困境应对能力的国家也将面临严重的安全威胁，因为环境变化及因此而引发的冲突将导致人口大量迁移，这将产生相当大的、额外的安全挑战。在此基础上，报告为促进形成多极合作的世界政治环境提出了以下九项建议。

（1）塑造政治性的全球变化。为了确保中国与印度等新的处于上升阶段的世界权力得到接受，更为重要的是，确保这些国家能够建设性地参与，我们需要一个被所有国家都视为公平的多边国际秩序。欧盟需要比以往更加致力于在一致的、以未来为导向的共同外交与安全政策方面进行投资，抛弃国家自我中心主义。应考虑召集一个全球性的会议，讨论世界秩序中的政治权力中心转移的含义，这有助于形成积极的国际气候合作。气候政策与能源政策为欧盟扮演一个先驱性的国际角色提供了理想的空间。在气候保护与消除贫困方面开展坚决、公平与有针对性的国际合作，有利于在整体上巩固多边制度，并因此为世界和平发展做出贡献。

（2）对联合国进行改革。因环境导致的冲突以及其可能引发的安全问题将会显著上升，一个需要提起的问题是联合国及其各相关机构在管理这些问题时应当扮演何种角色。首先，需要反思联合国安理会的角色与任务。得不到削弱的气候变化、严重的环境退化以及环境所引发的冲突的影响能够被视为对国际安全与和平的威胁。可以推测的是，安理会被授权对以下情形采取行动：自然环境产品受到大规模的损害，国际环境法受到侵犯。因此，安理会能够对负有责任的国家采取适当的制裁行动。2007 年 4 月，安理会第一次深入地讨论了气候变化的安全政策含义，问题是联合国的授权是否以及应当如何适当地适应这些挑战。一个可能的选择是援引“保护责任”原则，根据这个原则，联合国可以宣称其具有高度的道义授权。安理会可以要求于 2005 年新设立的联合国和平建设委员会处理根据上述原则产生的特殊任务。其次，促进联合国环境发展项目（UNEP）的建设。联合国环境发展项目应得到加强与提升，并赋予其联合国特殊机构的地位。该机构应得到成员国的积极支持，以使其更好地协调众多的与国际环境政策有关的机制，并将这些环境主题与联合国在经济与社会方面的工作更好地联系在一起。为此，该机构应当得到充足的中期与长期的财政支持。最后，应加强联合国在发展方面的能力建设。从长期来看，应当在联合国体系中建立一个高层次的全球发展与环境理事会，如果理想的话，该理事会有可能取代极为缺乏效率的联合国经济与社会理事会。从短期来看，应当在联合国经济与社会理事会之下设立一个机构，该机构应当得到各国政府与首脑的授权，以共同监控联合国发展项目，制约联合国发展体系的互相分割的状态。

（3）追求更具有远大目标的国际气候政策。首先，把气温上升 2℃ 作为国际防护轨。在国际层面上，必须对《联合国气候变化框架公约》第二条所规定的最终目标设定量化标准，各成员国应对此达成一致意见。为此,建议将地球大气表面层的气温相对工业化前的水平最多上升不超过2℃作为国际标准。这就要求在2050年前全球温室气体排放水平较1990年水平下降50%。其次,开始启动面向未来长远期限的京都机制。《联合国气候变化框架公约》第九条关于对《京都议定书》的审查机制应当被利用来进一步发展《京都议定书》以及与其相适应的机制。人均排放平等应当被用来作为未来长期温室气体排放分配共识的全球基础。为实现该目标,未来每一个国家最终都应当做出贡献。在《京都议定书》的第二承诺期,工业化国家应当有雄心在2020年前实现在1990年基础上减排30%的目标。为了联合正在处于工业化进程的新兴国家以及发展中国家,建议在减排承诺方面采纳更为灵活的方式,并在这些国家集团之间采取明确的、区别对待的方式。最后,保护处于自然状态的碳储存。保护在陆地生态系统中处于自然状态的碳储存应与温室气体减排一起成为未来气候保护政策中的关键目标。在这方面沿海森林保护将具有特殊的优先地位。

(4)实施欧盟能源转型。首先,加强欧盟的领导地位。为了使欧盟能够在未来的国际气候谈判中成为能够得到信任的伙伴,欧盟应当履行其在《京都议定书》下已经做出的减排承诺,并为未来设置更为意义深远的温室气体减排目标。以1990年排放水平为基准,以下目标是适当的:2020年前排放水平下降20%,2050年前排放水平下降80%。其次,改善并实施欧盟能源政策。欧盟委员会2007年1月提出的欧盟能源政策建议指出了正确的方向。但是,这些建议需要进一步加强,以更加适应可持续发展目标。再次,启动能源节约革命。欧盟理事会已经批准了未来欧盟能源节约20%的目标,但是应当通过欧盟法规、成员国的国家目标等手段进一步促进这个目标能够实现。最后,扩大可再生能源。在目前基础上,欧盟可再生能源的开发与利用需要进一步扩展。

(5)通过合作发展减缓气候变化的战略。在发展机制中,应当避免依赖排放强度大的机制。为了克服能源短缺,应当优先发展可持续的能源体系。欧盟应当与中国、印度等新兴的、正处于工业化进程之中的国家在战略性低碳发展方面建立伙伴关系。

(6)支持发展中国家的适应机制。气候变化对发展中国家的打击尤其严重,大部分发展中国家缺乏实施有效适应措施的技术与能力。此外,气候变化将加大脆弱国家的脆弱性,并降低这些国家的适应能力。首先,应加强适应性水资源管理,避免水资源危机;其次,发展农业以适应气候变化;最后,应加强灾害预防。

(7)稳定那些受到气候变化额外威胁的脆弱国家。气候变化所导致的额外问题将很可能阻碍脆弱国家的稳定,甚至导致这些国家的崩溃。危机预防成本远低于此后的危机管理费用。尤其是尽量优先采用旨在避免武装干预的危机预防手段。脆弱国家的环境危机管理能力必须得到维持与加强,在必要的时候,应予以重建。

(8)通过合作与进一步加强国际法来管理人口移徙问题。首先,发展综合性的国际战略应对人口移徙。为了管理环境导致的人口移徙,所有的利益相关者都有责任构建一个综合性的人口移徙政策战略。必须开始建立一个长期性的、符合人口移徙目标国、中转国与来源国的利益的目标。欧盟目前这方面的政策仅仅关注欧盟内部安全,这无疑是过于单边性的。这种政策至多只能在短期内有效。未来环境问题导致的人口移徙应当被国际人口移徙论坛所关注,仅仅关注经济问题导致的人口移徙是不够的。其次,将人口移徙政策纳入发展合作。在最不发达国家,气候变化将导致人们因自然谋生体系的崩溃而被迫离开他们的家园。发展合作可以帮助他们提高生存适应能力,并居住在他们自己的家园。最后,依靠国际法的保护解决环境人口移徙的问题。现行的《国际难民法》并没有规定关于对待环境移民的具体义务，其他法律机制也不可能为这些移民提供保护。为了改善环境移民的法律地位并为他们提供法律保护，填补《国际难民法》中的法律空白具有重要意义。

(9)扩展全球信息和早期预警体系。气候变化导致地球的逐渐变化和可以预期的频繁发生的灾害将导致受影响地区的不稳定，在极端的情况下，这将构成对国家安全与国际安全的主要风险。全球信息和早期预警体系可以减缓这方面的负面影响，并在危机与冲突预防方面起到重要作用。一方面，这种体系应当在极端事件与危机发生之前提供及时的信息与预警；另一方面，这种体系必须能够提供预期地区受气候变化影响的、已经得到处理的信息，尤其是针对缺乏自身模型和数据处理能力的发展中国家。为了建设这样的体系，现有的联合国组织与机构之间必须互相协调。

2008 年 3 月，欧盟共同外交与安全政策高级代表索拉纳(Javier Solana Madariaga)和欧盟委员会向欧洲理事会提交了一份题为"气候变化与国际安全"(*Climate Change and International Security*)的报告，对气候变化的国际安全含义做了进一步的提升与总结[3]。该报告提出，气候变化最适宜被视为国际安全威胁的倍数(threat multiplier)，它将激化现有的国际冲突趋势、紧张局势和不稳定状态。对全球安全构成核心挑战的是气候变化将使得那些已经处于脆弱状态或出现冲突倾向的国家或地区面临超出其承受能力的威胁。该报告针对全球不同地区，分析了气候变化所可能导致的安全威胁。

报告认为，由于面临多重压力和适应能力较低，在气候变化问题上非洲是最为脆弱的地区。在北部非洲和萨赫尔地区，不断增加的干旱、水资源短缺与土地过度利用等问题将导致土地效能下降，并将导致 75%的可耕种的、能够享有雨水资源的土地丧失。在南部非洲，干旱将导致农业产量下降，导致一些区域的粮食不安全问题的出现，其后果是数百万人口将面临食品短缺的问题。人口从南部非洲以及北部非洲的一些地区移徙到欧洲的问题将加剧。

在中东地区，水资源体系已经面临严重压力。阿拉伯地区几乎三分之二的水资源依赖境外提供。该地区现有的为获得水资源而导致的紧张局势几乎将确定地导致进一步的政治不稳定，这势必对欧盟能源安全及其他利益产生有害的后果。21 世纪以色列的水资源可能减少 60%，其后果是该地区的粮食产量将由于土地大量处于荒芜或半荒芜状态而大幅下降。土耳其、伊拉克、叙利亚、沙特阿拉伯的粮食产量也将大幅下降，这将影响对欧盟至关重要的战略地区的稳定。

在南亚地区，海平面的上升将威胁数百万计的居民，因为 40%的亚洲的居民居住在距离海岸线不到 60 km 的区域。水资源短缺与农业产量下降将使这个地区难以维持不断增长的人口的生计，而且这些地区的居民还将面临额外的传染疾病增加的风险。季风的变化以及喜马拉雅山融水的减少将对 10 亿人口产生影响。资源冲突以及得不到管理的人口移徙将导致这些地区的不稳定状态，而这些地域是欧洲重要的经济合作伙伴。

中亚地区是另一个受到气候变化严重影响的区域。对于这个地区而言，水资源既是农业生产的关键资源，又是电力生产的战略性资源。该地区不断增长的水资源短缺问题已经引起关注。仅在 20 世纪下半叶，塔吉克斯坦的冰川几乎丧失了三分之一。这个地区的战略、政治、经济发展以及不断增长的跨地区挑战对欧洲利益具有直接与间接的影响。气候变化使该地区面临着额外的冲突的可能。

在拉丁美洲与加勒比地区，气候变化将导致农业土地的盐碱化与沙漠化，并将减少重要农产品与畜产品的产量。这将对食品安全造成不利影响。海平面上升、海表面温度上升、降雨模式改变、极端气候事件都将给这些地区造成严重的负面影响。气候变化将导致这些问题进一步加剧,这将使治理结构薄弱的该地区出现政治与经济紧张局势。

极地冰层迅速融化,这个现象在北极地区尤其突出。这将导致出现新的水域流道与新的国际贸易通道。此外,北极地区巨大的、可供开发的碳氢化合物资源将改变地缘政治的动态,这可能对国际稳定局势与欧洲安全利益产生影响。处理领土争议以及不同国家对新贸易通道的争议的必要性大为增加。这将挑战欧洲有效保障其在该地区贸易与资源利益的能力,并使欧洲与其关键伙伴的关系面临压力。

在上述分析的基础上,该报告为欧盟维护其安全利益提出了以下建议:①在欧盟层面加强应对能力。作为应对气候变化安全威胁的第一步,欧盟应当增强其在该方面的知识,并评估其自身的能力。此后,欧盟应改善其在预防以及对灾害与冲突做出早期反应方面的能力。欧盟应确定上述方面的财政含义,并考虑将其纳入预算评估。②建立欧盟多边领导地位以促进全球气候安全。包含安全维度在内的气候变化问题是国际关系的核心元素,并且在未来还将如此。如果能够形成共识,该问题可以成为改善与改革全球治理的一个积极因素。由于气候变化是一个全球性问题,欧盟支持多边性的解决方案。为此应当采取以下行动:首先,在多边场合关注气候变化的安全含义,尤其是在联合国安理会、G8 峰会以及联合国的其他机构;其次,加强在探测、控制与气候变化有关的安全威胁方面,以及在预防、准备、减缓与应对气候变化能力方面的国际合作;最后,加强与相关国际机构联系,在进一步加强欧盟综合性移民政策时,考虑环境引发的移民问题的额外威胁。③进一步加强与欧盟以外的国家的协作。欧盟需要进一步加强其合作与政治对话手段,并给予气候变化安全问题更多的关注。这将促进对以下事项给予更为优先的地位和支持:气候变化减缓与适应,气候变化的良好治理,自然资源管理,技术转让、跨境环境合作以及在危机管理方面的制度与能力建设。

此后,欧盟能源委员皮尔巴格斯(Andris Piebalgs)于 2008 年在其《欧洲的能源未来:新的工业革命》的演讲中指出,到 2030 年,如果欧盟温室气体排放增加 5%的话,全球温室气体排放将增加 55%。如果海平面上升 6 米的话,巴塞罗那、威尼斯、阿姆斯特丹、伦敦、斯德哥尔摩和里斯本的大部分将被淹没。南部欧洲的水资源短缺的状况将加剧。受到气候变化打击的发展中国家中将有数百万的难民涌入欧盟成员国[4]。2008 年 11—12 月,由欧盟共同外交与安全政策高级代表索拉纳负责起草的题为"关于欧盟安全战略执行情况——在变动的世界中提供安全"(*Report on the Implementations of the European Security Strategy-Providing Security in a Changing World*)的报告在欧洲理事会通过[5]。该报告在 2003 年《欧盟安全战略》报告的基础上,重新审视了欧盟所面临的安全威胁与挑战,并为欧盟进一步对外采取行动确定了行动纲领。报告认为,2003 年《欧盟安全战略》报告已经确定了气候变化的安全含义。5 年来,这个问题显得更加紧迫。欧盟不可能独自应对气候变化问题,必须为此加强国际合作。欲达此目的,欧盟通过联合国及相关区域性组织发挥作用是至关重要的。

2009 年,欧盟在为联合国秘书长起草《气候变化及其可能的安全含义》的报告所提供的咨询意见中再一次指出,在全球化时代中,世界上任何地域的不稳定状态将以比以往更加快速和更加深远的方式影响到我们的安全。气候变化最适宜被视为国际安全威胁的倍数(threat multiplier),它将激化现有的国际冲突趋势、紧张局势和不稳定状态,将削弱我们为实现千年计划以及其他国际协定中所确定的发展目标而取得的成效。该咨询意见报告具体阐述了全球气候变化可能扩大安全威胁的十个主要方面：①全球变暖对自然和生态系统造成的不稳定状态；②对人类安全的威胁；③针对全球变暖前所不能利用的贸易通道、海运区域以及自然资源的紧张局势，以及易受气候变化影响的地区的能源供应受到限制；④沿海城市以及关键的基础设施遭受的经济损害和风险；⑤因领土和边界丧失而引发的争端；⑥环境移民，根据联合国预测，2020 年环境移民将以百万计，而气候变化是导致该现象发生的一个主要因素；⑦频率更高、强度更大的自然灾害，诸如飓风、洪水、干旱、热浪、林木火灾和传染病等；⑧由于脆弱国家有限的治理能力因气候变化而承受更大的负荷，导致脆弱性加大和政治极端主义；⑨确保民用核能在不扩散和安全的状态下得到发展所面临的挑战；⑩国际社会如果不能应对上述威胁而使国际治理面临压力。

(三)气候变化成为欧盟预防性安全政策重要组成部分

《京都议定书》生效后，欧盟欲进一步提升其在全球重大事务中的影响力，一方面需要通过适当的途径，充分发挥其在前一阶段国际气候博弈中已经获取的软实力资源的作用，巩固与提升其在全球气候变化问题上的领导地位；另一方面也需要凭借其在温室气体减排方面处于有利地位的硬实力资源，努力提升气候变化问题在国际事务中的优先地位，继续积极扩展其软实力资源，而将气候变化问题安全化无疑是实现这一目标的最佳路径。2008 年索拉纳和欧盟委员会向欧洲理事会提交的“气候变化与国际安全”报告指出，如果欧盟试图在全球发展、气候变化政策等方面树立领导地位的话，欧盟就必须意识到其在应对气候变化对国际安全方面的影响的问题上所处的独特地位。因此，欧盟必须为了维护其自身的利益，通过欧盟层面及其对外的双边与多边关系来处理气候变化与国际安全问题[3]。

2007 年 4 月，欧盟利用其在联合国安理会担任轮值主席的机会，推动联合国安理会就应对气候变化可能导致的安全威胁展开公开辩论。德国经济合作与发展部长代表欧盟发言[6]，她指出，联合国安理会通常处理更加紧急的国际安全与和平的威胁，但是不太明显并且更加遥远的冲突驱动因素却被忽视了。联合国安理会已经在其 1625 号决议中承诺接受预防性文化，并且气候变化与冲突预防之间存在着明显的联系。联合国政府间气候变化专门委员会(IPCC)近期的发现已经明确证明地球深受人类导致的气温上升的影响，IPCC 已经证明了地球自然系统的许多重大而深远的变化对安全将产生直接或间接的影响。因此，有必要建立以减缓和适应为基础的全球危机管理框架来应对挑战。为了将全球气候变化控制在可管理的范围之内，有必要形成前瞻性的气候与能源政策。无论国际气候谈判的进程将如何发展，欧盟已经决定到 2020 年将其温室气体排放降低至比 1990 年排放水平低 20%的水平上。但是，由于欧盟只占到全球温室气体排放总量的 15%，欧盟减排努力的成效将是有限的。因此，形成一个全球综合性的温室气体减排协定是有必要的。如果其他发达国家也采取类似的步骤，并且经济比较发达的发展中国家能够根据它们的责任和能力做出充分的贡献，欧盟将接受到 2020 年将其温室气体排放降低至比 1990 年排放水平低 30%的水平上的有约束力的目标。欧盟提出需要建立预防性的气候外交框架，并且以预防性的方式来应对气候变化，就如同应对饥荒、疾病、水资源缺乏和人口迁移一样。世界上任何国家和地区的环境、经济和能源决策将会对其他国家或地区的人民产生影响，并且有可能成为其他国家和地区发生冲突的根源。健全的环境政策是至关重要的。联合国及其相关机构与各成员国在应对气候变化挑战时应当形成具体、一致、互相协调的反应。没有一个联合国机构能够宣称其对上述互相交错的问题具有排他性的权限。

2009年12月8日，欧洲理事会发布了题为“气候变化与安全”(*Climate Change and Security*)的报告[7]。报告指出，欧洲理事会将气候变化及其国际安全含义作为欧盟气候、能源与共同外交与安全政策的一个组成部分，并将其作为欧盟今后工作的重心之一。联合国应当在应对气候变化与国际安全问题中扮演领导角色，欧盟期待并支持在联合国安理会讨论气候变化安全问题。

2009年，欧盟在为联合国秘书长起草《气候变化及其可能的安全含义》的报告所提供的咨询意见中，系统地表明了其在气候变化与国际安全问题上的立场和观点。欧盟在咨询意见中指出：气候变化的风险是真实的，而且这种风险已经发生，并导致国际安全方面的问题。欧盟预期这种风险及其对国际安全的影响在未来还将进一步加剧。气候科学最新的研究成果表明人类应对气候变化行动的时间窗口即将关闭。因此，应当立即在全球、区域和本地范围内采取行动。人类社会必须运用所有的政策工具与外交努力来应对气候变化可能引起的国际安全挑战。欧盟承诺将努力将全球变暖控制在2℃之内。全球变暖一旦超过2℃，将启动一系列的临界点，这将导致一系列加速的、不可逆转的、大规模的和不可预料的气候变化，这将导致前所未有的安全挑战。国际社会需要同时采取减缓气候变化与适应气候变化的行动，努力应对气候变化的风险及其对国际安全的威胁，这应当被视为预防性安全政策的重要组成部分。虽然气候变化使得全球治理面临着相当大的挑战。但是如果全球人类社会、国家和机构共同应对这个挑战，也可能成为加强全球治理的契机。

在上述咨询意见报告中，欧盟表明了支持联合国开展应对气候变化可能导致的安全威胁的态度。咨询意见报告中指出，气候变化是一个全球性挑战，因此，需要在全球层面上解决。联合国在处理气候变化对国际安全威胁问题上处于核心位置。欧盟支持联合国在上述方面的努力。在应对气候变化安全威胁方面，欧盟已经采取了下列行动，欧盟认为这些措施同样适合联合国系统：①促进以地区为单位的气候变化安全威胁的研究与分析，并通过确定风险地区加强早期预警系统；②对现有观测体系进行升级，以使得早期预警体系等现有制度体系能够将气候变化及其影响包含在内；③发展处理气候变化影响所需要的能力，包括灾害预防与救济，冲突管理和解决；④规划将气候变化纳入发展合作工具与战略的方法。欧盟咨询意见报告还建议在多边合作层面采取以下努力和措施：①形成一个有远见的、可行的与可持续的2012年后的应对气候变化国际机制；②通过多边气候变化论坛开展就气候变化安全问题的对话；③在早期预警、预防和应对气候变化安全威胁方面开展更好的国际合作。

在上述意见的基础上，欧盟咨询意见报告对联合国提出了以下十项建议：①在国际论坛中讨论气候变化及其可能导致的安全威胁，欧盟要求联合国大会在议事日程中有规则地安排关于上述问题的讨论，并定期更新联合国秘书长关于气候变化安全问题的报告，欧盟同样支持联合国安理会在必要的情况下定期讨论气候变化安全问题；②加强政策的一致性，并通过使气候保护问题在国家、外交、发展、环境和贸易政策中成为主流问题来实现上述目标；③将气候变化问题整合入现行的安全机制，包括早期预警、冲突防范、管理和解决；④共同开展分析工作，联合国各机构需要进一步努力来考虑气候变化的安全维度；⑤支持加强相关观测网络的建设和发展，包括全球气候观测系统(Global Climate Observing System，GCOS)和全球综合地球观测系统(Global Earth Observation System of Systems，GEOSS)；⑥加强灾害管理，联合国等机构需要进一步审视和发展其对因气候变化而导致可以遇见的灾害和移民潮的管理能力；⑦与世界气象组织（WMO）和联合国国际减灾战略（UNISDR）合作，为国家发展计划中的灾害预防与管理确定共同的指南；⑧更加系统化地利用双赢机会，以确保双边和多边适应行动能够具有建立信任与和平的功能；⑨使得气候变化问题在联合国行动机制中具有主流地位，相关的组织机构应当考虑气候变化的安全含义，并努力加强这方面的工作，这具有非常重要的意义；⑩在《联合国气候变化框架公约》下的现有的谈判进程中努力减少上述威胁，设计在最为脆弱的国家和地区的减缓气候变化战略。

（四）欧盟气候变化政策的能源安全利益驱动

欧盟委员会对于能源安全问题的解释为："能源安全意味着欧盟将来有能力在可接受的经济条件下，依靠合适的有效的内部资源或将维持必要的能源战略储备，以及从稳定且可进入的外部能源产地获得能源。"[8]欧盟内部能源资源匮乏，能源供应长期依赖进口，这是欧盟能源安全面临的最大困境。进入 20 世纪 70 年代后，石油已占据欧共体能源消费总量的 59.5%，其中的 98%依赖进口[9]。20 世纪 90 年代后半期，欧盟能源消费量已经超过 14 亿吨油当量，占世界消费量 17%。同时，一次能源生产仅为 9 亿吨油当量，大约占全世界生产量的 9%。欧盟一次能源生产与消费之间的缺口只能依靠外部来源弥补。到 20 世纪末，欧盟国家能源供应中的进口比重大约为 40%，其中进口石油的比例达到 85%，进口天然气达到 40%，进口煤达到 35%[10]。21 世纪以来，欧盟对外能源依赖度过大的问题仍然未得到有效的改善。2008 年，欧盟在其《第二次战略性能源回顾：一个关于欧盟能源安全与团结的行动计划》中指出，欧盟 54%的能源依赖进口，根据当年的能源价格计算，进口能源共耗费 3500 亿欧元，平均每个欧盟居民约需分摊 700 欧元。欧盟已经陷入了能源消费增加、能源进口增加和财富向欧盟以外的能源生产者流出增加的不良循环[11]。

面对能源安全威胁，欧盟不得不从安全战略的高度来关注能源问题。2000 年 11 月，欧盟发表的《迈向欧洲能源供应安全战略》中指出，欧盟将越来越依赖外部能源来源，即使欧盟扩大也无法改变这种状况[12]。2003 年《欧盟安全战略》报告将能源安全作为全球性安全挑战的一个重要方面。该安全战略报告中称："能源依赖是欧盟的一个特殊的安全忧虑。欧盟是世界上最大的油气进口者。进口能源约占到能源消费比例的 50%。到 2030 年，这个比例将上升到 70%。绝大多数能源进口来源于海湾地区、俄罗斯和北非。"[1]2007 年，欧盟理事会通过的"能源与环境政策"确立了三个欧盟能源核心目标，而其中能源供应的安全性又被欧盟确定为最为优先的目标[11]。

欧盟成员国之间的利益分歧始终制约着欧盟内部资源整合。建立内部统一能源大市场是欧盟能源安全战略的重要步骤。欧盟自 20 世纪 90 年代中期起就陆续出台了多个有关能源市场自由化的"立法篮子"，督促成员国尽快开放国内能源市场，希望借助市场力量优化内部资源配置，但这项战略在实践中进展缓慢。阻力主要来自成员国的不同利益诉求[13]。欧盟超国家机构与成员国之间在能源政策上矛盾突出。欧盟委员会在能源政策上的权威不断遭受民族国家政府的抵制。能源业是国民经济的重要的战略性部门，各国政府对本国的能源企业采取保护和扶植政策，对欧盟委员会鼓励跨国竞争、强制开放各国能源市场的做法采取抵制态度。由于欧盟成员国国情不同，能源构成不同，地缘位置和对外能源进口渠道各异，因此采取了不同的能源外交政策。在涉及本国重大利益的对外合作项目上，欧盟各国往往采取实用主义和各自为政的态度[14]。

欧盟的法律框架对欧盟协调成员国的能源政策也构成了严重制约。由于欧盟权力结构的双重特性(一体化决策与政府间协商并存),按照欧盟法律,成员国政府握有能源自主决策权,这意味着有关能源一体化的每一项具体措施都需得到成员国的立法批准[13]。根据欧盟的相关条约,除了在核辐射保护标准等特定方面外,欧盟在能源政策方面并没有明显的权限与职能。《里斯本条约》(Lisbon Treaty)制定后,欧盟能源政策制定虽然较以前相对容易,但是仍然面临很多的限制。根据《里斯本条约》第194条第2款的规定,欧盟能源措施"不得影响成员国决定开发其能源资源条件的权利,不得影响成员国对不同能源资源及能源供应的总体结构的选择",任何"实质性影响成员国对不同能源资源及能源供应的总体结构的选择"的欧盟措施需要一致表决通过[15]。由于上述法律框架的限制,欧盟成员国可以对任何可能实质性影响其能源利益的欧盟能源措施行使否决权。事实上,在20世纪90年代欧盟成员国就曾经依据《欧共体条约》(The EEC Treaty)中关于"在本质上具有财政性质的环境法规需要成员国一致表决同意"的规定,抵制了欧盟委员会关于能源税的提议[16]。2000年《欧盟能源绿皮书》指出,由于存在成员国"一致同意"的规则,欧盟很难真正协调成员国的能源税收水平。在这种状况改变之前,任何欧盟层面的能源税收的形成几乎是不可能在短期实现的。到目前为止任何这方面的努力几乎都失败了[17]。

面对欧盟在能源安全方面的特殊困难,应对气候变化问题的升温为欧盟通过发展新能源解决能源安全问题提供了新的可行路径。一方面,这符合欧盟各成员国的根本利益,符合欧盟促进可持续发展的基本目标。大多数欧盟国家已经进入了后工业发展阶段,重新认识人类社会的生产和生活方式,重视经济社会的可持续发展。欧盟《里斯本条约》强调并进一步定义可持续发展含义。《里斯本条约》规定欧盟致力于在平衡的经济增长、社会市场经济、较高竞争力的基础上,实现欧洲的可持续发展,追求充分就业和社会进步,并使环境得到高水平的保护。在这一思想指导下,欧盟将应对气候变化挑战作为解决能源供应安全问题和实现可持续发展的契机。欧盟为此制定了能源和气候变化一体化战略,旨在通过"能源新工业革命"减少高碳排放的传统能源,增加利用低排放和零排放的清洁能源和再生能源,确保能源供应的可持续性和经济的可持续性[8]。另一方面,这有利于扩大欧盟在国际安全事务中的话语权,有助于欧盟加强对国际能源市场的控制力,符合欧盟成员国在能源安全方面的共同利益。正因为如此,欧盟逐渐认识到为应对气候变化而开展的成员国之间的合作以及包括欧盟在内的全球合作对解决欧盟能源安全问题具有特殊的重要战略意义。在此背景下,欧盟应对气候变化政策已经成为其能源安全战略的一个重要组成部分,能源安全利益需求成为欧盟制定与实施气候变化政策的重要驱动因素。

由于欧盟几乎80%能源消费来源于化石燃料[16],因此欧盟要改善能源安全状况,重点在于干预与调控对化石能源的供应和需求。在增加化石能源供给方面,欧盟的本土化石能源储备并不丰富。据统计,欧盟成员国只拥有世界煤炭探明总量的7%,石油探明储量的0.6%和天然气探明储量的2%,并且油气探明储量大部分集中在北海,开采条件十分恶劣,开采成本高昂。此外,未来欧盟能源生产将急剧下降。据估计,到2030年,欧盟石油产量将减少73%,天然气产量将减少59%,固体燃料将减少41%。欧盟外部能源供应集中依赖中东国家和俄罗斯等少数油气供应者。中东地区持续动荡,加之欧盟又缺乏强大的军事实力做后盾,因此欧盟对主要的中东石油供应国的控制力很难满足欧盟能源安全利益的需求。2006年初俄罗斯与乌克兰的天然气之争以及 2007 年初俄罗斯与白俄罗斯之间的石油价格之争导致俄罗斯输往欧盟的油气暂时中断,使欧盟感受到极大的心理震动。即便在冷战期间,苏联也从没有中断过对西欧的天然气供应,这一事件给欧盟敲响了警钟[14]。

由于增加化石能源供应的方案对欧盟几乎不具有可行性,因此,欧盟必须将能源安全的战略重点转向降低对化石能源需求方面。欧盟委员会在 2000 年《通向能源安全供应的欧盟战略》绿皮书中指出,唯有以控制能源需求为导向的政策才能构成健康的能源供应安全政策的基础[17]。在此背景下,作为化石能源的重要替代能源的可再生能源的开发利用对于欧盟改善能源安全状况具有举足轻重的战略意义。但是,欧盟能源战略的贯彻触及欧洲一体化的核心敏感问题,即主权问题,成员国的政治意愿是欧盟能源战略能否顺利推行的关键[8]。在可再生能源开发和利用方面,欧盟必须要克服来自成员国的重重阻力,因为各成员国首先需要考虑的是本国的能源成本、市场竞争力、公众舆论对政府政策的支持度等因素,而非欧盟的整体能源安全利益需求。如果一些成员国采取了相对于其他成员国更加积极的可再生能源政策,固然有利于促进欧盟整体的能源安全状况的改善,但却有可能导致本国能源成本的上升,而在与其他成员国的市场竞争中处于不利地位,这就很难得到本国的社会公众对其可再生能源政策与立法的广泛支持。因此,如果欧盟不能有效地平衡各成员国利益需求,欧盟可再生能源的开发和利用将难以对欧盟改善能源安全状况做出实质性的贡献。

20 世纪 90 年代以后,气候变化问题引起了国际社会的高度关注,对温室气体排放进行控制已经成为大势所趋。地球大气中温室气体的容量是有其极限的,是一种稀缺资源,因此也就具有了商品的价值属性。代表欧盟整体利益的欧盟委员会敏锐地发现,应对气候变化可以为欧盟及其成员国开发和利用可再生能源带来巨大的额外经济利益,能够有效地减少甚至消除各成员国在可再生能源开发与利用成本、市场竞争力和社会公众支持度方面的担忧,成为一个能够撬动欧盟能源安全政策的杠杆。此外,相对于欧盟能源立法需要成员国一致同意的法律限制而言,制定欧盟气候变化政策仅需要特定多数表决(qualified majority voting)通过[15],在这方面欧盟的超国家机构具有更大的操作空间。因此,欧盟委员会等超国家机构要改善欧盟能源安全状况,就必须高举积极应对全球气候变化的旗帜,将全球共同面临的气候变化压力与欧盟可再生能源开发与利用紧密结合起来,平衡成员国之间的环境、能源与经济利益,协调成员国之间在可再生能源政策上的分歧,促进形成能够为成员国所接受的具有法律约束力的欧盟可再生能源目标。

欧盟委员会于 2000 年 11 月公布了《通向能源安全供应的欧盟战略》(*Towards a European Strategy for the Security of Energy Supply*)的绿皮书(green paper)[17],强调了协调气候变化政策与可再生能源政策对于保障欧盟能源供应安全的战略意义。该绿皮书指出:任何关于欧盟未来能源供应的考虑,尤其是关于能源多样化的选择,都应当包括以下两个新出现的因素:应对气候变化和建立一个经过积极整合的能源市场。目前欧盟能源市场的安全供应必须考虑到应对气候变化与寻求可持续发展的迫切需要。除非欧盟采取实质性的措施降低能源需求,欧盟将不能够履行其在《京都议定书》中所做出的承诺。应对气候变化措施必须与降低欧盟对外能源供应进口的依赖的考量相协调。成员国应当做出电力生产必须有最低限度的比例来源于可再生能源的规定,这样既可以改善能源供应安全,也可以保护替代性资源。

2006 年 3 月,欧盟委员会正式公布了《获得可持续发展,有竞争能力和安全能源的欧洲战略》(*A European Strategy for Sustainable, Competitive and Secure Energy*)的能源政策绿皮书[17]。该绿皮书认为全球气候变暖可以为欧盟进一步开发利用可再生能源提供新的动力。欧盟亟须进一步整合欧盟的气候变化政策与能源政策，完善欧盟内部能源市场，保障能源安全供应。2007年1月，欧盟委员会向欧盟理事会和欧盟议会提交了《欧洲能源政策》[18]。该报告认为，气候变化、不断增长的对进口能源的依赖和高昂的能源价格是所有欧盟成员国都面临的挑战。从可持续角度分析，欧盟80%的温室气体排放来源于能源消费，这是气候保护以及最有污染性的气体排放的根源。从能源供应安全的角度分析，欧盟对进口碳氢化合物的依赖度越来越大。如果不改变现状，2030年欧盟对天然气进口依赖度将从目前的57%上升到84%，对石油的进口依赖度将从目前的82%上升到93%。这将导致政治与经济风险。报告指出，由于使用能源而导致的温室气体排放占到欧盟温室气体排放的80%，降低温室气体排放意味着使用更少的化石能源以及使用更为清洁的可再生能源，因此，在欧盟新的能源政策中，欧盟实现其所做出的温室气体减排承诺处于中心地位。

在欧盟委员会的不断推动下，欧盟成员国在利用气候变化问题改善欧盟能源安全状况方面逐渐达成共同认识，并最终同意接受了具有法律约束力的气候能源安全政策框架。2008年1月，欧盟委员会提议通过一项有约束力的立法来实施欧盟气候与能源政策目标。2008年12月份，该"气候与能源立法篮子"(climate and energy package)得到了欧盟议会与理事会的同意，2009年6月开始成为正式的法律。该欧盟立法一方面设定了欧盟在2020年前其温室气体排放较1990年减少20%的目标，另一方面为欧盟设定了具有法律约束力的可再生能源目标，该目标将使欧盟2020年可再生能源占能源消费的总体比重上升到20%，这将比2006年9.2%增长一倍以上[19]。为了实现上述目标，欧盟第一次发布指令，根据不同成员国的不同起点，给每一个成员国设置了一个可再生能源占能源消费总量比例的强制性的国家目标。针对交通部门，欧盟还为所有成员国设置了可再生能源比例不低于10%的共同目标，以确保在交通燃料的规格和可获得性方面保持一致性[20]。

不仅如此，欧盟还努力借气候变化问题增强对国际能源市场的控制力，为其能源安全利益服务。欧盟能源委员皮尔巴格斯曾于2008年在其《欧洲的能源未来：新的工业革命》的演讲中指出，世界正在面临巨大的环境与能源挑战，这个挑战对欧盟尤其尖锐。据估计到2030年世界能源需求将增加50%以上，其中对石油需求的增长预期将超过40%[4]。欧盟仅仅占到全球石油需求的20%，欧盟仅凭其自身单独行动不可能使得全球石油市场需求急剧上升的局面得到有效改变，因此，欧盟具有强烈的动机来领导全球转型为更少依赖于石油与其他化石燃料的低碳经济模式。欧盟虽然已经对石油及石油产品征收较高水平的税收，并建立了碳排放许可的交易机制，但是这些制度需要扩展到其他发达国家和新兴的发展中国家。这也是欧盟在国际气候谈判中的主要目标[21]。

在欧盟看来，能源对地缘安全、经济稳定、社会发展和国际气候进程具有决定性影响，因而能源必须成为欧盟全部对外关系的中心部分。前欧盟共同外交与安全事务高级代表索拉纳指出：气候变化在诸多方面最终是对外能源关系议题，也是欧盟必须继续发挥全球领导作用的一个领域。欧盟新气候政策不再仅仅是绿色环保议题，而是与能源供应、低碳技术及经济竞争力紧紧来联系在一起[8]。应对气候变化国际合作不仅可以帮助欧盟促进世界主要能源消费大国降低对化石能源的需求，缓解国际油气市场日趋紧张的竞争局势，为欧盟能源供应提供更高的安全边际，而且还可以扩大上述国家对低碳能源的需求，为欧盟及其成员国低碳能源产品与技术的出口开拓市场。因此，欧盟需要将应对气候变化国际合作与欧盟能源安全问题的解决紧密联系起来，通过领导并推动国际气候合作为欧盟能源安全战略服务。1995 年，欧盟委员会批准《欧盟能源政策（白皮书）》的主要目标只限于"完成内部市场的构建，保障以竞争力为基础的能源供应及其安全，并改善能源的生态性"[10]，而 2000 年欧盟《通向能源安全供应的欧盟战略》绿皮书和 2006 年欧盟委员会《获得可持续发展，有竞争能力和安全能源的欧洲战略》的能源政策绿皮书则不仅强调了从对外政策方面保障能源供应的重要性，而且还明确提出要通过领导应对气候变化国际合作促进欧盟实现能源供应安全的战略目标。

欧盟气候变化外交实际上最终也是能源经济外交。欧盟气候外交的目标是推动世界范围内新能源技术及其产品和服务的贸易和投资[8]。正如欧盟能源委员皮尔巴格斯所指出的，能源与环境问题既是欧盟 21 世纪所面临的巨大挑战，也是欧盟 21 世纪所面临的巨大机遇。通过促进低碳产业的增长和极大地促进低碳能源的生产与使用，欧盟能够成为可再生能源与低碳技术的全球领导者[4]。2000 年，欧盟在其《通向能源安全供应的欧盟战略》绿皮书中明确提出，欧盟需要依靠其财政工具将其外部环境成本国际化和对二氧化碳减排所做出的贡献国际化[17]。2006 年 3 月，欧盟委员会在其《获得可持续发展，有竞争能力和安全能源的欧洲战略》的能源政策绿皮书中指出，在应对气候变化问题上，欧盟必须继续通过自身的示范来领导世界最为广泛的国际行动。欧盟可以领导世界开展能源需求管理，促进新能源和可再生能源的发展，促进低碳技术的发展。欧盟排放交易机制将成为逐步扩大全球碳市场的核心机制，并且欧盟商业组织可以借此获得领跑地位[17]。

欧盟需要借助气候变化问题加强对国际能源市场的控制力，能源安全利益已经成为欧盟在国际气候谈判中努力扮演领导者角色的一个重要驱动因素。2007 年 1 月，欧盟委员会向欧盟理事会和欧盟议会提交了《欧洲能源政策》[18]。该报告指出，欧盟理事会与议会应当批准欧盟在国际气候谈判中提出到 2020 年发达国家在 1990 年水平上实现温室气体减排 30%的目标，批准欧盟做出到 2020 年在 1990 年水平上实现温室气体减排 20%的目标，支持欧盟委员会利用所有的双边和多边国际谈判的机会推动应对气候变化国际合作，并借助应对气候变化协调协调能源政策，加强清洁能源技术的合作。

二、美国气候变化政策背后的安全利益驱动

（一）美国军方长期阻挠气候变化国际合作的深入开展

由于维持庞大的战争机器与高昂的军费开支，美国军方事实上已经成为全球最大的温室气体排放组织。作为全球最大的温室气体排放组织，美国军方成为全球应对气候变化合作最强硬的反对者。早在《京都议定书》签署之前，美国军方就对该议定书可能损害美国的安全利益表示出深切的担忧。根据美国国防部的评估，如果军方因为碳减排的需要而削减 10%的燃料消耗的话，对陆军而言，将会导致每年减少 32.8 万 km 的坦克训练，并因此较大地降低装甲机械化部队的部署速度；对海军而言，将会因碳减排而每年削减 2000 个航行日（steaming days）的训练和行动[22]；对空军而言，将会被迫每年减少 21 万飞行小时的训练和行动。而且如果军方为了执行《京都议定书》而不得不与国内其他部门承担相同比例的碳减排任务的话，对军方训练和作战能力的影响将可能是上述评估的 3 倍[23]。伯瑞德—海格尔决议的主要倡

议者之一海格尔(Chuck Hagel)于1997年10月3日在参议院的发言中说:“这将对我们的国家安全利益造成毁灭性的影响——谁是美国最大的化石燃料使用者?美国军队。我们真的要谈论让我们的国家安全和国防受不明确的环境诉求支配吗?我认为这样做是不明智的。我认为美国人民不希望政策制定者如此行事。”“《京都议定书》可能对美国部队的备战能力及美国在全球范围内保卫其国家安全利益的能力产生严重的影响。”[22]

在京都回合的谈判过程中,美国军方专门派出代表参与谈判,坚持要求将军事行动的碳排放全部纳入《京都议定书》的豁免范围。美国国防部负责环境安全事务的副部长帮办谢莉·古德曼(Sherri Goodman)表示:“如果美国为了某种原因需要实施一项完全单边的军事行动的话,我们不需要一个国际协定来告诉美国如何开展单边行动,这事关美国的主权。”[23]美国的上述立场自然受到其他缔约方的强烈反对。但是,在戈尔的干预之下,美国代表团在京都会议上接受了一项折中的方案。最终缔约方在《与京都议定书有关的方法问题》(第2/CP.3号决议)中规定:“根据《联合国宪章》进行的多边活动所产生的排放量不应列入国家总数,而应该单独予以报告。与其他活动有关的排放量应列入一个或多个有关缔约方的国家排放量总数。”

在《京都议定书》签署之后,美国代表团接受上述折中方案的举动受到了国内严厉的指责,一些美国学者甚至认为如果真的执行《京都议定书》的话,将会触及美国的底线,因为“这将迫使美国不得不收回拳头,而不是仅仅被贴上藐视法律的标签。”[23]美国军方的反应也非常激烈。曾经于20世纪80年代末期担任美国国防部长的弗兰克(Frank Carlucci)在《京都议定书》签署之后表示:“无论政府对《京都议定书》做出什么样的解释,国会必须要求对所有军事行动的碳排放予以完全的豁免。”在当时正在克林顿政府担任美国国防部长的科恩(William Cohen)表示“我们绝对不能以牺牲我们的国家安全为代价来实现温室气体减排目标”[22]。

在美国国会,《与京都议定书有关的方法问题》(第2/CP.3号决议)几乎受到了异口同声的批评,国会议员们从不同侧面对执行《京都议定书》将会对美国安全利益造成的损害进行了分析和论证。美国众议院国家安全委员会主席斯本森(Spence)认为:“《京都议定书》将极大地限制美国的军事行动。”“如果执行《京都议定书》的话,将会使美国军队战略部署方案难以实施,一些军事行动也会面临风险。”“如果萨达姆继续威胁波斯湾的稳定的话,美国军事打击能力将会受到《京都议定书》的控制和限制。”“虽然保护环境是我们应当努力做的,但是我们不能忍受的是这将主要针对我们的军事作战训练和军事行动”,“战争是一项冷酷并充满暴力的事情,而且武器的效果并不是通过碳排放的水平来衡量的。”[22]丹尼尔(Pat Danner)众议员则认为:“《京都议定书》不应当成为美国开展必要的军事行动的障碍。能够对美国军队产生影响的决定应当由美国指挥官做出,美国军队不应当受制于由国际机构制订的国际环境协定。”[22]

在美国签署《京都议定书》以后,参议员吉尔曼(Gilman)提出一项立法修正案,要求“《京都议定书》的任何条款以及任何美国与《京都议定书》有关的任何立法都不得对美国军方的军备采购、训练、军事行动和日常维护加以限制。”[22]该提案在美国国会未遭任何反对而获得通过。作为美国参加京都会议的谈判代表团主席,美国众议院科学委员会主席森斯布瑞尼尔(F. James Sensenbrenner)认为:“这个修正案针对的是克林顿—戈尔政府所签订的《京都议定书》对美国国家安全所构成的威胁。”“由于联邦政府是美国最大的能源使用者,而国防部又是政府中排放温室气体最多的部门,因此,政府同意《京都议定书》实质上是同意对美国的军事行动加以限制。”“缔约方大会决议仅仅对开展符合《联合国宪章》的军事行动所排放的温室气体予以豁免,但是这就要求所有的其他军事行动的温室气体排放量都将纳入国家排放总额,其效果相当于对我们军队开展维护世界和平的行动予以惩罚——因此，我们应当支持这个修正案，对我们的国家安全说是，对《京都议定书》说不。”[22]

(二)应对气候变化国际合作的深入开展不利于美国军事霸权寻租

与欧盟试图通过减少石油在整个能源消费中的比例的方式来应对能源危机不同的是，美国解决能源危机的主要思路其实是利用其军事霸权来控制世界石油的“阀门”。美国部分政治精英的思路是：“石油问题我们可以解决，只需把中东的地图重新绘制一遍。”[24]美国主导的两次海湾战争即是该思路的具体体现。正如保罗·罗伯茨在其《石油的终结》一书中所言：“对于布什来说，从能源安全中所能学到的教训并不是西方要少使用能源，正如他们在 20 世纪 80 年代所做的那样，而是西方应该使能源变得更安全、更容易预测，这一点正是美国在第一次海湾战争期间所努力做的。在那次战争中，西方没有退后采取防御性的能源政策，反而采取了更大胆的、更国际主义的强硬手段，并且完全消除了对价格稳定性的威胁。10 年之后，美国的官员认为这种海湾战争政策没有理由不继续下去，甚至是应该加强。”确实，对于美国而言，退后已经不再可能，能源的安全就是石油的稳定，任何政策如果目的不是为了长久地稳定石油，那么只能是延缓一下灾难[24]。

石油问题上的三个重要因素是：参与获得石油工业利润；调节世界石油价格；获得供应以及剥夺他国获得供应的可能性。在所有三个方面，美国现在的状况都相当不错。目前，美国的石油公司从世界利润中得到大头。1945 年以来多数时间内，经由沙特阿拉伯政府的努力，石油价格都按美国的意愿调节。美国对世界石油供应也拥有相当强的战略控制能力[25]。控制世界油价是前面提到有关石油三大问题中最重要的。沙特阿拉伯一直是关键。沙特阿拉伯 50 年来在这方面为美国服务出于一个简单的原因：它需要美国对王朝提供军事保护[25]。在中东问题上，美国不会轻易放弃以鲜血和生命换取的主导权，美国政策调整底线是建立美国主导、大国随从和小国跟进的合作机制，确保美国的绝对领导地位[26]。美国在其 2001 年《美国国家能源政策》的第八章“加强全球合作——强化国家能源安全和国际关系”中，详细论述了“沙特阿拉伯和中东石油供应”对于美国能源安全的极端重要性。《美国国家能源政策》在上述部分中指出，全球经济无疑将继续依靠欧佩克成员国尤其是海湾成员国的石油供应。对美国利益而言这一地区仍至关重要。世界最大石油出口国沙特阿拉伯是世界石油市场供应可靠性的关键。无论按何种估计方案，中东产油国均将是世界石油安全的核心。海湾将是美国国际能源政策的一个主要焦点，但美国的参与将是全球性的，重点是那些对全球能源平衡有明显影响的既存及新兴地区[27]。

“9·11”事件后，美国推行的反恐战争不但使美国获取了重大的地缘战略利益，也使美国赢得丰厚的能源回报。美国借阿富汗战争将军队开进中亚和里海地区，并试图向高加索扩展，为美国在该地区的油气开采和管线建设提供了强有力的战略与安全保证。伊拉克战争，美国又大举进入全球最富石油的海湾地区，并挟胜者之威，独家垄断伊拉克战后重建。目前美国已占据全球最大产油区海湾的战略制高点，并通过对中亚、高加索、俄罗斯、非洲以及其后院拉丁美洲等全球最重要产油区的介入和传统影响，基本建立起有利于美国控制全球能源的庞大地缘覆盖网，在全球能源竞争中占据绝对优势。未来，美国控制和影响全球能源的能力势必增强[26]。

美国利用军事霸权控制全球石油的“阀门”，实际上是企图充当全球“能源宪兵”的角色。

美国扮演全球“能源宪兵”角色的最终目的并不是为了全球可持续发展而构建符合多边利益的国际能源秩序，而是一方面借此攫取大量的廉价石油来巩固其霸主地位，另一方面加大其军事霸权对外寻租谋利的砝码。美国控制海湾地区及其石油资源，就掌握了全球经济的重要筹码，能随心所欲通过霸权寻租谋求巨大利益，其中包括维护美元的金融霸权、削弱欧盟经济实力和欧元竞争地位、获得大量政府军火订货的超额利润等[28]。正如汉普学院的世界安全研究教授迈克尔·克莱尔在《多伦多星报》所讲述的那样，在小布什政府眼中，解放欧佩克的石油，“再加上在军事技术上比任何国家都先进10年，将保证美国在未来的50～100年当中处于世界的霸主地位。”进行中东问题研究和情报项目工作的分析人士克里斯·托恩辛论证说，美国“把对石油的控制看成是一个更大的地缘战略远景中的一个部分，通过对海湾和中东地区的控制，美国可以对依靠海湾石油的国家比如中国和欧洲国家施加影响[24]”。值得指出的是，全球应对气候变化合作的本质是降低全球对以石油为核心的化石能源的依赖，从能源安全意义上看，这无疑是全球合作试图摆脱石油“阀门”遏制的努力，从根本上会产生不利于美国利用军事霸权对外寻租的结果。

三、结语

冷战结束后，在美国积极推进单极霸权战略的同时，欧美关系中潜在的矛盾和冲突因素开始集中显现。欧盟努力争取成为世界重要一极的安全战略与美国建立单极世界的霸权战略之间存在着结构性矛盾。在此背景下，欧美在气候变化国际制度的构建中争夺领导地位的矛盾与冲突难以调和。

欧盟的气候变化政策实质上已经成为欧盟安全战略的一个重要组成部分。欧盟将气候变化问题视为其所有面临的重大安全威胁的“倍数”，因此，积极推动应对气候变化国际合作是欧盟实施安全战略的必然要求。此外，欧盟的能源安全利益决定了欧盟必须利用气候变化这个平台，调动国际与欧盟内部一切可以利用的资源，降低其发生能源危机的风险。

冷战后，美国虽然在其国家安全战略后开始关注包括气候变化在内的环境安全问题，但是其建立单极世界的战略目标决定了应对气候变化在其安全战略中只能处于从属和次要地位。在美国国家安全战略中，军事实力始终起着核心作用。由于维持庞大的战争机器与高昂的军费开支，美国军方事实上已经成为全球最大的温室气体排放组织，同时也是全球应对气候变化合作最强硬的反对者。在此背景下，美国政治精英们实质上已经对以下立场达成高度共识：即同意《京都议定书》实质上是同意对美国的军事行动加以限制。此外，美国利用军事霸权控制全球石油的“阀门”，实际上是企图充当全球“能源宪兵”的角色。全球应对气候变化合作的本质是降低全球对以石油为核心的化石能源的依赖，这与美国利用军事霸权对外寻租的战略是相冲突的。可以预见的是，在美国新能源技术取得实质性突破并能满足其国家安全战略需要之前，不管其执政者如何灵活地运用外交策略，美国在本质上还将继续扮演国际气候合作的阻挠者的角色。

在当前的国际气候谈判中，中国面临着前所未有的压力。一方面，无论是欧盟还是美国，安全利益都是它们在这场气候博弈中所需要维护的核心利益。在国际气候博弈中，当欧美安全利益与发展中国家的正当利益需求发生冲突时，欧美必然会不惜以牺牲发展中国家的利益为代价来维护其核心利益，而这正是国际社会构建公平与有效的应对气候变化国际制度的重要阻力之一。另一方面，在《京都议定书》生效之后，欧美都积极利用气候变化对国际安全的影响与挑战来对中国施压，中国政府在外交应对中尚未能取得主动地位。目前，中国需要尽快从国家安全战略的高度谋划应对气候变化问题，灵活运用硬实力资源与软实力资源，否则可能陷于被动。

参考文献

[1] Solana S J. A Secure Europe in a Better World—European Security Strategy. http://www.iss.europa.eu/uploads/media/solanae.pdf[2003-12].

[2] German Advisory Council on Global Change, "World in Transition-Climate Change as a Security Risk", May 2007, http://www.wbgu.de/wbgu_jg 2007_kurz_engl.pdf.

[3] The high representative and the European Commission to the European Council. Climate Change and International Security, March 2008, http://www.consilium.europa.eu/uedocs/cms_data/docs/pressdata/en/reports/99387.pdf[2010-12-19].

[4] Piebalgs A. Europe's Energy Future: The New Industrial Revolution, http://www.energy.eu/news/Europes_Energy_Future_The_New_Industrial_Revolution.pdf[2008-11-04].

[5] Report on the Implementations of the European Security Strategy-Providing Security in a Changing World. Approved by the European Council held in Brussels on 11 and 12 December 2008 and drafted under the responsibilities of the EU High Representative Javier Solana. http://www.consilium.europa.eu/uedocs/cms_data/docs/pressdata/en/reports/104630.pdf.

[6] Department of Public Information · News and Media Division of Security Council, UN, Security Council Holds First-Ever Debate on Impact of Climate Change, SC/9000, 17 April 2007, http://gc.nautilus.org/Nautilus/australia/reframing/cc-security/sec-council

[7] EU Council Conclusions on Climate Change and Security, 2985th Foreign Affairs Council Meeting, Brussels, 8 December 2009, http://www.consilium.europa.eu/uedocs/cms_data/docs/pressdata/EN/foraff/111827.pdf[2010-12-19].

[8] 崔宏伟. 欧盟能源安全战略研究. 北京：知识产权出版社，2010.

[9] 黄嘉敏，等. 欧共体的历程——区域经济一体化之路. 北京：对外贸易教育出版社，1993：202-201.

[10] 斯·日兹宁. 国际能源政治与外交. 上海：华东师范大学出版社，2005：130.

[11] European Commission. Second Strategic Energy Review, An EU Energy Security and Solidity Action Plan, 2008, http://news.bbc.co.uk/2/shared/bsp/hi/pdfs/14_11_08euenergy.pdf.

[12] European Commission. Towards a European strategy for the security of energy supply. http://aei.pitt.edu/1184/1/enegy_supply_security_gp_COM_2000_769.pdf.

[13] 崔宏伟. 欧盟天然气供应安全困境及其对策. 现代国际关系，2009，**7**：27-32.

[14] 扈大威. 欧盟的能源安全与共同能源外交. 国际论坛，2008，**2**：1-7.

[15] John V. Mitchell. Europe's Energy Security After Copenhagen: Time for a Retrofit? Energy, Environment and Resource Governance, November 2009, http://www.chathamhouse.org.uk/publications/papers/view/-/id/808/.

[16] Camilla Adelle, Marc Pallemaerts, Joana Chiavari. Climate Change and Energy Security in Europe——Policy Intergration and its Limits, June 2009：18-19, http://www.policypointers.org/Page/View/9542

[17] European Commission. A European strategy for sustainable, competitive and secure energy, March 2006, http://europa.eu/documents/comm/green_papers/pdf/com2006_105_en.pdf.

[18] European Commission. A Energy Policy for Europe, 10 January 2007, http://ec. europa. eu/energy/energy_policy/doc/01_energy_policy_for_europe_en. pdf

[19] European Commission The EU climate and energy package, October 2010, http://ec. europa. eu/clima/policies/brief/eu/package_en. htm

[20] European Council. Council adopts climate-energy legislative package, 6 April 2009, http://www. consilium. europa. eu/uedocs/cms_data/docs/pressdata/en/misc/107136. pdf

[21] Osborn D. Oil: How Can Europe Kick the Habit of Dependence? // Dodds F, Higham A, Sherman R. *Climate Change and Energy Insecurity: The Challenge for Peace, Security and Development*. London: Earthscan, 2009:18.

[22] Proceedings and Debates of the 105th Congress, Second Session, May 20, 1998, 144 Cong. Rec. H3505-01.

[23] Moore T G. In Defense of Defense, 2011-8-29, http://www. worldclimatereport. com/archive/previous_issues/vol3/v3n20/health1. htm.

[24] 保罗·罗伯茨.石油的终结.北京:中信出版社,2005:98-99.

[25] 伊·沃勒斯坦.沃勒斯坦关于伊拉克战争的三篇短论.国外理论动态,2003,**5**:7-10.

[26] 李荣,唐志超.伊拉克战争的影响.亚非纵横,2004,**2**:14-20.

[27] 美国国家能源政策研究组.美国国家能源政策.北京:中国大地出版社,2001:99.

[28] 杨斌.美国霸权战略与军工、石油垄断财团利益.开放导报,2006,**3**:66.

全球气候变化政策的两极博弈与我国的应对策略[①]

钮　敏　唐新川　蒋　洁

(南京信息工程大学气候变化与公共政策研究院,南京　210044)

摘　要:发达国家与发展中国家在长期的彼此制约中共同推动人类文明的进程,两者的全方位博弈在气候变化政策领域达到峰值。在全球极端天气事件日渐频发与缓进式生态恶化逐步加剧的情况下,切实厘清全球两极政治力量不同的利益诉求与政治主张映射在应对气候变化政策领域的殊别导向与差异选择关系到我国的国家安全、经济发展与社会稳定。明确两极博弈的现象与成因不仅为我国制定高效的应对气候变化政策与国际谈判策略提供重要依据,亦直接影响我国在联合国峰会和地区谈判中展示论点与论据的力度,更有助于进一步构建推动整个国家可持续发展的绿色低碳增长模式,减少我国乃至全球的极端天气现象与暖化进程,迅速增加我国在新经济时代的市场竞争力、提高我国在新政治时代的话语地位。

关键词:气候变化政策;发达国家;发展中国家;两极博弈

"这是一个最好的时代",人类千百年来的梦想正在逐一实现,日新月异的科学技术使得普通民众都能拥有千里眼、顺风耳(电子通信设备),随时可以飞天遁地(现代交通工具);"这也是一个灾害多发的时代",气候变暖、冰川消融、海岸侵蚀、物种持续灭绝、自然生态环境日益失衡。人类对自然无节制的索取带来酸雨、水体污染、臭氧层变化,地震、海啸、洪水、干旱、泥石流、沙漠化、火山爆发等突发性或渐变性灾害层出不穷。21世纪是新旧能源交替的时代,亦是全球政治势力重新划权的时代。利益诉求与政治主张相差甚远的发达国家与发展中国家作为当今世界最重要的两极力量,在彼此制约中共同推动人类文明的进程。两者的全方位博弈在气候变化政策领域达到峰值。认清双方的主要选择及成因是我国在国际会谈中取得优势、掌握更多话语权的关键。毋庸置疑,处于化石能源霸主地位并掌握清洁能源技术优势是发达国家虚假积极地制行应对政策的主要原因;明确发达国家内部霸主地位的激烈竞争是发展中国家对其进行内部分化以获取利益的契机;强调发展中国家必须团结一致地继续坚持应对气候变化政策的双轨立场。我国必须在清醒地认识两极博弈现状与本国情况的基础上,大力发展清洁能源并有理有据地要求发达国家提高减排目标与承担援助责任,在各国利益冲突的夹缝中寻找各种机会掌握主动权,才能在这一轮博弈大战中取胜。

一、发达国家与发展中国家应对气候变化政策概览

完善应对气候变化政策体系之最终目标是维护整个人类社会的可持续发展,每个地区、每个国家,甚至每一社会个体都肩负着相应的义务。发达国家与发展中国家在形式上均一贯坚

---

① 作者简介:钮敏,女,南京信息工程大学教授,主要从事气候变化与公共政策研究。本文受到气候变化与公共政策研究院课题12QHB005的资助。

持推动应对气候变化国际合作的立场，在实质上忙于依据不同时期本国的政治经济需要不断转换立场。由于不同国家和地区所处地理环境、发展状况与国际地位差异明显，各自应对气候变化政策有着明显差异。例如，地理地貌的不同导致各国的自然环境承受能力差异甚大。非洲撒哈拉沙漠以南地区、中东、中亚及东南亚受气候变化影响最为严重。由此带来的水资源与粮食匮乏不断引发资源纷争与人口迁移，不仅威胁上述国家和地区的存在与发展，甚至给整个世界带来崩溃性影响。相关欠发达地区成为严格化气候变化管控制度的主要推进力量。以美国为首的众多发达国家作为严重依赖化石燃料的温室气体排放主体，理应在解决全球气候变化问题中承担主要义务，且近年来亦饱受飓风、洪水与沙尘暴等自然灾害之苦，但终究不是燃眉之急。这使发达国家在应对气候变化的国际合作协谈中，长期处于为自身谋取最大经济与政治利益的优势地位，有能力依据国家安全与经济利益需要选择最优战略，即"显性单边主义——隐性单边主义"的应对政策。

(一)发达国家气候变化政策综述

全球气候变化的威胁带来的恶劣后果会严重影响发达国家自身安全。如海平面上升将使一些军事岛屿被迫关闭，影响所属国的作战能力；气候恶化将导致本国居民生活质量下降与大量难民涌入，威胁发达国家内部安全与稳定，甚至将其不断卷入地区冲突。但是，发达国家传统经济的持续发展主要归功于无限制地使用化石燃料(主要为石油)。其在替代能源技术取得突破性进展之前，不会冒着损害本国经济发展的风险，实施温室气体减排政策。如《美国能源政策法》规定，美国总统采取措施减少经济对石油需求的前提是确保为消费者提供可靠、价格上可承受的替代能源。严重依赖石油的能源结构，使得发达国家应对气候变化的政策最终取决于各利益集团的力量对比及其妥协结果。

一般而言，发达国家应对气候变化的战略决策，必须获得总统、国会及各利益集团的普遍支持，才能够顺利推行。简单的强制性温室气体减排目标，容易遭到国内以能源公司为代表的利益集团的强烈反对(这些碳基能源体系的既得利益者从未停止过反对气候变化的科学研究和反对国会立法控制温室气体排放的行动)。如美国的埃克森美孚公司向清洁能源研发的投入不足全年利润的 0.5%，却在短短十年间向反气候变化研究机构提供了总计 2 300 万美元的资助。

即便迫于国际压力与自身发展需要而采取的积极的气候变化政策，本质上仍然是隐性单边主义政策，在任何场合均不愿意做出实质性的切实而科学的具体减排承诺。当然，不少政府近年来确实积极推行减排与增效结合的政策，通过促进应对气候变化的技术革新为正在兴起的新能源产业创造发展机遇，也督促其通过减排节约能源成本，积极采取措施降低未来因过度排放温室气体被迫支付高额罚金的风险。大量企业已自愿减排或提出具体减排目标(如美国的杜邦公司)。"气候风险投资者网络"(INCR)等管理着数百家投资机构数十万亿美元的资产，一向积极推动国会通过立法限制二氧化碳排放。相关气候变化政策的制定与执行，大力发展节能产业、可再生能源和生物能源产业，可能会逐步实现能源结构的多样化，凭借科技实力强的优势可能会在低碳经济方面引领世界潮流。那时，发达国家应对气候变化的政策必将有所调整，甚至可能采取各种手段迫使发展中国家接受高额减排指标。

近年来，美国学界逐渐认识到气候变化是关乎人类福祉的基本问题。杰西卡·图其曼·马修斯撰文阐明气候变化对经济领域的重大影响，指出美国需要积极制定战略环境政策加以应对[1]。艾尔·戈尔提出气候变化是未来全球政治实践的出发点并直接给美国政府提出政策建议[2]。以此为起点，美国政府逐步开始了应对气候变化政策体系的理论研究与实践活动。美国先后通过《清洁空气法》规定削减约 50%二氧化碳总量以控制酸雨，《能源政策法》要求各州检视本州建筑法规中的能效条款，《气候变化行动方案》确定了国内温室气体减排目标。由包括 6 位诺贝尔经济学奖得主在内的 2 000 位美国经济学家签署发表《经济学家关于气候变化的声明》，列举大量高效减排政策，鼓励政府积极采取预防措施缓解全球气候变化带来的危险。参议员查菲和利伯曼提出《自愿减排信用法案》，主张政府给予自愿减排的公司以政策奖励。参议员哈格尔和克雷格提出《能源和气候政策法案》，建议设立解决全球气候变化问题的专门机构并强调依靠市场激励机制减缓全球变暖。参议员杰福茨提出《清洁能源法案》，主张限制汞、二氧化碳和氮氧化物的排放。令人遗憾的是，上述提案大多未获通过。美国参议院通过“伯瑞德·海格尔决议”，集中反映出在应对气候变化国际合作中的单边主义立场，要求在以下情况下不得签署任何与《联合国气候变化框架公约》有关的协议：一是发展中国家不承诺限制或减排温室气体，却要求发达国家做出承诺；二是签署这类协议会严重危害美国经济①。即把发展中国家“有意义地参与”和不损害美国经济作为其签署和批准国际协议的前提条件。1997 年 12 月，克林顿政府虽在日本京都召开的《联合国气候变化框架公约》第 3 次缔约方会议上承诺承担温室气体量化减排义务，却未及时送交参议院批准以使其对美国产生约束力。克林顿政府更公开宣布，由于《京都议定书》是“有缺陷的和不完整的”，拒绝将其提交参议院讨论表决[3]。《京都议定书》上的签名转而成为对美国不具约束力的空头承诺。小布什政府表示，“减少温室气体排放将会影响美国经济发展”、“发展中国家也应承担减排和限制温室气体的义务”且气候变化存在的不确定性使得美国在今后一段时期内在应对气候变化问题时“将行动、学习、再行动，同时根据科学发展和技术革新来调整我们的方法”，正式宣布拒绝接受《京都议定书》。理由有三点：一是它没有要求发展中国家承担具有约束力的减排义务，二是履行《京都议定书》规定的义务将给美国经济造成显著损害，三是气候变化问题尚存在科学上的不确定性。

美国拒绝加入《京都议定书》后遭到各国谴责，严重损害其大国形象。小布什政府为了挽回其形象，特公布美国应对气候变化的政策体系，提出一系列应对举措：“开展促排登记、保护和供应减排的可转让信用、如果有必要检查迈向目标的进展和采取除外的行动、增加美国对气候变化承诺的资金、采取针对科学和技术评估的行动、实施全面范畴下的新的和拓展的国内政策、促进新的和拓展的国际政策来补充国内计划[4]。”但是，此后陆续发生的海啸、飓风、北极冰块融化、石油价格节节攀升等严重问题导致的空前损失，使得美国人开始真切感受到气候变化对生活的危害。小布什在八国首脑峰会之前发表关于美国国际发展议程的讲话，“发展中国家没有能源就不可能发展经济，但是生产能源将对世界环境产生不良影响”；“应对能源和全球气候变化挑战的出路是技术革新，美国在这方面处于领先地位”[5]。又于同年 7 月在峰会上首次公开承认“人类活动导致的温室气体排放增加引起全球变暖”[5]。越来越多的议员也转变对待气候变化问题的立场，逐渐主张依赖以市场为基础的配额交易协调并限制温室气体排放，应对气候变化的政策与法律制定活动逐渐升温。

数年间，不少主张以自愿减排和市场激励机制抑制温室气体排放的国会议员提出若干提

① 105th Congress，1st Session，Senate Resolution 98 of June 12，1997.

案:《全球气候安全法案》(旨在通过配额交易制度降低二氧化碳排放量)、《全国温室气体排放总量和注册法案》、《气候工作法案》、《清洁能源法案》、《清洁空气计划法案》和《紧急气候变化研究法案》、《气候责任法案》、《全球变暖污染控制法案》、《气候责任法案》、《减缓全球变化法案》、《安全气候法案》、《低碳经济法案》、《美国气候安全法案》等。不过,以上法案中,仅共和党参议员麦凯恩和民主党参议员利伯曼共同提出的《气候责任法案》被参议院批准通过,这也是美国国内最早的控制温室气体排放的正式法律。美国联邦政府的策略一贯保守,有些州政府则相对激进,积极开展各类政策创新以达到温室气体减排之目的。缅因州议会通过了《为应对气候变化威胁发挥领导作用的法令》,要求到2010年将温室气体排放量控制在1990年排放水平,到2020年在1990年排放总量的基础上减少10%[6]。美国东北部7个州达成旨在有效控制来自电厂的温室气体排放的"区域温室气体削减计划"(RGGI)(马萨诸塞州、罗得岛州和马里兰州已先后加入该计划),规范该地区内电力企业的碳排放限额及排放指标交易,提供灵活机制允许电力部门之外减排信用的使用[7]。各州因地制宜地制定可再生电力配比标准,要求每个电厂使用一定比例的可再生能源信用证,即总发电量中达到规定的可再生能源百分比。同时采用净计量方式,即若用户使用的电能比产生的电能小则允许电表回转,充分鼓励用户开发新的可用能源。西部州长协会发起清洁和多样化能源倡议,试图增加电力系统效率和可再生能源来源。很多州均设立了节能公众受益基金,采用税收激励减少创办资本和装备翻新成本,鼓励厂商采用高效技术。加利福尼亚州(以下简称加州)通过美国历史上首个州政府控制温室气体排放总量的法案——《全球温室效应治理法案》,采用总量限额与交易理念为温室气体排放规定上限,计划在2020年前将加州的温室气体排放量降低25%,引入市场机制激励温室气体减排以消除企业界的顾虑[8];又颁布了美国最积极的碳排放管理规定,创立起温室气体排放全州综合控制措施体系[9]。然后,陆续完善了低碳排放标准(LCFS)应满足的具体目标,刺激新技术创新与开发,加快技术商业化步伐,推动经济增长、改善空气质量并佐助其他环保目标的实现。如在加州的牵头下,美国16个州制定了更严格的汽车尾气排放标准。加州政府为了让机动车尾气排放法案早日生效,对美国联邦环保署提出环境诉讼。当原加州州长施瓦辛格以高达250亿美元赤字卸任时,其推行的应对气候变化的环保政策成为各媒体公认的"唯一执政亮点"。

二战以来,美国领导建立了一系列涵盖政治、经济、军事等领域的国际机制体系,成为其称霸全球的战略支撑。虽然美国政府早就表示过不签署强制减排协议的单边主义立场,但全球气候变化带来的问题日益严重,欧盟、俄罗斯、日本、澳大利亚、中国等国的表态和国际合作使美国面临巨大压力。"美国还希望通过参与国际气候合作,确立美国在国际气候合作中的领导地位,维护美国在各项国际机制中的话语霸权,增强美国的'软实力'。"小布什曾不仅首次在国情咨文中提及全球变暖问题,还做出承诺,"在2008年底之前,美国将和其他国家一起制定一个长期的温室气体减排目标。"[5]美国政府不仅逐步转变应对气候变化的态度,也积极开展重返国际气候变化合作舞台的活动。如启动"主要经济体协商过程",邀请16个主要经济体(包括欧盟、日本、中国和印度)共同讨论温室气体减排问题,不过未达成实质协议;以"G8+5模式"①为平台探讨大国合作解决全球气候变化问题的方式方法;参与20国能源与环境部长级

① 即美国、加拿大、日本、德国、英国、法国、意大利、俄罗斯加上中国、印度、巴西、墨西哥和南非五个发展中国家的峰会模式。

会议，努力在遏止全球变暖问题上寻求共识；重回《联合国气候变化框架公约》缔约方谈判，签署《巴厘岛路线图》。虽然美国在讨论《巴厘岛路线图》的气候变化大会上承诺将与其他缔约国为达成温室气体减排的全球长期目标而长期合作、共同行动，却坚决要求不设定具体明确的减排目标。因美国的态度而不甚圆满的《巴厘岛路线图》终于使美国重新回到《联合国气候变化框架公约》体系中。随后，科学家学会公布了由全美顶尖的 1 700 余位科学家与经济学家联合签署的《美国科学家与经济学家关于迅速及深入减少温室气体排放的呼吁书》，旨在请求美国政府立即采取措施大幅度减少导致全球变暖的气体排放。奥巴马在总统竞选时就提出“绿色倡议”，承诺将尽早对碳排放采取经济限制措施，推行贸易许可证制度，力争到 2050 年将二氧化碳排放量削减至 1990 年的 60％～80％。奥巴马在胜选演讲中明确“处于危险中的地球”[10]是美国面临的严峻挑战。该届政府出于加强能源安全、提高能源利用效率、实现经济转型、塑造大国形象等考虑，积极探索新经济增长模式，主张利用控制碳排放的机会、大力推动开发新能源与新技术，落实以市场机制为基础的“总量管制与交易”方案，大规模削减温室气体排放并制定出具体政策和相关技术保障措施（如交通部颁布的新车油效标准、开展“嗅碳”卫星发射行动等）。

美国众议院通过《清洁能源与安全法案》（又称为《气候安全法案》），主要涉及清洁能源、能源效率、减少全球变暖污染、向清洁能源经济转型、农业和森林的相关抵消等方面，旨在推进清洁能源工作、减少其对别国石油资源的依赖以实现能源独立、削减温室气体排放、减少全球变暖的污染并实现向清洁能源经济的转型。奥巴马盛赞其是通向遏制全球变暖、减少化石燃料里程中“极其重要的第一步”，将促进美国清洁能源技术的发展，刺激新一轮经济增长[11]。三个月后，参议院以此为基础公布《清洁能源工作与美国能源法案》。该法案规范了授权制定温室气体排放标准的具体情境，公布了进行碳捕获、封存和碳市场准入条件，设立包括核能和可再生新能源在内的诸多新能源规划项目的过程，确立提高各种能效的标准并为研究和开发适应气候变化的新技术和新能源提供帮助。该法案建议应进一步发展低碳电力、核能、天然气和可再生能源，制定温室气体排放的近期、中期和远期目标，规定温室气体的强制性排放总量和其他温室气体的无约束力排放目标。《清洁能源和安全法案》规定了温室气体的上限和交易程序，旨在有效减少温室气体的排放。具体规定包括：给重工业、炼油厂及公用事业等分配 85％的碳许可；要求 2020 年前至少 20％的电力供给应利用可再生能源、2025 年时再生能源领域的新增投资达到 900 亿美元，碳捕获和封存技术投资 600 亿美元，电动和其他先进技术交通工具投资 200 亿美元，基础科学研究与开发投资 200 亿美元；建立建筑和设备使用的节能新标准，提高工业领域的能源利用效率；使各种主要来源的碳排放量在 2005 年水平上，到 2020 年减少 17％，到 2050 年减少 80％以上；设置排放限额和交易体制。该法案还允许不受污染限额制约的美国经济部门（如农林部门）每年享有高达 10 亿吨的额外抵消额。

英国专门订立《气候变化法》，详细规定了如下具体事项：①为 2050 年温室气体减排确立目标，即规定 2050 年英国碳排放总量应当在 1990 年的基础上减少 80％；②建立专门的应对气候变化机构——“气候变化委员会”，其职能就是实施减排目标和碳预算向政府提出专项建议；③建立碳预算体系；④授权建立减少温室气体或限制排放的贸易计划；⑤规定适应气候变化的措施；⑥对国内废物的减量化和再循环利用实施财政刺激计划；⑦关于生活垃圾的收集；⑧修改《2004 年能源法》中有关可再生能源运输燃料的义务。另外，英国在政策上实施针对企业的约束和激励政策，对家庭的减排激励政策以及节能和开发新能源的政策[12]。欧盟其他成员国分散立法，例如德国除了执行欧盟的指令外，还通过制定改变能源结构的一系列能源法来应对气候变化，如《可再生能源法》、《热电联产法》、《能源节约法》、《可再生能源供热法》等，大大降低了温室气体的排放量。

日本以政策型的立法模式制定了《地球温暖化对策推进法》，规定国家、地方公共团体、事业者以及国民的应对气候变化的职责与政策，国家、都道府县地球温暖化防止活动推进中心、温室气体总排放量公告等。韩国确立了综合型《绿色经济增长法》规定以下内容：①国家、地方自治团体、企业、国民的责任；②绿色增长基本战略；③绿色增长委员会；④绿色增长促进；⑤低碳社会的实现，包括应对气候变化的基本原则、能源政策基本原则、应对气候变化的基本计划、能源基本计划、气候变化应对和能源目标管理、温室气体排放量和能源使用报告量、温室气体信息管理体制、总量限制与交易、汽车海运航空的温室气体的排放、气候变化影响评价和适应对策、原子能产业；⑥绿色生活和可持续发展的实现；⑦绿色增长基金的设置与管理等。

（二）发展中国家气候变化政策综述

菲律宾以政策型立法的方式制定《气候变化法》，类似于日本的《地球温暖化对策推进法》，致力于建立应对气候变化的高层次决策机构和国家应对气候变化战略与计划的制定，几乎没有涉及有关应对气候变化的减缓性措施和适应性措施。

印度的代表性政策措施包括在经济系统各部门提高能源利用率，促进水电、风能、太阳能等可再生能源的发展，开发利用清洁煤炭发电技术、国家电网改造、能源交通基础设施建设、使用更清洁低碳的交通燃料、强化森林保护和管理等。此外，印度的经济改革和结构调整、科技发展政策以及在控制人口增长方面的成绩也间接地为控制温室气体排放做出了真实的贡献。

巴西的应对措施包括大力促进乙醇燃料、生物柴油和甘蔗渣的生产和使用，促进水电以及其他可再生能源的电力开发，节约用电，提高车辆燃油效率，增加天然气消费比例以及控制森林砍伐等。

墨西哥的代表措施主要包括扩大天然气的消费比例、提高供应端和消费端的能源效率以及控制森林砍伐等。

南非通过应对政策改革和重组能源生产行业，引进水电和天然气以促进能源供应多样化发展，提高能源生产和高耗能行业的能源效率，以及发展可再生能源和核能等。

二、发达国家与发展中国家应对气候变化的两极博弈

（一）共同立场及其基石

近年来，虽然全球主流观点是承认并力求解决温室效应，极力否定全球暖化的小众观念却一直存在。两种大相径庭的矛盾主张在此消彼长中共存至今。2006 年，曾落选美国总统的阿尔·戈尔拍摄了纪录片《不可忽视的真相》，采用冰冷的客观数据与感性的一手图片论证全球暖化危机的真实性。影片中因浮冰碎裂而再无栖身之地的北极熊影像震撼了全世界，最终获得奥斯卡最佳纪录片奖，戈尔本人也因此获得 2007 年的诺贝尔和平奖。2007 年 3 月，英国第

4 频道就播出了与之唱反调的纪录片《全球变暖大骗局》(The Great Global Warming Swindle),影片采访了 9 位气象学、气候学、古气候学、海洋学和生物地理学专家,声称全球暖化是太阳运动的结果,并非"人为"的二氧化碳排放。该片一经播出,引起全球范围的轩然大波。很多人开始质疑气候变暖的真实性。随后不久,英国 BBC 时事与新闻栏目监制、著名环境记者杰瑞米·布里斯在纪录片《我们能拯救地球吗?》中探讨了报道气候变化的态度和方法,直指《全球变暖大骗局》进行误导性宣传,部分所谓专家身份不实、对专家的讲话断章取义、图表数据有很多错误等。2009 年 1 月 15 日,关注气候变化的群体博客 DeSmogBlog 公布了通过"谷歌"搜索功能分析统计数据得出的全球变暖反事实言论更为活跃的结论,"如果输入'全球变暖'和'怀疑论者',从 2008 年 1 月 1 日到 2009 年 1 月 1 日共搜索到 73 956 项网页结果,几乎是前一年的两倍(2007 全年仅有 38 346 项搜索结果)。"[13] 2009 年 11 月 17 日,"真实气候"网站①被入侵的黑客盗发了一篇题为"奇迹的发生"的博文,声称其解密的英美科学家十三年来的电邮记录②显示,部分科学家操纵数据、伪造科学流程支持气候变暖的论调。此言一出,全球哗然,很快演变为极端的"气候门"事件,对哥本哈根气候大会产生了不良影响。会议最终达成无关痛痒的协议书与之有着微妙联系。美国麻省理工学院地球、大气与行星科学系气象学教授理查德·林德森宣称,"总有一天全球变暖论将被揭露为一场骗局,我希望这发生在我的有生之年。"美国国会议员詹姆斯·桑森布雷纳指责全球暖化是"科学的法西斯",要求国会严审奥巴马政府的减排计划,"总有一天全球变暖论将被揭露为一场骗局"。2010 年 6 月,英国前公务员罗素领导的调查报告却维护了英国东安格利亚大学气候研究中心的诚信,"这些电邮并不能推翻联合国政府间气候变化专门委员会(IPCC)有关人类造成全球变暖的结论……科学家(对数据)的严谨和诚实是不容置疑的,我们没有发现任何能够推翻 IPCC 结论的证据。"[14] 然而,2011 年 1 月 11 日,《每日邮报》刊文表示,"全球气候暖化已经停止,小冰河期正在来临,未来 30 年将持续寒冷。"[15] 全球变暖政策基金会(the Global Warming Policy Foundation)更是大张旗鼓地发布了 900 多份同业互评论文支持对"'人为'全球变暖警报的怀疑"[16]。

这场持续数年、影响全球的"你方唱罢我登场"的大戏让平民百姓一头雾水,无所适从。如盖洛普民调显示,相信全球暖化被夸大的美国人由 2006 年的 30%上升为 2010 年的 48%。原因在于,全球暖化不是一个非黑即白的问题。大气运动是太阳、洋流、宇宙射线合力参与的复杂过程,气候变暖是自然因素与人为因素共同作用的结果,目前的科研水平很难明确两者的作用力大小。远望万年,曾有过两次大温暖期,分别在公元前 22 世纪和 14 世纪;近看百年,20 世纪 70 年代,人类工业进入高速发展期,而温度急速增长却在 40 年代。科学理论不能预测未来,甚至在解释过去时都可能因技术能力、信息掌控等引发疏漏。以 2010 年的全球寒流为例:2009 年 12 月,《印度时报》指出"2010 年将是全球有史以来最热的一年"③。2009—2010 年的整个冬季,久未遭遇的严重寒流暴雪却侵袭了整个北半球,造成惨重的人员伤亡和经济损失。

---

① www.realclimate.org. 该著名网站由全球暖化象征指标——气温曲线图(即著名的曲棍球杆图)的提出者迈克尔·曼恩(Michael Mann)创设,现由多位气象科学家联合主笔。

② 这里指从全球领先的英国东安格利亚大学气候研究中心盗取的研究人员与世界各地同行之间的 1 000多份工作邮件。

③ 2010 to be the world's warmest year. The Times of India. 2009-12-11.

气候变暖怀疑论者普遍认为,寒冬佐证了阿不都·参曼托夫(Habibullo Abdussamatov)的地表温度速跌理论①,正是进入小冰河期的标志。气候变暖支持论者则认为,寒冬证实了泰伦斯·乔伊斯(Terrence Joyce)地球暖化将导致气候变冷的说法。双方各执己见,均没有足够的科学依据说服对方。

2010年12月,美国参议院议员詹姆斯·英霍夫(James Inhofe)再度斥责气候变化是个骗局,"事实上,我们现在正身处冷时期的第三年。"短短月余后,世界气象组织却确认,"2010年全球平均气温是自人类有气温记录以来最高的一年……2010年全球平均气温较1961—1990年的平均气温高0.53℃,比平均气温最高的2005年和其次的1998年分别高出0.01℃和0.02℃。"[17]忧思科学家联盟的布伦达·依库泽(Brenda Ekwurzel)表示,"如果观察十年以来气温的变化,我们会发现2001—2010年是自1880年以来最热的十年。而之前的一个十年1991—2000年是第二热的十年,1981—1990年就是第三热的十年。"[18]即至少近几十年的记录最终表明全球正在变暖,并且"科学家普遍认为,近百年全球气候变暖,是由人类活动和自然因素共同导致的。但其中哪一个是主要原因,目前还存在较大争议"[19]。虽然,只要人为因素是全球暖化的原因,无论所起作用大小,减少温室气体排放必然有利于缓解气候变暖,这也是几乎所有国家都倡导减排的基本理由。但是,在使用过程中新增大量二氧化碳的化石能源是目前全球消耗的最主要能源,减少此类能源的应用将大幅度地增加生产成本,阻碍经济增长,且很多国家根本无力承担开发新能源所需的大量资金与技术。"气候变化问题表面上是一个环境问题,其实质是政治问题和经济问题。"[20~22]对于一个国家而言,科学上尚未完全确认灾难性人为活动是全球变暖的主因,政治上别国未有重大减排举措,贸然牺牲本国经济利益进行实质性的大规模减排显然不符合维护国家利益的基本原则。这些顾虑直接导致各国在不同时期、不同情境中依据一己私利而肆意改变"支持论"或"怀疑论"的立场,相应的应对气候变化的具体政策随之摇摆不定。

(二)严重分歧及其利益动因

全球可持续发展与本国利益是各国制定与执行应对气候变化政策的出发点与核心目标。从《京都议定书》到《巴厘岛路线图》,从哥本哈根到墨西哥会谈、再到曼谷会议,发展中国家和发达国家一直存在严重分歧。小布什曾以缺乏科学依据为由拒签《京都议定书》,此后美国长期图谋另起炉灶;欧盟首先倡导"气候外交",拟借"气候牌"占取世界政治领导地位;深受气候变化威胁的马尔代夫一度因财政赤字退出气候谈判;中国和日本积极推进低碳经济,力求引领气候变化行动。

1."并轨"与"双轨"的分歧

《京都议定书》、《巴厘岛路线图》和《哥本哈根协议》均遗留了大量未解决的政治议题,坎昆会议的召开关系到多边气候谈判能否继续。如再不能达成"平衡的一揽子"成果,正如欧盟气

① 2007年,俄罗斯圣彼得堡普尔科沃天文台太空研究主任阿不都·参曼托夫在接受《国家地理杂志》访问时提出,地球温度变化主要来自太阳照射地球的多少。根据太阳黑子长期活动的趋势,2014年左右,地表温度将不再升高。2042年,太阳黑子活动将降到最低,地表温度在2055—2060年将跌至谷底,进入类似1650—1850年期间的小冰河期。

候委员康尼·赫泽高的警告,"一些缔约方有可能对联合国谈判进程失去耐心,转而考虑其他选择[23]。"各参会国抵达墨西哥前均有此共识,但整个谈判过程显示,发达国家与发展中国家在减排义务、资金与技术提供等方面的严重分歧丝毫未变,而这些实质上就是减排责任的"并轨"与"双轨"分歧。

(1)发达国家的"并轨"主张

欧盟作为气候变化谈判的发起者与推动者,一贯积极表达减排立场,坎昆会议前曾单方承诺,到 2020 年将其温室气体排放量在 1990 年基础上至少减少 20%;并在成员国间达成到 2020 年将可再生能源在欧盟终端能源消费中的比例增至 20%,并将能效提高 20%的约束性目标。即便如此,面对严峻的气候形势,欧盟亦不愿率先提高减排目标。欧盟代表康尼·赫泽高表示,"欧盟不会单方面承诺将 2020 年时的温室气体排放量在 1990 年的基础上减少 30%。"其进一步加强减排工作的前提是"其他发达国家做出可比性努力,主要发展中国家能够承担足够责任[24]","并轨"企图昭然若揭。

美国是人均温室气体排放量最大的国家,也能够提供应对气候变化所需的资金和技术,正如印度环境和林业国务部长贾伊拉姆·拉梅什所说"抛开美国无法达成气候变化协议,即便达成也没有意义[25]",重要的国家地位、雄厚的政治、经济与科技实力使美国在多方谈判中一向坚持强硬立场。美国代表团首席谈判代表乔纳森·潘兴(Jonathan Pershing)表示,"尽管在 11 月份的选举中共和党人获得更多支持,奥巴马总统仍然致力于实现至 2020 年美国温室气体排放比目前降低 17%的目标"[26];美国气候变化特使托德·斯特恩在新闻发布会上表示,"美国实现 17%的减排目标需要立法因素的配合。"这不仅使各国希望美国加强减排力度的期待落空,甚至暗示其可能迫于国内中期选举中反减排的共和党胜利而无法实现哥本哈根会议时的基础性承诺。化石能源对推动美国经济发展作用显著,由金融投资者掌控的政权不会轻易放弃利益,推脱减排责任是美国的一贯作风。然而,全球气候条件的恶化、本国居高不下的排放量、世界瞩目的经济实力和百年来标榜的"自由、民主、和平与文明"的形象都使其不敢公然对抗减排(国内环保人士施加的压力亦有一定作用),转而把矛头指向"共同但有区别"的责任承担形式,大肆叫嚣发达国家与发展中国家的责任"并轨"。如发达国家在《哥本哈根协议》中曾承诺建立 300 亿美元"快速启动基金",以帮助发展中国家应对气候变化。美国以发展中国家的自愿减排没有"三可"(可衡量、可报告、可核实)作为核查系统为由,整个财政年度仅向基金提供了 17 亿美元,且其中 4 亿美元通过出口信贷等间接方式提供。美国自然资源保护委员会(NRDC)在媒体见面会上表示,"坎昆会议要取得成果的关键是至少解决一部分衡量、报告、核实以及融资的问题。如果发展中国家在'三可'上没有任何进展,发达国家不可能同意在其他问题上更进一步——例如对于通过减少森林砍伐和破坏来降低碳排放、适应气候变化以及技术转移等问题。"[27]枉顾发展中国家的实际困难,强调核查并轨是美国宣称的承担减排与协助减排责任的前提。另外,日本谈判代表多次在各种场合公开表示,"不管在什么情况下,日本都绝对不会在《京都议定书》的第二阶段承诺任何减排目标"[28],反对延续的理由是其只覆盖了占 27%的全球排放量的国家,而世界上最大的两个温室气体排放国(中国和美国)都没有承诺减排目标,"最大的问题是,就建立所有主要排放国都参与的减排方案,各国并未达成一致"[29]。这表明了日本主张建立"公正有效"的并轨减排方案的决心。

(2)发展中国家的"双轨"主张

我国在减排问题上一直坚持"共同但有区别"的立场。虽然承诺到 2020 年,单位国内生产总值二氧化碳排放将比2005年下降40%～45%，并将其作为约束性指标纳入国民经济和社会发展中长期规划，但不接受“三可”和强制性减排目标。同时，要求发达国家做出在《京都议定书》第二承诺期间减排40%以上的承诺，并尽快落实在哥本哈根会议上做出的为发展中国家提供300亿美元快速启动资金的承诺。另外，提倡发展中国家团结起来，争取发达国家在资金和技术上更大力度的支持。印度与我国的态度基本一致，不接受“三可”和强制性减排目标，强调发达国家对现今气候变化及其不利影响负有最大的历史责任，应承担更多的减排责任并为发展中国家提供资金援助和技术支持。但在自身的减排比例上低于我国，承诺到2020年二氧化碳排放强度将比2005年减少20%～25%。巴西同样不接受“三可”和强制性减排目标，强调发达国家应率先大幅减排。其承诺标准为到2020年将温室气体排放量在2005年的基础上减少20%，且其中20%的减排量依赖于“减少发展中国家砍伐森林产生的温室气体排放量”(REDD)的国际援助项目实现。南非亦不接受“三可”和强制性减排目标，承诺到2020年在现有水平的基础上削减34%排放量的前提是达成新的全球气候协定以及国际社会在技术、资金等方面给予南非支持。

以基础四国、77国集团等为代表的发展中国家均坚持《联合国气候变化框架公约》和《京都议定书》所确立的“共同但有区别”的责任原则，主张“双轨”减排模式，即发展中国家不接受“三可”和强制性减排目标，发达国家应强制性减排，并为发展中国家应对气候变化提供资金和转让技术。

2.“消极”与“积极”的减排政策

发达国家与发展中国家分别坚持“消极”与“积极”的减排政策，对于全球长期减排目标、发达国家减排比例、资金与技术等关键争议未达成一致意见。

(1)发达国家的消极减排

20世纪90年代至21世纪初期的发达国家对气候变化问题的态度虽然经历了反对、质疑、关注至积极推动政策完善的转变，实质上却始终坚持应对气候变化的政策体系为国家经济、政治与军事需要服务的基本立场和单边主义原则。如美国早年在《联合国气候变化框架公约》协谈中反对确定具有约束力的温室气体减排目标和时间表，致使《公约》附件一虽然列明缔约国温室气体的排放量到2000年应当恢复到1990年水平，并号召各国自愿减排温室气体，却未包括任何具有约束力的减排措施。这使得国际社会丧失了建立有效的应对气候变化机制之良机。消极减排不等于反对减排，而是以各种借口推脱减排责任。例如，美国代表以其政体不同、立法困难和经济人口增长等因素为由，坚决不追从其他发达国家，还一再宣称原先提出在2005年基础上，2020年减排17%的目标是突出的。又如，日本在对各国在日本大地震和大海啸灾难的同情和支持表示感谢后提出，在核电泄漏的危机中，讨论日本能源的供需变化和对气候变化谈判的影响，为时尚早。日本只字不提减排25%的目标，加之此前曾表示不会对《京都议定书》第二承诺期进行承诺，似乎隐含建立国际新秩序框架之意图。澳大利亚和俄罗斯仍强调自然条件特殊，发展经济为首要任务，提出一组不同于他国减排为前提的减排目标。同属发达国家阵营的欧盟虽然态度积极，团长麦茨格表示，“如果前提条件合适的话，欧盟会考虑对京都议定书第二承诺期做出承诺。”一些国际非政府组织却一针见血地指出，欧盟2009年时的二氧化碳排放就在1990水平上减少了17.3%，已接近20%；提出在2020年减少20%的目标毫无意义，至少应将减排目标上升到30%以上。麦茨格颇为隐晦地回应说，“欧盟需要首先确定其他伙伴国已经准备好在《联合国气候变化框架公约》下履行公平义务,如果有些国家不准备对第二承诺期做出承诺的话,就必须要承担其他的义务,因为对抗气候变化没有他们,就是不可能的任务。"[30]即坚持低碳路径、力争气候话语权的欧盟在应对气候变化的政策制定上亦采取"等、看、靠"的消极原则。

事实上,发达国家消极减排的选择主要出于本国经济政治利益考虑。例如,20世纪末期,若美国依照《京都议定书》要求履行减排义务,其发达的高碳排放量产业将付出沉重代价,国内强大的利益集团不得不出面干预,结果导致美国国会做出今后签订的与温室气体排放有关的条约"不得显著地损害美国经济"的决议。美国政府在国际气候谈判中,基本立场是如何谋求自身利益的最大化。因此,美国在《联合国气候变化框架公约》谈判时为避免承担在具体日期前将二氧化碳排放量减少到某种水平之下的义务,拒绝做出有约束力的减排承诺。曾代表美国参与《公约》谈判的威廉·尼兹有言,"美国的立场是白宫的一小圈顾问们意识形态和政治斗争的结果,这种意识形态的存在部分地是由于煤炭和石油工业的影响,而这些力量是老布什总统在竞选连任时所需要的。"[31]2001年,小布什政府断然退出《京都议定书》的理由,正是美国国内石油利益集团的压力和对美国依赖化石能源的经济形式仍有巨大发展空间的信心。同时,《京都议定书》在客观上限制了美国在违反联合国宪章的情况下开展单边军事行动所产生的温室气体,影响了美国的安全利益。正如曾在克林顿政府担任国防部长的科恩所言,"我们绝对不能以牺牲国家安全为代价来实现温室气体减排目标。"[32]2002年,小布什政府在发布应对气候变化政策体系时强调,美国总统要对美国人民的福利负责,尤其要强调经济增长,美国温室气体排放的目标要与其经济规模相适应。21世纪初叶,美国重返国际气候合作舞台在很大程度上源于其长期遭受的道德谴责和国际霸权遭遇到强有力挑战。美国拒绝加入《京都议定书》造成其在国际社会的被动处境,使其受到各国的道德谴责。为此,美国开始表示愿意接受全新而健全的协议约束。所谓的健全协议的最大特征是所有国家可自由选择和制定自己的目标和时间表,这也正是美国在《巴厘岛路线图》协谈、17国会谈和哥本哈根会议上的核心主张。2005年,俄罗斯的关键一票使得《京都议定书》得以生效,各成员国开始酝酿进入"后京都时代"的谈判。全球合作机制首次在没有美国参与的情形下获得成功,带给美国不小的震动和压力,致使其在气候合作领域被边缘化。越来越带有欧盟色彩的国际公约迫使美国积极参与塑造国际气候合作的"后京都机制",以便确立其在该机制中的话语霸权,使其成为美国主导的国际体系的组成部分,服务于美国的全球霸权战略。虽然奥巴马上任后积极任命气候问题特使,尽力开发清洁能源并提出《清洁能源与安全法案》,积极参与应对气候变化的国际合作,力求重塑美国在该问题上的领导地位。但从其一系列活动来看,不过是将美国政府此前的显性单边主义转化为隐性单边主义。如奥巴马在哥本哈根会议上明确承诺:到2020年以前,美国的温室气体排放将在2005年基础上减少17%,直到2050年前,相对于2005年减少83%。这一看似甚高的标准实质不过是数字游戏,因为大多数参会国家以1990年的排放量为减排基准,美国的目标若按此计算仅相当于减排4%。从美国二十余年的实践经验看,秉持的应对气候变化政策基本达到了保障国家安全、能源安全与经济安全的效果。

(2)发展中国家的积极减排

48个发展中国家向联合国气候变化秘书处提交了发展中国家对国家适合减排行动(NAMA)报告,其中甚至包括不少没有责任提交方案的贫国(如孟加拉国),尤以基础四国(巴西、南非、印度、中国)大规模地提高减排承诺最为引人注目。但是,发展中国家不接受"三可"和强制性减排目标，以及要求发达国家承担强制性减排及提供资金与技术支持的基本原则未变。正如中国代表团团长苏伟的表示，"我们这个谈判是按照巴厘会议上确定的工作任务和授权展开的……能够就确实推动《联合国气候变化框架公约》和《京都议定书》的有效实施……把坎昆会议上没有谈成的问题，没有解决的问题，抓紧时间集中力量展开谈判磋商……为下一步谈判打下了非常好的基础，也做出了很好的规划。"

发达国家的消极减排与发展中国家的积极减排均有深刻的利益动因。前者目前对化石能源的依赖远超后者，减排带来的直接利润损失惊人，开发替代能源的间接耗费也是天文数字，加上还必须向发展中国家提供资金援助和转让技术，在短期内必将对本国经济造成严重冲击。对于金融问题严重的美国、欧盟、俄罗斯等来说，边际成本过高。后者在与西方列强数百年的来往中深切地了解到"落后就要挨打"的道理。若不利用当前发达国家提供资金与技术、本国高排产业尚不够成熟的大好形势，积极转向发展清洁能源，等到全球气候环境进一步恶化、发达国家和部分发展中国家的新能源开发基本完成，剩余国家可能会全部被要求进行强制性减排且未必有资金与技术支持。部分发展中国家为避免重复建设并力求掌握未来全球经济市场与政治环境的话语权，积极主动地自愿减排。他们还认识到全球环境基金现有的44亿美元资金用于支持世界150个国家的各种项目不过是杯水车薪，需要发达国家做出更多、更高的承诺。如小岛国联盟指出，加大减排力度，需要发达国家提供至少达到当年国内生产总值0.4%的资金支持；加纳表示，用于技术、能力建设、适应和减排项目上的资金需求迫切；南非代表指出，要满足和实现2050年的目标，仅国际资金需求就达到1万亿美元[33]。发达国家无视其存在的诸多障碍，不仅要求各项行动项目和数据的完全透明，更要求发展中国家严格执行"三可"制度。

三、我国的应对策略

英国埃克塞特市哈德雷气候预测研究中心(Met Office Hadley Center for Climate Prediction and Research)公布的调查数据显示，"2010年以来，由于人为因素导致全球气候变暖的证据正在不断增加。"[34]但是，仍不能明确自然规律与人类活动在气候变暖中的作用比例。这一未决命题正是当前各国应对气候变化政策难以达成一致的表层原因。假设太阳黑子占90%，人类的二氧化碳排放仅占10%，大规模、高代价的减排运动的意义就大打折扣，远不如把相应资金投入全球降温与地下生活区的开发中去。当然，全球未必真在变暖的说法更为减排活动打上不小的阴影，这意味着国际社会数十年来的努力不过是在浪费金钱和时间。

"人们奋斗所争取的一切和他们的利益有关"，国家利益是各国应对气候变化政策不一致且历经起伏的根本原因。无论是澳大利亚从积极倡导减排到消极敷衍，还是美国从退出《京都议定书》到力争巴厘岛的话语权，抑或是基础四国和77国集团减排承诺的数次变更，这些调整大多基于国家安全利益与经济利益的考量，本质上是利益团体间利益博弈的结果。甚至连"全球是否变暖及其成因"这一看似纯科学的命题也受到利益集团的操控。例如，全球变暖政策会公布的900多份"同业互评论文支持对'人为'全球变暖警报的怀疑"的榜单文章中，前10位文章作者中就有9位在财务上和美国埃克森美孚公司有关联。不少怀疑气候变化的智囊团(如国际政策网络、马歇尔学院)等均接受了石油行业的大笔资助。《商人的怀疑》的联合作者娜奥米·奥莱斯科斯(Naomi Orekes)曾言，气候变化怀疑论者正是"承诺捍卫作为美国政治自由基石的自由市场的人们”。

国际气候政策谈判推动低碳经济发展模式的形成。该模式的收益在不同类型国家之间分配不均致使国际协谈中的利益博弈愈演愈烈。“各国在全球气候变化政策的核心内容上存在着巨大的分歧，历次气候大会实质上均是各个国家复杂的利益博弈和激烈的政治较量。”最终形成的《京都议定书》、《巴厘岛路线图》、《哥本哈根协议》、《坎昆协议》和《曼谷协议》均是各个国家和各大利益集团间利益竞争与妥协的结果。从京都到巴厘岛，从哥本哈根到坎昆，再到曼谷，联合国气候变化大会旨在依据“两大阵营”和“三方力量”不同的价值追求、经济主张、国家利益分配等形成历史责任、减排义务、资金与技术的分担模式。

气候变化问题在未来极有可能更加严重，以前摄思维考虑未来气候变化将带来的后果，立足本国利益需要，考虑别国合理要求，全面、综合、平衡地推进气候变化谈判是我国完善气候变化政策体系的必要考虑。同时，我国在有关气候变化政策国际谈判中的策略关系到国家安全、经济发展与社会稳定。面对全球两极博弈的严峻形势，我国应当及时制定气候变化适应国家战略、加强气候变化适应的科技基础设施与条件平台的建设、加快完善气候变化适应的体制机制建设并强化气候变化适应的能力建设等。具体而言，至少应当强调如下几个问题：

（一）确立为国家安全、能源安全与经济安全保驾护航的根本宗旨

国家安全与经济发展等因素是各国制定气候变化政策的核心考量。例如，美国政府摒弃《京都议定书》的强制性减排目标的理由，正是该条约对发展中国家的制约有限，可能会使美国在国际经贸市场上处于劣势。美国在兼顾温室气体与经济发展的基础上，逐步通过各种政策性文件，创立起温室气体密度（即单位 GDP 产生的排放量）的衡量指标，提出“到 2018 年将温室气体排放量下降 18%”[35]。该指标并不制约温室气体的排放总量，而是计算每单位 GDP 的温室气体排放量。我国应对气候变化的政策应当围绕采取措施控制污染与减少能源使用量展开，持续致力于抓住机会使我国未来重新掌控能源、重新发挥经济领导作用和市场竞争力、保护居民不受气候变化的污染、确保能源独立与国家安全。我国的温室气体排放总量均位于全球前列，应当在考虑本国经济利益的情况下承担一定的气候变化责任。

（二）为提高应对气候变化的技术提供动力

主要文明国家在认识到应对气候变化的重要性后，均希望借助自己的科技优势，甚至企图借助国际气候变化合作平台，在限制未来主要竞争对手发展的同时，利用技术优势，谋求经济和政治霸主地位。如美国《能源政策法》以发展能源技术为核心，提出联邦政府将在未来连续五个财政年度中拨款 21.5 亿美元，支持“在全国或者区域范围内对能源安全做出贡献”和拥有能够显著改善美国能源经济安全的“先进气候技术或制度”的尖端科技研发项目；强调扩大能源消费中天然气的比重（美国能源信息署预计 2025 年天然气消费量将提高到 11.34 吨标准煤，在美国能源结构中的比重将提升到 27.1%）；强调推广清洁可再生能源（包括风能、地热能、太阳能、海浪能、潮汐能、植物能等）。美国重视应对气候变化技术的对外输出问题，该法案还要求能源部长制定美国正在开发的降低温室气体强度技术清单，以确定哪些技术适合向发展中国家出口，意图利用技术优势控制全球应对气候变化的科技市场。我国亦有必要加快相关技术发展水平，通过科技实力的上升带动政策规范的科学化与现代化，争取全球绿色增长中

经济与政治话语权。

(三)促进自愿减排的发展

我国不仅应当侧重于依赖市场机制应对气候变化,亦需要大力推进经济激励性的自愿减排活动,以二氧化碳排放总量限额与交易制度和发放排放指标为手段,在实现碳排放目标的同时确保企业竞争力。例如,完善以温室气体减排为贸易对象的会员式市场平台,开展甲烷、六氟化硫、氢氟碳化物、二氧化碳、氧化亚氮、全氟化物等温室气体的减排交易。

参考文献

[1] Mathews J T. Redefining Security. *Foreign Affairs*,1989,**68**(2):171.

[2] Al Gore. Earth's Fate Is the No. 1 National Security Issue. *Washington Post*,1989-05-14(C1).

[3] President Bush Discusses Global Climate Change. http://www. whitehouse. gov/news /releases/2001/06/20010611-2. html[2001-06-11].

[4] US Global Climate Change Policy:A New Approach. Fact Sheet Issued by the White House on 14 February 2002,http://www. usgcrp. gov/usgcrp/Library/gcinitiative2002/gccfactsheet. htm.

[5] President Bush Discusses United States International Development Agenda. http://www. whitehouse. gov/news/release/2007/05/20070531-9. html[2007-05-31].

[6] Joshua Weinstein. Climate Change Law to be First in Nation. *Portland Press Herald*,2003-06-25,http://www. commondreama. org/headLines03/0625-07. html.

[7] 庄贵阳. 美国国内的气候变化行动及其影响. 2007 年:全球政治与安全报告,http://www. china. com. cn/node_700058/2007-04/02/content_8046836. htm[2007-04-02].

[8] Gov. Schwarzenegger Signs Landmark Legislation to Reduce Greenhouse Gas Emissions. office of the Governor press release 09/27/2006,http://gov. ca. gov/press-release/4111[2006-09-27].

[9] http://www. aroudthecapitol. com/billtrack/text. html? file=ab_32_bill_20060831_enrolled. html.

[10] Obama Sets Bold New Principles for U. S. Energy,Climate Policies,http://www. america. gov/st/econ-english/2009/January/20090126181729cpataruk0. 8505976. html&distid=ucs.

[11] 李庆四,孙海泳. 硝烟中的美国《清洁能源安全法案》. 中国能源报,2009-10-12.

[12] 藏扬扬. 欧盟及其主要国家应对气候变化的政策与立法概述. 南京工业大学学报,2010,**9**(3):51-58.

[13] 森林. 网络盛行全球变暖的反事实是否将成为困扰? http://env. people. com. cn/GB/8701244. html[2009-01-20].

[14] "气候门"事件调查:科学家未刻意夸大气候暖化. http://news. xinhuanet. com/tech/2010-07/09/c_12316312_2. htm[2010-07-09].

[15] 30 Years of Global Cooling Are Coming,Leading Scientist Says. http://www. foxnews. com/ scitech/2010/01/11/years-global-cooling-coming-say-leading-scientists/.

[16] 900+Peer-Reviewed Papers Supporting Skepticism of "Man-Made" Global Warming(AGW) Alarm. http://www. thegwpf. org/science-news/2816-900-peer-reviewed-papers-supporting-skepticism-of-qman-madeq-global-warming-agw-alarm. html.

[17] 王昭,刘洋. 世界气象组织确认 2010 年是有记录以来最热一年. http://www. china news. com/gn/2011/01-21/2802207. shtml

[18] 森林. 科学家称 2010"最热" 气候变化怀疑论者不买账. http://www. weather. com. cn/climate/qhbhyw/

02/1269219. shtml

[19] 刘毅. 全球气候变暖是“骗局”？减排在科学争论中推进. 人民日报，2010-12-02.

[20] Mckibbin W J，Wilcoxen P J. The role of economics in climate change policy. *Journal of Economics Perspectives*，2002(16)：107-129.

[21] Newell R G，Pizer W A. Regulating stock externalities under uncertainty. *Journal of Environmental Economics and Management*，2003(45)：416-432；

[22] Heal G，Kristrom B. Uncertainty and climate change. *Environmental and Resource Economics*，2002(22)：3-39.

[23] 陆振华. 坎昆期待“妥协”中美交锋将再次上演. 21 世纪经济报道，2010-11-30.

[24] 欧盟官员重申将不会无条件单边承诺 30%减排目标. http://news. sohu. com/20101207/n278146153. shtml[2010-12-07].

[25] 任海军，赵焱. 印度环境部长：美国减排承诺“令人失望”. http://news. sohu. com/20101207/n278153854. shtml[2010-12-07].

[26] 蚪勒. 法国世界报：北京和华盛顿在坎昆决斗. http://green. sohu. com/20101201/n278027909. shtml[2010-12-01].

[27] 冯迪凡. 欧美仍纠缠“三可”问题美式思维再现会场. 第一财经日报，2010-12-01.

[28] 绿色和平：日本谈判立场被企业集团“绑架”. http://green. sohu. com/20101201/n278032915. shtml[2010-12-01].

[29] 日本将在 COP16 上反对延续《京都议定书》. http://green. sohu. com/20101201/n278028264. shtml[2010-12-01].

[30] 彭晓明. 曼谷气候谈判艰难落幕年内谈判议程达成一致. http://green. sohu. com/20110411/n305595221. shtml[2010-04-11].

[31] Nitze W A. A Failure of United States Leadership//Mitzner I M，Leonard J A. *Negotiating Climate Change：The Inside Story of the Rio Convention*. Cambridge University Press and Stockholm Environment Institute，1994：187-200.

[32] Proceedings and Debates of the 105 th Congress，Second Session，May 20，1998，144 Cong Rec H3505-01.

[33] 彭晓明. 谁是应对气候变化的英雄：发展中国家减排介绍. http://green. sohu. com/20110407/n305440828. shtml[2011-04-07].

[34] 人为因素导致全球变暖的证据在 2010 年增加. http://green. sohu. com/20101202/n278049211. shtml[2010-12-02].

[35] US Energy Information Administration. *Annual Energy Outlook* 2005：*With Projections to* 2025. Washington D. C：United States Government Printing，2005：2.

气候变化背景下我国可再生能源法律制度研究[①]

蒋 洁

(南京信息工程大学公共管理学院,南京 210044)

摘 要:随着全球极端天气事件不断涌现与渐进生态环境恶化日益加剧,主要国家和地区逐步意识到应对气候变化的关键环节是改变能源结构,减少温室气体排放与不可再生能源消耗。大力发展有利于生态良性循环且取之不尽的可再生非化石能源成为促进全球经济社会可持续健康发展的重要途径。缺少解决建设成本高昂与管理混乱等严重影响可再生能源结构优化的法律规范是目前制约可再生能源高效广域利用的主要问题。亟待明确调整型法律框架的构筑宗旨、全面深入地探索基本构建原则与具体实现途径,通过妥善协调各参与方权利义务关系的具体规则与严谨且细致地规定所涉众多专业性和技术性概念,详细阐释法律条文中容易产生误解的地方,减少法律规范在具体执行过程中的漏洞偏差。

关键词:气候变化;可再生能源;促因分析;法律制度

随着全球气候变化问题日趋严重,应对气候变化已成为人类社会可持续发展必须尽快解决的全球性环境问题。有利于减少温室气体排放的能源结构调整逐渐引起各界关注,开始从气候变化对能源结构影响的实证分析、应对气候变化的能源技术革新与气候变化背景下能源政策法律的重塑等方面探讨能源结构调整的必要性、可行性与具体策略。事实上,发展具有可再生性与可分散利用性的可再生能源是应对气候变化、控制温室气体排放,实现能源、环境与区域经济协调发展的绿色之路。近年来,以煤为主的能源消费结构和消费量的快速增长使我国在温室气体减排上面临着前所未有的国际压力和内在需求。虽然《可再生能源法》在增加能源供应、优化能源结构、保障能源安全等方面发挥了积极作用,促进了包括太阳能、风能、地热和生物质能等在内的可再生能源开发利用的长足发展。但目前仍面临着严重的温室气体排放情势,需要进一步减少对化石能源的依赖。可再生能源领域存在产业整体实力不强、总体技术水平低、市场发育不成熟、技术规范与质量标准不完善及监督体系不健全等顽固问题。妥善解决亟待构建稳定、有效地促进可再生能源开发利用的法律环境。这是促进我国可再生能源发展、实现减排目标与可持续增长战略、提升我国经济竞争力并在应对气候变化的国际谈判中取得优势地位的关键。我国高效实现减排目标的唯一途径是通过大力发展可再生能源有效降低能源供给对化石燃料的依赖度、率先促进能源供求方式和社会经济结构的转变,确保经济发展、稳定就业状况并保护可持续发展的环境,实现整个社会和谐共进;在阐述美国、欧盟等从石油价格控制、市场导向为主的"软法"制度向集中强调可再生能源增长的"硬法"制度演变的过程的基础上,分析后现代西方可再生能源法律制度的创新点与重要规则;指出种类多样、结构复杂的可再生能源的利用与管理具有多元性决定了相关法律调整规范体系必定是层级分明且

---

① 作者简介:蒋洁,女,南京信息工程大学副教授,主要从事气候变化与公共政策研究。本文由南京信息工程大学气候变化与公共政策研究院资助,课题编号12QHA001。

结构庞大的制度群。《可再生能源法》颁行后对我国可再生能源机制、温室气体排放、环保法律制度及配套规则等产生了重大影响，亦存在一定缺失。通过修订相关条文健全可再生能源类型、能效标准和认证机制，完善低息贷款、政府补贴等公共财政激励措施等，构建具有中国特色的新型科学化可再生能源投资、管理、分配与监督等运作流程与开发利用规划机制、相关产业指导方针与技术支持举措、价格管理与费用分摊模式及经济激励保障措施和惩罚监督机制等，引领与协调应对气候变化背景下促发可再生能源产业的策略体系，实现能源可持续供应、环境保护与经济发展等方面长远效益的最大化。

一、气候变化背景下可再生能源概述

“全球 10 个最易受气候变化冲击的国家中，有 6 个①在亚太地区。”[1]温室效应使得本区域冰川不断消融、海平面日益上升，干旱、沙漠化、土壤侵蚀、水资源短缺及其衍生的动植物大面积减产等渐进的生存环境退化[2]与洪水、台风、沙尘暴等极端天气事件“以多种方式改变了资源获取与分配格局[3]”，导致作为整个社会持续发展重要物质基础的能源供应日益紧张，引发地区性就业困难、住房紧张、交通拥堵及宗教冲突等。我国是世界上自然灾害最为严重的国家之一，相关消费（即生产性消费和生活性消费）必然不断增长。近年来，全球不断加剧的能源危机、日益严重的生态环境恶化（如 2011 年的日本福岛核事故）与逐渐显形的经济停滞状态（如 2008 年的全球金融危机）等促使整个社会重新思考迈向可持续发展新道路的具体途径。事实上，节能减排不等于拒绝使用或少用各种资源，而是提倡大力发展可再生能源，“如果我们供给的能源都是清洁的、可再生的，我们就完全没有必要去限制消费数量”[4]。

联合国“新能源和可再生能源会议”将新能源定义为“以新技术和新材料为基础，使传统的可再生能源得到现代化的开发和利用，用取之不尽、周而复始的可再生能源取代资源有限、对环境有污染的化石能源，重点开发太阳能、风能、生物质能、潮汐能、地热能、氢能和核能等”[5]。国际能源署将可再生能源界定为“来自大自然的补充快于消费的能源，太阳、风、地热、生物等是可再生能源的普遍来源”[6]。《促进新能源和可再生能源发展与利用的内罗毕行动纲领》将可再生能源等同于可更新资源，“采用新技术和新材料加以开发利用，它不同于常规的化石能源，可持续利用，几乎是用之不竭的，而且消耗后可得到恢复和补充，不产生或很少产生污染物，对环境无多大损害，有利于生态良性循环”[7]。欧盟的《可再生能源发电促进指令》将之定义为“来自于可再生的非化石的能源，即风能、太阳能、地热能、沼气能、热能和海洋能源、水电、生物质能、废物气体、污水处理厂的气体和沼气”[8]。美国的《能源政策法案》将其规定为“来自于太阳、风、生物、海洋、垃圾填埋场气体、地热、城市固体废物或者在现有的水电项目中因效率提高或者发电能力提升而新增的发电量”[9]。我国的《可再生能源法》第 2 条规定，“本法所称可再生能源，是指风能、太阳能、水能、生物质能、地热能、海洋能等非化石能源”。

近年来，气候变化加剧与金融危机严重促使全球可再生能源技术和市场快速拓展。到 2012 年底，可再生能源发电装机容量达到 14.7 亿千瓦，占全球总发电装机容量的 26%，其中水电约 10 亿千瓦、风电 2.8 亿千瓦、光伏发电 1 亿千瓦及生物质能发电约 8 000 万千瓦；各类

---

① 即孟加拉国、印度、缅甸、菲律宾、泰国、越南。

生物质能液体燃料生产总量约 8 600 万吨[10]。国际应用系统分析协会在《全球能源评估报告》中指出,“可再生能源是人类充足广泛的选择……至 2050 年,可再生能源份额在全球初级能源中的比例将从 2012 年的 17%上升至 30%～75%,部分地区将达到 90%……如果谨慎发展,可再生能源将提供更多增益,包括创造就业机会、提高能源安全、提高人类健康、环境保护和减缓气候变化等。”[11]结合技术密集型与劳动密集型优势的可再生能源产业关涉长效产业链,带动巨大消费市场与大量就业机会,不仅促进本产业发展,更推进农业、建筑业、运输业和服务业等相关行业高效发展。各国纷纷出台可再生能源发展规划适时弥补削减化石能源补贴带来的缺陷并成为实现减排目标的良好举措[12]。可再生能源产业引领多国经济发展模式回归实体经济。具有相当就业容量和经济推动力的风能、太阳能等非水可再生能源发电前 7 名国家的发电量占全球总量的 70%,其中欧盟国家的发电量占全球 44%,金砖国家约占 26%。

可再生能源建设逐渐成为各国能源战略的基本选择,亦成为我国国民经济发展的战略重点。随着我国经济发展水平不断提升,生态环境恶化与极端天气事件频发,节能降耗与污染减排成为当前经济社会发展的重要内容。风能、水能、太阳能、海洋能、地热能、生物质能等可再生能源的有效开发、生产与营销等已取得长足发展,逐渐引起各界关注。“人类自身的和谐必须以外在环境的协调为大前提”[13],各级政府部门深入贯彻落实人与自然和谐共进的科学发展观,致力于建设资源节约型与环境友好型社会,将开发利用具有清洁性、安全性、稳定性、可再生性与高新技术性的可再生能源体系列为新世纪产业发展战略的重要环节。通过制定和执行鼓励可再生能源永续利用的投资、税收与强制性市场份额的法律规范,促进节能减排并推动能源资源的市场化改革,保障能源供应、调整能源结构,满足区域经济的全方位可持续发展需要,改善周边生态环境,维护地区经济安全、居民健康与社会稳定。“我们把调整能源结构作为转变能源发展方式的主攻方向,大力发展新能源和可再生能源,提升清洁能源比重。”[14]我国通过制定阶段性目标、规划和政策措施等,推动可再生能源发展,“2013 年前 10 个月,中国的可再生能源和核电装机容量已经增至 3 600 万千瓦——全年增长有可能达到 4 300 万～4 400万千瓦。这意味着,2013 年,中国几乎每个星期都会增加一座装机为 100 万千瓦的非化石能源发电站”[15],“非化石能源占能源总量比重呈跳跃式增长,已上升到 9.8%”[16]。

二、可再生能源发展的促因分析

随着大规模生产的能源消耗日益提升、化石燃料逐渐枯竭与平均气温不断升高,旨在逐渐取代常规化石燃料的可再生的环境友好型能源形式受到全球广泛关注。我国区域经济发展水平较高而常规能源颇为短缺使得国内基于保障促进经济发展必须之基本能源供给十分迫切,有必要按照党的十八大提出的“推动能源生产和消费革命”的要求,及时优化当前能源市场的整体布局,充分发挥可再生能源改善生态环境的重要优势。例如,通过秸秆、垃圾等发电有效减少环境污染。具体而言,气候变化背景下大力推进我国可再生能源产业蓬勃发展的主要原因至少包括以下三个方面。

(一)非再生能源短缺不一

我国广大地区随着经济迅速发展,能源耗费不断提升,传统的能源消耗结构存在总量短缺和类别不合理等突出问题。例如，占绝对多数的煤炭资源的存储量与消耗需求存在一定差距且在实际开采和应用过程中造成严重的环境污染。同时，资源地区分布不平衡也造成恶劣影响。例如，我国江苏地区严重匮乏包括原煤、原油、核能、天然气等在内的传统一次能源。即便占本地区一次能源资源 95%以上份额的煤炭资源的“保有储量仅约占全国煤炭保有储量的 0.46%，可采储量约占全国可采储量的 1.2%……随着能源消费量快速增长，致使能源自给率逐年下降。每年全省煤炭消费总量的 80%需从省外调入”[16]；原油和天然气等资源的储量更是微乎其微。随着该区域经济不断发展与居民生活水平日益提高，能源消费量日渐增长，“2012 年江苏省一次能源消费总量 2.9 亿吨标煤，以 5%的能源消费增速，支撑 10.1%的 GDP 增长……今年预计全省一次能源消费总量将达到 3.06 亿吨标煤，同比增长 5.5%。”[17] 同时，江苏徐州地区的煤炭储备严重短缺且本区域与山西、陕西、内蒙古之间的运输通路存在“结点多、路线长、风险大等特点”，严重影响煤炭资源安全供应。另外，农村经济结构的变化导致区域性可再生能源短缺。近年来，我国广大农村地区的经济发展导致农民收入和生活水平大幅提高，必须优化生活用能消费结构，改进生物秸秆、薪柴等能源的利用率，高效利用矿物能源和大量剩余废弃物。通过清洁的可再生能源的广泛应用减少化石能源使用引起的温室气体排放，有效推动畜牧业发展，切实保护生态环境。我国整个区域的自身资源难以满足消费需求以及外调难度与成本不断增加等导致非再生能源短缺不一，急需通过发展可再生能源增加供应总量、优化能源结构，促进经济社会的可持续发展。

(二)产业结构调整扩大能源需求

随着我国的工业化进程不断推进，三次产业结构呈现出工业化、合理化与高度化发展势头(目前为“二、三、一”模式)，采掘、原材料等重工业生产项目日益增多，包括纺织业、石油加工业、金属冶炼业等在内的高耗能企业成倍增长，大幅度地直接或间接扩展本地区对石油、煤炭和电力等能源资源的迫切需求。电力供求长期处于紧平衡状态需要我国施行外引与内生新能源建设并举的全新资源战略。

(三)一次能源价格走高

近年来我国能源供应压力逐年凸显，煤炭和石油等一次能源价格持续攀升。21 世纪初，煤炭平均价格在 200 元/吨左右，2014 年 1 月则为 410 元/吨[18]；油价在过去 10 年内经过 58 次调整(其中 36 次上调)后，上涨了 1.5 倍[19]。这些一次能源资源价格走高引发的乘数效应大幅度地增加石蜡、地蜡、润滑脂等石油加工及石油制品制造企业的生产成本并波及诸多战略性行业，迫切需要大力发展质优价廉的可再生能源产品。

此外，科技进步与可再生能源产业持续健康发展不仅为我国经济增长提供重要助力，亦为过剩劳动力提供了包括技术研发、产品设计、生产运行、运输管理、教育培训等在内的众多就业岗位。

三、可再生能源发展的制约因素

“过去 20 多年我国经济保持年均增长 9.7%的快速增长，而能源消费年均增长 4.6%，低于经济的增长速度……制定了开发与节约并重，近期把节约放在优先地位的能源发展总方针，有计划、有组织地开展节能工作……但我国能源利用效率仍比工业化国家平均低 40%～50%。”[20]例如，我国过去十多年间全国风力发电总量平均增长率达到 40%以上[21]，风能资源储备量达 32×10^8 千瓦居世界首位，可开发的装机容量约为 2.53×10^8 千瓦。基于可再生能源“有利于增加能源供应、优化能源结构、减轻生态压力、缓解温室效应，还有利于改善农村和偏远地区的基本电力供应，从而可以实现经济效益、社会效益和环境效益的统一，促进国家的可持续发展”[22]，我国明确将可再生能源开发利用列为新世纪能源发展的优先领域，鼓励各种社会主体积极参与。但可再生能源发展受到资源状况、技术水平、市场战略及政府监管等诸多影响。我国可再生能源的研发与利用面临着成本高、市场小、资源密度低、技术工艺落后、地理分布分散及产品质量不稳定等制约因素，发展水平远低于其他发达国家，迫切需要结合我国能源状况与经济发展水平，建立提高可再生能源技术性、扩大市场规模并实现政府完善监管的运作机制。

（一）可再生能源建设成本高昂

可再生能源发展模式备受赞誉的德国发电量中可再生能源比率已经从 2000 年的 6%上升到 2013 年的 25%[23]，但相应政府补贴和电力成本亦飞速上升。2013 年我国在可再生能源方面的投资达到 613 亿美元，虽然绝对数额较 2012 年的 638 亿美元相比有所降低，但其占全球总投资的比例却由 22%上升到了 24%[24]。过高的成本投入在一定程度上限制了我国企事业单位、社会组织和广大群众积极参与可再生能源开发利用。

（二）相关法律规范不够健全

合理有效的法律规范是确保可再生能源健康有序发展的关键。我国的可再生能源法律体系的基本原则和一般制度的政策性非常明显。本应具体化的法律条文却过于抽象化，内容上更接近政策性宣示或鼓励性、倡导性内容，而非法言法语的表达模式。例如，《可再生能源法》第 4 条规定“国家将可再生能源的开发利用列为能源发展的优先领域，通过制定可再生能源开发利用总量目标和采取相应措施，推动可再生能源市场的建立”。又如，该法第 12 条规定“国家将可再生能源开发利用的科学技术研究和产业化发展列为科技发展与高技术产业发展的优先领域，纳入国家科技发展规划和高技术产业发展规划，并安排资金支持可再生能源开发利用的科学技术研究、应用示范和产业化发展，促进可再生能源开发利用的技术进步，降低可再生能源产品的生产成本，提高产品质量”。再如，该法第 9 条规定“国家鼓励各种所有制经济主体参与可再生能源的开发利用”。

我国可再生能源法律建设滞后不仅导致各级地方行政、执法与司法部门缺乏发展可再生能源的迫切需求，亦缺少可再生能源发展的总量目标。有必要通过强制性法律规范确立基本的发展总量，“有利于投资者对未来可再生能源的发展速度、规模、市场潜力、获利机会及其对社会、经济、生态环境的影响做出明确判断”[25]。

（三）可再生能源管理混乱

我国在普通能源管理部门将常规能源和新能源纳入统一管理机制的同时，亦设置可再生能源的专门性管理机构。多头管理的现行格局难以有效履行能源产业的经济管理与环境管理等职能。必须尽快设立统一管理部门以谋求各种能源形式良性运转。

(四)可再生能源的认知缺陷

众多可再生能源开发利用的参与者及其他社会公众对于可再生能源的认知尚停留在粗浅阶段。我国虽强调宏观调控可再生能源的开发利用,却未明确相关权利人的基本权益范畴,不仅影响可再生能源产业市场的形成与发展,而且还会损害广大消费者和社会公益。有必要通过可操作的具体规划赋予社会公众知情权和参与权,在实践中听取有关单位及其他社会主体的意见与建议。

四、可再生能源法律制度建设

数十年来,我国不仅通过政府补贴等鼓励和支持可再生能源开发利用,亦制定了大量相关法律法规,如《关于加强农村能源建设的意见》、《节约能源法》、《海岛保护法》、《循环经济促进法》、《农业法》、《水法》、《大气污染防治法》、《电力法》、《并网风力发电的管理规定》、《新能源基本建设项目管理的暂行规定》、《秸秆禁烧和综合利用管理办法》、《可再生能源法》、《风电场工程建设用地和环境保护管理暂行办法》、《可再生能源发电价格和费用分摊管理试行办法》、《可再生能源发电有关管理规定》、《电网企业全额收购可再生能源电量监管办法》、《可再生能源专项资金管理暂行办法》、《海洋可再生能源专项资金管理暂行规定》、《可再生能源建筑应用专项资金管理办法》、《民用建筑太阳能热水系统应用技术规范》、《风电厂接入电力系统的技术规定》、《地热发电接入电力系统的技术规定》、《光伏电站接入电力系统的技术标准》等。目前,我国可再生能源立法体系由具有基本法属性的《可再生能源法》、其他法律中有关可再生能源的规定、相关行政法规和部门规章以及有关技术标准等构成。这些零散的原则性、纲领性规范不仅效力与执行力均较差,且缺乏有效的配套保障措施。

(一)发挥法律规范的导向作用

具有资源分布广、开发潜力大、环境影响小、可永续利用等特点的可再生能源是有利于人与自然和谐发展的能源资源①。随着我国能源供需矛盾日益突出,加快开发利用可再生能源已经成为本区域应对能源紧张状态的重要举措。亟待推行一系列促发可再生能源产业发展的法律规范。

"法律是调控社会关系的核心工具。"[26]"当市场无法提供所需要的公共产品或处理特定的外部性时"[27],法律干预是经济社会良性运行的重要保障。法律规范是可再生能源开发利用的关键。众多文明国家陆续出台了推动可再生能源健康、快速且有序发展的法律规范,如日本规定了可再生能源的强制性市场配额、美国给予可再生能源税收优惠与投资补贴、欧盟成员国"做出电力生产必须有最低限度的比例来源于可再生能源的规定"[28]等。我国《可再生能源法》通过规定"国家将可再生能源列为能源发展的优先领域",明确了政府部门、企事业单位和

---

① 可再生能源发展"十二五"规划。

广大群众等在促发可再生能源开发利用中的法律地位与权责范围。

可再生能源产业的有序发展需要及时解决管理低效和混乱的问题。目前国家发改委、商务部、水利部等分门别类地负责可再生能源监督管理，多头管理、政出多门、程序繁琐等削弱了宏观调控力度，造成严重问题。各级政府部门应当以《可再生能源法》为基础制定具体的适用规则，如《可再生能源开发利用规划》、《可再生能源产业发展项目税收优惠规定》等。有必要进一步明确可再生能源优先发展战略与中长期发展目标，及时完善优化产业结构、加强研发管理、约束营销事项等的法律法规与技术标准等，吸引众多企事业单位和个人参与研发可再生能源的关键技术，“拓展清洁用能，激励节约用能，限制过度用能，淘汰落后用能，确保民生用能，形成能源消费强度和总量‘双控制’相互配合、相互促进的管理新机制[29]”，营造社会公众支持可再生发展氛围，增强整个社会的可再生能源动力。我国基于保持可再生能源行业重要地位的需要，应当积极制定明确的中长期发展目标，“到 2015 年，可再生能源新增发电装机容量 1.6 亿千瓦，其中常规水电 6 100 万千瓦，风电 7 000 万千瓦，太阳能发电 2 000 万千瓦，生物质能发电 750 万千瓦，可再生能源年发电量达到总发电量的 20%以上，可再生能源年利用量在一次能源消费中的比重达到 11.4%以上”。我国不仅应当通过立法形式直接给予可再生能源生产企业适当补贴，亦必须采取一系列有效措施推动辅助服务机构、关联企业及广大居民积极参与相关活动，还需要充分发挥法律规范适当控制可再生能源的规模、克服发展过程中无政府状态的重要效用。例如，江苏省政府设立了节能工作联系会议议事机构并由省住房城乡建设厅成立“江苏省建设领域‘四节’工作领导小组”，具体负责建筑节能示范项目的审查、监督与能效测评工作，近年来在南京市、扬州市、无锡市等应用示范城市已经完成大量可再生能源建筑项目。又如，通过补贴法律规范与借款法律规范加快推进海上风能发电项目建设、抽水蓄能电站、城市地源热泵和中低风速风能利用及可再生能源装备制造等，在提高财政专项基金统筹效益的基础上，扩大可再生能源开发利用的支持基金规模，切实落实保障性整合重组以化解部分可再生能源企业产能过剩的困境。再如，依托“投资成本——经济效益”模型的核算结果与生态环境状况等制定可再生能源的标杆价格，加快培育健康有序的碳交易市场。

(二)构建具有中国特色的可再生能源法律框架

可再生能源的发展壮大需要全面深入地探索调整型法律框架的基本构建原则与具体实现途径，通过妥善协调各参与方权利义务关系的具体规则与严谨且细致地规定所涉众多专业性和技术性概念，详细阐释法律条文中容易产生误解的地方，减少法律规范在具体执行过程中的漏洞和偏差。

1. 明确法律框架的构筑宗旨

不同国家和地区由于自然资源条件、经济发展水平及人文环境不同，在可再生能源立法动议的侧重点上有一定区别。例如，化石能源巨量消耗导致危机严重的发达国家往往基于改善能源供给结构、实现多元化能源资源供应的需要，积极开展相关可再生能源建设。发展中国家则为了解决偏远地区燃料与电力供应等问题发展可再生能源。我国《可再生能源法》“促进可再生能源的开发利用，增加能源供应，改善能源结构，保障能源安全，保护环境，实现经济社会的可持续发展”，即坚持“保障能源安全，保护环境，实现经济社会的可持续发展”的可再生能源法律框架的构筑宗旨，形成比较完备的法律体系。

2. 制定完备的法律原则

可再生能源法律体系构建应坚持国家责任与社会支持相结合、政府调控与市场运作相结合、当前需求与长远发展相结合等基本原则。既充分发挥各级政府部门在促发可再生能源中的核心地位，又要求广大人民群众承担强制或自愿支持可再生能源发展的法定义务；既充分发挥政府部门干预与调节可再生能源市场的作用，又增强市场机制构建有序竞争的可再生能源环境，引导和鼓励各类社会主体积极参与可再生能源开发利用；既积极解决当前偏远地区缺乏能源资源的紧迫问题，又通过发展太阳能、风能、生物质能等推动我国经济社会的可持续发展。

3. 完善政府干预可再生能源市场的规制体系

可再生能源技术落后与市场发育不健全等需要政府部门大力支持。通过立法形式完善政府部门在可再生能源生产、销售与具体应用中的干预程序、步骤及权责范围和承担方式具有重要意义。各级政府部门有必要基于保障能源安全、促进经济平衡和保护生态环境等公共利益的考虑，人为设定干预市场的规范体系，保障缺乏价格优势的可再生能源的市场地位，有序实现总量发展目标。例如，健全可再生能源的绿色证书制度是通过行政监管方式提高可再生能源市场化与有序化的关键，有必要依据我国实际情况不断更新绿色证书对应的任务量，确保完善的相关措施是我国发展可再生能源的重要环节[30]。又如，可再生能源强制购买制度是兼顾政府推动与市场调节作用的重要手段，有利于大幅提高我国可再生能源技术层次、经济发展水平并改变社会管理的无序状态。通过强制购买制度明确可再生能源开发与利用各环节中利益相关者的权利义务，引导市场主体进入诸多可再生能源利用领域（如并网发电和利用生物质能燃气等）的绿色促发途径，有利于参与主体明确预期投资效益，大幅度地降低投资风险。

以电力产业为例，虽然可再生能源发电是该产业结构调整的重要方向，但电价成为制约可再生能源发电发展的主要因素[31]。例如，风能和光伏太阳能发电与常规能源发电之间巨大的成本差异使得可再生能源发电厂商难以与其他厂商实现完全的市场竞争。过高的发电成本与难以实现规模经济的现状使其发展需要具有激励性的价格保障。政府部门对发电量和供电时间的干预有利于确保电力持续稳定供应，避免因供需失衡而导致的供电网络崩溃或者供电中断[32]。有必要在可再生能源发电技术尚不够成熟的发展初期，由政府部门直接制定可再生能源发电的行政价格，从而降低厂商成本，促进技术多样化[33]。我国《可再生能源法》随即确立了政府部门在一段时间内强制要求电力企业以固定价格购买服务范围内一定数量的可再生能源发电电力制度，要求购买企业应当与符合条件的发电企业签订长期收购合同，以固定价格全额收购其电网覆盖范围内可再生能源并网发电项目的上网电量，促进可再生能源持续投资与开放利用。《关于完善风力发电上网电价政策的通知》和《关于完善太阳能光伏发电上网电价政策的通知》等均具体确立了标杆上网电价。例如，国务院主管部门按照风力资源和区域工程建设条件将全国分为四类风资源区并实施相应高于常规能源发电的标杆价格，使得处于发展初期技术水平较低的可再生能源发电项目获得合理回报，为可再生能源发电创造了相对稳定的政策法律环境，吸引更多资金流向可再生能源发电产业，给予可再生能源更大发展空间，推动可再生能源的市场化开发，从长远看有利于有竞争活力的可再生能源企业收益最大化，但此制度的运行在短期内有可能导致政府补贴负担过重，有可能引发补贴与反补贴的贸易战[34]。2010—2013 年，世贸组织成员国之间因可再生能源财政资助措施引发的贸易争端多达数起，如中美风力发电设施争议、加拿大可再生能源措施及上网电价措施争议、中欧上网电价项目争议[35]、美印国家太阳能计划争议[36]、阿根廷针对欧盟对生物柴油产业的扶助措施的争议[37]等。

可再生能源发电强制购买制度在极大地推动了我国可再生能源发展的同时，亦暴露出产能浪费损害生产企业积极性、政府定价难以准确反映可再生电力能源市场价值等重大缺陷，导致所有成本由消费者一力承担、电力企业几乎不承担风险的危险状态。生产经营企业的技术水平、管理效率等均受到不同程度的不良影响，阻碍我国能源供应的有序提升与能源安全，不利于生态环境保护与应对气候变化战略目标的有效实现。国家立法机构随即开始确立可再生能源发电全额保障性收购制度的尝试。可再生能源配额制度是以“政府定量、市场定价”为核心的干预经济活动的资源发展模式，由特定国家或地区的政府部门在确定总量目标的基础上，采用法律形式强制规定可再生能源产能量在能源供给总量中所占份额，要求各类参与主体出售或购买的能源量中必须有一定比例的配额来自可再生能源，但具体价格由市场决定。具体到可再生能源发电领域，每个供电企业都有义务从可再生能源发电商手中收购市场定价的规定数量的可再生能源电力。针对不同地区有区别的可再生能源发电技术制定不同电价，有利于降低经营成本、激发参与者投资与研发热情，促进多种类型的可再生能源发电技术均衡发展。这种由政府部门基于产业政策和行业发展需要通过强制性指标平衡殊别利益与资源分配的方式具有配额标准明确性、执行强制性与维稳灵活性等特征，有利于鼓励产业发展。据此，国务院《关于加快培育和发展战略性新兴产业的决定》中明确提出，“实施新能源配额制，落实新能源发电全额保障性收购制度”，在可再生能源发电领域要求电网企业承担配额义务[38]，在一定条件下发电商也可以承担配额义务，并发展有效监管机制以避免相关企业形成垄断。由国务院能源主管部门、国家电力监管机构、国务院财政部门等按照全国可再生能源开发利用规划，确定在规划期内应当达到的可再生能源发电量占全部发电量的比重，制定电网企业优先调度和全额收购可再生能源发电的具体办法。电网企业应当按照可再生能源开发利用规划建设，依法取得行政许可或者报送备案的可再生能源发电企业签订并网协议，全额收购其电网覆盖范围内符合并网技术标准的可再生能源并网发电项目的上网电量；发电企业有义务配合电网企业保障电网安全。

4. 构筑扶持可再生能源技术研发与应用的法律体系

科技创新是可再生能源持续发展的关键。我国应当注重科技先导性、产业带动性、项目示范性和规模效益性等发展原则[20]，通过立法形式将可再生能源技术研究列为科技发展与高技术产业发展的优先领域，充分利用地缘优势、人才优势和能源技术优势等“因地制宜，多能互补，综合利用，讲求效益”地建立大批新能源技术示范工程（如小水电开发利用、薪炭林试点、节柴灶示范、沼气技术推广和太阳能热利用等[39]），极力降低可再生能源产品的生产成本并提高质量，推动新能源建设的长足发展，缓解我国生产用能长期短缺的严峻状况。例如，以清洁、无污染的太阳能为驱动能源的采暖模式是可再生能源供热的重要形式，直接关系到整个社会的发展状况，节能减排效果显著。“我国在太阳能采暖方面，除造价较高的被动式太阳房有一些示范型建筑外，还没有大规模地采用。主动式太阳能供能由于成本较高，与我国的经济发展也不相适应。而建筑供能的主动与被动相结合的思想与太阳能与常规能源相结合的思想更符合我国国情。”采取不同方案交叉处理各种类型的房屋，“可以大大降低太阳能用于建筑供能的一次投资和运行成本，使得整个方案在商业化的意义下提高具体可操作性”[40]。各级政府部门应当加强碳交易、碳排放以及在能源互补中电价的优惠政策[41]等的广泛实施，争取到 2015 年时太阳能在整个能源结构中的贡献率占到 70%。又如，秸秆发电对各级政府部门、广大人民群众及生态环境等均有重要价值，"以前春耕的时候，我们镇从公路上看过去到处都是浓烟，烧秸秆污染空气；把秸秆堆到水里，也污染水体……必须给这些秸秆找个出路，用来发电无疑是个理想的选择。"[42]同时，我国有必要借鉴瑞典公共交通的沼气燃料模式，加速构建多位一体的沼气综合利用途径，如建立生态家园富民工程（农户以沼气为中间环节，充分利用物质循环原理连接种植业和畜牧业构建封闭系统，通过合理的能源优化，最大限度地提高资源利用率）、大中型畜牧场沼气工程（预处理各种原料的地上沼气池）与生活污水净化沼气工程（厌氧消化与好氧结合的功能强劲、运行稳定的小型污水处理装置）等[43]。

我国应当建立起全国统一的新能源技术信息集中收集与发布系统，加强对研发新能源技术的组织与宣传力度，形成各方力量组合攻关的合力。国务院标准化管理部门应当制定可再生能源技术和产品的统一标准，有关部门应当制定补充性行业标准并报主管部门备案。各级政府、相关职能部门、企事业单位及其他社会主体应当大力推进体制与科技创新，加强对国内外可再生能源技术的情报收集与分析工作，抢占相关知识产权高地，循序渐进地推进技术改进与市场导向有机结合，重点改善风能、太阳能、生物质能等关键领域的薄弱发展环节，提高可再生能源产业的自主创新能力[21]。例如，生物质能是唯一不利用热电方式（风能、核能、太阳能等均是热电非碳能源）的可再生能源。百年来，以石油为代表的化石能源燃烧过程中产生的大量二氧化碳导致温室效应，碳水化合的生物燃料往往来自生长过程中可从大气中吸收二氧化碳的植物，有利于减少温室气体累积。亟待加速培育各类能源植物，解决分散的生物能源难以收集的问题，并积极改进能源转化技术（如强化生物原料的微生物发酵方法与化学催化方法）等。又如，通过科技创新改进光电转化率并提高稳定性[44]以改进光伏薄膜电池推动了可再生能源技术发展。

5. 加强可再生能源产业监管力度

我国当前各级各地政府部门对于可再生能源产业的监管职能分散重叠，多头管理状况与烦琐程序使得各相关领域职责不清，低效管理削弱政府宏观调控力度，有必要建立可再生能源开发利用的综合管理与分部门治理相结合的积极监管机制，促使各级政府部门切实履行监管职责，解决可再生能源法律规范执行过程中"刚性不足、政出多门、规划出台滞后和补偿资金不足等[45]"问题，建立统一协调、统一推进、统一监管的管理机制，确保可再生能源项目的立项、审批与运作全程公开透明，营建良好的新能源建设意见咨询与沟通机制、管理监督机制与过失追究机制等。通过立法形式要求各参与方及时通报可再生能源技术与生产状况，增进公众和社会对可再生能源产业的了解。例如，详细规定可再生能源发电设施经营者、电网运营者、输电网运营者、配电网经营者需要相互通报的信息内容、时间限制等，亦要求电网运营者、配电网经营者按时向政府部门提供有关可再生能源收购与输配的相关信息，并向消费者公开可再生能源附加费、可再生能源电力份额等信息。

6. 建立辅助性保障规则

国家立法机关不仅应当完善明确可再生能源投资者与其他相关方的利益关系与具体责任的法律规范，各参与主体合法权益的有效保护亦需要建构起完备的辅助性保障规则体系。例如，建构起系统效益收费的公益基金模式以支持可再生能源发展。"通过法律规范要求用户在用电时多交一小笔电费，这笔多交电费即充作公益基金以资助可再生能源发展。由于这种电费加价更多地影响到传统能源所发的电能，所以公益基金制度相当于增加了传统能源电力的成本，同时补贴了可再生能源电力，从而缩小了二者的竞争力差距。”[5]又如，目前我国发电厂之间的竞争明显比电网市场激烈。对于应当取得行政许可且申请人数众多的可再生能源并网发电建设项目依法通过竞争性招投标方式确定合适的被许可者，中标项目所在地的电网企业应当按照中标确定价格全额收购上网电量，但中标价格不得高于国务院价格主管部门确定的当地同类可再生能源发电项目的上网电价水平，既有利于降低可再生能源发电投资的风险与阻力，刺激发电企业履行优化、加强和提高技术并降低成本，又有利于保护可再生能源电力的持续竞争力。又如，通过立法设立专项基金支持可再生能源勘探开发的科学研究、标准制定与相关信息系统建设。再如，通过增加传统能源的碳税、燃料税与减免新能源企业的税收并提高贷款优惠等刺激更多企业投入可再生能源建设。对于大力发展技术综合竞争力的能源企业应给予更多优待(如陆续取得“立式层燃垃圾焚烧炉布料装置”、“干法脱硫净化器中化学粉剂与烟气混合装置”、“生活垃圾脱水机”、“立式层燃垃圾焚烧装置”等专利并通过投资、建设、运营启东市、如东市、海安县、福州市等生活垃圾焚烧发电项目，开创城市生活垃圾统筹处理无害化、资源化、减量化的先河，逐渐发展为我国节能减排领军企业的江苏天楹环保能源股份有限公司[46])，进一步激励可再生能源产业发展。

随着我国经济社会发展、居民消费水平提升、生态环境恶化和极端天气事件频发等导致本区域深陷严重的一次能源短缺危机。近年来可再生能源产业发展过急过猛亦致使诸多参与主体面临产能过剩、经营惨淡及技术瓶颈等。“我们不是从祖先那里继承了地球，而是从子孙那里借用了地球。”[47]整个社会的可持续发展亟待通过充分发挥法规导向作用、扶持可再生能源技术的研发与应用、加强可再生能源产业的监管力度、促进可再生能源企业合理配置以及提高从业人员素质等重要举措，进一步优化可再生能源产业结构，寻求能源供应、能源安全与生态环境之间的动态平衡。目前的可再生能源正处于快速发展的上升阶段，面临着技术提升与成本递增的矛盾冲突，有必要立足《可再生能源法》，在国务院能源主管部门及相关各级政府部门的统筹协调下，在控制成本与保障安全的同时，充分发挥职能部门的产业指导与技术支持效用，通过合理高效的价格管理、费用补偿、经济激励与监督管理等促进可再生能源产业健康有序发展。同时，各级各地能源主管机构和环保部门有义务及时追踪和评估《可再生能源法》的执行状况和效果，定期向相关监管单位提交有关可再生能源发展状况与目标效应的追踪记录，形成针对可再生能源建设的闭环管理机制。

事实上，完善的可再生能源产业链是促进经济发展、解决富余劳动力、带动相关传统产业发展并改善生态环境的重要动力。巨大的经济利益与发展潜力催动众多市场主体参与竞争，如中能硅业、大全集团、阿特斯、晶澳太阳能、舜天光伏、维斯塔斯、苏州能健、天威新能源、大全凯帆、江苏吉鑫、无锡桥联等。但“可再生能源发展必须与经济实力相适应，并非多多益善”，各级各地政府部门过度引导和支持与商业银行无序放贷等刺激部分企业盲目扩张，最终导致整个产业陷入困境。例如，曾被称为“中国经济界神话”的江苏无锡尚德太阳能电力有限公司在创立五年后总收入就达到 8 529 万美元，净利润为 1 976 万美元。数年后，这家“已成为我国为数不多的、同步可以参与国际竞争并有望达到国际领先水平”的光伏企业却不断传出“裁员、减产、GSF 反担保骗局、董事长辞去 CEO、负债率高企、股价暴跌、进入退市程序”[49]等负面消息。究其原因，固然有光伏产业市场恶化的外力影响，亦存在政府部门、商业银行及其他相关主体非理性处理的不良影响。有必要正确处理政府和市场的关系,发挥政府部门有效统筹协调可再生能源产业运营的作用,避免过度干预经济活动,鼓励持续的技术创新,督促企业改进经营发展战略。

同时,跨领域、跨区域的可再生能源产业发展需要全球主要国家和地区共同努力。各国应当基于自身地理情况、技术实力、经济发展水平与政策执行状况等,改善本国的农业、林业、工业、交通及废弃物处理等[50],并在条件允许的情况下援助其他国家和地区转变经济增长方式,重构整个社会的可再生能源产业运转模式,从根本上减缓气候变化,改善生态环境。有必要通过完善我国与其他国家和地区的双边和多边条约,并积极参与国际可再生能源机构等国际组织的能源合作,充分发挥我国可再生能源设备、技术与产品等在亚非地区的相对优势,大力拓展全新的能源市场。健全的清洁发展机制与新技术和可再生能源的广泛使用有利于改变高污染的化石能源消耗模式,减少温室气体排放,保护森林、海洋等天然碳储备,逐步解决全球变暖、冰川消融、海平面上升及极端天气事件等带来的不利影响。

此外,现阶段我国公众参与机制不健全,解决能源紧缺的重要手段是加强可再生能源知识教育。作为新兴高科技行业之一的可再生能源产业的发展需要具备综合知识与专业技能的研发和管理人才。不仅应当通过法律规范严格限定从业人员的资质并持续进行相关技能培训以加强从业人员的职业能力建设,亦应当通过加强可再生能源产业标准体系与检测认证人员的技术能力考核以全面提升整个产业的技术水平,还应当通过经济刺激与精神鼓励“要求他们有持续的学习与解决问题的能力,还要有良好的协作精神”[51]。有必要增加可再生能源产业运作与监督管理的透明度和公开性,保障公众对可再生能源问题的知情权,并倡导公众参与能源监管活动与培养能源节约意识[52]。

参考文献

[1] 亚洲开发银行.气候变化恐引发“环境移民”潮.联合早报,2012-03-13.

[2] Sudhir C R. Climate Migrants in South Asia:Estimates and Solutions. http://environmentportal. in/files/blue-alert-report-mar08. pdf.

[3] IUCN. Indigenous and Traditional People and Climate Change. http://www. ohchr. org/Documents/Issues/ClimateChange/Submissions/IUCN. pdf.

[4] 曹宏源,曾帆.可再生能源是能源发展的必由之路——专访中国科学院院士,中科院理论物理研究所研究员何祚庥.中国电力报,2014-05-28.

[5] 王婉琳.我国新能源与可再生能源立法研究.环境经济,2014,**3**:50-57.

[6] IEA. Topic:Renewables. http://www. iea. org/topics/renewables/2012. 12. 15.

[7] United Nations. Report of the United Nations Conference on New and Renewable Sources of Energy. *Nairobi*,1981-08-21.

[8] Directive 2990/28/EC of the European Parliament and of the Council. 2009-04-23.

[9] United States. Energy Policy Act of 2005.

[10] 谢旭轩,高世宪.中、印可再生能源合作潜力探析.中国能源,2014,**5**:10-14.

[11] International Institute for Applied Systems Analysis. *Global Energy Assessment*,2012.

[12] 苏丽萍.WTO框架下可再生能源补贴法律问题研究——以中美光伏案为例.厦门:厦门大学,2014.

[13] 李萍,崔鹏程,王锡伟.和谐社会建构中的气象灾害管理探析.阅江学刊,2014.**4**:36-40.

[14] 谢素芳. 可再生能源发展前景可待——全国人大常委会执法检查组赴江苏开展可再生能源法执法检查纪实. 中国人大，2013. **16**：16-18.

[15] 约翰·马修斯，颜会津. 中国可再生能源发展迅猛. 中国能源报，2014-01-20.

[16] 叶瑛莹. 江苏省可再生能源开发利用研究. 南京：南京师范大学，2006.

[17] 罗鹏. 江苏今年完成能源投资 612 亿元一次能源消费总量达 3.06 亿吨标煤. http://news.jschina.com.cn/system/2013/03/12/016532350.shtml[2013-03-12].

[18] 齐泽萍. 2014 年煤企真要"痛起来了". 山西经济日报，2014-03-11.

[19] 耿旭静. 油价十年上调 36 次：加满油十年前 186 元现在 461 元. 广州日报，2013-11-30.

[20] 王培红，魏启东. 规模化发展可再生能源，保障江苏经济与社会的和谐进步. 长三角清洁能源论坛论文专辑，2005：25-29.

[21] 张英杰. 可再生能源开发面临障碍及应对策略研究. 技术经济与管理研究，2014. **1**：113-117.

[22] 毛如柏. 关于《中华人民共和国可再生能源法(草案)》的说明. 中华人民共和国全国人民代表大会常务委员会公报，2005. 2.

[23] 李山. 可再生能源不再多多益善——德国彻底改革可再生能源政策. 科技日报，2014-03-24.

[24] 王旻楠. 可再生能源的经济与气候效益. 国家电网，2014. 2：23.

[25] 任东明. 关于建立我国可再生能源发展总量目标制度若干问题探讨. 中国能源，2005. **4**：21-25.

[26] 钮敏. 《综合减灾法》的立法构想. 阅江学刊，2012. **4**：48-52.

[27] Stern N. *The Economics of Climate Change*：*Stern Review*. Cambridge：Cambridge University Press，2007：1.

[28] 董勤. 欧盟气候变化政策的能源安全利益驱动——兼析欧盟气候单边主义倾向. 国外理论动态，2012. 2.

[29] 2015 年江苏省非化石能源占比将提高至 7%. http://www.askci.com/news/201303/13/1310441165748.shtml[2013-03-13].

[30] 曾加，董飞. 对完善中国《可再生能源法》的几点思考. 西北大学学报(哲学社会科学版)，2011. **2**：147-151.

[31] 时憬丽. 竞争性电力市场环境下可再生能源发电的国际发展经验和对我国的启示. 中国电力，2007，**40**：61-65.

[32] 杨淑君. 可再生能源固定电价制度的补贴属性认定——浅析加拿大可再生能源案. 南京工业大学学报(社会科学版)，2014，**13**：62-69.

[33] 何川. 促进可再生能源发电发展政策效率评估. 能源技术经济，2012. **6**：20-25.

[34] 潘庆. 完善我国可再生能源固定电价制度的思考. 价格理论与实践，2012. **11**：19-20.

[35] Request for Consultations by China，European Union and Certain Member States-Certain Measures Affecting the Renewable Energy Generation Sector. WT/DS452/1，2012-11-07.

[36] Request for Consultations by the United States，India-Certain Measures Relating to Solar Cells and Solar Modules. WT/DS456/1，2013-02-11.

[37] 张磊. 自由贸易体制下的"绿色能源空间"——以加拿大可再生能源发电设施补贴案为视角. 西南政法大学学报，2014. **16**：64-73.

[38] 李艳芳，张牧君. 论我国可再生能源配额制的建立——以落实我国《可再生能源法》的规定为视角. 政治与法律，2011，**11**：4-11.

[39] 崔高粤. 基于系统动力学方法的农村可再生能源开发动态模拟——以江苏如皋为例. 南京：南京农业大学，2004.

[40] 靳晓磊，曾雁，王岩. 可再生能源与建筑集成技术应用——江苏南通欧贝黎低排放样板房设计. 建筑技艺，2010. **3**：106-110.

[41] 国家能源局将出台《国家可再生能源供热指导意见》. 建设科技，2014，**14**：7.

[42] 蔡卫国.《可再生能源法》开道2亿元秸秆发电项目落户江苏.第一财经日报,2005-04-04.
[43] 魏启东.对发展江苏可再生能源的一点看法.江苏省能源研究会成立二十周年纪念与第十届学术年会热电专委会第十二届年会与学术报告会论文集,2004.
[44] 何满怀.江苏要做可再生能源发展的"领头羊":专家为我省节能减排和新能源发展支招.江苏科技报,2007-09-17.
[45] 任东明.论中国可再生能源政策体系形成与完善.电器与能效管理技术,2014.**10**:1-4,71.
[46] 利用再生能源助推生态文明——江苏天楹环保能源股份有限公司董事长严圣军开展生态文明工作纪实.环境教育,2013,5.
[47] 刘兵.保护环境随手可做的100件小事.长春:吉林人民出版社,2000:1.
[48] 李山.可再生能源不再多多益善——德国彻底改革可再生能源政策.科技日报,2014-03-24.
[49] 胡伟,殷丽娜.无锡尚德电力破产再生变故转移资产被叫停.http://js.people.com.cn/BIG5/n/2014/0912/c360301-22289481.html[2014-9-12].
[50] Mitigation-Action on Mitigation: Reducing Emissions and Enhancing Sinks. https://unfccc.int/focus/mitigation/items/7171.php.
[51] 周显信,卢愿清.公共气象服务人才培养与发展体系研究.阅江学刊,2012.**2**:56-60.
[52] 杨丽娟.进一步完善我国《可再生能源法》的思考.现代妇女(理论版),2014.**7**:143.

以制度构建为基础跨区域气象灾害应急管理研究①

许 颖

(南京信息工程大学气候变化与公共政策研究院,南京 210044)

摘 要:由于气象灾害的发生、发展以及造成的危害结果往往具有明显的跨区域特点,因此,需要进行跨区域气象灾害应急管理,调动所有涉及区域的人、财、物资源,有效应对气象灾害。在跨区域气象灾害应急管理过程中,各区域是否能够形成联动至关重要。通过对我国跨区域气象灾害应急管理联动存在的问题的分析,提出从跨区域气象灾害应急联动统一指挥协调机构的建立、应急联动预案的统一编制、应急信息的共享、应急物资的综合协调以及应急联动法制建设等方面构建跨区域气象灾害应急管理联动机制。

关键词:跨区域气象灾害;应急管理;应急管理联动

一、跨区域气象灾害应急管理制度构建问题的提出

我国是世界上自然灾害种类最多,危害最严重的国家之一。其中,气象灾害活动所造成的经济损失占所有自然灾害造成经济总损失的71%左右[1]。特别是全球气候变化背景下,极端天气事件频发,气象灾害影响日益加剧,造成的经济损失愈加严重。

气象灾害是由于气象要素发生变化或是骤变,从而给人类带来的一系列危害的总称。气象灾害,一般包括天气、气候灾害和气象次生、衍生灾害。天气、气候灾害,是指因台风(热带风暴、强热带风暴)、暴雨(雪)、雷暴、冰雹、大风、沙尘、大雾、高温、低温、连阴雨、霜冻、结(积)冰、寒潮、干旱、干热风、热浪、洪涝、积涝等因素直接造成的灾害。气象次生、衍生灾害,是指因气象因素引起的山体滑坡、泥石流、房屋倒塌、风暴潮、森林火灾、酸雨、空气化学污染等灾害。根据气象灾害特征、致灾因子和天气现象类型,将我国气象灾害分为7类20种[2]。

气象灾害具有危害范围广泛、区域性、持续性、季节性、群发性和连锁性、造成的经济损失严重等特征。①气象灾害危害时空范围广。受我国地理位置以及地形地貌的影响,天气、气候复杂,气象灾害类别多,危害范围广泛。2008年我国南方地区低温雨雪冰冻灾害,从1月19日开始,持续了接近一个月,灾害波及南方21个省、自治区、直辖市,受灾人口超过1亿,农作物受灾面积1 187万公顷,森林受损面积近1 861万公顷,倒塌房屋48.5万间,因灾直接经济损失超过1 500亿元。其中湖南、贵州、江西、安徽、湖北、广西、四川等省(区)受灾较为严重。2010年西南大旱,致使广西、重庆、四川、贵州、云南5省(区、市)遭受严重旱灾灾害,受灾人口6 130.6万人,农作物受灾面积503.4万公顷,直接经济损失达236.6亿元;②气象灾害具有明显的区域性特征。由于地理位置、地形对天气、气候的影响,气象灾害呈现出区域性特点。我国西北地区以及西藏、内蒙古自治区的西部和四川西部属于干燥的大陆性气候,常年干旱,冬

① 许颖,女,南京信息工程大学讲师,主要从事气候变化与公共政策研究。本文由南京信息工程大学气候变化与公共政策研究院资助。

季冻害严重。江淮、江南、华南台风灾害最重，也是暴雨洪涝、雷雨大风、龙卷风多发地区。西南中东部一带地形复杂，干旱、暴雨及引发的泥石流、崩塌、滑坡和冰雹、低温阴雨等灾害频发；③气象灾害具有持续性。气象灾害往往持续时间长，如干旱，往往持续数月。严重洪涝持续一周或半个月，甚至数月。2008 年我国南方地区低温雨雪冰冻灾害，从 1 月 19 日开始，持续了接近一个月。2010 年西南大旱，从 2009 年 9 月到 2010 年 3 月中旬，持续了近七个月；④气象灾害季节性强。由于我国大部分地区属季风性气候，因此气象灾害具有明显的季节性。春季以干旱、沙尘暴等为主，夏季以暴雨洪涝、干旱、台风、雷暴等灾害为主，秋季以台风、干旱冷冻、连阴雨等为主，冬季以寒潮、大风、冻害等为主；⑤气象灾害具有群发性和连锁性。气象灾害的群发性是指在短期内(一般为 3～5 天)，一种或多种气象灾害，在同一地区或不同地区相继发生。如 2008 年 12 月出现的寒潮天气过程，东部地区出现了暴雨，中西部出现风雹灾害，东部沿海出现大风和大降温，西北部出现霜冻和沙尘暴等灾害。当某种气象灾害发生后，常常引起其他灾害的发生和发展，这种不同灾害的连锁反应称为气象灾害的连锁性。如 2008 年初夏，珠江流域和湘江上游发生严重洪涝灾害，暴雨洪涝进而引发山体滑坡、泥石流等灾害；⑥气象灾害造成的经济损失严重。气象灾害造成的生命和财产损失十分严重，对社会和经济发展构成严重威胁。据德国慕尼黑再保险公司的全球灾害数据库统计，2010 年全球发生主要自然灾害事件 960 件，其中 90％以上为气象灾害，包括热带风暴、飓风、冰雹、高温热浪、干旱、寒潮、强降水及其引发的洪涝灾害等，这些灾害造成的经济损失超过 1 000 亿美元，造成的保险损失为 240.5 亿美元。据国家气候中心数据，2010 年中国气候极为异常，全年降水偏多，旱涝灾害交替发生，高温日数创历史新高，极端高温和强降水事件发生之频繁、强度之大、范围之广为历史罕见，气象及其次生灾害造成的直接经济损失超过 5 000 亿元，因灾死亡 4 800 多人，损失为 21 世纪头十年之最[3]。

二、跨区域气象灾害应急管理联动的内涵

(一)应急管理

从公共管理学的角度出发，美国学者罗森塔尔认为，应急是对一个社会系统的基本价值和行为准则架构产生严重威胁，并且在时间压力和不确定性极高的情况下必须对其做出关键决策的事件[4]。应急管理是在应对突发事件的过程中，为了降低突发事件的危害，达到优化决策的目的，基于对突发事件的原因、过程及后果进行分析，有效集成社会各方面的相关资源，对突发事件进行有效预警、控制和处理的过程[5]。从此概念可见，应急管理是应急管理主体调动各种可以利用的资源，对突发事件进行预警、控制和处理的整个管理过程，包括对突发公共事件发生前、进行中和结束后的所有方面的管理。其管理的对象是未来发生或已经发生的突发事件，目的是预防突发事件的发生，降低突发事件造成的损害。应急管理是政府进行社会管理和公共服务的重要内容，也是政府的责任。

应急管理是对突发事件的全过程管理，是一个动态管理。国内外一些学者对于危机管理的阶段提出了许多划分理论。罗伯特·希斯(Robert Heath)构筑了危机管理的 4R 模型：减少、预备、反应、恢复[6]。根据不同的发展阶段采取不同的应急措施，从而构成一个全面的应急

管理运作流程。减少(Reduction)阶段的主要工作是确认危机来源,进行风险评估和风险管理;预备(Readiness)阶段的主要工作是建立监视和预警系统,对员工进行培训,提高应对危机的能力;反应(Response)阶段的主要工作是分析危机影响,制定危机管理计划,具备必要的资源和技能;恢复(Recovery)阶段的主要工作是控制危机后,将人力、财力、物力以及工作流程恢复到正常状态。米特洛夫将危机管理过程划分为信号侦测阶段、探测和预防阶段、控制损害阶段、恢复阶段、学习阶段五个阶段。我国学者薛澜将整个管理过程分为预警和准备、识别、隔离、管理、善后处理五个阶段。奥古斯丁提出危机的避免、准备、确认、控制、解决、获利六阶段理论。

(二)跨区域气象灾害应急管理联动

依据我国《突发事件应对法》的规定,突发事件包括自然灾害、事故灾难、公共卫生事件和社会安全事件。气象灾害属于自然灾害,气象灾害应急管理是突发事件应急管理的一个分支。气象灾害是由于气象要素变异,给人类带来的灾难。在所有自然灾害中气象灾害种类最多,危害范围最广,影响深度最大[7]。它是我国最主要的自然灾害,给我国社会经济造成严重的损失,随着全球气候变化的影响,气象灾害造成的损失日益增加。气象灾害危害往往跨越几个行政区域,具有明显的跨地域性特征。2008 年我国南方地区低温雨雪冰冻灾害,从 1 月 19 日开始,持续了接近一个月,灾害波及南方 21 个省、自治区、直辖市。2011 年 1—5 月长江中下游流域发生近 60 年来罕见冬春季连旱,灾害波及湖北、湖南、江西、安徽、江苏 5 省。

气象灾害应急就是针对各类紧急、突发气象灾害所采取的应对策略和紧急行动。联动就是在两个或两个以上的主体之间,如果一个主体运动或变化,其他主体也会跟随运动或变化,即多个主体的联合行动。应急联动,又称应急服务联合行动,是指在危机发生时,建立统一的指挥中心,通过集成信息和通信网络系统,将治安、消防、急救等应急部门整合在一个有机体系中,实现不同应急联动单位之间的配合和协调,以便采取高效快速的联合应对行动,回应公共危机[8]。跨区域气象灾害应急联动机制,就是为降低跨区域气象灾害对各区域的危害,跨区域气象灾害利益相关者间通过有效沟通与协调,分析跨区域气象灾害产生的原因、过程及后果,应急信息共享、应急物资的互补与整合,跨区域联合行动,共同处理气象灾害的体制、制度、措施、程序等的规范性运作模式。

根据跨区域气象灾害发生前、发生中和发生后的过程,跨区域应急管理联动分为应急预防联动、应急处置联动和事后恢复联动阶段。每一个阶段都要求应急管理者采取相应的策略和措施,尽可能地控制跨区域气象灾害的发生、发展态势,以免造成更大的危害。

应急预防联动阶段主要是为防止跨区域气象灾害的出现、减轻跨区域气象灾害发生后所造成的危害做各种预防性准备工作,包括各区域协同预防、监测和预警。在这个阶段应对未来可能会发生的跨区域气象灾害加强监测,运用科技手段收集、综合分析信息,进而进行评估,形成预警信息,及时进行发布,提高社会各界危机防范意识,采取防范措施,以降低人们的生命财产损失。

应急处置联动阶段主要是对已经发生的跨区域气象灾害采取有效措施进行积极应对,控制事件的进一步发展,防止已造成的损失范围进一步扩大,最大程度减少人员伤亡和经济财产损失。此阶段是跨区域应急管理联动的关键阶段,首先,根据掌握的已发生的跨区域气象灾害的重要信息,迅速识别气象灾害的类别,对灾害造成损害的规模及威胁提出预测;其次,根据预测拟定各区域具体有效的联动救援方案；最后，就是各区域联合行动，实施救援方案，其中包括应急人员、物资的调配，灾区人民的救援安置，医疗保障工作的协调等管理活动。

事后恢复联动阶段主要是对跨区域气象灾害对社会各方面造成的损害和影响进行修复和重建。跨区域气象灾害造成的威胁和危害得到控制或消除后，要对造成的损失进行评估，制定并实施恢复重建计划，尽快恢复灾区和受影响地区的正常秩序。具体包括尽快修复灾区遭到破坏与损毁的建筑物、道路、桥梁、通信设备等基础设施；对受灾民众进行物质和心理救助，使其恢复正常的工作与生活；对于紧急调集、征用的有关单位及个人的物资，按照规定给予国家补偿；做好疫病防治和环境污染消除工作等。同时还要进行责任追究，对于整个应急管理联动过程中相关人员的渎职、失职、违规、违法行为进行相应责任的追究，对于做出贡献的相关人员依法给予物质与精神奖励。

就我国目前的跨域应急管理而言，在现有应急管理体制下，跨域各地区和部门的应急系统各自独立、分散管理，没有建立起有序的联动机制，容易出现协同指挥不足、应急信息和资源无法共享、应急资源调配不及时、整体联动性差等问题。因此，跨区域气象灾害应急管理需要构建跨区域应急联动机制，有效整合和发挥各区域社会资源，实现跨行政区的信息、资源共享，提高资源利用率，提高应急处置的快速响应能力和相关地区、部门的快速联合行动的能力，最大限度减少灾害损失。

三、构建跨区域气象灾害应急管理联动机制的必要性

（一）气象灾害影响范围的跨区域性，需要构建跨区域气象灾害应急管理联动机制

近年来，我国洪涝、暴雨（雪）、干旱、高温、雷暴、冰雹、大风等气象灾害频发，造成严重的人员伤亡和财产损失。2008 年初南方大部分地区遭遇低温雨雪冰冻天气袭击；2010 年西南地区发生特大干旱；2011 年，华西和黄淮秋汛异常严重；2012 年华北暴雨；2013 年南方持续高温干旱、东北洪水。由于气象灾害及其次生灾害具有连锁性和扩展性，影响的范围广、危害程度严重，往往涉及诸多行政区域和部门，具有显著的跨区域性。例如 2008 年初，我国南方地区发生的低温雨雪冰冻灾害，不仅影响湖南省内多个地区，而且也影响到京珠、京广交通沿线地区，涉及电力、交通、农业、林业、通信、金融保险等部门和行业。气象灾害的发生往往出现多种灾害复合、次生和衍生灾害并发、造成多个行政区域严重损害的后果，有效的应急管理难度大，气象灾害越复杂，涉及的行政区域、部门越多，应急管理难度越大，不是单个或几个地方政府和部门所能解决的，各区域、各部门的应急管理资源都是有限的，单独的行政区域或部门无法有效地预防和应对跨区域气象灾害，需要构建跨区域气象灾害应急联动机制，有效地组织和加强跨区域、跨部门协作，使涉及的多个地方政府和部门快速、及时做出反应，联合行动，有效利用不同行政区域、部门的资源来共同应对，提高跨区域气象灾害应急管理效率，减小灾害造成的损失。

（二）实现各区域协同应对跨区域气象灾害，需要构建跨区域气象灾害应急管理联动机制

跨行政区的气象灾害应急一直处于各自独立、分散管理的状态，各地方政府和部门之间还

没有建立起有效的应急联动机制。而跨区域气象灾害由于其发生、演化的高度不确定性，往往具有突发性、群发性、复杂性的特点，在跨区域应急联动机制不健全的情况下，不同省、区、市决策参与主体之间权责不清的现象非常普遍，各主体从自身利益出发，不能够协调统一，形成有效的合力，共同应急，一旦跨区域气象灾害突如其来，资源和信息在短时间难以实现有效的整合，往往容易贻误救灾的黄金时间。虽然一部分区域通过签定应急合作协议建立了跨区域应急管理合作机制，如泛珠三角区域内地 9 省(区)突发事件应急联动机制、长江三角洲(上海、江苏、浙江、安徽等 3 省 1 市)跨界突发事件应急联动联盟等，但存在着合作机制不完善、流于形式等问题。各地方政府和部门等应急主体相对独立运作，在面对突发气象灾害时，虽然可能会有一定的相互支援，但由于没有建立联动机制，缺少统一的协调指挥，各应急主体之间无法进行很好的配合与协调，应急信息和资源很难在短时间内有效整合与共享，往往会错过应急处理的黄金时间，这种状况显然不适应处理涉及面广、情况复杂的跨行政区、跨部门的气象灾害的需要。由于气象灾害的跨区域性，其应对需要各区域、各部门等众多主体参与实施应急响应，各主体是否能够协调统一、应急联动成为直接关系有效应对跨区域气象灾害的重要因素之一。在跨区域气象灾害应急管理中，如何统筹协调各应急主体及各种资源以有效开展应急管理工作至关重要。鉴于当前我国条块分割的管理体制，在涉及跨区域气象灾害应急管理问题时，由于各区域地方政府相互独立，各部门隶属不同，管理层级复杂，出现多头指挥，相互之间协调困难。因此，为有效抵御跨区域气象灾害，有必要建立一个有效的跨区域气象灾害应急联动机制，明确各区域、各部门的权责，建立统一的协调指挥机构，发挥中枢作用，使不同地方政府、部门之间得以互通、互调和相互配合，应急信息和资源有效共享，提升各区域、各部门之间联动协同能力，实现跨区域气象灾害应急处理的联合行动、整体性治理。

(三)跨区域气象灾害信息的不充分、不完整，需要构建跨区域气象灾害应急管理联动机制

气象信息的充分、准确对于跨区域气象灾害应急管理至关重要。由于各区域、各部门在探测气象信息方面相互孤立，各自为政，缺乏沟通与信息共享，各自所获取的信息也都是片面的非整体的，同时各区域政府或部门基于自身利益的考虑，往往对其获取的信息进行封闭，阻碍相互之间的信息流通，导致没有哪个区域政府或部门能够掌握充分的信息。由于信息的不充分，因此不能够准确分析、预测气象灾害的发生、发展趋势，从而无法进行准确的预警，导致不同区域、不同部门发布的信息相互冲突，影响了各应急主体采取有效的应急措施。如 2008 年我国南方地区发生的低温雨雪冰冻灾害，在电力部门启动大面积停电Ⅱ级应急响应时，并没有直接向铁路部门说明，导致铁路部门没有考虑在电网完全瘫痪时要采取的应急措施，最终导致京广湖南段 6 天列车停运，大量旅客滞留。可见，由于各区域、各部门缺乏信息沟通交流与共享，导致信息不充分、不完整，严重影响跨区域气象灾害应急决策与行动，因此需要构建多个地方政府和部门参与的跨区域气象灾害应急联动机制，有效整合各方面信息，协调联动，实现信息共享。

(四)各区域应急资源的优化组合，需要构建跨区域气象灾害应急管理联动机制

在我国目前应急管理体制下，各地方政府、部门按照各自相对独立的组织结构、管理模式运行，应急管理所需的资源分散于不同地区、部门。跨区域气象灾害往往危及几个区域，而每

一个区域的应急管理资源都是有限的，没有任何地方政府或部门具有应对所有气象灾害的所有资源，每个地方政府或部门单独行动不可能有效应对跨区域气象灾害，只有各区域联合行动，调动各方资源，才能够有效应对跨区域气象灾害。因此，有必要构建跨区域气象灾害应急管理联动机制，统一协调和调度各方资源并加以快速整合和配置，实现资源优化组合，使跨区域气象灾害应对最有效。

综上所述，各地方政府、部门按照各自相对独立的组织结构、管理模式运行，不能有效应对复杂的跨区域气象灾害。跨区域气象灾害应急管理，客观上需要构建跨区域、跨部门联动机制，该联动机制的运行需要所有参与区域和部门采取协调一致的行动，任何一个部门在信息、资源提供过程中的失误都会影响跨区域气象灾害应急管理的总体效果。全面有效的跨区域气象灾害应急快速响应，必须充分调动各区域、各部门积极协作、优化配置、共享资源信息。跨区域应急管理联动机制的建立能够实现在统一的指挥协调下，不同地区、不同部门之间进行良好的沟通与有效的交流、资源与信息整合共享、联合行动、相互配合，将灾害的损失降到最低，从而提升各区域政府、部门防范和应对跨区域气象灾害的能力。因此，构建高效的跨区域气象灾害应急管理联动机制是十分必要的。

四、我国跨区域气象灾害应急联动存在的问题

面对跨区域气象灾害，构建跨区域应急联动机制已成为各地方政府、部门的共识，各地方政府、部门合作应对跨区域气象灾害实践已经起步，但尚未形成统一、协调的跨区域应急联动机制，主要存在以下方面的问题。

（一）缺乏跨区域气象灾害应急联动统一指挥协调机构

由于气象灾害具有鲜明的跨域性特征，需要涉及的地方政府、部门、企业以及其他社会组织在内的众多主体参与、协调联动形成合力以实施应急响应。我国长期的“条块分割，属地为主”的应急管理体制，权、责、利不清，缺乏综合性协调机构。在灾害应急过程中，分散于各部门的信息、资源无法有效整合，导致相关设施及人力资源重复投入或大量闲置，在应急响应过程中互相推诿的现象时有发生[9]。

目前我国还没有建立统一的跨区域应急指挥协调机构，缺乏对跨区域气象灾害应急的统一管理、指挥协调，在现有应急管理体制下，一旦发生跨区域气象灾害的复杂局面时，只能组建临时性应急管理指挥机构，应急联动的区域间、部门间职责不清，各应急主体出于各自局部利益的维护，相互之间协调难度大，资源和信息在短时间内难以实现有效的整合，造成应急处置反应速度慢、应变能力差、信息不对称以及相关政府、部门联合行动难以开展，严重影响危机事件处置效果。如 2008 年南方低温雨雪冰冻灾害涉及 21 个省、自治区、直辖市，涉及气象、电力、交通、通信等多个部门，由于涉灾各级政府以及各部门没有统一的指挥协调机构，无法统一指挥调度和协调沟通，没有及时形成有效的应急响应联动，造成重大损失。因此，建立跨区域气象灾害应急联动统一指挥协调机构，加强气象灾害应急管理，构筑系统的跨区域气象灾害应急联动机制是当前所面临的一项紧迫而艰巨的任务。

(二)缺失跨区域气象灾害应急联动预案

应急预案在应急联动中起着重要作用,它明确为应急联动的各个方面预先做出详细安排,是及时、有序和有效的应急救援工作的行动指南。根据《国家突发公共事件总体应急预案》,中国气象局制定完成了《中国气象局气象灾害应急预案》,各级地方政府基于本地区的具体情况制定了应急预案,但这些预案都是针对各自行政区域内的气象灾害应急行动,在处置跨区域气象灾害时,这些应急预案不能有效衔接,使跨区域各应急主体在应急过程中出现职能的交叉、重叠、缺位,影响了跨区域气象灾害应急效果。

(三)跨区域气象灾害应急信息共享难以实现

信息搜集、分析、发布、传递和反馈对于应急联动极为关键,信息的及时性、准确性及对称性对于跨区域气象灾害应急至关重要。跨区域各地方政府和部门的信息系统之间相互独立,信息传递是按行政层级进行的,在跨区域应急中,不同地方政府和部门基于自身利益的考虑,缺乏互通互连和信息资源共享,甚至少数政府、部门通过各种手段对其所获得的信息进行封锁和控制,限制信息交流和沟通,致使气象灾害应急信息不对称、传递不及时、甚至人为封闭,导致无法对气象灾害的发展变化作出科学准确的判断分析,影响应急决策,大大降低了应对跨区域气象灾害的效果,跨区域应急信息共享机制需要建立。

(四)跨区域气象灾害应急资源整合力不足

目前我国的应急资源是按地域和专业进行划分和管辖,分属于不同地区和不同部门。这些地区和部门相互间缺乏必要的沟通机制,导致一个地区或部门缺乏对其他地区和部门的资源储备情况的了解和掌握,在跨区域气象灾害发生时无法及时进行应急资源的协调整合,无法实现应急资源共享和互补,出现重复投入和资源浪费情况,配置效率低下,难以形成高效的应急资源合力。

(五)跨区域气象灾害应急联动法制不健全

我国目前与气象灾害应急管理相关的法律法规主要有《中华人民共和国突发事件应对法》、《中华人民共和国气象法》、《中华人民共和国防洪法》、《中华人民共和国防汛条例》、《气象灾害防御条例》、《气象灾害预警信号发布与传播办法》、《国家突发公共事件总体应急预案》、《国家气象灾害应急预案》等,各省、自治区、直辖市相继制定了《气象法》的实施办法、气象灾害防御方面的地方性条例或地方政府规章、气象灾害应急预案等。

跨区域气象灾害应急联动依赖于跨区域内各政府和部门之间的协同合作,我国现有上述法律法规均未对其进行具体规定,国家层面上还没有专门的跨区域气象灾害应急方面的法律规定。我国《宪法》与《地方政府组织法》没有对地方政府间的合作进行具体的规定,也没有具体处理跨区域气象灾害的法律或法规明确规定地方政府、部门的权限和职责。《气象法》没有明确对气象灾害应急管理问题进行规定,也没有关于平等行政主体之间如何进行应急合作的具体条款,只是在第五章涉及有关气象灾害防御问题。《气象灾害预警信号发布与传播办法》为部门规章,只对气象灾害预警信号的发布与传播进行了具体规定。《突发气象灾害预警信号发布试行办法》虽明确了各类气象灾害的级别及其相应的应对办法，但仅为规范性文件，法律效力不高。《气象灾害防御条例》第 5 条规定："国务院气象主管机构和国务院有关部门应当按照职责分工，共同做好全国气象灾害防御工作。地方各级气象主管机构和县级以上地方人民政府有关部门应当按照职责分工，共同做好本行政区域的气象灾害防御工作。"可见，本条例规定了地方各级气象主管机构和地方人民政府有关部门按照职责分工，共同做好本行政区域的气象灾害防御工作，但对于跨区域气象灾害应急联动缺乏规范。基于《气象灾害防御条例》，多个地方政府都制定了其实施办法，但也缺乏跨区域各地方政府和部门如何进行协同联动的规定。各省（区、市）也没有出台专门的气象应急管理方面的地方性法规、规章，仅在综合性的地方性法规、规章中包含有部分应急管理的内容。跨区域气象灾害应急联动机制的法律、法规的欠缺，使得跨区域气象灾害应急联动缺乏法律保障，导致在跨区域气象灾害应急过程中，各地方政府和部门争权诿责，不利于进行跨区域联动以应对跨区域气象灾害。

五、构建跨区域气象灾害应急管理联动机制

当前我国在跨区域气象灾害应急管理过程中存在的上述问题，对探索跨区域气象灾害应急管理体系提出了迫切要求。对于跨区域气象灾害，各相关地方政府和部门各自为政，孤军奋战，很难有效应对，需要构建高效的跨区域气象灾害应急管理联动机制，以提高应急处置的快速响应能力和相关地区、部门快速联合行动的能力。该联动机制通过有效整合跨区域内各应急主体的力量，发挥各地区优势，实现资源整合与信息共享，及时启动应急响应，密切配合、互相支援、联合行动。主要从以下几方面构建。

（一）建立跨区域气象灾害应急管理联动统一指挥协调机构

气象灾害的发生往往出现多种灾害复合、次生和衍生灾害并发，具有跨行政区域的特征。横向上，由于气象灾害对多个省、自治区、直辖市产生威胁而需要不同区域应急主体展开横向合作；纵向上，主要涉及不同层级部门之间的组织协调问题。当横向、纵向都需要主体之间进行组织协调时，危机治理活动将呈现异常复杂的特征[10]。由于我国的行政区域划分以及部门分割，各级政府及部门的应急管理机构相互独立，各自为政，横向上是分散管理，纵向上是集中管理，由上级集中统一指挥，下级予以配合，缺乏一个统一的、强有力的综合协调机构，往往会出现多头管理，职能交叉，存在缺位、越位、错位，职责不明，势必会出现扯皮、难以协调，造成救灾效率低下。涉及灾害管理的部门众多，各涉灾部门都建有各自独立的信息管理系统，难以做到信息共享，同时各涉灾部门都有各自的救灾资源储备，难以整合，救灾资源重复投入，造成巨大浪费。因此，需要根据灾害发生及影响区域的情况，建立跨区域气象灾害应急联动统一指挥协调机构，协调跨区域各地方政府和部门的工作，将不同政府、部门的应急运作纳入到一个统一的应急指挥调度系统中，实现资源、信息共享和应急响应联动。

跨区域气象灾害应急成败的关键在于是否有一个权威、高效、协调的应急联动统一指挥系统，能够扮演核心决策者和管理者的角色。目前，我国并没有建立常设的跨区域气象灾害应急管理协调机构，一般出现跨区域气象灾害后，各相关政府、部门临时抽调人员，组成临时指挥部进行应对。这种临时指挥部由于临时组成，各成员没有清晰的职责，彼此合作比较困难，难以

及时有效地应对灾害，因此，对跨区域的应急联动统一指挥协调机构建设提出了迫切要求。根据跨区域气象灾害特征、影响范围，打破行政区划管辖边界，以紧密联系的几个省、自治区、直辖市形成的区域为单元，建立常设跨区域应急联动统一指挥协调机构，作为跨区域气象灾害应急管理的最高决策机构，通过法律授予其较大的权力和权威，负责统一指挥统筹协调各地区、各部门的应急管理活动。该机构在处置跨区域气象灾害中具有最高权力，从而能有效动员、指挥、协调、调度各方面资源，实现区域应急信息互通互联，资源互补、快速联动和协同应对。对于建立的常设跨区域应急联动统一指挥协调机构，要从跨区域的实际出发具体规定其协调宗旨、原则、方法及权责范围，同时也要明确规定领导责任制度及相关区域在应对跨区域气象灾害中的职责，对于没有履行职责要相应地追究其法律责任。

跨区域气象灾害应急联动统一指挥协调机构是指挥中枢，它是多个行政管辖地区、多个部门参与跨区域气象灾害联合应急行动的核心，使不同地区、部门高效协调联合行动。负责组织领导和协调，统一指挥跨区域气象灾害应急行动，负责协调优化跨区域的信息和资源，加强各级有关政府和部门之间在灾害应急领域的协调和合作，跨区域各级政府、部门在其指挥下各司其职，通力合作，共同携手应对气象灾害，最大限度地减少灾害所造成的损失和对社会的冲击。

跨区域气象灾害应急涉及预警、指挥、救灾、疏导、排除险情等多方面的工作，需要依靠各相关部门的相互协作共同完成，包括气象、公安、电力、交通运输、农业、卫生、环保等部门。政府的专职应急管理组织和机构是否健全，参与应急管理的部门的管理职责是否到位，是决定对各类应急管理事件管理的效率与效果的关键所在[11]。因此，跨区域气象灾害应急管理联动统一指挥协调机构必须要明确各级地方政府、各部门单位在应对跨区域气象灾害全程中所担负的职责，分工明确，这样才能在其统一指挥下，解决跨区域各地方政府和部门应急管理职能交叉、重复、缺位现象，实现部门紧密联动。

（二）统一编制跨区域气象灾害应急管理联动预案

应急预案是为降低突发事件后果的严重程度，以对危险源的评价和事故预测后果为依据而预先制定的突发事件控制和抢险救灾方案，是突发事件应急救援活动的行动指南。

《突发事件应对法》第 18 条规定，应急预案应当根据本法和其他有关法律、法规的规定，针对突发事件的性质、特点和可能造成的社会危害，具体规定突发事件应急管理工作的组织指挥体系与职责和突发事件的预防与预警机制、处置程序、应急保障措施以及事后恢复与重建措施等内容。应急预案是应对灾害的指导性文件，我国在国家层面上已经编制了国家气象灾害应急预案，一些省、自治区、直辖市也已制定了当地的气象灾害专项应急预案，各级政府和部门都是基于各自领域的基本情况编制应急预案，因此在责任主体、协调主体、信息报告、响应流程、新闻发布等诸多方面存在很大不同之处。面对同一气象灾害，跨区域内的各主体的预案很难做到无缝衔接，出现各说各话的问题。部分区域通过签订合作协议也编制了跨区域应急预案，如泛珠三角内地 9 省（区）编制了气象灾害专项应急预案，但是对于跨区域气象灾害应急联动预案，并非所有的区域都有统一编制，即使编制有统一应急预案的区域，也存在预案执行不到位的问题。针对跨区域气象灾害，应急联动预案应当进行统一编制，明确规定跨区域各个应急主体的应急范围和职责。

统一编制跨区域气象灾害应急联动预案。预案内容的重点应放在现场应急操作处理程序上，特别对应急过程中的协作要明确规定，提高协同性，保障应急的联动进行。在制定跨区域应急联动预案时要注重预案在实际运行中的操作性和针对性，操作性措施要具体。它要求制定者不仅要预见到事发现场的各种可能，而且要针对这些可能拿出实际可行的解决措施，达到预定的目标，包括事发现场救援的延伸[12]。由于跨区域气象灾害影响范围大、链式反应复杂，其应急联动工作涉及众多地方政府及部门，应急联动预案需要从跨区域气象灾害发生的实际情况出发，注重相关地方政府和部门之间的合作与协调，明确跨区域气象灾害应急过程中的指挥协调、信息通报、资源调度等各环节的具体要求以及跨区域相关地方政府和部门的职责、成本的分担和补偿，具体化应急措施和应急行动。

我国气象灾害种类繁多，由于跨区域各地方基础设施的规划与建设具体情况有差异，承灾体面对同等类型、同等强度的气象灾害也会呈现出不同的脆弱度。在编制跨区域气象灾害应急联动预案时，为提高气象灾害应急联动效率，应有选择地根据跨区域主要影响灾害的实际情况确定需要进行跨区域气象灾害应急联动的气象灾害种类范围。

应急联动预案编制的目的是为了提高各跨区域政府及相关部门应急处置气象灾害的能力，最大限度地预防和减少气象灾害造成的损失，详细的预案应详尽规定参与主体的权责、关系和任务，为各主体提供一个尽可能完备的操作手册，在遇到气象灾害时，跨区域多个政府及部门的应急联动能够有案可依、有章可循。有了统一的应急联动预案，跨区域内的各地方政府和部门就能够按照预案步调一致，统一行动。跨区域气象灾害应急联动预案的编制也是一个不断循环完善的过程，要根据气象灾害变化状况等实际情况，进行及时修订。同时还要加强预案的演练，尤其是跨区域、跨部门的综合演练，通过演练可以增强各应急主体之间的协同反应能力和实战能力，也可以检验应急预案的有效性和可操作性，发现应急预案的缺陷，及时对其进行修订，从而不断充实和完善应急预案，提高应急预案的执行效率，更有效地应对跨区域气象灾害。

(三)跨区域气象灾害应急管理联动监测、预警机制

跨区域气象灾害监测、预警主要是利用先进的科学技术，对跨区域气象灾害进行有效的动态监测，分析、评估其危险程度，做出前瞻性预测和判断，并给出应对的对策建议，从而有效地预防气象灾害，将灾害可能造成的损失降低到最低程度。

跨区域气象灾害监测、预警是跨区域气象灾害应急管理联动的前提和基础。跨区域气象灾害监测、预警运行分为三部分：监测，预警分析，预警发布。监测是监测、预警运行的基础。充分运用先进的科学技术建立跨区域气象灾害监测系统，推进气象卫星探测和新一代多普勒天气雷达网建设，建成一个全方位、多层次、立体的气象探测体系，进行气象灾害跨区域、跨部门联合监测，发展定时、定点、定量、全程滚动修正的精细提前预报，提高气象灾害综合监测能力，为防灾减灾提供更加准确的监测信息。通过监测系统对气象灾害实施不间断的、实时的监测，及时搜集和发现气象灾害信息。预警分析，就是监测所收集到的信息由有关部门或者人员进行快速判断、分析、评估，对气象灾害的危害程度、紧急程度和发展趋势做出准确的预测，形成预警信息。预警发布，是通过电视、广播、手机、网络等多种通信系统将预警信息发布出去，警告、提示有关地区政府、部门及广大公众注意并采取正确的应对措施。

气象灾害的监测是气象灾害预警的基础，加强跨区域气象灾害监测是建立预警、应急机制的关键手段。在实际的灾害预警监测中各地方政府和各部门都是各自为政，未能实现主体之间的综合协调，就各机构之间如何配合、协调和联动，彼此之间的义务和责任如何承担与分配

等，目前法律、法规尚未做出明确规定。跨区域气象灾害往往涉及多个地区和部门，监测预警是一项复杂、牵扯面很广泛的工作，单靠一个部门很难有效地完成预警任务，需要建立跨区域联合监测预警机制，不同地区和部门之间进行有效合作，加强部门间的信息沟通和协调，实现信息和资源的共享。

跨区域气象灾害监测就是运用各种科学技术和方法，观察、测定气象灾害活动以及各种诱发因素动态变化的活动。它是预报预警气象灾害的重要依据，主要监测气象灾害发生前的各种前兆现象的变化过程和气象灾害发生后的活动过程。对于跨区域气象灾害而言，监测的重点是最有可能引发跨区域气象灾害的影响因素和最可能出现跨区域气象灾害的领域。

加强气象灾害综合监测能力建设，建立跨区域联合监测机制，完善综合的、现代化的气象灾害监测系统，构建成一个全方位、多层次、立体的跨区域气象监测体系。发展以资料融合与数值预报为基础的客观定量化气象灾害监测预报技术，建立跨区域气象灾害预测预报体系，根据不同种类的气象灾害的特征加强灾害性天气的中短期精细化预报，提高重大气象灾害预报的准确率和时效性。各区域之间划分监测区域，确定监测地点，明确监测项目，建立健全基础信息数据库，实现气象灾害监测信息及时高效的采集、传输、存储、分析处理与共享，形成分工协作、效能统一的天基、空基、地基相结合的区域气象观测网，为气象灾害预报、预警提供可靠的依据。

建立完善跨区域气象灾害预测预报体系，建设分灾种气象灾害预报业务系统，完善可视化、人机交互气象灾害预报预警平台，提高气象灾害预报的准确率和实效性。加强跨区域气象灾害的会商分析，做好气象灾害的中短期精细化预报以及短时临近预报，实现对各种灾害性天气气候事件的实时动态诊断分析、风险分析和预警预测，提高监测预报准确率，尽可能做出精细、准确的定时、定点、定量的预报，为跨区域气象灾害应急联动提供准确的预警信息。加强区域之间的合作，充分利用信息通信技术、空间卫星技术、天气预报技术等科学技术，建立和完善跨区域气象灾害监测、预警业务系统。

气象灾害预警是气象部门根据有关过去和现在的气象数据、情报和资料，运用逻辑推理和科学预测的方法和技术，对气象灾害出现的约束性条件、未来发展趋势和演变规律等做出估计与推断，并发出确切的警示信号或信息，使各地区政府和民众提前了解事态发展的状态，以便及时采取应对策略，防止或消除不利后果的行为。气象灾害预警机制的作用在于实时监测潜在的气象灾害，对即将发生危机和已经发生的危机提出警报和提供相关信息[13]。气象灾害预警是在应急管理过程中直接发生社会影响的重要环节，关系到社会的稳定。预警机制的建立和完善，对于快速、有效地回应跨区域气象灾害，在一定程度上起关键性作用，应建立高效、快速、灵活的跨区域气象灾害预警机制。

完善跨区域气象灾害信息网络，建设信息存取与共享系统，建设各相关区域间气象灾害信息实时快速交换网络和共享平台，实现实时监测资料在各区域之间的及时传输、分发和共享。进而对监测信息进行分析处理，识别真假，做出科学、客观地评估预测，形成预警信息。中国气象局发布的《气象灾害预警信号发布与传播办法》中规定的气象灾害预警信号包括台风、暴雨、暴雪、寒潮、大风、沙尘暴、高温、干旱、雷电、冰雹、霜冻、大雾、霾、道路结冰等。预警信号的级别依据气象灾害可能造成的危害程度、紧急程度和发展态势分为Ⅳ级（一般）、Ⅲ级（较重）、Ⅱ级（严重）、Ⅰ级（特别严重），依次用蓝色、黄色、橙色和红色表示。根据监测的具体情况进行分析判断，确定预警信号的类型及危害级别。预警信息要全面，不仅要有跨区域气象灾害的严重程度、预警级别的内容，而且要有受灾区域的承灾能力、应急资源的分布以及可能造成的次生灾害和衍生灾害等内容。更为重要的是应当包含社会各界在气象灾害面前该如何应对的内容，提出避免和减轻灾害造成损失的防御措施，引起社会各界警觉并及时采取有效措施避免或尽量减少因灾伤亡。做到“以人为本”。同时预警信息要清晰明了、通俗易懂，避免使用太过专业化的术语，使公众能够易于理解预警信息的含义，及时有效地采取防御措施。

建立完备的预警信息发布制度。我国预警信号实行统一发布制度，由气象主管机构所属的气象台站按照发布权限、业务流程发布预警信号，并指明气象灾害预警的区域。充分利用各类现代化媒体、通信工具如广播、电视、手机短信，网络微信等建设气象灾害预警信息发布平台，完善跨区域气象灾害预警信息的发布系统，及时向公众发布气象灾害预警信息。同时需要确保预警信息传递渠道通畅。预警信息要发挥预防减灾的作用，必须将预警信息广泛传播，做到家喻户晓。因此，必须畅通信息传播路径，充分利用报纸、电视、广播、网络等现代通信媒介，通过多种渠道，实现信息的广泛、辐射性传播，及时发布和报告灾害及相关应急信息，充分保障公众的知情权，帮助公众了解真相消除疑虑，在公众和政府之间建立起信任机制。

(四)建立跨区域气象灾害信息的共享机制

决策理论大师西蒙认为，决策是由“情报—设计—选择—审查”四个阶段构成的，情报活动是决策过程的第一个阶段，是收集环境信息、分析和确定影响决策的因素、提供决策依据的阶段，没有情报的支持和科学的分析判断，仅靠个人经验“拍脑袋”做出的决策是很难保证其科学性的[14]。应急管理的决策需要及时、灵活、准确和有效，要做到这几点需要有准确充足的信息。透明的信息公开和充分的信息共享，有助于提高信息资源利用的时效。

气象灾害信息的收集、传递、分析、反馈对于应急处置的判断和决策至关重要，构建高效、完整的信息共享机制是跨区域协调联动的基础和关键所在。对于跨区域气象灾害应急联动而言，所需信息不是集中于某单个主体，而是分散于多个隶属关系不同的参与主体，而且随着灾害的发展演变会出现许多新的情况与信息需要及时分析、发布、传递、反馈，以确保应急决策的及时准确，但是在属地化管理体制下，信息传递是按行政层级进行的，区域内的不同主体分别在规定时间内报告上级政府和主管部门，对于区域内的其他地方主体，由于没有制度化的信息通报任务和要求，无法及时获得充足的、有用和真实的信息，导致信息的横向传递失效，增加甄别判断事件性质的难度，直接影响到决策的效率。因此，有必要建立跨区域信息共享机制，建立起固化的应急信息共享渠道，为准确、规范、快速分析处理应急信息提供保障，实现跨区域、跨部门同步共享，区域应急联动信息互联互通，确保跨区域气象灾害信息的及时发布、准确有效传递、及时反馈，实时互通有无。

面对跨区域气象灾害首先必须对气象灾害的性质、类型、级别进行正确的识别与准确的判定，以便跨区域应急联动协调机构及有关政府、部门能针对性地开展危机预警及时发布与传播，以增强危机应对的有效性。但按现行体制各地方政府和部门都按照各自的职责进行信息的收集、发布、传递，虽然各部门都希望相关信息可以实现共享，但实际往往从各自的利益和立场出发进行灾害信息的传播，根本无法实现信息的共享，再加上拥有信息的每个主体其所拥有的信息可能是不完全、不断变化甚至是相互矛盾的，这将会导致信息的不一致，致使跨区域应急联动协调机构及有关政府、部门对充满变数和不确定因素的气象灾害无法做出及时、正确的判断，以致无法迅速针对灾害提出有效的对策，使应急行动者无所适从，降低灾害应对的有效性。因此,参与信息传播的主体应当统一联动、共享信息,随着其发展变化及时进行信息发布与传递,实时信息交互。

气象应急联动涉及多个部门,包括国防、军事、地质、交通、水利、农业、卫生、环保、航空、体育、林业、安全监管、旅游、地震、海洋等部门,这些部门大都各自建有包括气象灾害在内的自然灾害应急信息网络系统,有些已经开展了部分的信息交流,但由于条块分割,还没有实现信息的共享。为了实现各有关部门能够协同应对气象灾害,应当做好气象灾害信息的及时发布、准确传递和及时反馈。所以,需要建立跨区域集情报收集、传输和分析为一体的应急信息共享机制,在相互合作的基础上共享信息,防止信息的误传,实现信息的互通互联,保障信息发布的准确和迅速,使跨区域气象灾害协调机构、各相关应急主体及公众能够及时了解到最新信息,以便应急协调机构能够准确指挥,各应急主体能够协调联动,公民能够自救和互救。

因此,由于目前我国不同地区、不同部门之间的应急信息平台缺乏统一规划,跨地区、跨部门的应急信息平台仍处于各自为政的松散状态,需要进一步整合各地区、各部门的应急信息平台,建立统一的信息沟通和共享规则,实现信息共享、实时情报交互。

(五)建立跨区域气象灾害应急资源综合协调机制

应急资源的有效保障是应急管理成败的关键因素之一,是跨区域、跨部门应急管理联动过程中开展各项联动活动的根本支撑。应急资源管理包括资源布局问题、资源调度问题、资源评估问题。应急管理中的应急资源布局问题包括应急资源的选址和配置两个部分。建立跨区域应急队伍、物资、装备等应急资源数据库系统,并在此基础上建立应急资源的生产、储备、快速调配机制,实现资源共享,确保发生跨区域气象灾害后应急资源快速到位。

在跨区域应急管理过程中,人力、资金、物资等各种应急资源的合理有效配置,是应急管理的难点,也是跨区域应急联动机制建设的重要保障[15]。目前我国大多数地方实行的是分灾种、分部门的单一灾害应急管理模式,各地方政府及其政府部门都建立了各自的应对气象灾害的物资储备,该物资储备是地域化和部门化的,由不同地区、部门管理,缺乏统一整合和协调机制,当跨区域气象灾害发生时,这些应急资源储备往往较难满足应急联动的调度需求,很难在给定时空条件下动员所需资源并按照一定要求进行整合以实施应对措施,因此,需要建立跨区域气象灾害应急物资综合协调机制,实现区域间资源整合与共享。建立跨区域气象灾害应急物资综合协调机制,提供整合应急资源的平台,对跨区域内各政府和部门的主要应急物资储备,打破行政区划、管理主体界限,统一规划调配使用,实现这些资源的快速调度和应急反应,增强跨区域应急联动的实时性和效率。当面对跨区域重大气象灾害时,相关政府及其部门应当在跨区域气象灾害统一协调机构的综合协调指挥下,互相协调,优势互补,相互配合,互通有无,共享各自储备的应急物资,使其得以充分利用,避免重复浪费,实现资源信息互动和资源调配途径联动,使资源利用效益最大化,提高跨区域气象灾害的应急能力。

具体来说,首先,实现应急资源储备网络化。各地方政府和部门相互之间缺乏对各自的各种物资储备情况的了解,导致发生气象灾害时不能及时调度、相互配合,因此,应建立跨区域应急资源储备网络系统,将各区域、各部门的物资储备情况,纳入到应急物资管理网络中,互通资源储备信息,做到知己知彼,保障跨区域气象灾害发生后,跨区域应急资源的统一调配,实现各方资源的互通有无和优势互补,从而达到资源利用效率的最大化。其次,对跨区域地方政府和部门的应急资源储备进行统一规划。摆脱行政区域划分的限制,完善应急资源储备,制定调运方案、科学布点，科学确定所需要储备应急物资的种类、数量、质量以及储备场所等，做到各有侧重、优势互补、相互配合，使跨区域整体应急资源储备适应应急的需要。再次，完善应急物资的补偿机制，明确合理的补偿范围、标准和方式。《突发事件应对法》规定："有关人民政府及其部门为应对突发事件，可以征用单位和个人的财产……财产被征用或者征用后毁损、灭失的，应当给予补偿。"对如何补偿、由谁补偿、补偿标准等问题，国家层面一直没有建立相应的制度。在跨区域气象灾害应急联动过程中，所需的资源分别来自不同的行政区或不同部门，是一方对另一方的帮助，需要给予合理的补偿，否则，会影响各地方政府、部门资源联动的积极性。因此，在明确双方权利与义务的基础上，确定合理的补偿范围、标准和方式。

（六）加强跨区域气象灾害应急联动法制建设

法制建设是跨区域气象灾害应急联动的重要保障，建立健全跨区域气象灾害应急管理联动的法律法规，引导各地方政府、部门在应急管理过程中的有效联动。我国跨区域气象灾害应急管理联动机制在法律、法规和规章等层面缺乏明确和细化的规定。由此导致在跨区域气象灾害的应急过程中各部门、各单位之间的合作权限不明确，难以形成应急合力。用法律的方式来明确各地区政府和部门的权力和职责，实现统一决策、统一指挥，把跨区域气象灾害应急管理联动纳入法制化的轨道。

我国《宪法》和《地方组织法》一般将跨区域事务归为上级政府和国务院的职权范围。《突发事件应对法》建立的应急管理体制强调地方政府独立应急的能力，对跨区域各地方政府和部门彼此间应急联动问题的具体规定近乎空白。《气象法》同样也没有对跨区域气象灾害应急联动作出明确的规定。《气象灾害防御条例》从国务院行政法规层面规定了气象灾害的预防工作，但《气象灾害防御条例》属于行政法规，在立法层次低，而且侧重于气象灾害的预防，虽然包含了气象灾害的应急处置工作的内容，如规范地方人民政府应当采取的应急措施，规范各有关部门在应急处置中的职责等，但并非很全面规范灾害应急管理问题；虽然对部门联动有所规定但都是原则性的，尤其欠缺跨区域应急联动方面的具体规定，如跨区域气象灾害如何实现统一指挥、协调联动，提高快速反应能力；如何保证气象灾害信息及时发布、准确传递等问题。由此导致在跨区域气象灾害应急管理过程中，各区域、各部门的权限不明确，难以形成合力，缺乏必要的信息与资源的互动与共享。因此需要加强跨区域气象灾害应急联动法制建设，对于跨区域、跨部门应急管理进行明确的、实质性的、具体的、具有可操作的法律、法规和规章的规定。

显然，现有法律体系并没有明确授权地方政府进行跨区域应急联动，构建跨区域气象灾害应急联动机制没有明确的法律保障。鉴于跨区域气象灾害的频发，应完善现有法律体系，加强跨区域气象灾害应急联动法制建设，明确规定跨区域气象灾害应急联动统一指挥协调机构及各相关应急主体在跨区域应急过程中的权责划分、责任追究以及应急信息与资源的共享机制等内容。强有力的法律制度保障，是跨区域气象灾害应急联动机制有效运行的前提。首先，根据气候变化背景下跨区域气象灾害的特点，制定一部气象灾害跨区域应急联动的法律，对跨区域气象灾害应急联动的各个环节进行具体规定，跨区域气象灾害应急联动机制以法律的形式固定下来，实现各级政府及部门联防协作、信息和资源共享，使有限资源发挥最大的效益，使气象灾害造成的损失减小到最低限度。其次，加强地方性立法，推进相关法规及其规章制度建设，各地方政府充分考虑本地区的气候特征以及可能发生的气象灾害类型，优化整合各类应急资源，因地制宜地制定操作性强的规范跨区域气象灾害应急联动的地方法规及规章制度。通过加强国家和地方立法，使跨区域气象灾害应急联动的整个过程都有法可依，在法律的保障下有效地进行，实现跨区域气象灾害应急联动的制度化和法律化。通过立法活动，规定跨区域气象灾害应急联动体系的机构设置、权力与责任，规定跨区域应急预案的编制与演练、应急信息共享、应急资源统一分配与调拨等，确保跨区域气象灾害应急联动的主体、内容和程序合法，从而保证对跨区域气象灾害进行有条不紊地高效应急管理。

参考文献

[1] 黄荣辉，张庆云，阮水根，等. 我国气象灾害的预测预警与科学防灾减灾对策，北京：气象出版社，2005：3-22.

[2] 郭进修，李泽椿. 我国气象灾害的分类与防灾减灾对策. 灾害学，2005，**20**(4)：106-110.

[3] 宋连春，袁佳双. 面向适应气候变化的灾害风险管理与行动. 应对气候变化报告(2011). 北京：社会科学文献出版社，2011：215.

[4] Uriel R，Charles M T. Coping with Crises：The Management of Disasters，Riots and Terrorism. SPringfield：Charles C. Thomas，1989：4-5.

[5] 计雷，池宏，等. 突发事件应急管理. 北京：高等教育出版社，2006：48.

[6] 罗伯特 · 希斯. 危机管理. 北京：中信出版社，2001：31-33.

[7] 刘引鸽. 气象气候灾害与对策. 北京：中国环境科学出版社，2005：13.

[8] 黄健荣. 公共管理学. 北京：社会科学文献出版社，2008：378-379.

[9] 钟开斌. “一案三制”：中国应急管理体系建设的基本框架. 南京社会科学，2009，**11**：77-83.

[10] CHISHOLM D. *Coordination without Hierarchy*：*Informal Structures in Multiorganizational Systems*. Berkley：University of California，1989.

[11] 夏保成. 西方应急管理概论. 北京：化学工业出版社，2006：39.

[12] 任生德，等. 危机处理手册. 北京：新世界出版社，2003：178-196.

[13] 赵杰. 浅谈气象灾害预警. 中国减灾，2004，**10**：76.

[14] 西蒙. 管理决策新科学. 北京：中国社会科学出版社，1982：118.

[15] 刘雅静. 跨区域公共危机应急联动机制研究. 中共珠海市委党校珠海市行政学院学报，2010，**6**：46-51.

亚非拉国家应对气候变化立法与政策研究①

陈海嵩

（中南大学法学院，长沙　410083）

摘　要：在目前气候变化国际谈判陷入僵局、《京都议定书》实施困难重重的情况下，各国的国内立法及政策已经成为应对气候变化的主要途径。近年来，亚非拉国家在积极参与气候变化国际谈判的同时，也制定了应对气候变化的国内立法、政策和行动计划，在气候变化立法与政策上取得了较大进展，形成了多种模式。从整体上看，以亚非拉国家为代表的发展中国家应对气候变化立法毫不逊色于发达国家，已经成为推动气候变化立法发展的主要力量，值得我国加以充分借鉴与参考。

关键词：气候变化立法；气候变化政策；亚非拉国家；发展中国家

亚非拉国家，是指亚洲、非洲和拉丁美洲的广大发展中国家。在气候变化国际谈判中，发达国家和发展中国家具有较大的分歧，形成了各自的利益集团。根据《气候变化框架公约》及《京都议定书》所规定的"共同但有区别的责任"原则，发达国家和发展中国家要承担不同的责任与义务，共同应对气候变化的挑战。目前，《气候变化框架公约》的履行情况并不理想，多次国际谈判迟迟不能达成新的减排协议，这就彰显出各国制定相关国内法以应对气候变化的重要性[1]。可以说，在目前气候变化国际谈判陷入僵局、《京都议定书》实施前景黯淡的情况下②，各国的国内立法已经成为应对气候变化的主要途径，必须加以充分重视。

在气候变化的语境中，发达国家和发展中国家的区分主要依据《气候变化框架公约》和《京都议定书》的附件。《气候变化框架公约》附件一和《京都议定书》的附件 B 所列入国家（共计 37 个国家）属于发达国家，应承担强制性减排义务；发展中国家则为非附件一和附件 B 所列国家，不承担量化减排义务。纵观国内的相关研究，针对欧盟、美国、英国、日本等发达国家气候变化立法的研究较为充分，但对以亚非拉国家为代表的发展中国家气候变化立法的研究相对较为缺乏，这既不利于全面了解世界范围内气候变化立法的整体情况，也无法对我国应对气候变化的法律与政策提供全面的借鉴与参考。本文即对亚非拉国家气候变化立法进行全面的研究和分析。

一、亚洲国家气候变化立法分析

亚洲国家在应对气候变化上具有较为积极的态度，在气候变化立法上也积累了较为丰富

---

①　作者简介：陈海嵩（1982—），法学博士，中南大学法学院副教授，博士生导师，主要从事环境资源法研究。本文由南京信息工程大学气候变化与公共政策研究院资助。

②　《京都议定书》第一承诺期至 2012 年底，但国际社会迟迟未能达成新的协议，尤其是 2009 年哥本哈根大会上只达成了不具法律约束力的《哥本哈根协议》，充分暴露出气候变化国际谈判的僵局与困境。2012 年多哈会议在最后时刻决定实施《京都议定书》第二承诺期（2013—2020 年），但发达国家与发展中国家之间仍然存在较大分歧，《京都议定书》的执行面临较大的阻力，2020 年后新的气候变化国际协议前景不明。

的经验。总体上看,目前亚洲国家应对气候变化立法主要有如下三种模式:专门性立法模式、政策性立法模式、分散性立法模式。

(一)气候变化专门性立法模式

气候变化的专门性立法模式,是指针对气候变化问题制定专门立法,但实质性内容较为简略,通过持续性地颁布相关立法予以补充、修订。在发达国家中,美国和澳大利亚为该立法模式的代表。从立法过程角度看,美国应对气候变化的代表性法律文件为《2009 年美国清洁能源与安全法》和《2010 年美国能源法(草案)》①,澳大利亚应对气候变化的代表立法则为《2011 年清洁能源法案》(2012 年 7 月 1 日生效),其立法目的即在于根据国家利益,有效支持澳大利亚应对气候变化的政府行动,同时履行相关国际义务。在发展中国家中,韩国是气候变化专门立法的代表。

作为战后新兴经济体的代表,韩国一直面临着较大的资源、环境与人口压力。2008 年,李明博总统明确将"绿色经济"作为"国家发展首要课题";2009 年,韩国政府公布了《绿色增长的五年计划》。韩国在气候变化问题上态度积极,其减排承诺为:到 2020 年,温室气体比 2005 年减排 30%。2010 年,韩国颁布《低碳绿色增长基本法》,将气候变化、低碳社会、绿色经济三个范畴实现统一立法,具有综合性的特色,《低碳绿色增长基本法》即为韩国应对气候变化的代表性立法[3]。2013 年 3 月,韩国对《低碳绿色增长基本法》进行了修订。为了执行、细化《低碳绿色增长基本法》的规定,韩国官方还制定了相关总统命令和 2012 年《温室气体排放权分配与交易法》。

(1)《低碳绿色增长基本法》在气候变化领域的主要内容。2013 年修订后的《低碳绿色增长基本法》共有 7 章,计 64 条。气候变化相关内容主要在第 5 章"低碳社会的实现"中,具体包括:1)应对气候变化的基本原则[4]。包括充分认识气候变化的严重性并进行有效的官民合作;建立减少温室气体排放的国家中长期目标;发展并利用新技术与综合性技术;通过界定相关权利义务,运用市场机制实现温室气体的自愿减排;保护人民和国家免受气候变化带来的灾难和损失。2)应对气候变化的基本计划[5]。政府应制定并执行应对气候变化的"五年基本计划";政府应向"绿色增长委员会"提交该计划,并由国家理事会进行审议;气候变化基本计划应具备 10 个领域的内容,包括国内外气候变化趋势的分析与展望、温室气体减排的中长期目标、每个领域减排的分阶段措施、气候变化国际合作的相关事宜、中央与地方政府的合作、应对气候变化的科学研究与公众教育等。3)应对气候变化的措施。主要包括温室气体总量控制与交易制度、温室气体排放量报告制度、温室气体信息的综合化管理、航运业温室气体管理、气候变化的影响评价制度与适应性对策等[6]。4)具体领域应对气候变化的管理措施。主要包括水资源管理与交通业领域,即建立应对气候变化的水资源管理措施(第 52 条);建立低碳交通系统(第 53 条)。

(2)气候变化相关立法。为了有效执行《低碳绿色增长基本法》,韩国制定了一些相关法律,主要有:1)相关总统法令。《低碳绿色增长基本法》授权总统法令可以对相关内容予以具体化。目前已经有两个相关总统法令,分别在 2010 年 10 月(第 22449 号总统法令)和 2011 年 6 月(第 22977 号总统法令)颁布,主要对温室气体信息综合化管理制度进行了细化,同时规定环

---

① 两个法案均未生效,具体情况见参考文献[2]

境部长应在咨询政府首脑意见后，每 5 年制定并执行适应气候变化的措施。2)《温室气体排放权分配与交易法》。2010 年 11 月，韩国官方即公布了该法草案，对《低碳绿色增长基本法》中温室气体交易的规定进行了细化，并与 2012 年 5 月在国会高票通过。《温室气体排放权分配与交易法》以欧盟碳排放交易体系（EU ETS）为蓝本，对韩国的碳排放交易体系进行了规定，提出到 2015 年开始第一阶段的碳排放交易；2015—2020 年，95％以上的碳排放权将通过免费的方式进行发放；企业的多余部分必须从市场上进行购买，政府保证排放权交易价格在合理范围内。

（二）气候变化的政策性立法模式

气候变化的政策性立法模式，是指在气候变化领域制定框架性立法，对国家目标、基本原则、政策制定、机构设置、资金分配等问题进行原则性的规定，不涉及实质性的减缓与适应措施。在发达国家中，日本为该立法模式的代表，其《地球温暖化对策推进法》主要是政策的宣示[3]。在发展中国家中，菲律宾、印度尼西亚是气候变化政策性立法的代表。

1. 菲律宾的气候变化立法

菲律宾是较早重视气候变化的国家之一，1991 年就在环境部下建立了气候变化部门间委员会（IACCC）。2009 年 10 月，菲律宾颁布了《气候变化法》，共计 26 条。从整体上看，该法主要是原则性的，没有涉及应对气候变化的实质性减缓和适应措施，属于典型的政策性立法[3]。为了执行《气候变化法》，其气候变化委员会在 2010 年 4 月制定了《气候变化国家框架战略》，2011 年 11 月，公布了《气候变化国家行动计划》。菲律宾气候变化立法的主要内容包括：

(1)宣示国家应对气候变化的目标[7]，即充分保护人民享有的健康与生态权利；基于风险预防原则和“共同但有区别的责任”原则，有效保护气候系统；有效预防并减轻气候变化的不利影响，同时实现相关效益的最大化；确保国家和地方的政策、项目、计划在完全考虑环境因素与可持续要求的基础上制定。

(2)应对气候变化的机构设置。《气候变化法》专门设立了气候变化委员会作为菲律宾应对气候变化的核心机构，制定、监督、协调有关气候变化的政策和计划，同时也负责相关国际事务。该委员会设立在总统办公室下，是一个独立的高层次机构，成员由各部部长组成。委员会定期举行会议（至少 3 个月一次），由技术委员会和办公室予以协助；委员会每年 3 月底前应向总统提交法律执行情况的年度报告[8]。

(3)《气候变化国家框架战略》。《气候变化法》明确规定，气候变化委员会应在本法生效 6 个月内，制定《气候变化国家框架战略》。该战略应每 3 年进行审查，或者在需要时随时进行。

(4)中央与地方应对气候变化的行动计划。《气候变化法》明确要求，气候变化委员会须在本法生效 1 年内，制定《气候变化国家行动计划》；地方政府应根据《地方政府法》和《气候变化国家行动计划》，制定各自的《气候变化地方行动计划》。《气候变化法》还对行动计划所包含的内容进行了列举。

(5)气候变化资金。《气候变化法》规定，所有相关政府部门及地方政府都必须在年度预算中进行足额的拨款，用于气候变化计划与项目的制定、发展与执行，同时包括相关培训、能力建设的费用。

2. 印度尼西亚的气候变化立法

作为世界上最大的群岛国家，印度尼西亚(以下简称“印尼”)受气候变化的影响较大，应对气候变化的态度较为积极。2009 年 9 月，印尼总统苏西洛在 G20 匹兹堡峰会前宣布了其自愿性减排目标，即到 2020 年，自主性的减排目标为 26%，在国际帮助下的减排目标是 41%。在气候变化立法上，可追溯到 2007 年印尼颁布的《2005—2025 年国家长期发展计划》，其中第六大使命“实现和谐与可持续的印尼”即包含了应对气候变化的内容。2011 年 9 月，印尼公布了《减少温室气体排放的国家行动计划》(2011 年第 61 号总统法令)，其主要目的在于为印尼的减排行动提供基础性的法律框架[9]，应归类为政策性立法。纵观《减少温室气体排放的国家行动计划》(以下简称《行动计划》)，主要内容包括如下几个方面：

(1)宣示国家行动计划的目标。主要有两点：①在中央与地方两个层次上，对与温室气体减排相关的领域、活动进行界定，包括 5 个主要领域：森林与湿地、农业、能源与运输业、工业、废弃物管理；②在中央和地方两个层次上，对与温室气体减排相关的投资提供政策指引。

(2)相关机构与职责[10]。主要有四点：①经济部负责协调并监督各部门执行《行动计划》的情况，接受国家发展计划部提交的执行报告，随时或每年向总统报告《行动计划》的综合性执行情况；②国家发展计划部在《行动计划》公布 3 个月内，制定相关的行动指引报告；促进《行动计划》的实施。为了实现其职责，国家发展计划部应建立一个由各层次官员、专家、地方代表及利益相关者组成的工作组；③内政部同国家发展计划部、环境部一起，共同推进《行动计划》；④环境部应建立温室气体排放清单并进行持续性的监测与评估，每年提交相关报告给人民福利部门的联系部长，对各级政府及相关者提供温室气体排放清单的指引。

(3)地方政府职责。《行动计划》明确规定，各地方政府应在 1 年内，根据《行动计划》和当地发展的优先领域，制定《温室气体减排的地方行动计划》(RAD-GRK)。各个地方的《行动计划》要包含各个区域和各个层级(省、大区、城市)的温室气体减排计划。

(三)气候变化的分散性立法模式

气候变化的分散性立法模式，是指不针对气候变化进行特别立法，而是以应对气候变化的国家战略计划或行动计划为指引，在气候变化相关领域(能源利用、森林管理、电力、财政税收等)进行立法活动。在发达国家中，欧盟及主要成员国是气候变化分散立法的代表，以 2009 年《气候与能源一揽子计划》为指导依据，在节约能源、促进可再生能源、排放权交易、环境保护等领域进行了系列立法或修订[11]。在发展中国家中，孟加拉国是气候变化分散立法的代表。

孟加拉国是对气候变化影响最为脆弱的国家之一，也是最不发达的国家之一，因气候变化产生的自然灾害已经对孟加拉国国民造成严重威胁。孟加拉国应对气候变化的主要政策文件是 2005 年《国家适应行动计划》(NAPA)和 2009 年《孟加拉国应对气候变化战略与行动计划》(BCCSAP)。在其指引下，孟加拉国应对气候变化的相关立法主要有：

(1)2009 年《气候变化信托基金法》。该法是根据《孟加拉国应对气候变化战略与行动计划》(BCCSAP)的要求而制定，内容是建立气候变化适应性措施所需的基金。气候变化信托基金由孟加拉国政府提供资金保障，在 2009—2011 年间，每年有 1 亿美元。预算资金的 66%用于 BCCSAP 所明确的优先项目，其余 34%是紧急情况下的储备资金，利息也用于相关项目的实施。在财政制度上，该基金较为灵活，每个财政年度的预算并不需要全部花光，而是可以根据实际情况进行储备。

(2)2012年《可持续与可再生能源发展机构法案》。该法主要目的在于建立专门机构,促进孟加拉国可再生能源的开发与利用,减缓气候变化的影响。根据该法所建立的可再生能源发展机构,取代了孟加拉国原有的能源机构,由5个全职成员和其他兼职成员组成,独立行使可再生能源发展、能源效率与能源节约方面的职权。

二、非洲国家气候变化政策分析

非洲是受气候变化影响较大的地区。从整体上看,非洲是世界上人均排放温室气体量最少的地区,但在承受气候变化不利影响上却"首当其冲",涉及农业、水资源、生物多样性、海岸系统、经济与社会发展等各个方面[12]。为促使发达国家履行温室气体减排义务、争取资金和技术援助,非洲各国在气候变化国际谈判中表现较为积极,基本上都签署并批准了《气候变化框架公约》及《京都议定书》。考虑到以《气候变化框架公约》为代表的国际环境法属于"国际软法",对成员国缺乏直接约束力[1,13],非洲国家作为最大的发展中国家群体,不承担减少温室气体排放的"实质义务",只需按照自愿原则提交国家信息通报及进展报告即可。从总体上看,由于非洲国家排放温室气体比例最低,其提交国家报告的意义不大,不构成对其是否"遵约"的实质性判断标准,因此非洲各国更倾向于进行区域合作以加强在气候变化国际谈判中的话语权。2009年5月,在哥本哈根气候大会召开之前,非洲各国即展开环境问题的部长级特别会议,通过了《非洲应对气候变化的内罗毕宣言》,表明非洲在气候变化问题上达成广泛共识。

从总体上看,非洲各国主要通过制定相应国内政策的方式应对气候变化,可分为两种基本类型:"专门政策型",即制定专门性、全面性的国家政策以应对气候变化;"相关政策型",即发布较为宽泛的纲领性、宣示性政策文件,但应对气候变化的具体措施集中在其他相关国家政策或立法中。

(一)应对气候变化的专门性国家政策

在非洲国家中,肯尼亚、尼日利亚、南非、加蓬等国在应对气候变化上较为积极,分别制定了专门的应对气候变化国家政策或行动方案,对其予以全面规范并加以具体落实。

1. 肯尼亚应对气候变化的国家政策

肯尼亚是非洲地区应对气候变化、践行环境保护较为突出的国家,联合国环境规划署的总部即设在该国首部内罗毕。1992年,肯尼亚作为第一批成员国签署了《联合国气候变化框架公约》,并在1994年11月批准生效。2005年2月,肯尼亚政府批准了《京都议定书》。近年来,肯尼亚政府加大了应对气候变化的政策制定与实施力度,出台的代表性文件主要有:

(1)2010年《应对气候变化的国家战略》(NCCRS)。2010年4月,肯尼亚政府发布《应对气候变化的国家战略》,这是第一个完全针对气候变化而制定的专门性国家政策文件,其首要目标在于"确保减缓和适应气候变化的措施能够和政府所有的计划、预算和发展目标一体化"[14]。为实现这一目标,该政策文件提出了减缓与适应气候变化、碳交易、绿色能源发展等一系列具体措施,并要求在今后的政府行为中得到落实。从实践中看,肯尼亚政府部门在制定政策过程中,已经非常重视与应对气候变化的要求相一致。例如,2011年,肯尼亚政府通过了

《食品与营养安全国家政策》,确认了气候变化对食品和营养安全的直接影响,并提出了一系列措施以进行风险管理和适应气候变化,尤其强调能够快速应对灾难性气候,包括干旱预防机制、减缓影响措施、灌溉工具、干旱应急基金等。

(2)2013 年《应对气候变化国家行动计划(2013—2017 年)》(NCCAP)。2012 年 11 月,肯尼亚政府通过了《应对气候变化国家行动计划(2013—2017 年)》;2013 年 2 月,肯尼亚议会正式批准生效。在先前《国家战略》的基础上,《行动计划》进一步明确了肯尼亚应对气候变化的国家目标、基本结构及制度措施,同时具有强制执行的效力,构成了肯尼亚应对气候变化的高层次政策文件及行动方案。

《应对气候变化国家行动计划(2013—2017)》由下列九个主要部分组成[15]:①低碳的弹性发展;②形成政策与监管框架;③适应气候变化;④减缓气候变化;⑤技术措施的国家行动计划;⑥国家绩效与获益措施;⑦知识管理与能力发展;⑧资金;⑨合作与管理。上述部分的基本结构如图 1 所示:

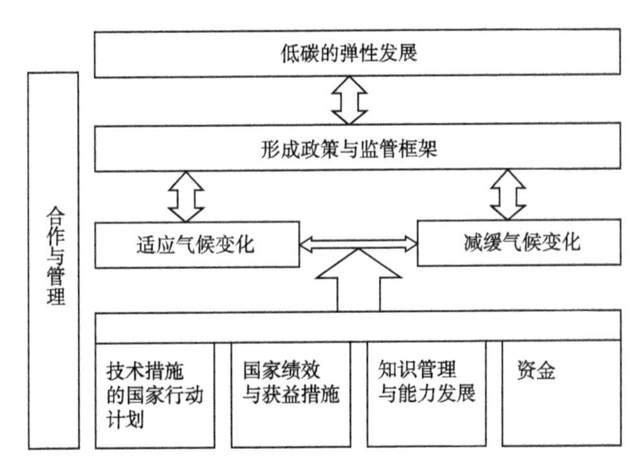

图 1 肯尼亚《应对气候变化国家行动计划(2013—2017 年)》结构图

(3)2012 年《应对气候变化机构法案》(未生效)。除了制定专门性国家政策以应对气候变化外,肯尼亚还试图通过正式立法的方式,确立并强化应对气候变化机构的职责。2012 年 6 月,《应对气候变化机构法案》在肯尼亚国民大会上得以通过;2012 年 12 月,肯尼亚议会审议通过该法案,这使它有望成为非洲国家中第一部气候变化立法。然而,2013 年 1 月,时任肯尼亚总统齐贝吉以缺乏必要的公众参与、违反 2010 年肯尼亚《宪法》为由,拒绝签署该法案,将其退回议会进行重新审议,导致其进展滞缓。

根据《应对气候变化机构法案》,肯尼亚应对气候变化机构的主要职责[16]在于:①在地方、区域和国际层面上协调气候议题的谈判;②批准和管理公共及私营部门能源和碳排放的注册登记;③在适应和缓解气候变化方面给政府提供法律和其他方面措施的建议;④记录温室气体排放情况和确定减排目标;⑤协调相关的研究活动和气候领域政府与非政府机构之间的活动;⑥规划、协调并出版气候变化计划,这些计划涉及对气候变化的适应、减缓、研究开发以及相关教育事项。另外,根据该法案,肯尼亚将建立一个气候变化信托基金,为气候变化专门机构制定的各种项目和方案提供资金支持。

2. 尼日利亚应对气候变化的国家政策

尼日利亚是非洲地区应对气候变化较为积极的国家。1992 年，尼日利亚成为第一批签署《联合国气候变化框架公约》的国家，并于 1994 年 11 月批准生效。2003 年，尼日利亚首次向公约理事会提交应对气候变化国家报告，并开始注重在国家政策中体现气候变化的要求。在《尼日利亚国家远景发展规划(2020 年展望)》中，政府已经明确认识到气候变化对经济繁荣及未来发展构成的威胁[17]。在组织机构上，尼日利亚环境部成立了气候变化专门工作组，以促进应对气候变化的政策协调与国际合作力度。例如，2013 年，该部门与德国和其他九个西非国家(贝宁、布基纳法索、科特迪瓦、加纳、冈比亚、马里、尼日尔、塞内加尔和多哥)签署了气候变化的合作协议。

近年来，尼日利亚开始推动应对气候变化专门性国家立法和政策的制定。在立法上，2010 年，国会通过了设立气候变化国家委员会的议案，但被总统否决。2011 年成立的新一届国会再次提出该法案并在下议院得到通过，尚待上议院审议。在国家政策上，2012 年 9 月，官方批准了《国家气候变化政策和应对战略》(NCCP-RS)，旨在为尼日利亚提供一个应对气候变化的政策框架。2013 年 10 月，尼日利亚联邦行政委员会通过《应对气候变化的国家政策》，对具体政策领域进行了规定，同时具有强制执行的效力。上述《应对战略》和《国家政策》共同构成了尼日利亚应对气候变化的专门性国家政策与行动方案。

根据《国家气候变化政策和应对战略》，尼日利亚应对气候变化国家政策的主要目标[18]在于：①实施减缓气候变化的措施，实现低碳和可持续的经济增长；②加强国家适应气候变化的能力；③提高与气候变化相关的科学、技术及研发水平，能更好地参与气候变化科学与技术的国际合作；④实质性地提升公众意识，提高私人部门的参与以应对气候变化挑战；⑤加强国家机构与机制建设(包括政策、法律与经济)，以建立合适的和功能性的气候治理框架。

为实现上述宏观目标，《应对气候变化的国家政策》在各个领域设立了一系列具体的政策目标[19]，主要包括：①能源领域：推动多元化的能源结构，持续提高清洁可再生能源和其他来源的比例；加强所有部门的能源效率；加强私营部门参与清洁能源的生产和使用；采取持续性的措施，逐步减少传统石油资源的使用。②农业领域：加强农业的综合性干预计划，降低该部门对气候变化的脆弱性，提高生产能力以加强粮食安全并减少贫困；检讨现有的农业政策、法律和法规的实施，使其能够适应气候变化对谷物生产、渔业和畜牧业的挑战；检讨和加强气候信息系统，对农民提供气象的早期预警；保持对农业金融和保险业的支持；加强供应商对农民提供培训的能力，包括使用天气和气候数据的能力；扩大国家粮食存储容量。③水资源领域：使用监管和财政措施来管理水资源供应；审查现有的水资源供应与废水排放的机制、法律与监管框架；进行项目投资提高基础设施容量，减少运输和存储过程中的损失；利用可替代的水源，例如进行海水脱盐技术；进行流域管理的国际合作，协调上游和下游的不同利益群体；划定和保护水源涵养区；保持水文监测网络和洪水预警系统的进步。④沿海地区：积极支持几内亚湾海岸带综合管理(ICZM)的实施，并将其扩充到整个尼日利亚海岸地区；制定沿海地区应对洪水、暴雨及紧急性气候情况的计划；检查并提升海堤坝；修复沿海地带退化的地区等。⑤林业与土地利用：通过造林、再造林和防止毁林增加森林覆盖率和森林碳汇的密度；采用财政和监管措施，以减少木材的使用，特别是在建筑和木炭生产中；确保森林资源可持续利用，促进当地社区生活质量的提高；促进可持续林业，使尼日利亚最大限度地从联合国推行的“减少森林砍伐和退化导致的温室气体排放”(REDD+)项目中实现潜在利益。⑥运输业:促进高效、低排放的运输;加强在主要城市采用快速公交(BRT)的交通运输体系;通过城市与区域规划优化基础设施的位置;提供财政和监管激励措施,使航空运输更安全、方便。除此之外,《应对气候变化的国家政策》还在卫生、人口和人居环境、信息和通信技术、文化、旅游等领域提出了一系列指导方针,足以作为全面性的尼日利亚应对气候变化的国家政策文件。

3. 南非应对气候变化的国家政策

作为气候变化国际谈判的“基础四国”①之一,南非在应对气候变化上态度较为积极。在国内政策上,2004 年南非制定了《国家气候变化应对策略》,首次提出应采取行动以应对气候变化。2006 年,南非内阁委托专家组进行“南非减缓气候变化长期方案”(LTMS)的研究,目的在于通过合理的科学分析为政策制定提供基础。2008 年,南非政府批准了 LTMS 项目报告,并提出《气候政策的远期远景、战略导向与政策框架》,这一政策正是基于 LTMS 项目成果而制定,其建立的应对气候变化一般性目标[20]包括:至少在 2020—2025 年间遏制温室气体排放量的增长;引进碳税;降低可再生能源关税;建立碳捕获与存储系统;确定并执行能源效率和运输的强制性目标。

2011 年 10 月,南非内阁通过《国家气候变化应对政策》(NCCRP),这是南非目前在应对气候变化上的专门性、全面性国家政策文件与行动方案,同时也是南非应对气候变化的国家白皮书。根据该白皮书,南非应对气候变化的远景是“长期地有效应对气候变化,过渡到一个适应气候变化的低碳经济与社会”,这又包括两个具体目标[21]:确保南非在社会、经济和环境上能够有效适应气候变化并应对紧急情况;为全世界减少温室气体排放的努力做出公平的贡献,达成经济、社会与环境的可持续发展。为实现上述目标,白皮书设定了三个主要阶段:短期(从政策公布后的 5 年),中期(政策公布后的 20 年),长期(到 2050 年)。为确保政策的实施以达到预期目标,白皮书必须每隔 5 年进行一次评估。

在结构上,《国家气候变化应对政策》主要从适应和减缓两个方面对应对气候变化的具体措施加以规定:①在适应气候变化方面,白皮书明确了各部门在短期和长期的优先行动领域。在短期,需要特别关注的领域包括:水资源、农业、卫生、生物多样性、森林、居住环境等;在长期,加强对极端天气的适应能力、优化自然灾害风险管理是需要特别加强的领域。②在减缓气候变化方面,白皮书提出,一方面,南非应在控制温室气体排放上做出自己的贡献,成为一个负责任的国家;另一方面,南非也面临着经济发展的需要和压力,也有必要获得一定的排放空间。因此,南非的总体排放战略是“提高—平稳—下降”,2020—2050 年温室气体排放量停止增加而达到峰值,经过 10 年左右的平稳期,最终实现下降。为此,企业须执行“碳预算”制度,在 2 年内制定出各自的减排方案和具体项目,由政府进行评估和检查。政府部门也必须对其职权范围内的法律、政策、规划等进行评估和审核,以符合白皮书的要求。

4. 加蓬应对气候变化的国家政策

加蓬是撒哈拉以南非洲(Sub-Saharan Africa)②中较为发达的国家之一,具有丰富的自然

① 基础四国(BASIC countries)是由中国、印度、巴西和南非四个主要发展中国家组成的气候谈判集团,对当前的国际气候格局意义重大,对国际气候新机制的构建具有深远影响。参见:高小升. 试论基础四国在后哥本哈根气候谈判中的立场和作用. 当代亚太,2011(2):87-107.

② “撒哈拉以南非洲”指撒哈拉沙漠以南的非洲地区,同沙漠以北的“北部非洲”及阿拉伯地区有较大差异。

资源，85%的国土面积被热带雨林覆盖。由于加蓬1.5亿人口中有75%都生活在沿海地区，石油生产的主要中心也在平均海拔只有4 m的让蒂尔港沿岸，气候变化及带来的海平面上升、海岸侵蚀、极端天气对加蓬经济社会发展具有直接影响。近年来，加蓬政府愈加重视应对气候变化工作。2010年，加蓬成立了气候变化的国家理事会及气候变化交流委员会。气候变化国家理事会直接由总统领导，其负责气候变化国家计划的管理。同时，气候变化国家计划被要求纳入由国家可持续发展委员会制定的更高层面的发展战略，成为国家发展的基本战略目标。

2012年，加蓬政府制定了《气候变化国家行动计划》，简称为"气候计划"(plan climat)。该计划对行政部门具有强制执行的效力，它包含两大基本宗旨：确保加蓬能够在全国各地实现对温室气体排放的控制，并减少气候风险；确保实现环境保护与经济可持续发展的协调。计划提出的具体政策目标[14]是：①建立一个独立的气候变化基金；②到2015年，减少60%的石油生产废弃物；③每年为所有新建项目和私人企业提供碳预算；④每两年提供国家的碳预算；⑤到2020年，清洁能源比例达到80%。此外，该计划强调国土空间规划的改进，以精确地界定哪些地区将被发展为农业、矿业、基础设施以及保护区域，重点放在降低海岸侵蚀的脆弱性和减少森林砍伐，为加蓬应对气候变化提供了一个较为全面的国家层面行动计划。

(二)应对气候变化的相关性国家政策

相较于上述肯尼亚、尼日利亚等国，其他一些非洲国家尽管应对气候变化的态度也较为积极，但尚未制定专门性、全面性的气候变化国家政策与行动方案，而是发布较为宽泛的纲领性、宣示性政策文件，同时在其他国家政策或立法中体现气候变化的相关内容。主要代表性国家有坦桑尼亚、加纳、莫桑比克、摩洛哥等。

1. 坦桑尼亚应对气候变化的相关政策

坦桑尼亚在气候变化国际谈判、参与全球气候治理中态度较为积极，1992年首批签署了《联合国气候变化框架公约》，2002年批准了《京都议定书》。在国内措施上，坦桑尼亚的态度是"应对气候变化与经济、社会发展目标相平行[14]"。在该指导方针下，尽管坦桑尼亚在2012年制定了《2012年国家气候变化战略》，对适应气候变化的各个领域和减缓气候变化的主要要求进行了宣示，但缺乏具体的政策目标和行动方案，尚不能视为是应对气候变化的专门性、全面性国家政策。在2013年3月和2014年6月，在联合国开发计划署的帮助和推动下，针对坦桑尼亚本土和桑给巴尔岛(Zanzibar Archipelago)，通过开展"在发展计划中将环境与气候变化相融合"项目和"桑给巴尔气候变化治理"项目，制定了新版的《国家气候变化战略》，但也是纲领性政策文件，在效力层级上也较低。

从总体上看，除上述纲领性文献外，目前坦桑尼亚应对气候变化的具体政策措施，还广泛存在于相关的国家政策中，主要有：①国家综合性发展计划。根据坦桑尼亚"长期发展展望计划"(LTPP)[22]，坦桑尼亚的目标是实现"中等收入国家"。根据2012年通过的五年计划，气候变化及其风险对工业发展和GDP增长具有直接联系，应建立一个广泛的融资机制。在2006年的一份国家发展文件中，也明确提出为应对气候变化，应加强各部门和政府机构的协作与监督。②经济增长与减少贫困政策。2010年的经济增长与减少贫困战略(第二期)专注于处理气候变化给坦桑尼亚的经济增长和减少贫困带来的挑战[23]。第一，拓宽公众获取能源的渠道和机会，同时推进替代能源，包括风能、太阳能和生物燃料；第二，通过增加粮食生产，提供更好的儿童营养品，引进更加适应气候变化影响的农产品、牲畜和鱼类物种来解决农业和食品安全；第三，通过加强灾害早期预警系统、风险管理和防范以及灾害管理和响应，减轻气候变化的不利影响。③环境政策。2012—2017 年国家环境行动计划[24]提出，加强对气候变化脆弱性的评估，提高关于缓解和适应气候变化的公众意识，并增强早期预警系统。④林业与土地利用政策。2013 年 3 月，坦桑尼亚制定了“减少因森林砍伐和退化导致的温室气体排放”(REDD＋)行动计划[25]。其提出的主要政策措施包括：建立一个可参考的排放水平和检测、报告及验证系统；创建一个金融机制来激励 REDD＋计划；与利益相关方合作，确保积极参与 REDD＋的实现方案；探索 REDD＋计划的融资选择；开发治理制度安排和法律框架，建立一个全国性的培训计划、国家研究计划和沟通网络。

2. 加纳应对气候变化的相关政策

作为一个农业国，加纳受到气候变化的影响较大，因此，加纳参与气候变化国际谈判较为积极。1992 年加纳签署了《联合国气候变化框架公约》，2003 年批准了《京都议定书》。在国内政策上，加纳政府在 2011 年 8 月制定了《国家气候变化政策框架》(NCCPF)[26]。该文件并未提出具体的目标，而是宽泛提出“促进低碳增长、有效适应气候变化、社会发展”，要求各部门提高对气候变化问题的认识，在加纳实现与气候要求相兼容的经济增长。总的来看，这些并非应对气候变化的专门性、全面性国家政策。

总体上看，目前加纳应对气候变化的具体政策措施，主要存在于相关领域的立法与政策中，主要有：①可再生能源法律。2011 年 12 月，加纳颁布了《可再生能源法》，其立法目的是“为实现热能和电能的高效利用以及可持续发展，而开发、管理和利用可再生能源[27]”。该法确立的主要制度是：公用事业单位和大规模电力用户有义务购买一定比例的可再生能源电力；政府提供补贴以稳定可再生能源电力的价格；建立基金，为可再生能源的推广、开发和利用提供资金。②能源政策。根据 2010 年的加纳“国家能源政策”，国家应确保稳定而高质量的能源供给，服务于加纳城乡的家庭、企业、行业及交通行业。主要政策目标是：到 2020 年，使发电装机容量由目前的 1 986 MW 增加到 5 000 MW；到 2015 年实现 80％的国家电力接入，到 2020 年全面普及；到 2020 年，实现可再生能源的电力增加 10％；到 2020 年，将对木质能源的需求由目前的 66％减少到 30％。③经济与社会发展政策。2010 年 9 月，加纳政府公布了《加纳共享增长与发展议程》，其中突出强调了气候变化对经济社会发展的影响，并提出了加纳适应气候变化的几个关键领域[28]，包括宏观经济的稳定；加强私营部门的竞争力；加快农业现代化和自然资源管理；石油和天然气的开发；基础设施和人居环境的发展；透明和负责任的治理等。

3. 莫桑比克应对气候变化的相关政策

莫桑比克在参与气候变化国际谈判上较为积极，1992 年签署《联合国气候变化框架公约》，2005 年批准《京都议定书》。在国内政策上，近年来，莫桑比克逐步开始重视气候变化议题。2012 年 11 月，莫桑比克政府通过了《国家气候变化战略(2013—2025 年)》(ENMC)，并于 2013 年 11 月正式生效。该战略旨在减少莫桑比克对气候变化的脆弱性，提高莫桑比克人民的生活条件，其核心问题[29]是：适应与气候风险管理；减缓与低碳发展；交叉议题的处理。同时，在科学技术部建立一个气候变化知识中心(CGC)，收集、管理、传播气候变化相关知识，并为政策和计划的制定提供关键信息。从整体上看，该战略并未明确具体的政策目标与行动方案，仍为一个宣示性和纲领性的政策文件。

总体上看，考察目前莫桑比克应对气候变化的具体政策措施，应注重以下几个领域：①反贫困政策。作为联合国认定的“最不发达国家”（LDCs）之一，反贫困是莫桑比克最为优先的政策议题。根据莫桑比克“2011—2014 年国家贫困计划”（PARP）[30]，气候问题是阻碍国家经济发展的重要因素之一，必须采取措施减少灾害风险和适应气候变化，包括控制森林大火和促进造林，减少森林砍伐及其退化；在易发自然灾害的地区促进农业保护，提高收入水平；建立区域性风险管理委员会，持续进行能力建设；建立自然资源管理维护的专业队伍等。②可再生能源政策。2009 年 5 月，莫桑比克通过了《生物燃料政策和战略》[31]，旨在通过生物燃料部门的建立，确保能源安全与经济社会可持续发展。该政策提供了生物燃料行业发展的总体规划，要求国家建立生物燃料发展计划的机构、制定生物燃料购买计划、成立生物燃料国家委员会。同时确立了三个主要阶段：试点阶段、操作阶段和推广阶段。③林业与土地利用政策。1999 年的《森林与野生动物保护条例》确立了保护森林与野生动物资源、实现可持续利用的基本原则，明确了不同类型的森林保护区[32]。该法对公共及私人部门保护森林和野生动物的责任进行了明确，对违法行为确立了法律惩罚措施（监禁或罚款），尤其强调对违法造成火灾的处罚。这为防止森林退化、吸收温室气体排放提供了制度保障。

4. 摩洛哥应对气候变化的相关政策

作为一个典型的北非国家，摩洛哥自然资源比较匮乏，其 96％的能源需求需要进口。由于工业化和城市化的快速发展，摩洛哥的能源消费正日益提高，平均每年增长 8％。因此，摩洛哥积极参与气候变化国际谈判，较早的与联合国环境规划署、联合国开发计划署进行合作，开展清洁发展机制（CDM）项目，后者主要集中在风能、太阳能等可再生能源项目上。2001 年 11 月，气候变化框架公约第 7 次缔约方大会（COP7）在摩洛哥城市马拉喀什举行。为迎接本次会议，摩洛哥成立了气候变化国家委员会，并提交了第一次气候变化国家通讯。2010 年，摩洛哥提交了第二次气候变化国家通讯。

在国内政策上，2009 年 11 月，摩洛哥政府通过了《对抗气候变化国家计划》。从该文件提出的政策目标看，主要集中在能源领域[33]，即到 2020 年，可再生能源在一次能源中所占比例达到 10％～12％，到 2030 年，该比例达到 15％～20％；到 2020 年，能源效率提高 15％，到 2030 年，达到 20％。从该文件的内容看，也主要集中在能源利用与可再生能源生产领域。显然，《国家计划》的重点是解决摩洛哥亟待解决的能源瓶颈问题，并不完全是应对气候变化的全面性国家政策。从后续发展看，相关立法与政策措施也主要集中在能源领域：①2010 年 1 月，摩洛哥颁布了《创建太阳能机构法案》（Law 57—09）[34]和《创建可再生能源与能源效率机构法案》（Law 16—09）[35]，分别设立了摩洛哥负责太阳能的机构（MASEN）和负责太阳能及能源效率发展的机构（ADEREE）。从职责上看，MASEN 的建立是为了保证摩洛哥太阳能项目的实施，其目标是发展太阳能集中发电，并达到最小能率 2000 MW；ADEREE 的目标是为国家在可再生能源和能源利用政策上的实施做出贡献。②2010 年 2 月，摩洛哥颁布了《可再生能源法案》（Law 13—09）[36]，为摩洛哥可再生能源的发展提供了法律框架。该法案的目的在于：发展可再生资源，以推广能源安全、能源的可获取性、可持续发展、减少温室气体排放、减少森林砍伐，以及使摩洛哥可再生能源生产与其他欧洲—地中海市场相融合。③2011 年 9 月，摩洛哥颁布了《能源效率法案》（Law 47—09）[37]，设立了“最小能源绩效”标准，适用对象包括天然气、液态或气态石油产品驱动的应用和电力设备、在摩洛哥市场卖出的煤和可再生能源。这使得公司和机构在能源的生产、运输和分配上必须接受强制性的能源审计。从整体上看，摩洛哥应对气候变化的国内政策主要集中在能源领域，在其他领域缺乏详细的规定。

三、拉丁美洲国家气候变化立法与政策分析

为有效应对气候变化，拉丁美洲国家在参与气候变化国际谈判的同时，也制定了应对气候变化的国内立法、政策和行动计划。纵观拉丁美洲各国应对气候变化的国内措施，其主要特征在于法律与政策的交叉，可归纳为两种模式：以气候变化立法为主、政策为辅的“法律主导”模式和以气候变化政策为主、少有甚至没有相关立法的“政策主导”模式，值得进行认真分析。

（一）应对气候变化的“法律主导”模式

在拉丁美洲国家中，墨西哥和巴西在应对气候变化上较为领先，分别制定了专门的气候变化立法，是应对气候变化“法律主导”模式的代表性国家。

1. 墨西哥的气候变化立法

2012年《气候变化基本法》是墨西哥应对气候变化的核心立法。该法在2011年提交审议，2012年4月19日，墨西哥参议院全票通过了该法案；6月6日，时任墨西哥总统卡尔德龙签署了该法案并正式对外公布。《气候变化基本法》共9部分，计116条，正式文件共有81页，是一部范围广泛、内容全面的气候变化综合性立法。其主要内容包括以下几个方面。

(1)温室气体减排与可再生能源发展的国家目标。《气候变化基本法》对墨西哥在减少温室气体(GHG)排放上的国家目标进行了宣示，即以2000年为标准量，中期目标(2020年)是减少30%，长期目标(2050年)是减少50%。考虑到温室气体减排需要多个方面的条件的满足，该法并未将减排目标写入正文而是写在序言部分。同时，《气候变化基本法》对可再生能源的发展目标也进行了宣示，即到2024年，墨西哥35%的电力来源于可再生能源。

(2)立法目的。《气候变化基本法》的立法目的包括下列6个方面：①对人民的健康环境权予以保障；②明确应对气候变化的政府职责，包括联邦、州和地方三个层面；③减轻因气候变化而造成的人类系统、生态系统脆弱性；④减缓与适应气候变化的措施；⑤促进气候变化技术与创新的研究、传播和流转；⑥实现向可持续发展与低碳经济的整体转型，协调发展环境、经济与社会利益[38]。

(3)机构设置。《气候变化基本法》对应对气候变化的机构设置做了详细的规定，主要有：①气候变化部际间委员会(CICC)。该委员会是墨西哥负责应对气候变化的主要政府机构，其主要职责是制定减缓和适应气候变化的政策，进行政府各部门的协调，提出碳交易的实施方案等。委员会由行政首长担任主席，其成员包括所有气候变化相关政府部门；②气候变化理事会(CCC)。该理事会是CICC的常设性咨询机构，由政府部门、公共部门、私人部门、学术机构的代表组成；③生态与气候变化国家研究所(INECC)。该机构的任务是对气候变化相关问题进行深入研究，对气候变化政策进行评估和修订，为墨西哥参与国际气候谈判提供帮助。理事会是该研究所的权力机构，主管由政府首脑任命；④气候变化国家系统(SNCC)。该机构为各层级政府间的气候变化行动进行协调，由CICC、CCC、INECC、各州政府及全国性协会的代表组

成;⑤评估委员会(EC)。该委员会成员由 CICC 进行任命,包括多个领域的专家,对气候变化的国家战略进行评估并提出报告。

(4)相关制度措施。主要有:①气候变化国家战略。该战略由 CICC 负责制定,必须包括减缓和适应气候变化的内容。减缓气候变化的内容应在 10 年内进行更新,适应气候变化的内容应在 6 年内进行更新;②气候变化风险调查与报告制度。在 2013 年底前,联邦、州和地方政府应完成对气候变化风险的调查,形成“风险图册”(risks atlas);③碳排放清单制度。INECC 应根据《气候变化框架公约》的要求,制定碳排放清单并定期进行更新;④自愿性的碳排放交易制度。CICC 联合环境部门建立自愿性的碳排放交易体系,使墨西哥的碳减排具有可监测性、可核实性和可报告性(MRV);⑤气候变化基金制度。该基金用于气候变化的适应性措施,由国家财政予以保障;根据信托规则进行管理,并有严格的审计机制予以监督。

另外,墨西哥议会在 2012 年 4 月针对《环境保护法》和《森林可持续发展法》通过了修订案,主要目的在于促进“减少因森林砍伐和退化而导致的温室气体排放”(REDD+机制)在墨西哥的执行,对相关保障措施进行了详细规定。这是世界范围内第一部针对 REDD+机制的立法[39]。该修订案和《气候变化基本法》共同构成了墨西哥应对气候变化的法律体系。

2. 巴西的气候变化立法

作为气候变化国际谈判的“基础四国”之一,巴西在气候变化议题上态度积极。2009 年 12 月,哥本哈根气候大会刚刚结束后,巴西即颁布了《气候变化国家政策法案》(第 12187 号法案)。该法共计 13 条,涉及范围全面,但具体内容较为简略,应视为应对气候变化的专门性立法,同时制定或修订相关立法予以补充,共同构成巴西应对气候变化的法律体系。具体而言:

(1)《气候变化国家政策法案》的主要内容。该法主要对巴西“气候变化国家政策”(PNMC)的相关内容进行规定,包括:①温室气体减排的目标。巴西规定了一个减排的幅度目标,即到 2020 年,减排 36.1%~38.9%;四个主要减排领域是减少森林砍伐、农牧业、能源业和钢铁业[40];②气候变化国家政策的基本原则,包括风险预防与预警原则、可持续发展原则、社会参与原则、共同但有区别的责任原则[41];③气候变化国家政策的基本目标,包括实现应对气候变化与经济社会发展相互协调;有效减少碳排放;加强碳吸收与碳储存;执行适应气候变化的措施;保护、保持、恢复自然环境,加强对生境的保护;鼓励碳交易市场的建立[42];④制度措施。包括气候变化国家基金、预防并控制森林砍伐的行动计划、相关财政税收措施、特别预算、气候变化研究与监测等[43];⑤机构设置。为有效实施“气候变化国家政策”,相关机构包括气候变化部际间委员会、全球气候变化工作委员会、巴西气候变化论坛、全球气候变化巴西研究网络等[44]。

(2)《气候变化国家政策法案》的执行性法令。2010 年 12 月,巴西总统卢拉颁布了 7390/2010 号行政法令,对《气候变化国家政策法案》的相关条款进行了细化。具体包括如下几个方面:①将《气候变化国家政策法案》第 6 条关于应对气候变化制度措施的规定进行了细化,主要包括气候变化国家基金、预防并控制森林砍伐的行动计划;②将《气候变化国家政策法案》第 11 条关于各部门制定减缓与适应气候变化计划的规定进行了细化,重点对清洁发展机制(CDM)项目和国内自愿减缓行动(NAMAs)的法律地位进行了明确,并提出鼓励发展的相关政策;③进一步细化了《气候变化国家政策法案》第 12 条对巴西温室气体减排目标的规定,提出到 2020 年,温室气体排放总量不超过 2 亿 t。这是发展中国家中第一个对温室气体排放总量进行严格控制的规定；④针对各主要经济部门，要求在2011年底前完成减缓气候变化部门计划的制定，并每隔3年进行适当修正。

(3)相关立法。根据应对气候变化的相关要求，巴西制定或修订了一系列相关立法，主要包括：①2012年新《森林法》。保护亚马孙原始森林是巴西政府一直以来的基本方针，毁林占到巴西温室气体排放的近3/4，这是巴西积极参与气候变化国际谈判并推动REDD＋机制的原因所在[45]。2012年4月，巴西国会以247票赞成、184票反对通过了新《森林法》草案，并在10月18日由总统最终签署生效(第12651号法案)。新《森林法》对"永久保护区域"(PPAs)、法定保存区域和其他有植被地区的保护进行了明确规范，同时对林区的经济活动进行了规制，为控制砍伐和林产品贸易设定了新的标准。该法对所有相关地区的土地所有者建立了强制性的储备制度，在"法定亚马孙"(Legal Amazon)地区的业主须保存80%的原始森林。同时，该法以2008年7月为限，之后的非法砍伐行为被一律禁止。②2011年《绿色补贴法案》。为了有效缓解自然保护地区人民脱贫与环境保护的矛盾，实现经济发展、社会和谐与环境保护的统一，2011年10月，巴西颁布了第12512号法案《促进环境保存与农村生产性活动的项目》，一般称为《绿色补贴法案》。该法基于"生态系统服务付费"(payments for ecosystem services, PES)①的理念，对提供生态服务的贫困农民进行补贴，补贴项目时间为两年，同时鼓励补助金接受者参加环境、社会、教育技术和专业的能力培训。③2010年《固体废弃物的国家政策》(第12305号法案)。该法明确了处理固体废弃物的基本目标，即减少废弃物的产生、实现废弃物循环利用、减少温室气体排放；基本原则包括：污染者负担原则、废物全生命周期原则、可持续发展原则；具体制度措施包括：促进固体废物综合管理的公私合作与财政手段，加强固体废物处理的能力建设，基于低碳的政府采购，环境标签与绿色消费等；联邦、州和地方政府都负有相应的职责予以落实。

(二)应对气候变化的"政策主导"模式

相较于墨西哥和巴西，其他拉丁美洲国家在应对气候变化上较为落后，主要方式是制定政府政策或国家行动计划，形成了应对气候变化的"政策主导"模式，具体包括两种情况：制定专门性的气候变化国家政策，代表性国家有秘鲁、智利、哥伦比亚；在其他相关国家政策中对应对气候变化进行规定，代表性国家有萨尔瓦多、牙买加。

1. 制定专门性的气候变化国家政策

(1)秘鲁应对气候变化的国家政策

秘鲁在应对气候变化上态度较为积极，1992年签署《联合国气候变化框架公约》后，1993年即成立了国家气候变化委员会。2002年12月，秘鲁批准了《京都议定书》，并在2003年10月制定了《气候变化的国家战略》(NSCC)。该战略虽然不是正式立法，但规定了政府承担执行的强制性义务。

该战略的主要目标是减轻气候变化的负面影响，并为各级政府应对气候变化的行动提供

① "生态系统服务付费"是一种将非市场环境价值转化为当地参与者提供生态服务的财政激励机制，是当代科学研究的前沿问题并已在世界多地实施。参见：赵雪雁，徐中民. 生态系统服务付费的研究框架与应用进展. 中国人口·资源与环境，2009，4.

一个基本框架，具体的任务应包括 10 个方面：针对气候变化脆弱性及减缓、适应对秘鲁的影响，促进并发展相关自然科学与社会科学研究；促进相关政策、措施与项目，增强适应气候变化、减轻脆弱性的能力；积极参与气候变化国际谈判；根据国际机制制定温室气体减排的政策与措施；在秘鲁传播气候变化相关知识；促进以减轻贫困、减少温室气体排放为首要目标的项目；促进能充分适应气候变化、减轻温室气体排放以及大气污染技术的发展；促进全社会参与应对气候变化的行动，增强应对气候变化的能力；以减轻气候变化脆弱性、增强吸收二氧化碳能力为目标实现森林生态系统的有效管理；探索针对工业化污染对环境破坏的生态补偿机制、以减轻气候变化脆弱性为目标的有效管理系统，尤其是高原生态系统。

为了执行《气候变化的国家战略》，秘鲁制定了一系列相关国家政策，主要包括：1)2010 年《适应和减缓气候变化的行动计划》。该计划由环境部拟定，是 2011—2021 年间秘鲁应对气候变化的行动计划。《行动计划》主要包括 7 个方面的主题：温室气体排放、减缓、适应、研究和开发技术的报告机制；融资与管理；公众教育。同时还包括详细的预算信息，表明秘鲁应对气候变化的优先领域；2)2010 年《应对气候变化的保护热带雨林的国家计划》。为了实现秘鲁政府到 2020 年原始森林砍伐量为零的目标，该计划建立了保存原始森林的秘鲁国家政策，具体目标包括：确认并标示受保护的森林地区；提高当地居民在森林保存方面的经济收入；在各个政府层级加强保存原始森林的能力。该计划由环境部负责实施。

(2)智利应对气候变化的国家政策

智利是受气候变化脆弱性影响较大的国家，全国 70%的人口正面临水资源短缺的问题。在应对气候变化问题上，智利政府一直态度较为积极，是《联合国气候变化框架公约》和《京都议定书》的第一批签署国。2008 年 12 月，智利颁布了《气候变化国家行动计划(2008—2012 年)》作为其应对气候变化的基本政策文件。

该《行动计划》共包括五部分，分别是简介、背景信息、智利应对气候变化的战略考虑、应对气候变化的优先领域。其中明确提出，应对气候变化应成为所有公共决策必须考虑的重要战略性组成部分，包括应对气候变化是智利公共决策的核心议题；适应气候变化是智利未来发展的基础；减缓是提高经济增长质量、减少温室气体排放及适应成本的有效途径；财政与商业部门的创新是提高气候变化项目投资的主要方式；对气候变化承诺及其对国际贸易的影响进行长期性评估；加强对气候变化的研究、观测、公民培训及教育。应对气候变化具体措施包括三大部分：减缓气候变化的措施、适应气候变化的措施、能力建设。

为有效实施该《行动计划》，智利在 2009 年组建了相应的机构：应对气候变化部际委员会。该委员会是智利应对气候变化的核心机构，成员包括所有相关政府部门的首长：环境部、矿业部、农业部、公共事务部、外交部、能源部、财政部、交通部等。同时，根据公私合作与公众参与的要求，该委员会建立了两个全国性平台，充分吸纳各方面的资源与意见。

(3)哥伦比亚应对气候变化的国家政策

在拉丁美洲国家中，哥伦比亚的碳排放相对较低，但其在应对气候变化上态度积极。2011 年 6 月，哥伦比亚立法部门通过了《2010—2014 年国家发展计划》(第 1450 号法令)，提出要采取全方位、跨部门的应对气候变化项目与措施[46]。在该法律框架下，哥伦比亚分别针对减缓与适应气候变化的要求，制定了相应的国家政策：①减缓气候变化的政策。2012 年 2 月，哥伦比亚制定了《哥伦比亚低碳发展战略》(CLCDS)。该战略根据《2010—2014 年国家发展计划》的总体要求，对温室气体减排的相关问题进行了规定，实现温室气体减排的有效测量与识别，并要求矿业、农业、交通运输、工业、废弃物和建设部门等领域制定并实施低碳发展计划。同时，各部门要加强应对气候变化的能力建设，根据低碳发展的要求进行更新。②适应气候变化的政策。2012 年 8 月，哥伦比亚制定了《适应气候变化的国家计划》。该计划提出，要加强风险与忧患意识，重视气候变化脆弱性与潜在风险并强化相关研究；各部门和行业的规划中要包含气候风险管理的内容；采取多种措施降低气候变化对生态与社会经济的影响。

在机构设置上，2011 年 7 月，哥伦比亚“国家经济与社会政策理事会”(CONPES)①制定了《哥伦比亚气候变化政策与行动的机构战略》(CONPES/3700)。根据该机构战略，由国家规划部门(NPD)建立并领导“国家气候变化体系”。“国家气候变化体系”负责气候变化行动的协调、联系与整合，核心部门是执行委员会和财务委员会。执行委员会下设多个分委员会，负责部门间事务、国际事务、气候变化研究与信息事务等。在必要时，可以成立专案小组委员会和跨机构工作组[47]。

2. 在相关国家政策中提及气候变化

(1)萨尔瓦多在气候变化领域的国家政策

萨尔瓦多在 1992 年签署了《联合国气候变化框架公约》，1998 年签署了《京都议定书》，但在应对气候变化国内措施上较为落后，一直未能制定专门的气候变化立法与政策。目前，萨尔瓦多相关国家政策中涉及气候变化的主要包括：①环境保护领域。2012 年 5 月，萨尔瓦多公布了新的《国家环境政策》，其基本目标是“缓解环境恶化与气候变化的脆弱性”。为达到该目标，《国家环境政策》规定了六个方面的优先措施：修复受损的生态系统与自然景观；综合性的环境卫生；水资源综合管理、综合性环境政策；环境责任与实现；适应并减少气候变化的风险。在应对气候变化上，该政策将适应放在首要地位，并要求政府制定适应气候变化的国家计划。适应计划应包括机制、监测和评估气候变化带来的风险；提高水管理的项目，特别是在旱季、在雨季和干旱的洪水期；将适应气候变化纳入城市规划和住房设计；由气候变化引起的、有关具体的健康风险的流行病学监测和公共卫生系统的评价；加强气候变化的教育与宣传。②教育领域。根据新《国家环境政策》的要求，教育部门制定了《2012—2022 年气候变化和风险管理教育计划》。该计划的主要目标是通过教育提高对气候变化和环境问题的关注，重点是提供气候变化相关问题的培训、发展与公众的沟通机制、确保资金支持等。③能源领域。根据萨尔瓦多《2010—2024 年国家能源政策》，能源政策要考虑应对气候的需要。对此，该政策提出了一系列提高能源效率的计划，并强调减少化石能源使用、促进水电和地热能源发展的重要性，以减少萨尔瓦多对进口能源的依赖。④农业、林业领域。萨尔瓦多《2011—2030 年国家森林政策建议》指出，由于缺乏必要的政策规定，萨尔瓦多森林砍伐现象较为严重，加剧了气候变化的脆弱性。对此，林业部门要积极行动，争取恢复 15%的毁林地区。在上述政策推动下，2012 年初，农业与畜牧业部制定了《农业、畜牧业、水产养殖和林业部门缓解与适应气候变化国家战略》。

(2)牙买加在气候变化领域的国家政策

作为一个热带岛国，牙买加受气候变化的影响较大，也积极参与气候变化国际谈判和相关区域性行动。在加勒比共同体框架下，牙买加相继参加了 2001 年适应气候变化项目的加勒比

① CONPES 成立于 1958 年，是哥伦比亚政府体系中高层次的独立机构，负责所有经济与社会事务的政策制定与咨询。

计划(CPACCP)、2001—2004 年加勒比海适应气候变化项目(ACCC)和 2004—2007 年合作适应气候变化项目(MACC)。尽管如此,牙买加一直没有制定专门性的气候变化立法或政策。近年来,在日益强大的国内外压力下,牙买加开始在应对气候变化上采取措施。2012 年 4 月,牙买加气候变化咨询委员会成立,并定于 2013 年正式运作;气候变化相关政策也正在制定过程中。

目前,牙买加相关国家政策中涉及气候变化的主要是《牙买加国家发展计划》(展望 2030)。该计划在 2006 年提出,2009 年正式实施,是牙买加为达到发达国家水平而制定的一个长期发展规划,总体目标是到 2030 年,使牙买加成为人们"选择生活、工作、养家和经商的地方"。该计划确立了四个总目标,15 个国家阶段发展目标,82 条国家发展战略,其中涉及气候变化的主要是总目标四"使牙买加拥有一个健康的自然环境"及其下属的第 14 个国家阶段发展目标"降低灾害风险以及适应气候变化",具体包括 4 条国家发展战略:提高应对一切灾害的能力;发展适应气候变化的措施;为降低气候变化的速度做出贡献;提高应急反应能力。另外,在第 10 个国家阶段发展目标"能源安全和利用效率"之下,国家发展战略包括能源供应的多元化,能源利用效率及保护的提高,为可再生能源发展提供了框架性政策。

四、亚非拉国家应对气候变化法律与政策之检视

从前述亚非拉国家应对气候变化立法的情况看,尽管尚不必承担强制性的减排义务,但广大发展中国家已经积极采取相应的政策措施,在气候变化国内立法与政策上取得了显著的进展,同时也暴露出一些问题。

(一)从整体上看,发展中国家的气候变化立法毫不逊色于发达国家

在立法时间上,发展中国家的气候变化立法始于 2009 年并在近三年内迅速发展,极大地推动了世界范围内气候变化立法与气候变化应对措施的发展,2012 年墨西哥《气候变化基本法》为世界各国提供了气候变化综合性立法的典范。而从近年来发达国家的情况来看,除欧盟外的《气候变化框架公约》附件一及《京都议定书》的附件 B 国家在气候变化立法上进展缓慢,在某些地方还出现了倒退。这方面的代表是美国和加拿大:在美国,众议院在 2009 年 6 月通过了《2009 年美国清洁能源与安全法》,但未能通过美国参议院的投票;2010 年 5 月,参议院提出了《2010 年美国能源法(草案)》,但未能获得足够支持以达到投票门槛。随着政治形势的变化,美国国内至今未能提出新的气候变化立法方案。在加拿大,众议院在 2010 年 5 月通过了《气候变化责任法案》,但由于受到利益集团和美国的影响,该法案在参议院未能通过[48]。同时,加拿大在 2011 年 12 月宣布退出《京都议定书》,并在 2012 年 6 月将原先的《京都议定书执行法》(2007 年颁布)予以撤销,导致加拿大气候变化立法产生倒退。另外,日本近年来在气候变化立法上也遇到了国内强大的政治阻力①。

由此可见,发展中国家的气候变化立法在发展速度上已经超过了发达国家。从 2012 年以

① 2010 年 3 月,拟取代现有《地球温暖化对策推进法》的《地球温暖化对策基本法》草案经日本内阁批准提交给议会审议;5 月,该法案在下议院得到通过,但一直被上议院搁置。

来，世界各国气候变化立法的重大进展中，均为发展中国家所取得[39]。不难看出，发展中国家的气候变化立法毫不逊色于发达国家，已经成为推动气候变化立法发展的主要力量。

（二）从比较法角度来看，气候变化立法体现出趋同性和差异性的统一

从比较法角度纵观世界各国的气候变化立法，气候变化立法既有趋同性，也有差异性。具体而言：①在立法模式上，各国的气候变化立法存在差异性，共有综合性立法、专门性立法、政策性立法、分散性立法四种模式。究竟采取怎样的立法模式进行气候变化立法，基本取决于各国的自主选择[3]。换言之，各国应根据其自身情况，合理地选择气候变化立法模式。②在立法内容上，各国的气候变化立法均围绕相关核心要素进行规定，表现出一定的趋同性。具体而言，各国的气候变化立法所涉及的核心要素包括：机构设置与管理体制、应对气候变化的国家目标与基本原则、碳定价与碳交易、能源利用、能源供应、森林与土地利用、适应性措施、研究与能力建设。这些要素共同构成了一个国家气候变化立法及制度体系的主要部分。

（三）从具体过程来看，气候变化立法仍面临一定困难与阻力

尽管发展中国家整体上的立法进程较快，但考察每个国家具体的气候变化立法进程不难发现，由于受到复杂的政治、经济、文化因素影响，气候变化立法也面临着一些困难与阻力。这方面的典型例证是巴西和肯尼亚：①巴西 REDD＋机制立法的滞缓。减少毁林和森林破坏、实现森林可持续管理、增加森林碳汇的 REDD＋机制是巴西在气候变化领域关注的焦点之一，2009 年《气候变化国家政策法案》中即包含了相关条款。2009 年，巴西 REDD＋项目法案即提交立法部门审议。2011 年 2 月和 5 月，更加综合性的 REED＋法律项目分别向众议院和参议院提出。但是，由于受到新《森林法》争论的影响，从 2011 年 9 月开始，REED＋法律项目被巴西立法机关搁置[49]，这使得巴西目前缺乏针对 REED＋的国家行动战略。②肯尼亚气候变化立法的停滞。在非洲国家中，肯尼亚是应对气候变化态度最为积极的国家之一，在气候变化立法进程上也较为领先。2012 年 6 月，肯尼亚国民大会通过了《应对气候变化机构法案》，并于同年 12 月在国会通过审议，一度很有希望成为非洲首部气候变化专门立法。但是，在 2013 年 1 月，肯尼亚总统齐贝吉拒绝签署该法案，其理由是立法过程没有按照肯尼亚《宪法》第 118 条的要求进行充分的公众参与。批评者认为，是政治阴谋导致该法被总统拒绝，这对肯尼亚应对气候变化的前景会造成不利影响[50]。

综上所述，目前世界各国气候变化立法领域形成了两个阵营：以欧盟为代表的发达国家，和以墨西哥、韩国、巴西等为代表的发展中国家。对同属发展中国家行列的中国而言，顺应世界范围内气候变化立法的潮流，在现有基础上加快气候变化立法进程已成为当务之急①，而目前发展中国家的相关立法无疑给我国提供了良好的借鉴与参考，需要加以认真对待，争取早日建立兼具前瞻性与现实性的中国气候变化立法与制度体系。

---

① 2009 年 8 月，全国人大常委会颁布了《关于积极应对气候变化的决议》，提出将应对气候变化纳入立法工作议程。在国家发改委牵头下，已经展开对气候变化立法的研究与起草工作。2012 年 4 月，中国社会科学院法学研究所《中华人民共和国气候变化应对法》（建议稿）正式公布并征求意见。

参考文献

[1] 郭冬梅.《气候变化框架公约》履行的环境法解释与方案选择. 现代法学,2012,**3**:154-163.

[2] 高翔,牛晨. 美国气候变化立法进展及启示. 美国研究,2010,**3**:39-51.

[3] 李艳芳. 各国应对气候变化立法比较及其对中国的启示. 中国人民大学学报,2010,**4**:58-66.

[4] Korea's Framework Act on Low Carbon,Green Growth,Art. 38

[5] Korea's Framework Act on Low Carbon,Green Growth,Art. 40

[6] Korea's Framework Act on Low Carbon,Green Growth,Art. 42-48.

[7] Philippine's Climate Change Act of 2009,Art. 2

[8] Philippine's Climate Change Act of 2009,Art. 4-10,20

[9] Thamrin S. Indonesia's National Mitigation Actions:Paving the Way Towards NAMAs,Global Forum on Environment Seminar on MRV and Carbon Markets,March 2011.

[10] Indonesian National Action Plan to Reduce Greenhouse Gas Emissions(RAN-GRK),Art. 5-12

[11] 臧扬扬. 欧盟及其主要国家应对气候变化的政策与立法概述. 南京工业大学学报,2010,**3**:51-58.

[12] 詹世明. 应对气候变化:非洲的立场与关切. 西亚非洲,2009,**10**:42-49.

[13] 何志鹏,孙璐. 国际软法何以可能:一个以环境为视角的展开. 当代法学,2012,**1**:40-41.

[14] Nachmany M,Fankhauser S,The GLOBE Climate Change Legislation Study(4th),GLOBE International, March 2014:215-216,331,543.

[15] Government of Kenya. National Climate Change Action Plan 2013-2017,November 2012.

[16] Parliament of Kenya. The Climate Change Authority Bill(Draft),December 2012.

[17] Onyenekenwa Cyprian Eneh. Nigeria's Vision 20:2020-Issues,Challenges and Implications for Development Management,Asian Journal of Rural Development 1(1),2011:21-40.

[18] Nigeria's National Climate Change Policy and Response Strategy,September 2012.

[19] Nigeria's National Policy on Climate Change,October 2013.

[20] Environmental Affairs and Tourism Republic of South Africa. Government's Vision,Strategic Direction and Framework for Climate Policy,July 2008.

[21] Cabinet of South Africa. National Climate Change Response Policy,October 2011.

[22] Tanzania President's Office. The Tanzania Long Term Perspective Plan 2011—2025:The Roadmap To a Middle Income Country,February 2012.

[23] Ministry of Finance and Economic Affairs of Tanzania. National Strategy for Growth and Reduction of Poverty II,March 2010.

[24] Tanzania Vice President's Office. National Environmental Action Plan(NEAP)2012—2017,July 2012.

[25] Ministry of Finance and Economic Affairs of Tanzania. National Strategy for Reduced Emissions from Deforestation and Forest Degradation(REDD+),March 2013.

[26] Government of Ghana. National Climate Change Policy Framework,August 2011.

[27] Ghana's Renewable Energy Act(2011 Act 832),Art. 2.

[28] Government of Ghana. Ghana Shared Growth and Development Agenda,September 2010.

[29] Government of Mozambique. National Strategy for Climate Change 2013—2025,November 2013.

[30] Republic of Mozambique. The National Poverty Reduction Action Plan(PARP)2011—2014,May 2011.

[31] Ministry of Energy. Biofuels Policy and Strategy for Mozambique,May 2009.

[32] Mozambique's Forest and Wildlife Act,July 1999.

[33] Government of Morocco. National Plan Against Climate Change,November 2009.

[34] Kingdom of Morocco. Law 57—09 Creating the Moroccan Agency for Solar Energy,January 2010.

[35] Kingdom of Morocco. Law 16—09 Creating the Moroccan Agency for Development of Renewable Energy and Energy Efficiency,January 2010.

[36] Kingdom of Morocco. Law 13—09 on Renewable Energy,February 2010.

[37] Kingdom of Morocco. Law 47—09 on Energy Efficiency,September 2011.

[38] Mexico's General Law on Climate Change,Art. 2

[39] Townshend T, Fankhauser S. The GLOBE Climate Change Legislation Study(3rd),GLOBE International,Jan 2013:6,15.

[40] Brazil's Naional Policy on Climate Change,Art. 12

[41] Brazil's Naional Policy on Climate Change,Art. 3

[42] Brazil's Naional Policy on Climate Change,Art. 4

[43] Brazil's Naional Policy on Climate Change,Art. 6

[44] Brazil's Naional Policy on Climate Change,Art. 7

[45] 贺双荣. 哥本哈根世界气候大会:巴西的谈判地位、利益诉求及谈判策略. 拉丁美洲研究,2009,**6**:3-7,23.

[46] Colombia's National Development Plan 2006—2010(Law No. 1450 of 2011),Chapter Ⅵ.

[47] Institutional Strategy for the Articulation of Climate Change Policies and Actions in Colombia,CONPES Document 3700,July 2011.

[48] 冷罗生,时芸芸. 加拿大《气候变化责任法案》及其对我国的启示. 山东科技大学学报,2012,**4**:30-37.

[49] WWF. Brazilian Forest Law:What is happening? http://wwf. panda. org/wwf_news/brazil_forest_Code_law. cfm[2013-04-12].

[50] David Njagi. Kibaki's rejection of the Climate Bill could negatively affect Kenya's future. http://www. nation. co. ke/oped/Opinion/Rejection-of-Bill-could-negatively-affect-future/-/440808/1683362/-/item/1/-/16niffz/-/index. html[2013-02-13].

气候变化背景下地方环境立法研究[①]

宋晓丹

（南京信息工程大学气候变化与公共政策研究院，南京　210044）

摘　要：气候变化问题的发展与地方环境立法之间具有互动关系。气候变化后果的显现推动地方环境立法的快速增长，反过来，地方环境立法体系的扩大也为应对气候变化的制度化提供了制度基础和保障。在当前积极应对气候变化的背景下，虽然地方环境立法呈现出表面繁荣的景象，但通过样本实证分析可看出，其中仍然存在诸如独立性不足、可操作性偏低、民主性有待提高、立法空间运用不合理以及科学性欠缺等严重影响地方环境立法质量的问题。面对环境问题的日益恶化，在深入剖析其成因的基础上，笔者从立法程序完善、提升可操作性、改善立法条件、克服不当干预、增强地方特色以及加快应对气候变化专门立法等方面提出了提高地方环境立法质量、改善立法实效的对策与建议。

关键词：应对气候变化；地方环境立法；地方性；民主性；科学性

应对气候变化是一项系统工程，需要多种手段、方法、行动和措施的共同配合。其中，立法是不可或缺的手段。无论是基于气候变化的环境问题属性，还是考量应对气候变化的迫切性、重要性及系统性诉求，应对气候变化立法都应取广义理解，其实质就是通常所指的环境立法。环境立法的整体质量既取决于中央立法也取决于地方立法的实际，而环境问题的地域性特点决定了环境立法质量更多取决于地方立法状况。不仅如此，相关立法的配套、法律体系的绿化程度都会影响环境立法的效率和效果。因此，对气候变化背景下的地方环境立法开展深入的研究不仅具有积极的现实意义，更是应对气候变化立法研究题中之意。

一、问题的提出

（一）研究背景与研究意义

当前，气候变化已经成为影响最为深远并获得最多关注的全球环境问题。随着极端气象灾害带来的巨大经济损失及其对人类生产和生活方式潜移默化的影响，无论是国际社会还是各国政府都在不断提升对气候变化问题的重视程度。应对气候变化的重要性已经毋庸置疑，气候变化问题成为国际社会致力解决的关键议题，应对气候变化也是各国政府努力提供的公共服务。多年来，应对气候变化经历了从理念到政策再到立法的发展过程。现在，显然已经到了法律必须积极回应气候变化现实并为应对气候变化提供内在动力、发挥更加积极的作用的阶段了。

---

① 作者简介：宋晓丹（1978—），法学博士，副教授，南京信息工程大学气候变化与公共政策研究院研究员，主要从事环境法研究。本文由南京信息工程大学气候变化与公共政策研究院资助。

在这一背景下,国际国内两个层面都已经开展了相关的立法工作。在国际层面,国际社会为应对气候变化法律化付出的努力无须赘述,《联合国气候变化框架公约》、《京都议定书》、《坎昆协议》等具有代表性的国际法已经并正在继续发挥不可替代的积极作用。在国内层面,各国也已经着手加强应对气候变化的制度建设。在推进应对气候变化的直接立法的同时,更是对环境立法体系进行应对气候变化的适应性更新和旨在全面改善环境质量的整体立法完善。具体到我国,综观改革开放以来的立法史,环境立法的发展史绝对是其中浓墨重彩的一笔。短短30多年的时间,我国已经构建起了一个具有多效力层次、数量众多的环境立法体系。从立法的各项指标来看,环境立法都是其中的佼佼者,这反映了我国对环境立法的重视程度。在此基础上,近年来,随着应对气候变化重要性的凸显,环境法领域的立法重点也逐步向节能减排和应对气候变化倾斜。这是有其特定的背景原因的。2007年我国公布了《中国应对气候变化国家方案》。除此之外,我国连续在两个五年规划中对应对气候变化做出相应的安排:"十一五规划"将节能减排作为约束性指标纳入了各级地方政府的考核制度中;进而制定了《"十二五"国家应对气候变化科技发展专项规划》;并且《国家环境保护"十一五"规划》和《国家环境保护"十二五"规划》中都对主要污染物减排做出了明确的规划。此外,党的"十八大报告"和"十八届三中全会决定"等文件也对节能减排着墨甚多。在这一背景下,应对气候变化立法已经不可逆转地成为环境立法的突出立法趋势和发展方向,并刺激环境立法的快速增长。在中央立法的层面,《节约能源法》率先于2007年进行了修订,加上此前已于2005年出台的《可再生能源法》,两者共同构成了应对气候变化立法领域的基础性立法;2012年,由中国社会科学院法学研究所草拟的《中华人民共和国气候变化应对法》(征求意见稿)公布,标志着我国应对气候变化基本法的立法工作取得了重要进展;此外,还出台了《循环经济促进法》、《清洁生产促进法》等立法,《能源法》业已提上立法日程,《大气污染防治法》已经完成了修订。特别是,已经施行了20多年的《环境保护法》经过全面修订于2014年颁布,成为"史上最严格"的环境保护基本法。这些立法对应对气候变化立法体系的构建乃至环境立法体系的完善都具有重要的意义。在地方立法的层面,2008年我国启动了省级应对气候变化方案项目。截至2010年10月,31个省、自治区、直辖市和新疆生产建设兵团陆续完成了省级应对气候变化方案的编制工作,其中大部分都进入了组织实施阶段;青海、宁夏、安徽、湖南等多个省(区)公布了该地区的应对气候变化方案[1]。同时,实质性立法工作也有序展开。一些省(市)出台了地方性节能法规,如《上海市节约能源条例》、《山东省节约能源条例》、《安徽省节约能源条例》、《江苏省节约能源条例》等。更具标志意义的是,青海省于2010年公布了《青海省应对气候变化办法》,这是我国第一部应对气候变化的地方性立法。根据应对气候变化形势的变化,各省、自治区、直辖市还对其制定出台的环境立法进行了全面清理,推进环境立法的立、改、废,以适应应对气候变化和可持续发展的需要。

不过,虽然中央和地方两个层面的环境立法工作都驶入了快车道,呈现出非常繁荣的景象,但却不能掩盖应对气候变化和环境保护的效果不容乐观这一现实。2013年初,我国中东部地区出现连续的大范围雾霾天气,包括北京、天津、河北、山东、江苏等多地都陷入雾霾的重重围困之中。据初步估计,雾霾围困的面积约达140万平方千米,期间很多城市的空气质量都是重度污染。甚至有些城市仅 1 月份就有 25 个污染天①。此后至今，我们又遭遇过多次不同程度的“雾霾围城”、“多城市空气污染数值爆表”的现象。令人记忆犹新的是，2014 年 10 月的北京马拉松赛被严重雾霾笼罩，遭到网民一片吐槽，被形象地称为“霾拉松”。众所周知，雾霾是典型的由大气污染导致的灾害性天气形态，成为常态的“雾霾围城”现象反映出我国环境质量急遽恶化的严重状态。与此同时，能源危机、水污染、土壤污染、光污染、噪声污染、固废污染、森林与草原资源退化、生物多样性减少等典型环境问题的严重程度也在不断加剧。各个环境要素的恶性循环使得生态系统整体的稳定性遭到破坏，环境自身抵御风险和灾害的能力被大大削弱，造成环境状况持续恶化、环境质量不断下降的恶果。以保护环境、改善环境质量为目的的环境立法不可避免地会遭到种种诟病。在“有法”的前提下，为何会出现立法低效或失效的问题？我们就不得不反思，环境立法的问题到底出在哪里？为何不能满足应对气候变化的需要和实现保护环境的预期？我们又应如何改进环境立法？给出这些问题的答案，应当建立在找准问题的症结所在、有针对性地寻求破解之策的基础之上。显然，对现有环境立法进行全面而深入的研究是解决问题的必由之路。而应对气候变化需要“全球视野、地方行动”，其关键是地方层面的落实。从地方立法的特点和环境保护现实需要的角度来看，地方环境立法的适用性要高于中央环境立法。在此意义上，地方环境立法质量的好坏直接决定着环境法体系整体的实施效果。那么，对我国环境立法地方经验的总结、分析与评估就显得极为必要。其中，探寻地方环境立法的问题与成因就成为改善立法及实施现状、提升地方环境立法有效性的关键。

(二)研究方法及样本提取

1. 实证研究

要实现解决现实问题的研究目的，基本的研究思路就必然是实证研究而非学理研究。因为种种条件的限制，笔者无法在有限的篇幅内对全国所有省、自治区和直辖市的地方环境立法进行全面的实证考察。因而，在综合考虑典型性、代表性和区域差异性的基础上，笔者选取了东、中、西部共计 18 个省、自治区、直辖市[以下简称省(区、市)]②，对其地方环境立法进行深入的分析和研究。这 18 个省(区、市)具体包括：北京、河北、辽宁、上海、浙江、江苏、广东、山东、山西、河南、江西、湖北、湖南、四川、重庆、云南、新疆、西藏。其中，东部省份共计 8 个，中部省份共计 5 个，西部省份也是 5 个。选取这 18 个省份样本，主要基于以下考虑：首先，从经济区域上覆盖了东中西部所属的半数以上的省(区、市)，涵盖了经济发达地区、经济欠发达地区和经济不发达地区。经济发展程度与地方环境立法之间有着密切的关联，甚至在某种程度上，前者决定后者的质量和实施效果。选择经济发展程度不同的省(区、市)，可以探究地方环境立法与经济发展的关联程度以及在不同发展程度下的地方环境立法状况。其次，从典型性方面

---

① 根据报道，如北京、南京等地，在 2013 年 1 月份都有 25 天的污染天气。参见：金煜. 北京 1 月份持续 25 天雾霾天气 2013 年北京的雾霾和空气污染治理. 新京报，2013-01-30. http://www.wenzhousx.com/weather/zixun/47496.html；安莹，王颖菲，刘伟伟，等. 南京 1 月共有 25 天被雾霾笼罩，呼吸科门诊病人增多. 现代快报，2013-02-03. http://jiangsu.sina.com.cn/news/m/2013-02-03/071539677.html。

② 香港和澳门特别行政区立法因其特殊性，不在本文讨论之列。本文中样本省(区、市)的立法数据统计是在学生濮云涛、刘建锋、李璇等的帮助下完成的，在此特别表示感谢。由于种种条件限制，数据搜集的过程中难免存在各种疏漏，由此产生的责任由本文笔者负责。

看，样本省份的选取包括了立法先进性处于第一集团的北京、上海，也有号称“千湖之省”的湖北，拥有长株潭城市群的湖南，有东北老工业基地中的辽宁，有处于开放前沿的广东，也有少数民族聚居、生态环境破坏程度相对较小的新疆和西藏，可以说，在现有条件下最大限度地保证了样本的典型性和类型的多样化。再次，就代表性而言，选取的18个样本省（区、市）拥有不同的立法状况。有的省（区、市）地方环境立法比较发达，立法的先进性、可操作性等方面都比较突出，拥有具备研究价值的创新性立法内容，法律实施的效果也相对较好；有的省（区、市）则立法相对滞后，立法的先进性、可操作性较差，缺乏创新性立法，法律实施效果也不够理想。在这两个极端中间，还有一些省（区、市）的地方环境立法虽然总体上亮点不够突出，但有体现地方特色的立法内容的，也纳入了研究范围。

2. 文本研究

将研究对象限定为地方环境立法，就决定了在研究方法上将更加倾向于比较性的文本研究，这种比较将发生在地方环境立法之间以及地方环境立法和与之相对应的中央环境立法之间。地方环境立法是本报告的研究对象和基础概念，因而有必要对其范围加以明确界定。在本报告的语境中，地方环境立法的范围包括狭义的地方应对气候变化立法和其他地方环境立法。狭义的地方应对气候变化立法主要是指以应对气候变化或者节能减排为立法主题或在立法名称中直接以应对气候变化、节能减排或相关概念呈现的，或者虽不以应对气候变化或节能减排为主题或以此直接命名，但具有反映应对气候变化或节能减排立法内容的地方环境立法；狭义的地方应对气候变化立法以外的则是其他地方环境立法。这种对地方环境立法的界定方法，既可以直观地反映地方对应对气候变化现实的回应程度，又可以剖析地方环境立法整体水平，有助于研究的细化和深入。

此外，还须指出的是，地方环境立法往往受制于各国的政治体制而具有不同的特点和属性。因此，本文将研究的范围限定为我国地方环境立法的研究，从性质上是一种本土化的研究，这意味着将较少涉及国内外地方环境立法的比较研究。但在具体内容展开的过程中，根据实际需要，还是会采用这种横向比较研究的方法辅助论证。

3. 研究样本基本情况

首先，研究对象及范围。实证研究的前提是获取能够用于分析的一定范围的法律信息。这些信息可以是法学案例、法学知识的问卷调查以及法律条文本身[2]。本文分析的信息就是笔者选取的18个样本省（区、市）制定的地方环境立法，分析范围主要涉及地方环境立法及与之对应的中央环境立法。立法资料主要来源于网络检索。其次，时间起讫。笔者选取的基本是2005—2014年共计10年间各样本省（区、市）制定的地方环境立法，立法资料网络检索的具体起止时间为2005年1月1日—2014年10月31日，个别部分为对比的需要而没有局限在这一时间段内。本文研究的是气候变化背景下的地方环境立法，我国地方开展应对气候变化工作包括相关立法工作基本起始于2007年以后，处于选择的时间段之内。而将之前两年也纳入考察范围，有助于通过细节窥测立法状况的变化。再次，效力范围。本文中所指的地方环境立法不仅指正在施行的，还包括曾经有效但已被废止的，以及已经立法机关通过尚未施行的。最后，研究路径。笔者拟先将这些地方环境立法区分为应对气候变化立法和其他环境立法。然后，分别针对地方应对气候变化立法和其他地方环境立法的多方面内容开展比较研究，挖掘共性问题和个性问题，并探究地方环境立法存在问题的成因，最终寻求问题的解决对策。

二、气候变化背景下我国地方环境立法现状的总体描述

(一)地方环境立法的理解与分类

地方环境立法，是指省、自治区、直辖市以及省级政府所在的市和国务院批准的较大的市的人大及其常委会、人民政府，在不违背宪法、法律、行政法规规定的前提下，根据本行政区域内的经济、社会现状和发展目标，结合本地区环境资源状况、生态建设、生态保护、污染防治及环境管理的具体需要，依照法定权限和程序制定、修改或废止各种地方性环境法规、规章的活动[3]。从这一定义的界定来看，现实生活中大量存在并被广泛使用的地方非立法性规范文件不属于地方环境立法的范畴。本文也是在此定义基础上使用地方环境立法的概念。地方性、从属性和可操作性是地方立法的三大特性，地方环境立法也不例外。所谓地方性是指地方环境立法要体现地方特色，不能对中央环境立法"照抄照搬"；从属性则是指地方环境立法性质上是地方性立法，处于环境立法体系效力层次的"塔基"，不得与宪法、法律、行政法规相抵触；可操作性是指地方环境立法的目标和方向在于对上位环境立法的细化，具有可操作性，能为法的实施提供明确的依据。

在我国一元两级多层次的立法结构下，根据《立法法》的规定，地方环境立法包括地方环境法规和地方环境规章两类。从立法主体来看，地方环境法规的立法主体是享有地方立法权的省、自治区、直辖市的人大及其常委会，省级政府所在的市、经济特区所在地的市和国务院批准的较大的市的人大及其常委会，以及民族自治地方的人大；而地方环境规章的立法主体是享有地方立法权的省、自治区、直辖市的人民政府以及省级政府所在的市、经济特区所在地的市和国务院批准的较大的市的人民政府。① 从效力层次来看，地方环境法规的效力层次高于地方环境规章，地方环境规章不得与地方环境法规相抵触。自改革开放以来，我国地方环境立法建设走的是一条持续增长的轨迹。大量地方环境立法的出台，为我国环境保护预期目标的实现以及环境质量的改善做出了积极的贡献，成为环境法律体系中不可或缺的重要组成部分。但是，我国地方环境立法仍然存在诸多问题与不足，作用的发挥还存在很大的提升空间。

(二)气候变化背景下地方环境立法的突出特点

经过多年的环境法制建设，尤其是近些年来在应对气候变化现实需要的刺激下，地方环境立法数量出现爆炸式增长，已经占据了我国环境立法的相当大比重，为环境法形成庞大的立法体系奠定了坚实的基础。各省(区、市)也都形成了数量可观的地方环境立法体系。根据统计，在 18 个样本省(区、市)中，各省(区、市)的地方环境立法数量少则数十件，多则一百多件，折射出地方政府对环境问题重视程度的提高以及地方立法主体对环境立法高涨的积极性。结合 18 个样本省(区、市)的地方环境立法实际，笔者认为，目前的地方环境立法呈现出如下特点：

---

① 2015 年 3 月 15 日，十二届全国人民代表大会第三次会议审议通过了《立法法修正案(草案)》。本次修订的一个重要变化是赋予设区的市地方立法权，并明确了设区的市的立法权限和范围，即可就城乡建设与管理、环境保护、历史文化保护等方面的事项制定地方性法规。这一立法变化显著扩大了具有地方立法权的市的范围。

1. 地方环境立法活动频繁

地方环境立法作为环境法律体系中的重要组成部分，数量是非常庞大的。根据统计，2005—2014年的10年间，18个样本省（区、市）的地方环境立法总数为1 601部，年均地方环境立法数量约为9部。各样本省（区、市）的地方环境立法数见图1。其中，立法数量最少的省（区、市）为北京市，立法数为29部，约占18个省（区、市）立法总数的2%；数量最多的为辽宁省，立法数为176部，约占18个省（区、市）立法总数的11%。除个别省（区、市）在某个年份没有出台地方环境立法外，如北京市在2013年既未制定地方环境法规也未制定地方环境规章，其余样本省（区、市）在这10年中均为不间断地每年都有地方环境立法出台。从地方环境立法在地方立法中的占比来看，18个样本省（区、市）的地方环境立法总量约占这些省（区、市）地方立法总量的19%。各样本省（区、市）地方环境立法在该省（区、市）地方立法总量中的占比数具体见图2。其中，占比最低的为重庆市，地方环境立法约占该市地方立法总量的14%；占比

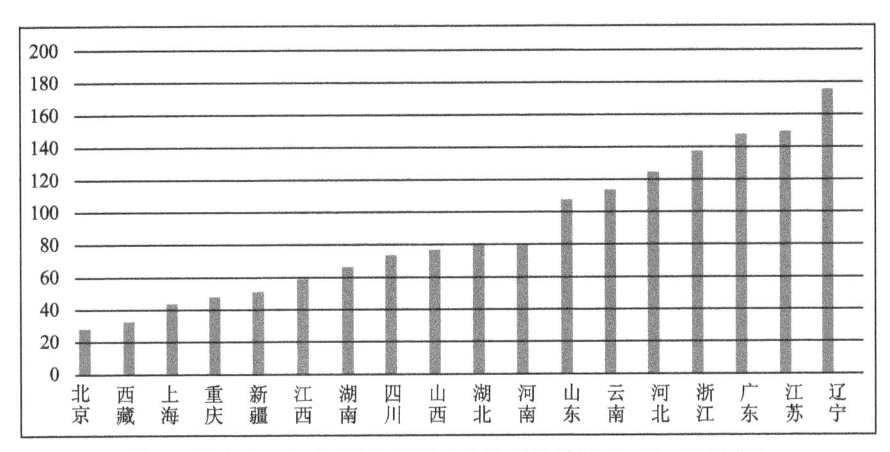

图1 样本省（区、市）地方环境立法数量统计图（2005—2014年）

（注：地方环境立法数量统计包含了在2005—2014年期间废止和修订的立法，即统计未扣除立法修改和废止的次数。）

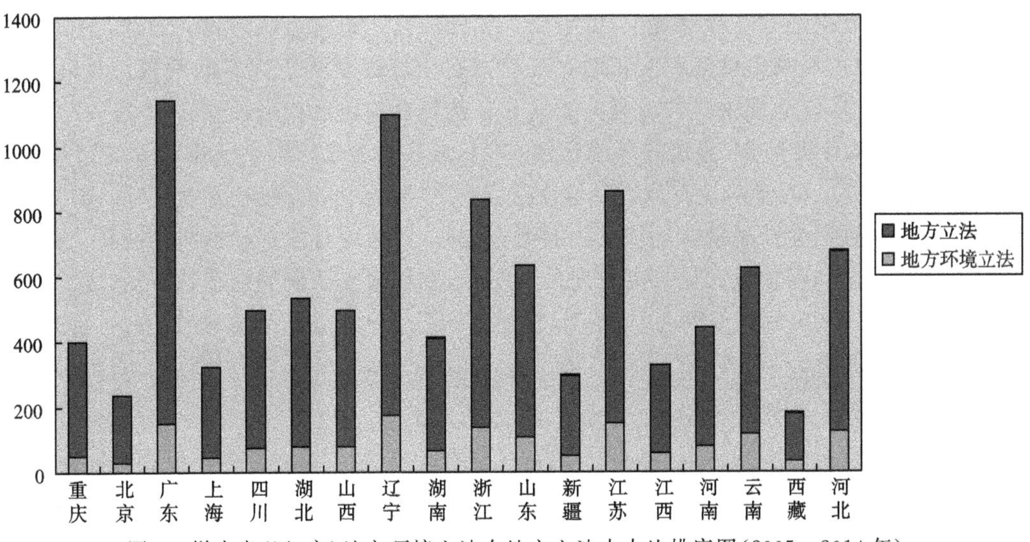

图2 样本省（区、市）地方环境立法在地方立法中占比排序图（2005—2014年）

（注：地方环境立法在地方立法中占比比例按升序排列。）

最高的为河北省，地方环境立法已经占到该省地方立法总量的约 23%。这就意味着，样本省(区、市)平均每 5 部地方立法中就有 1 部为地方环境立法。值得注意的是，新疆和西藏两个自治区虽然地方环境立法总数不多，但在其地方立法总量中的占比均超过了平均值，分别达到了约 21%和 23%，在 18 个样本省(区、市)中排在第 7 位和第 2 位。根据以上分析可知，在样本省(区、市)地方立法中，无论是从立法频率还是从立法数量来看，地方环境立法都是极为活跃和频繁的。

2. 地方环境立法涵盖范围广

如果按照广义的环境立法来进行划分，现有的地方环境立法大致可分为水利气象、环境卫生、资源能源、地质矿产四大类。从现有的统计数据来看，在 18 个样本省(区、市)中，基本上都包含了上述全部四种类型的地方环境立法，区别仅在于立法数量的多寡。仅以江苏省为例，江苏省地方环境立法在 2005—2014 年这 10 年间的立法总数为 150 部，其在水利气象、环境卫生、资源能源、地质矿产四种类型中的立法数量分别为 22 部、52 部、64 部和 12 部，这四类立法各自在江苏省 10 年来地方环境立法中所占比重见图 3。

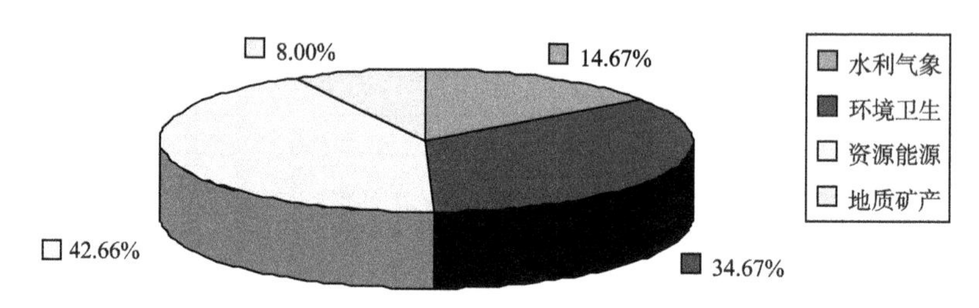

图 3　江苏省地方环境立法分类比例统计图(2005—2014 年)

3. 地方环境立法形式多样

地方环境立法的具体形式包括新立、修订和废止。地方立法的灵活性要求，有地方立法权的机关根据形势变化进行地方环境立法的立、改、废。在所有样本省(区、市)2005—2014 年的地方环境立法尤其是地方环境法规中，都采用了立、改、废的地方立法形式。当然，主要的仍是新出台的立法，但也反映出修订和废止的立法动态变化过程受到立法者的重视。从静态数据来看，浙江省地方环境法规中立、改、废的数量分布就具有一定的代表性。在 2005—2014 年的 10 年间，浙江省共计出台 83 部地方环境法规，其中修订的为 22 部，约占总数的 27%；废止 1 部，约占总数的 1%。两者共计占该省环境立法总数的约 28%，反映出样本省(区、市)的相关地方立法机关有意识地开展地方环境立法的清理工作，以适应环境保护形势的变化。同时，地方环境立法的修订和废止数占比较高也充分表明，地方环境立法的周期普遍较短，立法的变动性较强。事实上，2005—2014 年这 10 年间，样本省(区、市)地方环境立法中，先立后改、先立后废的情况并不鲜见。

4. 地方环境法规数量总体大于地方环境规章数量

从统计数据来看，地方环境法规数量总体上大于地方环境规章的数量。地方环境法规数量为 1 071 部，地方环境规章数量为 530 部，两者间的数量比约为 2∶1。具体到样本省(区、市)，除北京市、上海市和西藏自治区外，其余省(区、市)的地方环境法规数量均高于地方环境规章的数量，具体情况见图 4。其中，地方环境法规与地方环境规章数量差距最大的是云南省，两者间的数量比约为 7∶1。出现这种现象，原因可大致归结为三个方面：一是源于本文对地方环境立法的理解，导致大量的地方非立法性规范文件被排除在外；二是地方人大的地位得到提升，在地方立法中发挥了更加积极的作用；三是与地方政府在环境管理中大量使用非立法性文件而非地方规章存在直接的关联。实践中，非立法性文件由于制定程序简单，能够解决一时亟须，确实是地方政府进行环境管理的非常重要的手段之一，但规范性文件稳定性差，不利于环境管理关系的稳定[4]。因此，地方环境法规数量高于地方环境规章数量的现象也就具有了相当的合理性。

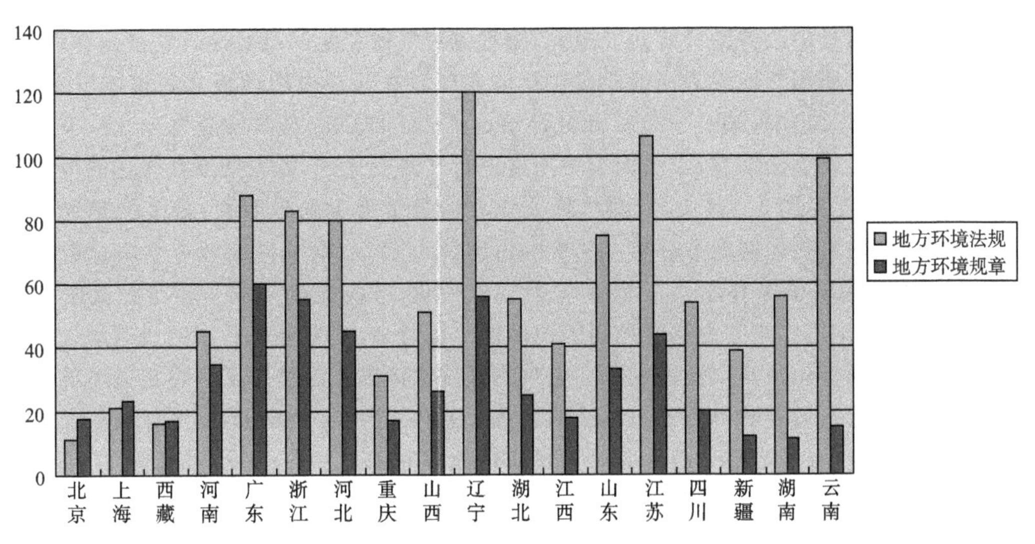

图 4 样本省(区、市)地方环境法规与地方环境规章数量对比图(2005—2014 年)

(注：地方环境法规和地方环境规章数量对比值按升序排列。)

5. 实施性立法数量高于自主性和先行性立法数量

结合《立法法》第 64 条的规定以及立法实际，根据立法目的，地方立法可分为实施性立法、自主性立法和先行性立法。实施性立法主要是指“为执行法律、行政法规的规定，需要根据本行政区域的实际情况作具体规定”的立法；自主性立法是指“属于地方性事务需要制定地方性法规”的一类立法；先行性立法则是指“国家尚未制定法律或者行政法规的，省、自治区、直辖市和较大的市根据本地方的具体情况和实际需要”，先行制定的地方性立法。这三种类型的地方立法，都兼具执行性和创新性。但总体上，实施性立法侧重于执行性，而自主性立法和先行性立法以创新性为主。就目前样本省(区、市)的地方环境立法来看，均已涵盖了这三种地方立法形式。其中，包含有相当数量的自主性地方环境立法。以新疆维吾尔自治区为例，主要有《新疆玛纳斯国家湿地公园保护条例》、《新疆维吾尔自治区天山自然遗产地保护条例》、《天山天池风景名胜区保护管理条例》、《博尔塔拉蒙古自治州温泉新疆北鲵自然保护区管理条例》、《巴音郭楞蒙古自治州塔里木胡杨国家级自然保护区管理条例》、《新疆维吾尔自治区坎儿井保护条例》等；很多省(区、市)也制定了有代表性的先行性地方环境立法，如湖北省制定的《湖北省碳排放权管理和交易暂行办法》，山西省制定的《山西省应对气候变化办法》、《太原市二氧化硫排污交易管理办法》、《太原市绿色转型促进条例》及《太原市绿色转型促进条例实施办法》，四川省制定的《四川省灰霾污染防治办法》(2015 年 2 月 25 日通过)、《四川省气候资源开发利用和保护办法》(2014 年 11 月 17 日通过)等。自主性立法和先行性立法的作用是显而易见的,它们可以丰富地方环境立法的立法范围与内容,体现地方特色,增强法律调整的针对性。但总体上,实施性立法的数量多于自主性和先行性立法的数量。

6. 地方环境立法应对气候变化的态度较为积极

总体上,地方环境立法对气候变化的回应态度较为积极。气候变化加剧了环境问题的严重程度,促使国家和地方层面共同采取更加积极的应对手段。当然,必要手段是通过立法为应对气候变化理念和措施提供制度保障,同时,以此推动环境立法及时回应现实问题,对环境问题的解决和环境质量的改善发挥实效。因此,随着应对气候变化的重要性日益得到强调,应对气候变化立法也理所当然地成为当前阶段包括地方环境立法在内的环境立法整体发展趋势。在 18 个样本省(区、市)中,2005—2014 年共计出台了 347 部以应对气候变化、节能、节水等为立法名称关键词或在立法宗旨、立法内容中出现应对气候变化、节能减排降耗表述的地方环境立法,具体分布情况见图 5。其中,应对气候变化立法数量最少的是西藏,最多的是辽宁。应对气候变化立法数量在同期地方环境立法中的占比约为 22%,而在同期地方立法总数中的占比约为 4%,充分说明了样本省(区、市)对应对气候变化、节能减排采取了相对积极的回应态度,在应对气候变化法律化方面具有相当的积极性。反过来,地方环境立法的快速增长也有力地推动了应对气候变化及其立法的发展。应对气候变化地方立法经历了从在相关环境立法个别条文呈现到立法宗旨点明再到专门立法的过程。其中,于 2011 年出台的《山西省应对气候变化办法》是我国仅有的 2 部专门性应对气候变化地方立法之一。此外,四川省、江苏省应对气候变化立法正在稳步推进[5],四川省已于 2012 年公布了《四川省应对气候变化办法》(征求意见稿)。

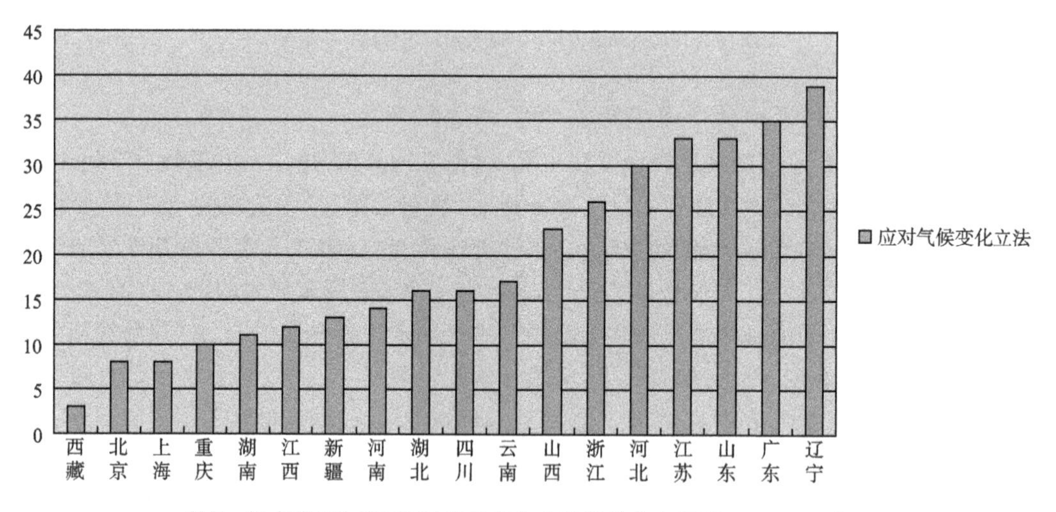

图 5 样本省(区、市)应对气候变化立法数量分布图(2005—2014 年)

7. 区域地方环境立法状况存在较大差距

据现有样本统计数据显示,东、中和西部地方环境立法数量分别为 918,363 和 320 部。立法总数上,东部地区 8 省(市)的地方环境立法数量远超中部和西部共 10 个省(区、市)的地方环境立法数量总和;省均立法数方面,东部地区省均地方环境立法数约为 115 部,中部地区省均地方环境立法数约为 73 部,西部地区省均地方环境立法数则为 64 部。东部地区省均地方环境立法数接近中部和西部地区省均地方环境立法数总和。可见，东部地区的地方环境立法活动更为频繁，一定程度上反映出东部省(市)对环境问题有着更高的重视程度。这既与我国地方立法水平、能力和现状相符，也与东部发达地区环境问题的严重程度呈正相关。从立法内容上看，东部地区各样本省(市)的地方环境立法较为全面，基本上涵盖了现有环境立法的所有内容，在实施性立法方面与中央环境立法的对应关系较为明显，也大多根据省(市)情制定了先行性和自主性地方环境立法；而中西部地区尤其是西部地区，除个别样本省(区、市)外，在环境立法范围的涵盖面上不及东部地区。

三、气候变化背景下我国地方环境立法问题的具体分解及原因探析

(一)我国地方环境立法存在的主要问题

在我国地方环境立法总体繁荣的背景下，也暴露出一些突出问题。这集中体现在地方环境立法数量急剧增加与法律效果之间的矛盾，即地方环境立法短期爆发式增长的同时立法质量和执法效果却并不尽如人意。这些问题的存在，既降低了环境立法的权威性，也给地方环境执法和司法活动带来了极大的障碍。

1. 地方环境立法的独立性不足

地方环境立法的独立性是指地方环境立法应具有地方性，体现地方特色，并在不违背上位立法的基础上，体现自主性，因地制宜解决本地环境问题。欠缺独立性是目前地方环境立法存在的最大问题。中央与地方是两个具有不同权力内涵和利益考虑的立法主体，具有不同的立法行为目标、价值和功能[6]。无论是从立法特点还是从立法适用范围来看，地方立法显然都应承担与中央立法迥异的立法功能和任务。首先，地方立法既要与宪法、法律和行政法规保持一致，又要适合本地现实，应兼具从属性和独立性。其次，地方立法应在不违背上位法的前提下，对上位立法进行补充和可操作性完善以促进宪法、法律、行政法规等在本地的有效施行，或者解决中央立法不能独力解决或暂时不宜由中央立法解决的问题以及地方特有的且需要以立法解决的问题。显然，地方在环境问题上有“广泛的立法自主权”[7]，应确保其必需的立法空间。但作为一对矛盾的法律属性，以往的传统是更多强调地方立法的从属性，忽视其独立性，导致地方在立法价值取向上存在失衡。把握不好这一平衡，地方立法要么陷入“照抄照搬”上位法的境地，要么不合理地突破上位法，产生合法性危机。因此，如何在体现从属性的基础之上突出地方立法的独立性，这是地方环境立法亟须解决的现实难题。

在地方环境立法机关能力和条件均不优于上位立法机关的前提下，地方环境立法很难承担起细化立法的任务。由此，地方环境立法的最优选择是照抄上位法。只在特殊情形下，会出现对上位法的“突破”。这一问题集中存在于实施性立法，甚至也出现在一些先行性地方环境立法中。对上位法的“抄袭”表现为，中央一有立法，地方马上制定相应条例或实施办法，或者借鉴其他地方的立法制定本辖区地方环境立法，缺乏基本的“本土”立法调研，常常重复或抄袭上位法或其他省的相关立法条文[8]。而且，抄袭还极具随意性，抄什么、抄多少，都因人、因部门的想法不同而有很大不同。当“抄袭”成为普遍现象，各级环境立法的趋同化、同质化无可避免，既丧失了区分立法效力层级的意义，也造成立法资源的不合理浪费。立法体系上追求大而

全、体系一致的观念，即中央立法有规定的，地方也要规定，是造成照抄照搬现象的另一原因。在这种观念下，一些地方环境立法必然作为完成立法任务的应景之作，是一些工作人员用来标榜自己工作业绩的手段，因而对立法质量要求不高，从而出现“小法抄大法，后法抄前法”的现象[9]。粗略浏览各样本省(区、市)的地方环境立法，不难发现其中不乏名称雷同或相似的立法，如《××省(区、市)环境保护条例》《××省(区、市)节约能源条例》《××省(区、市)民用建筑节能条例》《××省(区、市)节水条例》等。实施性地方环境立法需要对上位法细化、地方化，如果说名称上雷同或相似还有其合理性的话，立法内容的照抄照搬就直接导致地方环境立法的独立性丧失。以各地节约能源立法为例，《节约能源法》1997 年通过并于 2007 年进行修订，与这两个时间节点相对应，各省(区、市)也分别在 1997 年和 2007 年以后先后出现了两次地方节约能源立法的高潮。在样本省(区、市)中，2005 年以后制定或修订地方节约能源立法的有 15 个，其中《四川省实施〈中华人民共和国节约能源法〉办法》刚于 2014 年修订通过。但无论是条文数量还是立法内容，地方节约能源立法在细化《节约能源法》、适应地方现实方面还存在明显不足(详情见表 1)。首先，《节约能源法》为 7 章 87 条，而各样本省(区、市)的条文数量无一超过《节约能源法》，甚至约 47%的省(区、市)条例条文数量只有 30～40 条，仅为《节约能源法》条文数的一半。其次，各省(区、市)地方节约能源立法的章节安排上基本沿用《节约能源法》，章节名称表述没有显著变化，大致存在对应关系，甚至 60%的省(区、市)条例还在章节上有所删减，只规定 6 章内容，只有《山东省节约能源条例》章节上有所增加，共计 8 章内容，增加了《节约能源法》没有的“监督检查”一章。立法实质内容上，条文表述一致或相似的情形也比较常见。整体上看，中央与地方节约能源立法之间和地方节约能源立法之间均存在简单重复，导致地方节约能源立法的同质化程度颇高，创新性和独立性比较有限，没有突出地方特色，差异性制度设计比较匮乏，给法律适用带来难题。

表 1　中央与地方节约能源立法对照表

中央节约能源立法			地方节约能源立法		
立法名称	条文数量	立法内容	立法名称	条文数量	立法内容
《中华人民共和国节约能源法》(2007)	7 章 87 条	总则、节能管理、合理使用与节约能源、节能技术进步、激励措施、法律责任、附则	《北京市实施〈中华人民共和国节约能源法〉办法》(2010)	7 章 70 条	总则、节能管理、合理使用与节约能源、节能技术进步、激励措施、法律责任、附则
			《广东省节约能源条例》(2010)	7 章 58 条	总则、节能管理、合理使用能源、节能技术进步、激励措施、法律责任、附则
			《河北省节约能源条例》(2006)	7 章 45 条	总则、节能管理、合理使用能源、节能技术进步、节能保障、法律责任、附则
			《河南省节约能源条例》(2006)	6 章 32 条	总则、节能管理、合理使用能源、节能技术进步、法律责任、附则
			《湖北省实施〈中华人民共和国节约能源法〉办法》(2011)	7 章 50 条	总则、节能管理、合理使用和节约能源、节能技术进步、激励措施、法律责任、附则
			《江苏省节约能源条例》(2010)	6 章 54 条	总则、节能管理、合理使用能源、节能技术进步和激励措施、法律责任、附则

续表

中央节约能源立法			地方节约能源立法		
立法名称	条文数量	立法内容	立法名称	条文数量	立法内容
			《江西省实施〈中华人民共和国节约能源法〉办法》(2013)	6章 48条	总则、节能管理、合理使用与节约能源、节能技术进步与激励措施、法律责任、附则
			《辽宁省节约能源条例》(2006)	6章 40条	总则、节能监督管理、合理利用能源、节能促进与保障、法律责任、附则
			《山东省节约能源条例》(2009)	8章 55条	总则、节能管理、合理使用能源、节能技术进步、激励措施、监督检查、法律责任、附则
			《山西省节约能源条例》(2011)	6章 52条	总则、节能管理、合理使用和节约能源、节能技术进步和激励措施、法律责任、附则
			《上海市节约能源条例》(2009)	6章 80条	总则、节能管理、合理使用与节约能源、节能技术进步与节能激励措施、法律责任、附则
			《四川省实施〈中华人民共和国节约能源法〉办法》(2014)	44条①	—
			《新疆维吾尔自治区实施〈中华人民共和国节约能源法〉办法》(2013)	6章 44条	总则、节能管理、合理使用和节约能源、节能技术进步和激励措施、法律责任、附则
			《浙江省实施〈中华人民共和国节约能源法〉办法》(2011)	6章 55条	总则、节能管理、合理使用与节约能源、激励措施、法律责任、附则
			《重庆市节约能源条例》(2007)	6章 41条	总则、合理用能、激励措施、监督管理、法律责任、附则

2. 地方环境立法的可操作性总体偏低

地方环境立法的可操作性与其独立性直接相关。地方立法具有细化和补充上位法、体现地方性的功能和任务，因而在立法内容上兼具执行性与创新性。无论是执行性还是创新性，都要求在操作性上优于中央立法，能够有效解决地方实际问题。即地方环境立法应突出两个特点，一要管用，二要好用。地方立法既要结合本地方的实际情况，解决本地方的实际问题，又要有具体的措施或“抓手”[10]。但与前述地方环境立法独立性不足问题相关联，环境立法同质化、趋同化现象严重导致上位法存在的问题向下延伸和渗透至地方环境立法中，其中突出的表现就是立法可操作性差。之所以如此，首先源于我国特殊的立法基本理念。多年来，我国的基本立法理念是“宜粗不宜细”。这种做法的直接后果是可操作性降低。受这一立法理念的影

① 《四川省实施〈中华人民共和国节约能源法〉办法》没有查询到章节目录。

响，在地方环境立法中，可操作性问题也普遍存在，立法规定过于原则，更多承担的还是价值宣示功能。操作性问题除与“宜粗不宜细”的立法理念有关，还源于环境法基础理论的薄弱与环境立法整体操作功能的弱化。某种程度上，地方环境立法的可操作性问题比中央环境立法更为突出。究其原因，受到地方立法“重数量轻质量”的观念影响是其一。许多地方在制定颁布地方性环境法规之前，并未对立法的可行性以及实施效果进行充分的论证和调研，只是盲目跟从国家环境立法或是其他城市的环境立法[11]。立法评估机制不完善，尤其是立法后评估机制的缺失是其二。缺乏有效的立法监督使得地方环境立法丧失了补救可操作性缺陷的可能。正因如此，基于这一考量制定的地方环境立法虽面面俱到，看上去很美，却“既无大错也无大用[12]”。此外，在上位环境法中可操作性低的内容一般都是立法难点，是现实难解的矛盾和制度化尚未完成的问题在立法中的反映。地方环境立法在面对这些立法难点时，往往习惯性地回避尖锐矛盾，欠缺制度应对的以虚化条文解决，这也使得可操作性问题在各层级环境立法中得以一以贯之，且问题累积下移至地方，并在地方进一步放大。以地方环境保护条例为例，对照《环境保护法》，修订前的《环境保护法》总条文数为 47 条，虽然修订后的条文总数为 70 条，因其修订时间为 2014 年，目前各地环境保护条例大多尚未根据新《环境保护法》进入修订程序，仅相较于旧法条文数量来看基本有所增加，其中条文数量最多的是《重庆市环境保护条例》，条文数达到 116 条；条文数量最少的则是《湖南省环境保护条例》，仅有 34 条；其余各省（区、市）环境保护条例的条文数量大多为 50～60 条（表 2）。地方的实际情况更复杂，地方立法应更细致、更加强调操作性，有限增加的条文数量无法穷尽各种可能，不能为具体的执法活动提供详细明确的法律依据，很难做到细化上位法以呈现较强的地方特色和可操作性。事实上，包括地方环境保护条例在内的各地环境立法普遍缺乏具有针对性的具体保护手段或执行手段，“重实体，轻程序”，即便是本应针对地方特殊环境资源的保护内容，也仅仅只做出原则性规定。作为衡量立法可操作性的重要指标，法律责任制度不健全，主要是设定受制主体的法律责任，而对管理主体的法律责任着墨较少；多侧重于行政责任规定，而民事责任规定少。以表 2 样本省（区、市）环境保护条例中法律责任制度占比最多的《四川省环境保护条例》为例，在共计 15 个条文的“奖惩制度”一章中，除奖励和与相关立法的衔接这 2 个条文外，剩余的条文涉及行政责任、民事责任和刑事责任的条文比为 7∶3∶3。这一比例在地方环境立法中很具有代表性。可操作性差的缺陷是显而易见的，不仅无法统一适用标准，也使得地方环境立法界限难以厘清，立法流于形式，最终影响的是环境保护的成效。

表 2　样本省（区、市）环境保护条例条文数

省（区、市）名称	立法名称	条文数
广东省	《广东省环境保护条例》(2004)	51 条
河北省	《河北省环境保护条例》(2005)	51 条
湖南省	《湖南省环境保护条例》(2013)	34 条
湖北省	《湖北省环境保护条例》(1997)	44 条
河南省	《河南省环境保护条例》①	65 条
上海市	《上海市环境保护条例》(2005)	60 条
重庆市	《重庆市环境保护条例》(2010)	116 条

① 《河南省环境保护条例》未查询到出台年份、是否经过修订以及目前的存废情况。

续表

省(区、市)名称	立法名称	条文数
广东省	《广东省环境保护条例》(2004)	51条
云南省	《云南省环境保护条例》(2004)	63条
西藏自治区	《西藏自治区环境保护条例》(2013)	55条
新疆维吾尔自治区	《新疆维吾尔自治区环境保护条例》(2011)	55条
四川省	《四川省环境保护条例》(2004)	54条
江苏省	《江苏省环境保护条例》(1997)	51条
辽宁省	《辽宁省环境保护条例》(2006)	54条
山东省	《山东省环境保护条例》(2006)	71条
山西省	《山西省环境保护条例》(1997)	52条

3. 地方环境立法的民主性有待提高

环境立法天然的具有民主性需求,地方环境立法也不例外。反而,环境问题及立法的地域性决定了地方环境立法要充分体现民主性诉求。但遗憾的是,地方环境立法存在民主性问题,具体体现在两个层面:首先,地方环境立法过程没有充分体现民主。立法过程透明、公开是现代民主立法的基本要求,形式和程序民主是立法实质民主的前提和基础,也是解决立法供给与立法需求脱节、立法者与守法者缺乏沟通导致的法律实施效果不理想的必要手段。近年来,立法公开已然成为各层级立法的常态①。环境立法也越来越重视立法过程的民主和公开,如《环境保护法》修订过程中就多次公开征求公众意见。但从立法公开以及民主参与的效果来看,还有诸多欠缺。《环境保护法》修订草案第一次公开征求意见截止时,仅收到意见 11 000 多条。在环境法领域中具有高关注度的《环境保护法》尚且如此,公开的范围和公众参与积极性上受到更多现实条件制约的地方环境立法,公众参与程度和效果可想而知。公众参与地方环境立法存在诸如立法欠缺规划、立法信息公开不及时与不完整、信息获取的渠道和形式较为单一、立法程序不健全、立法听证形式化、立法草案征求意见简单化、立法论证专家参与不充分、公众参与范围有限、参与积极性不高、参与能力不足等问题。以立法公开的形式和内容都比较先进的江苏省为例,经检索江苏省人大网站获取的初步网络数据显示,江苏省人大在 2013—2014 年进行了 7 次民主立法活动,频次相对较高。其中,2 次为问卷调查,1 次为召开座谈会,其余 4 次为公开征求意见②。召开公众座谈会的是《江苏省机动车排气污染防治条例(修订草案)》,根据江苏省人大的公告,参会名额设定为 15 名,代表范围限定为市民代表、机动车主、机动车检验机构、道路运输经营者等相关单位、人员,但参会代表确定标准及代表确定程序公开不充分③;采用问卷调查的分别是《江苏省绿色建筑发展条例(草案)》和《江苏省大气污染防治条例(草案)》,问卷设计的问题分别为 2 题和 5 题,前者过于宏观,起不到了解公众真实看法的作用;后者则相对细致,直指公众广泛关注的焦点问题,但覆盖面不够广。对前述立法公开活动,在江苏省人大网站的"法规草案意见征集平台"中没有查询到对意见、建议和调查结果的反馈。

① 如广受关注的《预算法》和《劳动合同法》修正案就分别收到 33 万条和 55 万条意见,公众参与度极高。

② 其中,《江苏省大气污染防治条例(草案)》先后 2 次征求意见。

③ 不论申请人是否具备代表资格,都应当在规定期限内将审核结果告知申请人,并在官网上将参会代表的审核结果及时予以公示,对未能审核通过的原因和理由作出说明。详见参考文献[13]。

而更为普遍的是，相当一部分省（区、市）人大网站和政府网站不仅查询不到相关的立法过程公开情况，也没有设置与公众就立法工作进行互动的栏目和平台。即便是发布了立法草案征求意见的通知或公告，立法公开的形式过于单一，规定公众提出意见的方式不够便捷和灵活，公众参与途径狭窄，公众意见和建议的反馈机制更是缺失。各地主要采取的是公开征求意见、听证会与座谈会等公众参与的基本形式，应该扩充专家参与立法过程的深度和方式，毕竟相对于其他参与形式，专家参与对实现地方环境立法凸现地方特色、增强可操作性、弱化部分利益、强化理论指导的目的具有不可替代的独特作用[14]。总之，从立法的规划与论证到相关信息的获取到参与范围与形式再到参与效果，地方环境立法实际与真正的民主立法还存在较大的差距。参与效果反过来影响公众参与的积极性与主动性，从而导致地方环境立法的民主性问题陷入恶性循环。其次，地方环境立法内容没有充分体现民主。环境民主作为环境法的基本原则，应贯穿环境立法的始终。从制度上最为直接体现环境民主要求的是公众参与制度。目前，地方环境立法在公众参与制度设计上还不够积极，虽然条文中或多或少都会涉及公众参与的内容，但却不利于真正发挥公众参与实效。条文数量少、公众参与规定过于原则是存在的主要问题。破解公众参与难的办法是增加公众参与条文和立法内容在各级环境立法尤其是地方环境立法中的比重，甚至通过专门立法来推进公众参与制度构建。至今，仅有河北省于 2014 年 11 月 28 日通过了《河北省环境保护公众参与条例》，这是全国首部也是唯一一部环境保护公众参与地方立法。

4. 地方环境立法的立法空间利用不合理

地方环境立法的立法空间被不合理使用主要体现为立法滞后与突破上位法的两级化现象及对获得广泛关注的突出环境问题回应不及时。首先，相较于其他部门法，虽然环境立法整体上的修订周期较短，但是修订周期短的立法主要集中于中央层面的环境立法，特别是环境法律，以及部分关注度高的环境要素地方立法。更多的情形是，作为上位法的环境法律如果长期不加以修订，其对应的地方立法也相应地缺乏变动。前述表 2 也反映出，相当一部分样本省（区、市）的环境保护条例都是 20 世纪制定并一直沿用至今的。2014 年新《环保法》出台后，着手进入地方环境保护条例修订工作的省（区、市）还是少数。在样本省（区、市）中，已知的完成地方环境保护条例最新修订工作的是广东省①。在当前环境问题高发、更加强调立法效果的背景下，这样的立法现状显然难以充分发挥实效。其次，相较于前者，更值得关注的是，地方“超前”环境立法问题。从地方立法的特点和承担的功能与任务来看，地方“超前”立法具有合理性。法律是需要具备前瞻性的，但“超前”必须适度。地方立法并不是也不应当是中央立法的翻版与简单重复，地方立法在坚持国家法制统一原则的前提下，必须发挥主观能动性，立足于本地经济发展的实际，坚持适度超前[15]。随着我国经济体制转轨、对环境问题认识的深入以及环境立法技术的不足，现行的高效力层级的环境法大多存在难以克服的硬伤。地方制定或修改本地的实施条例或办法，特别是当这些地方正在进行某项制度的改革而上位法尚未进行修订时，地方环境立法只能选择对上位法进行突破或者所谓的“超前”立法，实际造成违背上位法的结果。这一状态不仅造成地方环境立法的合法性基础缺失，还会导致立法欠缺稳定性。以我国的集体林权改革为例，《森林法》对林权的规定已经远落后于现实，但该法作为林业基本

① 《广东省环境保护条例》已于 2015 年 1 月 13 日修订通过，于 2015 年 7 月 1 日起施行。

法，在尚未进行修订的背景下，已经开展林权改革的省份在制定或修改地方性林业立法时，在林权及配套制度的内容上或多或少都已经突破了《森林法》以及《森林法实施条例》的规定，如《江西省森林条例》与《云南省森林条例》都存在“超前”立法现象。虽然这是现实条件下的无奈选择，但事实上却是与《森林法》相悖的。同时，由于改革正在进行，还未形成稳定的林业法律关系，林业立法也不可能形成稳定的制度规范，这种超前立法使得中央和地方林业立法之间的关系陷入尴尬境地，在立法、执法和司法等各个环节都会产生诸多问题。再次，对突出环境问题的回应不及时集中体现在应对气候变化领域。作为应对气候变化的必要手段，在应对气候变化从国际视野转为国内行动的背景下，局部采取差异化应对措施是必由之路。局部差异化措施应由地方立法固定下来，需要地方环境立法对此做出积极回应。但地方环境立法在应对气候变化上还有很大的提升空间。虽然前述提及，各地对应对气候变化立法的态度较为积极，但总体上，现有应对气候变化的地方环境立法仍是以节能减排立法为主，缺乏专门地方环境立法的应对。截至目前，《青海省应对气候变化办法》与《山西省应对气候变化办法》是仅有的两部应对气候变化地方专门立法，也是仅有的应对气候变化专门立法。

5. 地方环境立法的科学性有所欠缺

立法的科学性主要衡量立法目的、立法语言、立法技术等是否符合科学、规范的要求。在地方环境立法中，立法目的、立法语言、立法技术等都存在一些不科学之处。1)地方环境立法中一元和二元立法目的共存。从环境保护的理论和现实需要看，环境法的立法目的应该体现环境保护的优先性，即应当确立一元目的。一元立法目的是以环境保护为唯一立法目的[①]。此类地方环境立法多数为晚近立法，立法出台时间晚，因而对环境法基础理论的最新动态、新的立法理念以及新确立的环境法原则和制度有着接纳吸收的时间条件和物质基础[②]。二元立法目的则是环境保护和经济发展均为环境法立法目的[③]。此类地方环境立法大多是在经济至上发展观作为主流观念的背景下制定的，立法时间较早，尚未充分认识到环境保护在社会发展中的独特作用和价值，新的环境法理念、原则与制度尚未被普遍接受。但总体上，绝大多数地方环境立法还是采用二元立法目的，立法宗旨中充斥着“促进环境保护与经济建设协调发展”、“促进经济和社会的可持续发展”及类似的表述。另从应对气候变化的角度看，在立法宗旨中明确“应对气候变化”表述的还只是极少数地方环境立法。2)地方环境立法表述不够规范。休谟曾指出，法律是通过语言订立和公布的。表述对立法质量以及立法生命力至关重要，应做到准确、简明、规范、严谨、庄重、朴实与通俗[16]，既要突出地方特色，又要规范严谨；既要采用规范的书面用语，又要通俗易懂；既要简明扼要，又要体现可操作性。概括来说，就是要在“高冷”和“亲民”之间找到恰当的平衡点。但目前地方环境立法的立法表述存在较多问题：首先，立法

① 确立一元立法目的的地方环境立法的典型代表是《重庆市环境保护条例》，该条例第一条明确：“为保护和改善环境，保障人体健康，促进人与自然和谐发展，根据《中华人民共和国环境保护法》等法律法规，结合本市实际，制定本条例。”

② 其表现主要是在立法宗旨中写入可持续发展、环境安全、资源节约型社会与环境友好型社会、循环经济等表述。

③ 以《山西省环境保护条例》为例，二元立法目的的典型表述是：“为保护和改善生活环境与生态环境，防治污染和其他公害，保障人体健康，促进环境保护与经济建设协调发展，根据《中华人民共和国环境保护法》及有关法律、法规，结合本省实际，制定本条例。”

内容上存在谬误，不同立法条文之间存在矛盾或者不能适应现实，缺乏灵活性；而且有的地方环境立法“抄袭”上位法时，为了显示不是完全的照抄照搬，还会对立法内容进行不合理的“改头换面”，破坏立法内容的逻辑严谨性。其次，立法结构安排上，没有章节划分，条文设置混乱。再次，立法语言上，一是立法名称不统一，条例、实施办法、规定、通知等不一而足，二是表现为违反前述七项语言表述要求，条文用语有些过于晦涩，有些过于通俗，有些采用政策性语言，有的则使用歧义性语言，给守法和适用法律造成不必要的障碍。值得一提的是，就笔者看来，现有地方环境立法普遍没有对附则善加利用。很多地方环境立法附则仅有一个条文，用于规定该法的施行时间和相关立法的废止。但如立法中出现的歧义性用语或专业名词，是可以善用附则做出明确界定和解释，减少实施过程中对条文理解上的分歧及由此产生的适用不统一。地方立法不科学、不严谨，要么被束之高阁，浪费立法资源；要么将被迅即修改，增加立法成本。甚至可能导致整个立法活动的失效和对地方立法失去信心[17]。3)地方环境立法技术有限。立法技术同样会直接影响立法实施效果。高超的立法技术能够使得立法实现灵活性与稳定性的统一，立法的稳定性强；而在有限的立法技术下，地方环境立法很难拥有持久的生命力，会呈现出周期缩短的立法变动。在地方环境立法现状下，地方立法技术亟待逐步改进。如《山西省环境保护条例》，该条例先于 1996 年 1 月通过，进而于 1997 年 7 月就进行了修订，修订周期仅为 1 年半，此次法律修订涉及 13 个条文的变动，占修订后条文总数的 25%。这显然不利于公众形成稳定的立法预期。

(二)地方环境立法问题的原因剖析

1. 央地分权实质影响地方环境立法质量

中央与地方财政分权的实质是地方利益的确认和独立。随着中央与地方财政分权的深入，地方拥有并强化了自身独立利益，并作为独立的利益主体参与利益博弈和分权斗争。在地方利益凸显的背景下，中央和地方之间的利益冲突增加，为了实现自身利益的最大化，地方有了充分追求地方利益的动机和能力，从而与中央和其他地方之间展开互动式利益博弈。其直接后果是，财政分权结构中，地方获得独立的利益主体资格和财力支配自主权的同时也承担更多公共服务职能和责任，存在事权和财权的严重不对称。在地方财政收入相对固定的情况下，每多增加一份公共服务责任，则地方财政支出能力就会相应下降。财权上移而事权下移的双重挤压导致地方面临巨大的财政压力。而众所周知，立法是一项需要耗费高成本的系统工程，立法数量的快速增长会给脆弱的地方财政加重负担，虽然其并非地方财政最重的负担，但不能否认，从各个社会管理领域来看，加强环境立法、提升环境立法质量的现实诉求是最为迫切的。

从理论上看，分税制体制以及基于经济发展的政绩考核机制，将中央与地方之间的关系变得前所未有的复杂。一方面，分税制体制增加了地方的财政压力和负担，导致中央与地方的利益对立。另一方面，当前的政绩考核机制又密切了中央与地方的利益关联。在中央与地方这种既对立又密切联系的复杂关系中，利益对立是两者关系的主要方面。中央与地方在环境保护领域拥有不同的利益诉求和利益取向，环境利益的对立越来越凸显出来。财政分权的最大负面影响就是深化了环境保护与经济发展之间利益的尖锐对立。环境保护与经济发展的深刻矛盾导致很难在两者之间实现双赢。归根结底，中央与地方环境利益的冲突是由中央与地方间环境权力配置不平衡引起的[18]。中央对提升环境立法质量、改善实施效果有着强烈的愿望和诉求,环境立法过程受各种利益干扰相对较少。而具有执行性的地方环境立法效果却往往不佳。受财政分权的刺激,维护环境利益就意味着排斥地方短期经济行为,从而会对地方财政收入的增长产生不利影响,在面对环境保护与经济发展的矛盾时,地方往往选择强化经济发展水平和实现地方经济利益的增进。这种经济发展优先的观念反映在地方环境立法活动中就是地方保护主义的凸显,并集中表现为立法的形式主义和对经济利益的服从。此外,央地分权也使得立法的层级监督面对高成本。无论是制度缺失,还是程序烦琐,都使得地方有足够的空间进行低质量的环境立法。而维护环境公益上的动力不足会进一步导致地方环境立法质量下降。

而从现实来看,在环境保护意识高涨的今天,任何一个国家都无法漠视环境问题的重要性。我国所面临的内外环境更加需要通过立法手段延缓和减轻环境质量的恶化。首先,外部环境对我国环境保护工作施加了前所未有的巨大压力。作为高速发展的发展中大国,我们有义务在发展经济的同时实现环境质量的好转。我国环境立法数量的爆炸式增长就是承担这种义务的缩影。其次,解决经济的结构性缺陷及发展模式的经济转型是政府加强环境管理的内在推动力。改革开放以来,我国取得了举世瞩目的经济发展成就,但也付出了惨痛的环境代价,并现实地制约着我国社会经济的可持续健康发展。因此,中央通过加强环境立法推进环境保护工作的意愿强烈,动力十足。这就导致中央在环境保护上的立场鲜明,利益诉求明确。尤其是中央受到的利益约束相对较少,在环境保护上的利益相对纯粹,加强环境立法的意愿高于地方,从而使得环境立法质量更受重视。地方则有所不同。地方利益独立又要服从中央,立法环境复杂,影响因素和利益主体很多,环境立法所受制约更大,环境立法质量会因此受到实质影响。经济发展要求迫切,环境立法质量必然低于预期。现实中地方经济发展压力和政绩需求的叠加,环境利益维护对经济利益短期的排斥及其对地方财政产生的直接影响,导致地方进行高质量环境立法的意愿、动力和诉求严重不足,环境保护的约束更为隐性化、软性化,这就极易导致地方环境立法行为的异化。在不将立法质量作为衡量立法任务完成度的核心指标的前提下,比照中央和其他地方进行重复立法、重形式轻内容、屈从经济发展利益、漠视民主性要求而简化立法程序等就成为低成本出台大量地方环境立法的最经济选择,环境立法质量不理想也就顺理成章。前述提及的地方环境立法存在的问题就是此种选择导致的直接后果的呈现。

2. 政府、部门干预降低地方环境立法质量

立法是要产生实效的。地方环境立法应起到解决地方环境问题,改善地方环境质量的作用。但作为低位阶立法,部门利益、地方利益对立法影响大,相关部门或地方都试图通过立法将其利益合法化,立法难免沦为部门和地方利益之争的工具,制度内容严重扭曲,制度实施的效果自然有限。地方环境立法就受地方行政部门的过度干预,从而限制了地方环境立法实效。这主要体现在以下方面:首先,立法主体。地方环境立法的主体分别为地方人大及其常委会和地方政府。就前者而言,地方人大及其常委会虽然是地方环境法规的法定立法主体,且地方人大作为权力机关,地方政府是同级人大的执行机关,应向人大负责,但是由于现行政治体制的制约,地方人大实际受制于地方政府,在立法中向地方政府妥协,受地方政府发展经济利益观念的影响而导致价值取向扭曲和立法目标偏离是现实存在的。原本可以写得很清楚的条文只好模糊化、抽象化。对部门而言既可以将本部门利益在立法中体现,又可以在执行中进退自如[12]。就后者而言,地方政府本身是地方环境规章的立法主体,既是立法的制定者,又是立法

的执行者，裁判员和运动员集于一身，利益上不仅很难中立，反而会将地方政府规章变成其实现自身利益目标的工具和保护伞。其次，立法习惯做法。我国地方环境立法普遍存在着这样一种不成文的习惯做法：即立法机关委托相关环境保护职能部门进行立法草案的起草工作。虽然委托立法有一定的合理性，符合环境保护的专业性要求，也利于节约立法成本，但是其弊端更为突出。在缺乏系统有效立法监督的前提下，同时受到"统一管理、分工负责"环境管理体制的制约，地方环境立法不可避免地将要成为部门之间争权争利的工具，部门职责设定及立法之间难免存在冲突，而无法发挥协作和沟通的作用，体系化立法的功能无法实现。再次，立法内容。法律的本质属性就是行为规则，为人们的行为设定规范。而环境保护的主导者是政府，大量的环境管理行为又是地方政府实施的，立法条文就不得不包含大量的赋权性内容。特别是受长期以来"环保靠政府"理念的影响，地方环境立法更加体现出"政府主导"的鲜明特色，从而沦为地方环境管理职能部门的赋权法。地方环境管理职能部门把地方环境立法简单当作管理相对人的工具，规划没有征询公民意见，立法起草没有公民的积极参与，原本以广大公民为受益人的环境法律规范并没有切实保护公众的利益[19]。具体表现就是地方环境立法对权利义务的分配体现出明显的不对等和不均衡性，大量的赋予环境管理职能部门以环境管理权，而将更多的义务给予处于被管理地位的企业和个人。从规范内容上看，主要是以规定对环境管理职能部门授权以及环境管理权如何行使的环境行政行为为主。之所以如此，源于自身拥有的权力及立法上的便利，地方环境管理职能部门致力于为己固权，将权力合法化，而对公众权利采取忽视甚至是漠视的态度，再考虑到公民环境权尚未进入立法，无法为公众参与提供权利基础，因此，公众事实上无法成为地方环境立法主体，这对其积极参与环境事务、制约环境管理权极为不利。同时，为了维护在地方环境保护中的既得利益，一些地方环境管理职能部门在立法时对立法公开和公众参与有着明显的抵触情绪，甚至千方百计地阻挠公众的有效参与，虽然伴随立法透明度增加，暗箱立法的情形已经不多见了，但公众参与不足进而导致民主立法流于形式的情形还是大量存在的，其具体表现前述已经论及，此处不再赘述。另外，前述统计数据显示，地方环境法规的数量大于地方政府规章，其中相当大的一部分原因是地方政府及相关职能部门制定了大量的规范性文件替代立法程序烦琐的地方政府规章，而规范性文件形式灵活，比较随意，更有利于实现部门利益、地方利益，是政府行政权向立法领域不合理扩张的表现。由此可见，地方环境立法从制定过程、立法形式到立法内容都打上了深深的行政烙印。

3. 立法指导思想阻碍地方环境立法质量的改善

立法指导思想是立法主体据以进行立法活动的重要理论依据，是为立法活动指明方向的理性认识，反映立法主体思想依据、理论方法以及立法导向。立法指导思想对立法质量和立法效果产生直接而深刻的影响。科学的、正确的立法思想将有效提升立法质量，推动实现立法预期；反之，则将阻碍立法质量的提升，立法实效也将偏离甚至背离立法预期。其实，前述已经多处提及我国立法中存在的一些指导思想，这些指导思想无疑是僵化、滞后于现实的，有些甚至是错误的。当在其指导下开展地方环境立法工作，其后果是导致地方环境立法质量降低，立法无法发挥实效，既漠视了地方环境立法的内在诉求，也损害了地方环境立法的权威。归纳起来，导致地方环境立法质量无法得到提升和改善的立法指导思想主要有：首先，与上位法保持对应关系。在地方开展立法工作，应与上位法保持一一对应关系，这是很多地方立法者的立法指导思想。有上位环境立法，本地也应制定相对应的地方环境立法，这也正是样本省（区、市）

实施性立法数量多于自主性和先行性立法的原因。一方面,长期中央高度集权的体制对地方环境立法也产生了不良影响,即服从中央的权威;而另一方面,对应立法不得与上位法相抵触,照抄照搬上位法就成为落实不抵触原则的捷径。地方环境立法成绩的横向对比还会无形地加剧地方间对上位法重复的竞争,强化对上位法的重复程度和力度。由此,地方环境立法照抄照搬上位法这样一个普遍存在的、危害众所周知的、看起来似乎也不难解决的问题,在现实中就是得不到解决[20]。其次,立法体系大而全。扩大立法数量是实现立法繁荣、加强立法工作的重要手段。但作为复杂的系统工程,启动立法活动一定要具备相应的立法条件,仓促开展立法工作,往往导致"劣法"的产生。而立法活动频繁、立法涉及范围广以及立法形式多样都指向的是立法的表面繁荣,是大而全指导思想在地方环境立法中的集中呈现。立法大而全是立法形式主义思想的表现,是以片面地简单追求立法数量的增长和健全的立法体系来作为评价立法工作成绩的标准。在这种思想指导下,地方环境立法重数量而不重质量,忽视地方立法的特殊性,从而导致地方性、可操作性、民主性以及科学性的弱化和丧失也就不难理解了。再次,宜粗不宜细。宜粗不宜细是立法内容设定的指导思想,即立法规定尽量原则,不宜太过详细。这一指导思想主要针对中央层面特别是高效力层级的法律,但在地方立法中也普遍存在。确立这一指导思想主要是基于我国社会经济处于转型中,很多社会关系并不稳定,变动性强,而高位阶立法程序极为烦琐,立法修订的成本高而效率低,因此,尽量采用原则性规定,以满足社会关系稳定程度和社会背景快速变化对立法灵活性的要求,体现普遍适用性,为法律适用和未来的立法修订留下足够的空间。如果说中央层面的立法如此考量姑且可行,应做到拾遗补阙、需要因地制宜和细化上位法的地方立法就不能再遵循这样的立法指导思想。特别是在环境上位法规定本就极为原则,解决可操作性的压力进一步下移至地方环境立法的现实背景下,这一立法思想将会严重阻碍地方环境立法质量的改善。因此,在前述立法指导思想的指导下,地方环境立法产生了诸多可解但却难解的问题,导致立法质量处于较低水平,立法自身难以内生和强化权威。

4. 立法条件不利于提升地方环境立法质量

某种意义上,立法可称之为最复杂、要求最高的法律活动。制定高质量的立法,不仅需要具备成熟的社会现实条件,还要拥有足够的硬件条件。除去不同立法要求不同的社会现实条件,地方立法者必须面对的现实是,在作为立法必要物质基础的硬件方面,地方是远远落后于中央的。首先,经费支持。立法需要耗费巨大的成本,而地方立法经费的来源同时受制于地方财政水平和地方保护环境的决心。尤其是就后者而言,地方是否具有保护环境的动力以及对环境问题的重视程度,是地方立法是否能够获得充足经费支持的重要因素。特别是地方政府规章,作为地方政府履行公共职能的组成部分,更是受到地方财政水平的直接约束;同时,地方政府对环境保护的基本态度也直接决定着立法活动能否具备充足的经费保障。如若在有限的经费条件下还要追求立法数量,立法形式化、排斥民主立法、简化立法程序、向部门利益妥协等都可以达到降低立法成本的效果。其次,立法者素质。立法的科学性归根结底受制于立法者素质。立法本质上是人的行为,受到立法者法律素养的制约。立法对立法者的要求很高,不仅要求具有全局观、严密的逻辑性,还要做到精准表达立法考量。高超的立法技巧,能够取得良好的立法效果,这需要立法者拥有很高的立法智慧。而且,地方环境立法对立法者的要求更高,除了法律素养外,还需具备环境科学素养。而地方环境立法中,立法主体过于单一,又加剧了立法者素质对立法质量的影响程度。实际上,受福利待遇、个人发展空间等条件的制约,地方立法者很多不具备法学专业知识背景，对立法技术和立法知识的专项培训也较为欠缺。具体到地方环境立法中，除需具备相应的法学素养外，还需要具备足够的环境知识素养，具备双重素养的更是少之又少。因而，地方立法者的素质很难与中央立法者相比拟，地方环境立法从立法目的到立法表述再到立法技术不同程度的存在问题与不足。因立法者素质的提高不能一蹴而就，这就决定了，不仅短期内无法有效改善已有地方环境立法的质量，也不利于后续立法质量的提升，地方环境立法低质量的问题在相当长的一段时期内还将持续存在。

四、我国地方环境立法完善的对策

在不断深化中央与地方财政分权、地方环境保护动力不足的现实背景下，逐步有序地针对性解决地方环境立法中存在的问题，提高地方环境立法质量，改善立法实效，是必要而迫切的。

（一）完善地方环境立法程序

程序是确保立法科学性和民主性的基本手段，是突出地方环境立法独立性的制度保障，也是合理利用地方环境立法空间的必要措施。解决地方环境立法重实体轻程序的现状，就应完善立法程序，有效增进地方环境立法的民主程度和科学性，在有限的立法空间中平衡地方环境立法的独立性与从属性，提升地方环境立法质量。完善地方环境立法程序具体应该：

1. 完善地方环境立法规划制度

地方环境立法应当在科学立法预测的基础上做出合理的立法规划。这需要对本地环境问题的特点有全面而深入的了解，并在综合各方面的条件和因素的前提下进行统筹设计和系统规划，区分轻重缓急，做出短期、中期和长期的立法规划，并应根据现实情况的变化，适时地对立法规划进行调整。立法规划应进行充分的公开，以利于公众及时把握立法趋势。此外，立法规划要建立规划论证和专家咨询机制，提升规划的科学性，也要注意规划的立法之间避免出现重复。重要的是，要在摒弃与上位法一一对应的立法思想基础上，在立法规划中确立少而精的地方环境立法原则。立法不能进行数量攀比，不具备立法条件的，不能纳入短期立法规划，更不能仓促启动立法程序。从重质出发确立地方环境立法规划，避免部门利益、地方利益作祟导致的规划不合理。

2. 健全地方环境立法公众参与制度

公众参与对地方环境立法质量的提升、克服政府利益和部门利益倾向发挥着核心作用。解决现存地方环境立法存在的问题，就需要健全公众参与制度，重要的是从程序上完善公众立法参与。如能以专门立法的形式对本地公众立法参与做出体系化规定，更能推动公众立法参与的发展。目前，《甘肃省公众参与制定地方性法规办法》是唯一的公众立法参与地方性立法，极具榜样意义，但公众环境立法参与有其独特之处，需要根据地方实际，在立法中结合其特点完善以下制度内容：首先，完善立法信息公开制度。立法公开的信息范围应做出明确，避免出现立法信息公开不充分不完整，使公众能够及时、充分地掌握立法信息。还应拓宽信息获取的渠道和方式。目前信息获取的渠道和方式单一，如公众了解立法信息主要通过立法机关的公告，在新旧媒体的利用上，新媒体尚未充分发挥作用，因而，立法信息公开应考虑到不同年龄层次的公众对传播媒介的利用率，采取多渠道、多样化的方式公开立法信息。还应建立地方环境立法信息数据库，对地方环境立法制定、修订和废止情况进行系统整理后公开。其次，细化立法听证制度。立法听证是公众参与立法的主要形式，但立法听证还存在听证代表选择不透明、听证代表审核确认与监督程序缺失、听证焦点不公布、听证会意见缺乏公开反馈等问题，需要对前述方面做出细致规定。还应对立法征求公众意见的方式、信息公告、意见反馈、意见采纳情况公开及说明等问题进行明确，避免征求意见简单化处理，流于形式。再次，细化专家立法参与制度。虽然专家的立法参与一直都有，但从规范意义上应对专家立法参与加以明确。应对专家参与立法的形式、参与范围以及角色设定做出规定。此外，还需对公众参与时间、参与主体范围、参与积极性激励、参与能力培育、参与方式多元化及参与过程、公众立法参与权维权机制等进行详细规定，以扩大公众参与的广度和深度。最后，还应对作为立法内容的公众参与制度进行完善。其中，着重完善的也是程序性制度，包括公众参与介入时间、参与形式、参与范围、参与不能的救济等。

3. 构建完善的立法评估机制

立法评估对地方环境立法质量提高具有积极意义，应在地方环境立法中全面确立全过程立法评估机制，尤其是事前评估和事后评估。事前评估机制重在对立法必要性、效率性和有效性的评估，而事后评估是以立法效果为评估重点，对颁布实施后的地方环境立法开展质量评估并进行针对性完善。事前评估重在预测，事后评估则重在补救。加强两类评估在地方环境立法中的运用，应首先完成立法评估的制度化。应结合环境问题的特点，针对两类评估的特点分别明确评估主体、评估对象和内容、评估程序、评估标准及评估效力等。事前评估机制应与立法规划制度有机协调，开展深入充分的立法调研论证。而后评估机制则需对后评估的法律地位、适用范围、评估主体、评估程序、评估标准等进行明确，并以解决评估主体单一、评估方法不科学等问题为主要目标完善地方环境立法后评估机制。

优化立法审议程序也是完善地方环境立法程序制度的必要内容。通过每次审议重点的明确、审议会议方式的改进等，在不影响立法质量的前提下提高立法审议效率和质量。

(二)提升地方环境立法可操作性

提升地方环境立法的可操作性需要从以下方面着手：首先，加强现有地方环境立法的清理工作。通过对现有地方环境立法的立、改、废，对采取二元目的的立法进行修改，确立环境保护优先的一元立法目的。进而，对与环境保护优先原则相悖的服从地方经济发展的立法内容进行修订。对实施性地方环境立法中与上位法简单重复的、立法之间存在冲突的以及严重滞后于现实的立法内容或改或废，尤其着重清理那些立法时间已久而上位法已经做出修订的立法。在地方环境一般性立法中确立立法冲突的解决和协调机制。其次，建立“重复比例量化和退回”制度[20]。该制度要求提交到人大审议的实施性法规议案如果重复上位法的内容达到整部立法内容的一定比例即退回提交部门。当然，该制度构建的重点是确定科学合理的比例。再次，从内容上强化地方环境立法的可操作性。从立法内容上加强可操作性，应集中于程序性规定的完善和法律责任制度的明确与细化，注意避免重复再现规避矛盾、虚化条文、执行措施空白、缺乏法律后果等制度规定空泛问题，着重明确违反禁止性规定的法律后果，增强对违法行为法律后果的可预见性。

(三)改善地方环境立法条件

地方立法具备的客观条件现实地制约着地方环境立法的质量，改善地方立法客观条件也将对地方环境立法质量的提升产生积极影响。应根据地方环境立法的现实情况，有意识地、逐步改善地方环境立法条件。首先，确保地方环境立法的经费支持。在央地财政分权结构中，地方财政面临巨大的压力，确保地方环境立法有充分的经费保障，就需要从制度上明确地方环境立法的经费来源渠道与途径、经费保障措施、中央与地方对地方环境立法专项资金的扶持等内容。其次，提高立法者的素质。提高立法者素质需要从专门人才引进、立法语言运用与立法技术定期与不定期专项培训、法学与环境科学知识的学习与进修、立法者守法意识的增强、对立法者履行立法职责的制度监督等方面着手。此外，还应形成对立法者的立法主动性和积极性的激励机制。再次，制定和完善立法技术规范。立法技术规范的编制和不断完善，是立法的一项基础性工作，也是立法内涵建设的重要内容之一[21]。在坚持立法技术统一的原则下，可以专门立法的形式，因地制宜地制定和完善符合环境特点的立法技术规范，对立法体例、立法结构与内容、立法表述、立法语言、专有名词与标点符号使用、立法文件及文件格式等做出明确规定，实现地方环境立法技术规范的制度化。最后，与公众参与制度相配套，推动立法主体的多元化，克服立法者素质的弊端，夯实地方环境立法的正当性。

(四)突出地方环境立法的地方特色

无论是出于何种考虑，在地方环境立法中抄袭上位法或其他地方立法都是削弱地方性、浪费立法资源、损害立法权威的做法。因此，在不抵触上位法的前提下，应合理利用地方环境立法空间，找准地方环境立法的定位，强化地方环境立法的地方特色。地方环境立法地方特色的凸显需要遵循两个基本准则：不抵触上位法确立的价值理念和制度框架，致力解决地方环境问题。首先，基于不抵触原则，地方实施性环境立法应充分发挥“拾遗补阙”功能，对上位法内容进行细化、延伸和地方化，主要就本地突出的问题进行针对性规定，着力在反映本地问题特点的基础上制定特色措施。既不勉强在形式上与上位法一一对应，也不特意在内容上与上位法保持一致。其次，结合试点和本地突出环境问题，制定和完善地方自主性和先行性环境立法。相较而言，地方自主性和先行性立法的立法空间要大于实施性立法，更应在立法空间范围内从地方性上“做文章”。地方性是地方自主性立法的内生诉求，主要是针对本地特殊区域、特别环境问题制定的特别立法，一定要紧紧围绕地方性和特殊性展开立法内容。先行性立法是在上位法缺位的前提下在具备立法条件的地方或者试点城市和区域就特定环境问题进行的立法。因其目的为探索性解决本地环境问题或者试点在本地呈现的突出问题，也需要致力于呈现个性化的立法内容，做到切合地方实际，发挥实效。

(五)克服地方政府、部门利益对地方环境立法的不当干预

在深化央地财政分权的背景下，多元利益的表达应有正确的渠道和途径。地方政府、部门利益对地方环境立法施加不当干预，将会影响地方环境立法的民主化和科学化表达。克服地方政府、部门利益对地方环境立法的干预，除了依赖科学合理的立法规划、有效的公众立法参与以及完善的立法评估等程序性制度外，还需做到以下几点：首先，充分发挥地方人大的作用。

在两类地方环境立法中，地方人大本身就是地方环境法规的立法者，要更加发挥在立法中的能动性，对于利益冲突严重、牵涉比较广的领域和问题，不应再遵循委托立法的习惯做法，而应由地方人大直接起草；在立法制定审议的过程中，从自身严把质量关。同时，还应发挥地方人大代表的提案作用，有效利用代表提案的答复机制推进提案向立法的转化。地方环境规章的立法主体是地方政府，地方人大应积极发挥立法监督功能，从外部对地方政府的环境立法行为和过程进行监督。其次，完善立法外部监督机制。立法质量的提高不能依赖立法者的自律，还需通过外部监督制约权力。再次，地方政府和相关职能部门依法加强自律，并通过行政机关内部监督机制加强监督。最后，立法内容上应从向地方政府及相关职能部门赋权转变为对其限权，合理约束地方政府和相关职能部门的权力，实现权利义务配置上的相对均衡与权责利的统一。

(六)加快推进应对气候变化专门立法

作为环境立法的发展趋势和方向，各层级应对气候变化立法已经有序开展。在国家层面，应对气候变化立法已经进入立法工作日程，启动了《中华人民共和国应对气候变化法》的立法工作。而地方层面，除青海省和山西省出台了应对气候变化办法外，其他省(区、市)尚未出台专门立法，而是以节能减排相关立法为主。这种立法现状不利于应对气候变化取得良好效果。应对气候变化的关键是地方行动，在上位法缺失的背景下，通过各地积极推进应对气候变化专门地方立法，积累立法经验并加以总结，也不失为形成统一立法的可行路径。而在专门立法之外，针对各地制定出台的数量众多的节能减排、民用建筑节能、公共机构节能、节水、污染物排放等相关立法，应当及时进行立法整合，对重复内容进行修订或废止，优化立法体系。

随着环境问题的日益恶化，在追求数量的立法思想指导下，地方环境立法通过爆炸式增长在短短的30多年时间里形成了庞大的地方环境立法体系，在气候变化后果突显的进一步刺激下，地方环境立法数量递增又开始了新一轮的提速。可以说，地方环境立法已经完成了“原始积累”。现在，伴随着对重量不重质立法思想的反思，地方环境立法应当完成从重数量到重质量的转变。地方环境立法质量的提高也是一个系统工程，在对地方环境立法存在的问题进行深入研究的基础上，将质量作为评价地方环境立法的核心指标，合理、科学、民主地开展地方环境立法工作，必将为地方环境问题的解决提供细致的、可操作的法律依据，有效改善立法实施效果。

参考文献

[1] 刘元旭，傅双琪，熊平. 中国地方政府开始立法应对气候变化. http://news.xinhuanet.com/2010-10/07/c_12634911_2.htm[2010-10-07].

[2] 吴卫军，黄婉. 地方环保立法的实证研究——以四川省为对象的分析. 社会科学研究，2007，**6**：99-103.

[3] 金瑞林，汪劲. 20世纪环境法学研究评述. 北京：北京大学出版社，2003：134.

[4] 王小红. 省级地方环境立法数量分析研究——以我国中部6省为样本. 中国环境管理丛书，2010，1.

[5] 国家发展和改革委员会. 中国应对气候变化的政策与行动(2013年度报告). http://www.china.com.cn/guoqing/2014-09/23/content_33585702.htm[2014-09-23].

[6] 封丽霞. 中央与地方立法关系法治化研究. 北京：北京大学出版社，2008：8.

[7] 马晶. 地方环境立法问题初探. 中国环境管理，2002，**4**：27-29.

[8] 肖爱,唐江河."两型社会"建设中的地方环境立法转型——以湖南省地方环境立法为例.吉首大学学报(社会科学版),2012,**3**:104-111.

[9] 李广兵.可持续发展与地方环境立法.环境资源法论丛(第三卷),北京:法律出版社,2003:137.

[10] 王树义.地方环境立法的有益探索.中国环境报,2010-1-11(3).

[11] 魏群.地方环境立法问题探析.山东审判,2005,**5**:61-62.

[12] 汪劲.环境法治的中国路径:反思与探索.北京:中国环境科学出版社,2011:10,17.

[13] 侯孟君,马子云.地方立法公众参与的若干问题及其应对.湖北警官学院学报,2014,**27**(10):73-77.

[14] 吕忠梅.地方环境立法中的专家角色初探——以《珠海市环境保护条例》修订为例.中国地质大学学报(社会科学版),2009,**6**:25-31.

[15] 何春茜,黄震.关于地方环境立法空间的探讨.环境保护,2006,**5**:48-50.

[16] 黄洪旺.地方立法语言及其表述技术.闽江学院学报,2010,**31**(4):71-75.

[17] 汤唯,毕可志.地方立法的民主化与科学化构想.北京:北京大学出版社,2006:210.

[18] 赵俊.环境公共权力论.北京:法律出版社,2009:110.

[19] 肖兴,姜素红.论我国地方环境立法之完善.中南林业科技大学学报(社会科学版),2007,**1**(4):19-22.

[20] 林琳.对实施性地方立法重复上位法现状的原因分析和改善设想.人大研究,2011,**1**:35-39.

[21] 钱富兴,王宗炎.地方立法要重视立法技术规范.上海人大,2011,**9**:32-33.

人工影响天气若干法律问题研究[①]

黄 祥

（南京信息工程大学气候变化与公共政策研究院，南京 210044）

摘 要：人工影响天气是指抵御自然灾害、合理充分利用气候资源的有效方法，随着科学技术的发展，人工影响天气在实践中的运用越来越频繁，也产生了越来越多的法律问题，比如天气资源的归属问题、人工影响天气活动的决策和实施主体问题，人工影响天气的立法宗旨问题。本文就这些问题展开讨论和研究，以期对我国人工影响天气的立法工作提出相关的解决方案和思路。

关键词：人工影响天气立法；立法宗旨；气候资源

人工影响天气从理论上说是指通过一定的技术方法，改变云的微物理结构，从而改变云降水的发展过程，达到增雨、防雹、消云、消雾等目的的一项科学技术。我国《气象法》中规定："人工影响天气是指为避免或者减轻气象灾害，合理利用气候资源，在适当条件下通过科技手段对局部大气的物理、化学过程进行人工影响，实现增雨雪、防雹、消雨、消雾、防霜等目的的活动。"[②]美国 1976 年颁布的《国家影响天气政策法》第 3 条第 3 款规定："影响天气是指任何旨在使降水、风、雾、闪电和其他大气现象产生变化的活动。"随着科学技术的进步，我国各级政府和公众的气象防灾减灾意识都有很大提高，面对干旱、雹灾、洪涝等气象灾害，人工影响天气已成为防灾减灾工作中的一项重要措施[1]。随着人工影响天气技术条件的不断发展，其在气象活动中的运用也越来越多，所引起的法律问题也越来越突出。本文择其主要的几点加以分析和阐述。

一、人工影响天气的特征

（一）主观目的性

人类是自然界的重要组成部分，自然界是在人类活动影响下的统一系统，人类活动不可避免地会对天气变化产生影响。人类活动对天气的影响可以分为两个方面，一方面是无意识的人工影响，即人类在正常的生产生活中对天气造成的间接影响，比如煤炭和石油等能源的消耗造成温室气体排放增加，促进了全球气候变暖，在某地区植树造林改善当地的生态和水文环境，从而也会对当地的局部气候产生影响等，他们的共同之处在于，人类在进行这些活动的时候首要考虑的并不是这些活动对天气的影响，而是活动本身。与此不同，另一方面是有意识的

---

① 作者简介：黄祥（1979—），法学硕士，南京信息工程大学讲师，主要从事民商法、环境法等相关领域的研究。本文由南京信息工程大学气候变化与公共政策研究院资助。

② 《中华人民共和国气象法》第 41 条第 5 项。

人工影响，也就是人类直接通过技术手段对天气施加影响，从而达到服务工农业生产或者防灾减灾的目的。比如实施人工降雨，改变某地某时刻的局部温度、增加局部降水等。只有后一种直接以影响天气为目的的活动才属于人工影响天气的范畴，需要加以特别的规范和调整。

(二)公益性

人工影响天气的目的不是为了某个特定主体的利益，而是为了某个局部区域内全体主体的共同利益。这里的共同利益并非是指某次人工影响天气作业对所影响的范围内的所有主体、所有行业都有利，而是指从总体上而言，利大于弊，因为天气变化所产生的影响往往具有广泛性，就现在的技术条件而言，尚未达到能够精准控制天气的程度（比如降水量，降水的范围等），而各个主体和各个行业对天气状况的需求是不同的，因此，不可能做到人人满意、个个获益，所以只要在总体上衡量，利益高于损害，人工影响天气的工作就可以实施。

二、人工影响天气的价值

(一)实施人工影响天气工作可以避免或减轻气象灾害造成的损失

我国自然灾害种类多，频度高，范围广，是世界上自然灾害最多的国家之一，而气象灾害占全部自然灾害的70%以上。从 20 世纪 90 年代起，我国每年因气象灾害造成的经济损失超过千亿元人民币，占国内生产总值的 3%～6%，特别是农业生产受气象灾害的影响尤为严重，虽然农业科技发展较快，但是农业靠天吃饭的总体局面仍然没有改变，暴雨洪涝、低温冷害、大风、冰雹等气象灾害频发给农业生产造成的损失较为明显。因此，积极地实施人工影响天气作业，对于减轻甚至避免气象灾害造成的损失，保障农业生产的顺利进行，维护社会稳定和谐具有十分重要的意义。就防灾减灾而言，常见的人工影响天气作业有：人工降雨以减少旱灾，人工消雨降低洪水灾害，人工防雹防霜以保障农业生产等。据统计，1995 年以来我国有 23 个省、自治区、直辖市开展了人工增雨防雹作业，增加降水约 2 100 亿立方米，减免雹灾损失约 340 亿元。我国已经普遍开展了人工降水减少旱灾和预防雹灾的工作。

(二)实施人工影响天气工作可以合理利用气候资源并改善环境

我国是一个缺水国家，最近这些年来，全球变暖，气候转干，更使生态恶化的情况日益严重。针对这种情况，气象工作者们把人工影响天气的领域从传统的为农业服务拓展到了开发空中水资源，比如“天河取水”、“水库增水”，在干旱缺水地区积极开展人工增雨(雪)作业，努力缓解城乡生活、工农业生产、生态环境保护用水紧张状况；为植树造林、退耕还林还草等生态环境服务。我国曾经在福建古田水库进行为期 12 年的增水实验，而北京密云水库和官厅水库都一直根据相应大气条件进行水库增水。

在青海三江源地区，我国建立了第一个人工影响天气基地，通过几年连续的人工增雨、增雪作业，对三江源头的草原恢复、森林成活率、江河来水量的增加都起到了明显的作用。还试图在天山、祁连山区，西部大江大河源头、高山、内陆河建立人工影响天气基地，特别在天山、祁连山区，人工降水将形成固体降水，逐渐释放，对改善生态环境有一定作用。1998 年和 1999

年在青海省黄河源头地区进行了有组织的系列降水，增加黄河上游水资源，有利生态环境的改善。

(三)实施人工影响天气工作可以为其他工农业生产和社会活动提供便利

人类活动目前受制于天气影响仍然较大。要充分利用有利的天气条件，对森林草原火灾、污染物扩散、环境污染事件等重大突发公共事件开展人工影响天气应急作业。森林灭火是人工影响天气的重要用途，1987 年大兴安岭火灾时就采用人工降雨灭火。日本亚运会期间，为保持天气晴好，曾进行人工驱雨作业，而我国 2008 年北京奥运会期间也实施了类似的人工影响天气作业，从而保障了奥运会的顺利进行和运动员运动水平的发挥[2]。

三、我国人工影响天气立法现状及存在的主要问题

(一)立法现状

“人为天气干预是迫切需要大量法律法规干预的重要领域[3]。”目前我国关于人工影响天气的法律法规主要有《中华人民共和国气象法》(以下简称《气象法》)和国务院于 1991 年颁布并于 2002 年修订后的《人工影响天气管理条例》。各地方也根据本地区的特点制定了具体的实施细则。如《辽宁省人工影响天气管理办法》、《山西省人工影响天气管理办法》等。在《气象法》中直接规定人工影响天气的条文只有一条即第 30 条规定:“县级以上人民政府应当加强对人工影响天气工作的领导，并根据实际情况，有组织、有计划地开展人工影响天气工作。国务院气象主管机构应当加强对全国人工影响天气工作的管理和指导。地方各级气象主管机构应当制定人工影响天气作业方案，并在本级人民政府的领导和协调下，管理、指导和组织实施人工影响天气作业。有关部门应当按照职责分工，配合气象主管机构做好人工影响天气的有关工作。实施人工影响天气作业的组织必须具备省、自治区、直辖市气象主管机构规定的资格条件，并使用符合国务院气象主管机构要求的技术标准的作业设备，遵守作业规范。”这一条文很长，对人工影响天气工作涉及的有关主体及其职责做了原则性的规定。但是并没有对人工影响天气工作中可能涉及的具体权利义务关系加以明确。《人工影响天气管理条例》则将《气象法》中的规定进行具体化，但在目前人工影响天气工作取得长足进步的背景下，这二十多条的条文规定也显不足，应当加以完善。

(二)目前我国人工影响天气立法中存在的主要问题

1. 人工影响天气的立法宗旨问题

立法宗旨是指立法者希望通过立法工作达到或者实现的价值目标。在立法中具有纲领性的作用，是指导立法、执法、司法活动的灵魂。因此在立法之时就必须对此加以明确，这样才有利于法的作用的实现。就人工影响天气的立法工作而言，其立法宗旨的确立，笔者认为，可以主要从以下几个方面考虑：

(1)科学充分利用气象条件，发挥人工影响天气在防灾减灾、合理利用气象资源、保护环境

方面的积极作用，更好地为社会生产生活服务

人工影响天气作为防灾减灾手段之一，在防御和减轻气象灾害以及水资源短缺中发挥着越来越大的作用。特别是近年来，大气科学整体水平已有长足进展，综合利用新一代天气雷达、气象卫星、地理信息技术、中小尺度气象监测网、新型的催化剂和播撒工具等促进了人工增雨技术的发展和人工增雨作业技术水平的整体提高，为人类未雨绸缪，趋利避害，营造美好的生活环境，做出越来越大的贡献。目前常见的人类能够实施的人工影响天气作业包括人工降水、人工防雹、人工消云、人工消雾、人工防霜、人工削弱风暴（台风）和人工抑制雷电等。可以明显看出，这些作业形式都是以避免和减轻气象灾害为直接目的，在我国这样一个气象灾害频发的国家里，特别对于关系到社会稳定的而又相对落后的农业生产来说，防灾减灾的工作非常重要。

除了防灾减灾以外，人工影响天气工作还应当在合理利用气象资源、保护环境，服务社会生产生活等其他方面发挥重要的作用。新时期人工影响天气工作必须实现从注重发展规模向注重提高科技水平和总体效益转变，从传统的以防灾减灾为主的服务向防灾减灾、空中云水资源开发、生态环境建设和保护等多领域并举的服务转变，从粗放型管理向依法规范的科学管理转变，不断适应防灾减灾、开发空中云水资源、生态建设和保护，促进人与自然的和谐发展和经济社会的可持续发展。

(2)建立健全各项制度，规范人工影响天气作业，避免、减少不当行为造成的危害和损失

人工影响天气是一项科技含量高、影响面广而且危险性强的活动。何时可以进行人工影响天气作业，进行何种作业，怎样进行作业，作业可以达到如何的效果都必须经过科学的论证和计算。天气受到影响，包括农业、建筑业和人民群众的日常生活在内的社会各个方面都会受到不同程度的影响。在进行作业过程中会使用高炮、火箭等准军事装备，如果在实施过程中出现失误，将有可能造成十分严重的后果。所以对人工影响天气作业必须有严格的规范和制度。《人工影响天气管理条例》中规定了人工影响天气工作计划制度、作业效果的评估制度等有效制度，并对涉及的器械材料的取得、保存、检验和使用以及各部门在作业期间的相互配合等问题做了明确的规定。这些规定都是为了规范人工影响天气作业，尽量避免和减少在人工影响天气作业中发生的危险和损失。

2. 气象资源的法律属性问题

目前关于气象资源的法律属性问题，研究才处于刚刚起步的阶段。从研究的范围来看，大多数学者将目光集中于大气中的水资源，即雨云资源。关于雨云资源的法律属性问题，主要存在以下几种不同的观点：

第一种观点[4]认为，雨云资源的产权属于水资源产权范畴，因此，雨云资源的所有权属于国家，雨云资源使用权的取得，应当确立为由国家登记核发使用权证，或依法以签订合同的形式确认，这种使用权一旦设立就应当受到《物权法》的保护。持这种观点的学者认为人工影响天气是一种以雨云权为依据的准物权行为。

第二种观点[5]认为，雨云资源是物权法律关系中所有权的客体，但并不属于通常《水法》中所称的水资源。我国现行法律中没有就此种客体及其所有权做出具体的规定。因而提出应当重新审视《物权法》调整的范围及《民法》作用的空间。并指出应当区分雨云所有权和雨云权两种权利。其中雨云所有权的享有者是全人类共有，其他主体，比如国家，在一定条件下对雨云有利用或者施加影响的权利。之所以将雨云所有权的主体确定为全人类而不是某个国家，是

因为如果采用国家所有权模式将有可能导致雨云资源无法流通从而出现配置问题。

第三种观点认为，雨云资源应当不属于物权法律关系中所有权的客体。该观点认为雨云资源不为人力所能够控制和掌握，因而不是《水法》中所称的水资源的一种，也就不构成水权的客体，所以不为《水法》所调整。

笔者认为，上述观点都不无道理，但都有所牵强。从常见的人工影响天气作业的种类可以发现，目前人类能够施加影响的绝大多数是与水汽有关的大气现象，因此，学者们只是围绕大气中的水资源即雨云进行法律属性的探讨。笔者认为，科学研究应当具有一定的前瞻性、抽象性和适应性，可以不拘泥于传统的对所有权问题进行鉴定的思维模式，来探讨气象资源的法律属性问题。

作为《民法》中物权客体的"物"是指能够满足人们需要，具有一定的稀缺性，并能为人们所现实支配和控制的各种物质资源。传统理论认为应该具备三个条件，除了有形性（现代民法对传统民法有突破，包括了有体物和无体物两种）和有使用价值性以外，还有很重要的一个特性就是能够为主体控制和支配。阳光、空气并非民法意义上的"物"就在于此。人们可以呼吸空气，享受日光，但却不能宣布其为自己所有。气象资源与此类似，虽然气象资源是客观存在的，对人类也无疑具有重要的价值，但就现有的技术手段而言，人类至今也无法控制天气，最多只能算作"影响天气"，而且还只能是局部的影响。美国人工气候控制公司气象部经理，人工影响天气专家布鲁斯·鲍伊(Bruce Boe)在接受《外滩画报》记者采访时指出："我们不可能'创造'天气[6]。"因此，对待气象资源不能以对待土地资源、矿产资源或者水资源的思维进行法律调整，而是应当变换思路，只需规范人们在利用大气资源时形成的权利义务关系即可。

3. 实施人工影响天气的决策权问题

根据《气象法》的规定，中央和地方各级气象主管机构负责人工影响天气的管理、指导和组织实施工作；其他具备技术条件的组织只负责具体实施人工影响天气作业。笔者认为，这里的规定比较含糊，因为目前我国人工影响天气活动在实际上主要由各级气象部门专门负责，无论是决策还是具体的实施工作，实际上都是由气象部门具体来做。而实际上，管理、指导和组织实施并不等同于决定和决策。两者存在不同，必须加以区分。其中人工影响天气活动的决策权应当由各级人民政府享有，而不是气象部门，原因如下：

(1)人工影响天气是国家对气象资源实施管理的一种表现

气象资源不同于水资源和矿产资源等其他资源。我国《宪法》中并没有将其作为自然资源的一种而规定国家所有权。事实上，由于气象资源具有非常强的不特定性，人力虽然可以影响但是绝难支配，因此并非传统民法意义上的所有权客体。国家对于气象资源所存在的大气层，对外有绝对的领空主权，对内则有行政管理权。因此，在关于气象资源的法律规范中，既有世界各国广泛参与的《气候变化框架公约》及相关的议定书等国际法，也有各国关于气象资源开发利用的具体国内法；既有通过改变人类生产生活方式以期减缓全球气候恶化趋势的国际协定，也有对人工降水等应急性的影响天气行为的法律约束。而这些规定都是对国家和国家机关作为公共管理者而赋予的权力与责任。由此，国家进行人工影响天气行为所根据的是基于国家主权享有对其所在地区空中水资源的合理开发利用权，在国内法而言，是一种具体行政行为[7]。

(2)人工影响天气涉及生产生活的许多方面，具有公益性

不同的主体对天气状况的需求是不同的，同一主体在不同的时候对天气状况的需要也有可能发生变化，此被称为气象需求的多样性。比如建筑业多需要晴好天气，大型露天活动和日常生活通常需要清爽的天气，而农业生产则要根据农作物的不同生长阶段决定对光照和雨水的需要。因此，经常会出现不同的利益主体对人工影响天气有不同的诉求。比如农业生产者急需降雨缓解旱情时，有可能建筑业经营者需要一段晴天来保障工程质量或者工期。由此可见，人工影响天气活动绝不是只与某一个特定的利益群体有关的事情，而是会对社会生活的各个方面都产生影响的活动，具有公益的性质。因此，应当由一个能够综合代表和协调各方面利益的公益性主体决定是否实施人工影响天气作业。

(3)人工影响天气的实施可能对其他地区造成影响，应当统筹安排

天气系统是一个相互联系的复杂系统，其中一个方面发生变化可能对其他方面产生影响。比如在较大的地域范围内发生了干旱灾害，某县抓住有利条件及时实施了人工降雨，在一定程度上缓解了本地的旱情，但其他县却因此丧失了人工降雨的条件。从经济学上看，任何资源都是有限的，气象资源也不例外，当各地方对气象资源利用产生矛盾的时候，如何协调各方的利益问题就显得比较突出，仅仅规定“人工影响天气工作按照作业规模和影响范围，在作业地县级以上地方人民政府的领导和协调下，由气象主管机构组织实施和指导管理”[①]显然是不够的。再比如某县为了减轻本县的洪涝灾害，在降雨云系处于别的县上空时，实施人工降雨，此种做法是否恰当也是值得研究的问题。所以人工影响天气作业的决定权必须加以明确，特别是影响天气的范围或者后果影响的范围已经或可能突破实施主体的行政权力范围时更要加以注意。

目前就我国气象工作管理的现状而言，同时结合人工影响天气的技术发展水平，由各个地方政府(而不是气象主管部门)在确保人工影响天气工作不会给其他行政区域造成负面影响的前提下，决定是否实施、实施何种以及如何实施人工影响天气作业，是比较合适的。这样做可以综合考虑多种因素和影响，保证对各方面利益的协调，实现利益的最大化。如果计划实施的人工影响天气工作可能对其他区域产生影响或者需要其他相关地区予以配合时，应当及时上报上一级政府组织协调，必要时由上级政府统一决定和组织实施。《人工影响天气管理条例》第 14 条规定：“需要跨省、自治区、直辖市实施人工影响天气作业的，由有关省、自治区、直辖市人民政府协商确定；协商不成的，由国务院气象主管机构商有关省、自治区、直辖市人民政府确定。”

4. 人工影响天气的实施主体问题

《人工影响天气管理条例》第 9 条规定：“从事人工影响天气作业的单位，应当符合省、自治区、直辖市气象主管机构规定的条件。”第 10 条规定：“从事人工影响天气作业的人员，经省、自治区、直辖市气象主管机构培训、考核合格后，方可实施人工影响天气作业。”这两条对具体实施人工影响天气的单位及个人的资格认定问题做了规定。需要思考的是是否满足此规定，达到一定条件的单位和个人都可以开展人工影响天气作业活动呢？

目前我国实施人工影响天气作业工作的都是各级各地气象部门或者其下属单位。具有一

---

① 《人工影响天气管理条例》第 4 条。

定的垄断性质。造成这种局面的原因是多方面的。第一,工作性质的原因。《人工影响天气管理条例》第5条第2款规定:"按照有关人民政府批准的人工影响天气工作计划开展的人工影响天气工作属于公益性事业,所需经费列入该级人民政府的财政预算。"虽然本条规定将公益性仅仅局限于"按照有关人民政府批准的人工影响天气工作计划开展的人工影响天气工作",但由于人工影响天气领域尚未有人尝试商业化运作,在绝大多数人眼里,还是将其完全视为公益性质的工作。事实上由于人工影响天气活动的经费往往不足,特别是中西部经济欠发达地区往往同时也是气象灾害严重的地区,因为财政经费的不足导致人工影响天气作业受到很大的影响。引入商业化的运作模式,承认营利性的人工影响天气活动是政府公益性活动的必要补充,坚持公益性和营利性并举,既不违反法律的规定,也是人工影响天气工作快速长远发展的必经之路。第二,技术壁垒。人工影响天气活动的专业性非常强,需要气象方面的专业人才。同时还要有实施人工影响天气活动需要的各种专业器材。比如《山东省人工影响天气作业单位资格证管理办法》中第5条第2项规定:"申领山东省人工影响天气作业单位资格证必须具备下列条件:……(二)具有符合国务院气象主管机构要求的技术标准、经年检合格的作业设备(专用高炮、火箭等);有保证安全有效地实施人工影响天气作业的雷达监测设备、业务技术系统、管理体系和规章制度。"这些条件和设备设施是一般单位和个人无法获得的。第三,制度屏障。人工影响天气涉及空域管制、公共安全和武器装备的使用等多方面的问题。通常需要多个部门的严格审批手续,实施起来手续比较烦琐,普通的单位和个人在获得许可的过程中困难重重。第四,责任负担重。人工影响天气多数情况下属于高度危险作业,依照我国《民法》的有关规定,属于严格责任范围。也就是说,只要在从事人工影响天气的活动中对相关主体造成了侵害,无论有无过错都要承担相应责任。而从事人工影响天气作业一旦发生危险,往往损失是非常大的,我国法律没有对由此造成的责任的范围做出明确的限制。一般的主体往往无力承担这一责任风险,因而也会望而却步。

美国较早地开展了人工影响天气方面的商业化运作。实际上,美国的法规对人工影响天气作业控制得还是比较严的。由于作业基本上是由私营公司来实施的,这些公司必须先取得专业资格的证书,如果作业确实造成其他单位和地区的损失,则该公司要具有赔偿能力。公司作业前还要申请和取得在某地区和某段时间进行作业的许可。美国人气候控制公司(WMI)就是一家以"人工影响天气"技术领先全球的专业企业,从1961年建立至今,WMI已在云层催化方面做了3万小时的跟踪研究。在其基地北达科他州所进行的云层研究项目也已持续了40多年。其在充分利用各种社会资源积极有效地开展人工影响天气的研究、试验和作业方面的经验都值得我们借鉴。

四、人工影响天气活动的法律责任

人工影响天气作业就目前来看虽然属于公益性质的活动,但由于其影响范围广大,而且使用的手段比较特殊,一旦在操作过程中出现失误,非常容易造成巨大的损失,因此,通过立法明确人工影响天气活动的法律责任,对可能造成的危害进行必要的救济是非常必要的。

(一)人工影响天气活动中形成的责任种类及其性质

目前我国人工影响天气活动主要由气象主管机构统一负责管理和实施,具有很强的公益性质，由于气象主管机构是具有行政管理权的行政机关，其从事的人工影响天气活动也是其行政职权范围内的工作，因此，如果在实施过程中给公民、法人和其他组织造成损害，是否应当赔偿，赔偿的依据是什么，如何赔偿(即赔偿的范围和数额)就成为有争议的问题，需要加以研究。

有学者认为，对于合法的人工影响天气作业直接造成的损害，如飞机低空飞行发出的噪声、炮弹发射后坠落的碎片等造成的人身财产损失由于不具有《国家赔偿法》和《气象法》规定的违法性要求，因此，不能认定为由气象部门承担国家赔偿责任[8]。笔者认为，这种观点是值得商榷的。因为虽然人工影响天气活动是处于某种公众利益的考虑，可对社会生产和生活的某些方面产生有利的影响，且往往这种利益的受益主体还具有一定的广泛性。但并不能由此得出，因为人工影响天气作业所产生的损害完全由受害者承担的结论，这样做有失公平。因为作为少数人的受害人的利益并非无法弥补。因此，笔者认为，应当根据不同的情形来对相关主体应当承担的责任做出不同的规定。

1. 行政法上的行政赔偿责任和民事法上的侵权赔偿责任

《国家赔偿法》第 3 条规定："行政机关及其工作人员在行使行政职权时有下列侵犯人身权情形之一的，受害人有取得赔偿的权利：……(五)造成公民身体伤害或者死亡的其他违法行为。"第 4 条规定："行政机关及其工作人员在行使行政职权时，有下列侵犯财产权情形之一的，受害人有取得赔偿的权利：……(四)造成财产损害的其他违法行为。"我国《民法通则》第 121 条规定："国家机关或者国家机关工作人员在执行职务中，侵犯公民、法人的合法权益造成损害的，应当承担民事责任。"

这两个法律中的规定都可以成为受害人行使索赔权利的依据，但是具体司法实践中，这两个法律条文之间还是有区别的。首先，《国家赔偿法》中规定的因为行政违法而产生的责任以故意或者过失为构成要件，属于过错责任。而《民法通则》第 121 条规定的侵权责任属于特殊侵权，在构成要件上并不以过错为要件，换句话说，相关权力主体在实施人工影响天气的过程中有侵害公民、法人或者其他组织的合法权益的事实，并因此而给相对人造成人身或者财产上的损失，无论其主观状态如何都必须承担赔偿责任。理论上认为这是典型的无过错责任。其次，《国家赔偿法》属于行政法的范畴，因此公民只能依据行政诉讼程序要求赔偿，而如果依据《民法通则》要求赔偿，只能提起民事诉讼程序。最后，赔偿的范围不尽一致。国家赔偿的标准和范围都有法律的严格规定，而民事赔偿既包括对财产和人身损害的赔偿，也包括了对精神损害的赔偿，具体到每一种损害的赔偿标准也与国家赔偿不同。

2. 行政法上的行政补偿义务和民事法上的紧急避险制度

如前文所提到的，各利益群体对天气状况的诉求是不同的，实施某项人工影响天气的行为可能并不能同时满足全社会的各个利益主体的需要，甚至可能出现为了满足一部分利益主体的需要而牺牲了其他主体的利益。这是实施人工影响天气作业之前可以预见的。但是经过利益的衡量之后仍然必须做出牺牲较小利益而保全较大利益的选择，也就是说如果没有国家的人工影响天气行为，则损失不会发生或会减少发生。这种情形下，必须对所牺牲之利益给予必要的补偿，才能实现法律上的公平和正义。比如某区发生了森林火灾，为了防止火势的蔓延，必须实施人工降雨，但这样做又会不可避免的对周边一定范围内的农业生产造成影响，给部分农民造成损失，此时应当坚持实施人工降雨作业，将损失减小到最低程度，同时由国家或受益主体对受损农民进行补偿。

这种补偿性质，有人认为，应当认定为行政侵权导致的损害赔偿，应当适用《国家赔偿法》的有关规定对受害人进行赔偿。笔者认为，这种说法欠妥，国家赔偿应以受害人无过错而国家机关违法为前提。此处国家有关部门实施人工影响天气作业并不违反国家的法律法规，只是客观效果上造成了对部分主体利益的侵害，这种侵害从某种意义上说还是必需的、合理的，是经过充分的利益考虑和衡量之后做出的理性选择。因而国家在此过程中并没有过错，也不违法。在理论上，国家行政机关及其工作人员的合法行为损害公民、法人或者其他组织的合法权益，应由行政机关做出一定的补偿，称为行政补偿制度，这是国家调整公共利益与私人或团体利益、全局利益与局部利益之间关系的必要制度。可是我国目前尚未建立整体的、规范化的行政补偿制度，仅仅在《宪法》、《土地管理法》中对国家因公共利益征用和征收土地的补偿做了规定。这样使得大量的行政补偿问题得不到解决，导致受害人承受政府加予的不平等负担。现代民主国家最基本的目的和任务、国家活动存在的社会基础在于保障全体社会公民和组织的合法利益，维持社会生产、生活及公共秩序，促进社会福利。国家活动所使用的一切人力、物力和财力产生的消耗均由全体人民以纳税的方式平等负担，任何公民、法人或者其他组织都平等地承担国家机关合法实施国家权力行为所施加的公共义务，这是现代民主法治国家的社会基本信条。国家在实施公共管理过程中，有时不可避免地会使部分公民、法人或者其他组织承受一般社会公共负担之外的特殊负担，这种特殊负担应当由国家通过行政补偿的方式，转化为全体社会成员平等负担的公共义务。这是社会公平正义观念、基本人权保护观念以及人道主义法治观念的必然要求[9]。随着国家职能的多元化，补偿的对象也不再仅限于征收，而有扩大的趋势。如我国《行政许可法》第 8 条规定了对信赖利益的侵害由行政机关依法给予补偿。我国尚未制定《行政补偿法》，但对于实施人工影响天气行为对相关利益群体所造成的损害，应该也属于国家的合法行政行为导致合法的人身、财产权益受到损害，从理论角度，也符合行政补偿的原理和构成要件，有待于在进一步立法中加以考量和规范[8]。

那么此种情形下，《民法通则》第 121 条有无适用的余地呢，笔者持否定态度，因为《民法通则》第 121 条使用的是“民事责任”一词，法律意义上的责任意味着对某种行为的一种否定性评价，而此种情形下从事人工影响天气行为的相关主体在主观上并无过错，甚至还是一种“应当履行的职责”，因而谈不上责任，所以第 121 条在此情形下不能适用。

笔者认为，这种情形下适用民事法律中紧急避险的制度较为恰当。所谓紧急避险，是指为了使国家、公共利益、本人或者他人的人身、财产和其他权利免受正在发生的危险，不得已采取的紧急避险行为。紧急避险的构成要件主要有以下四个方面：其一，必须针对正在发生的紧急危险。如果人的行为构成紧急危险，必须是违法行为。其二，避险人所采取的行为应当是避免危险所必需的。其三，避险人所保全的必须是法律所保护的权利。其四，避险行为不可超过必要的限度，即所损害的利益应当小于所保全的利益。紧急避险导致的责任我国刑事法律和民事法律都有规定，因此有刑事责任和民事责任两种情况。这里主要涉及的是民事责任的问题。我国《民法通则》第 129 条规定：“因紧急避险造成损害的，由引起险情发生的人承担民事责任。如果危险是由自然原因引起的，紧急避险人不承担民事责任或者承担适当的民事责任。因紧急避险采取措施不当或者超过必要的限度，造成不应有的损害的，紧急避险人应当承担适当的民事责任。”《最高人民法院关于执行〈民法通则〉若干问题的意见》第 156 条规定：“因紧急避险造成他人损失的，如果险情是由自然原因引起，行为人采取的措施又无不当，则行为人不承担民事责任。受害人要求补偿的，可以责令受益人适当补偿。”在人工影响天气作业中受益人通常是不特定的多数人，即社会受有利益，这时应当由国家给予一定的补偿是比较合适的。如果受益人可以确定，比如为个人或某个单位或集体组织，那么可以直接要求受益人在受益范围内给予受害人一定的经济补偿，或者由国家先予补偿之后再向获益的群体进行追偿。“当然，由于人工影响天气往往出于公益目的，因此，这里的损害应限于‘合理’的范围内。超过‘忍受限度’的不合理损害，应认为属于合理期待的落空。同时，为了减少损害的发生，气象部门在进行人工影响天气作业前，应充分考虑作业时间、作业地点及作业效果，进行成本效益分析，充分考虑其机会成本，即由于某一决策，将有限的气候资源用于某种用途后，因放弃其他用途可能导致的资源和环境损失或代价[9]。”

3. 非法主体从事人工影响天气作业产生的民事赔偿责任

我们也应当看到，如果气象主管机构以外的主体，或者不具有实施资质的单位和个人违反法律规定实施人工影响天气作业给其他国家、公民、法人和其他组织造成损害的也应当承担相应的赔偿责任。20 世纪 70 年代发生过一起由于人工降雨实验导致损害赔偿的案件:美国南达科他州一所大学进行了人工降雨的试验，当天当地出现了特大暴雨并引发洪灾，造成很大损失，该大学被起诉[9]。这种情形下应当属于高度危险作业引起的民事责任，如果出现在我国，可以适用《民法通则》和《侵权责任法》的相关规定，承担责任的方式也以赔偿损失为主，但如果造成严重后果，损失重大的，还应当追究其行政责任甚至刑事责任。

(二)人工影响天气作业对其他法律责任承担的影响

上述几种责任形式都是由实施了人工影响天气的主体对受害方承担的责任，我们可以将其称之为因人工影响天气作业而产生的直接责任。现实生活中还有可能出现因人工影响天气作业导致产生其他形式的法律责任的情况。2004 年 7 月 25 日 12 时左右，苏州突降暴雨，狂风掀翻了苏州某厂生产车间的彩钢板屋顶，车间生产的光学镜片一经雨淋即报废，虽工人立刻抢救，但大部分镜片还是报废了，企业损失达 9 万元左右。企业报请保险公司理赔，保险公司经查证认为当天暴雨很可能系邻市进行的人工增雨作业所致，拒绝赔偿，从而引出了保险公司是否应当承担责任的问题。显然保险公司并非实施人工影响天气的主体。但其责任又因人工影响天气作业而产生，因此也必须在理论上加以研究和探讨。

因天气的原因导致的民事权利义务的变化通常被视为法律上不可抗力的因素。所谓不可抗力，依照《民法通则》第 153 条的规定，是指不能预见、不能避免并不能克服的客观情况。同时第 107 条规定:“因不可抗力不能履行合同或者造成他人损害的，不承担民事责任，法律另有规定的除外。”当事人自身能力不能抗拒也无法预防的客观情况或事故。不可抗力可以是自然原因酿成的，也可以是人为的、社会因素引起的。前者如地震、水灾、旱灾等，后者如战争、政府禁令、罢工等。不可抗力所造成的是一种法律事实。当不可抗力事故发生后，可能会导致原有经济法律关系的变更、消灭。一般认为，天气的重大变化引起的自然灾害应当属于不可抗力的范畴，如台风、冰雹等。但天气的一般性变化，理论上认为并不属于不可抗力，因为对于经常性的天气变化，有关主体可以预见，或者可以避免，或者可以通过有效途径予以克服。比如下雨、级数不高的风等。从目前人工影响天气所能够达到的水平来看，尚无法达到引起“自然灾害”的程度，比如暴雨。或者，人工影响天气本身就是为了防止灾害的发生，比如人工消雹作业。

因此，将人工影响天气造成的危害视为不可抗力在理论上是缺乏依据的。从实践上看，实施人工影响天气作业一般都会提前发布公告，使得可能受其影响的相关主体提前做好防范工作，《人工影响天气管理条例》第12条第2款规定："作业地的气象主管机构应当根据具体情况提前公告，并通知当地公安机关做好安全保卫工作。"因此，受到影响的主体不可能"不能预见"，从这个方面来说依然不能满足不可抗力的构成要件，所以，无论从理论上还是实践上说，将人工影响天气产生的后果视为不可抗力是不妥的。由于不可抗力条款是法定免责条款，如果有关主体试图以此为理由主张免除自己的责任，应当不予支持。如果以相关自然灾害作为保险事故订立保险合同，按照保险法的基本原理，因人工影响天气而导致的损失，保险公司也可以免责。

（三）对人工影响天气作业中责任的限制

无论从地域性还是社会性的方面来看，人工影响天气的行为产生的影响都非常广泛，一旦在实施的过程中出现危险，极易演变成为"人造灾害"，其受害地域广阔、受害人数众多、赔偿数额巨大，加害者或者责任人一般都难以承受。所以应当通过立法，适当减轻加害人的赔偿责任，并通过其他途径对受害者进行救济。这样，一方面可以保障从事人工影响天气作业的主体不因为责任过重而导致停业或者关闭的尴尬局面，另一方面也可以使得受害主体得到相应的心理抚慰和经济补偿。这种对责任的限制制度在许多行业都业已存在，比如交通运输部门、物流部门实施的赔偿限额的规定。其基本法律原理是相通的，因此，可以在对人工影响天气立法的活动中加以借鉴。

（四）人工影响天气责任保险制度

对人工影响天气作业中责任进行限制，只是确保了相关行为人不因一次失误而导致破产和关停的结果发生，但对受害人来说却是不利的。因此，为了确保受害人得到充分的赔偿，国家可以考虑对从事人工影响天气这样的高度危险作业实施强制性责任保险。并明确具体地规定承保范围、保险金额、责任条款和理赔程序等。这样，一旦不慎导致较大损失的时候，就可通过保险的渠道将巨额的赔偿金分散于社会，从而实现损害赔偿的社会化，避免了各种矛盾的冲突及因之而生的社会动荡。

五、人工影响天气作业责任的行为表现

根据我国《气象法》和《人工影响天气管理条例》的明确规定，并结合相关法律实践，人工影响天气活动中的违法行为大致可以做以下分类。

（一）非法使用人工影响天气作业设备的行为应当承担责任

此类违法行为主要是指不具有相关主体资格的人实施了人工影响天气作业的相关行为。《人工影响天气管理条例》第18条规定："禁止下列行为：①将人工影响天气作业设备转让给非人工影响天气作业单位或者个人；②将人工影响天气作业设备用于与人工影响天气无关的活动；③使用年检不合格、超过有效期或者报废的人工影响天气作业设备。人工影响天气作业单位之间需要转让人工影响天气作业设备的，应当报经有关省、自治区、直辖市气象主管机构批

准。"并且在第 19 条中进一步明确了以上行为应当承担的法律责任。第 19 条规定:"违反本条例规定,有下列行为之一,造成严重后果的,依照刑法关于危险物品肇事罪、重大责任事故罪或者其他罪的规定,依法追究刑事责任;尚不够刑事处罚的,由有关气象主管机构按照管理权限责令改正,给予警告;情节严重的,取消作业资格;造成损失的,依法承担赔偿责任:……③将人工影响天气作业设备转让给非人工影响天气作业单位或者个人的;④未经批准,人工影响天气作业单位之间转让人工影响天气作业设备的;⑤将人工影响天气作业设备用于与人工影响天气无关的活动的。"依照本条规定,非法使用人工影响天气作业设备的行为可能导致民事、行政和刑事责任。

以上这些规定,可以在气象法的制定过程中,在人工影响天气立法部分加以进一步的概括和整合。除了上述法律规定的行为表现以外,理论上认为还应当包括以下几种行为表现:

①未取得资质或者资质被吊销后的单位和人员从事人工影响天气作业的行为;

②有关单位使用未取得资质的从业人员进行人工影响天气作业的。

由于人工影响天气活动对专业技术的要求很高,并非任何组织和个人都有从事此项工作的能力。并且随着我国气象事业的发展,不排除有越来越多的单位和个人从事人工影响天气等气象服务的工作。因此,我国应当逐步建立行业准入制度,对申请实施人工影响天气作业的主体(包括单位和个人)进行资格认证,确保人工影响天气工作的严肃性和有效性。从源头上避免灾害事故的发生。《人工影响天气管理条例》第 9 条规定:"从事人工影响天气作业的单位,应当符合省、自治区、直辖市气象主管机构规定的条件。"同时第 10 条也规定:"从事人工影响天气作业的人员,经省、自治区、直辖市气象主管机构培训、考核合格后,方可实施人工影响天气作业。利用高射炮、火箭发射装置从事人工影响天气作业的人员名单,由所在地的气象主管机构抄送当地公安机关备案。"

(二)人工影响天气作业行为不当导致的法律责任

《人工影响天气管理条例》第 19 条除了对上述非法使用人工影响天气作业设备的行为规定的法律责任以外,还在第 1 项和第 2 项中对在人工影响天气作业中因为行为不当而产生的责任做出了明确规定,主要包括两种行为:①违反人工影响天气作业规范或者操作规程的行为;②未按照批准的空域和作业时限实施人工影响天气作业的行为。

(三)人工影响天气工作监管和组织实施不利导致的法律责任

《人工影响天气管理条例》第 20 条规定:"违反本条例规定,组织实施人工影响天气作业,造成特大安全事故的,对有关主管机构的负责人、直接负责的主管人员和其他直接责任人员,依照《国务院关于特大安全事故行政责任追究的规定》处理。"同时我们看到第 4 条规定:"人工影响天气工作按照作业规模和影响范围,在作业地县级以上地方人民政府的领导和协调下,由气象主管机构组织实施和指导管理。"结合这两条的规定,从责任主体来看主要是组织实施作业的主体和对作业负有监管责任的行政主体及其人员,责任的性质是行政责任。但依照《刑法》的有关规定,如果国家工作人员在履行职务的过程中导致事故发生或者其他重大损失的,也可能涉及刑事犯罪。因此虽然这里只规定行政责任一种责任形式,但从广义上理解,应当还包括刑事责任的种类。这一点可以在以后的气象法立法过程中考虑补充。

参考文献

[1] 阮均石.气象灾害十讲.北京:气象出版社,2000:232.

[2] 蔡守秋,王秀卫.人工影响天气的法学思考.河南政法管理干部学院学报,2007,**4**:111-115.

[3] Stephens T. Kyoto is Dead,Long Live Kyoto! A New Era for International Climate Change Law. *Sydney Law. School Research Paper*. 2008,**45**(8).

[4] 刘书俊.水资源之气态水权的民法思考.科技进步与对策,2003,**21**:100-102.

[5] 钱舟琳,李达.人工降雨的法律问题初探.江西师范大学学报,2005,**6**:63-65.

[6] 祁红屯绿.专访"人工影响天气"专家布鲁斯·鲍伊. http://news.sina.com.cn/c/2008-08-06/104816071676.shtml[2008-10-29].

[7] 王秀卫.人工影响天气权解析.河北法学,2008,**26**(5):34-37.

[8] 蔡守秋,王秀卫.论人工影响天气致损的法律责任.法学论坛,2007,**5**:31-34.

[9] 张素琴.也谈人工增雨损害的赔偿. http://www.chinacourt.org/html/article/200410/26/136369.shtml[2014-10-29].

农村气象灾害整体性防御体系探讨
——基于整体性治理的理论视角①

曾维和

（南京信息工程大学气候变化与公共政策研究院，南京　210044）

摘　要：灾害防御体系是自然灾害治理的一个重要组成部分，它在化解灾害风险、减少灾害损失等方面发挥着重要的作用。从文本与实践来看，我国当前农村推行的是一种分割式气象灾害防御体系，并出现了分割式管理困境。气象灾害的问题特性与整体性治理理论具有高度的工具契合性，基于整体性治理理论，可以构建一种农村气象灾害整体性防御体系。该体系对于气象防灾减灾、气象服务“三农”具有重要的理论与实践意义。

关键词：农村自然灾害；整体性治理；整体性防御体系

自 2010 年中央一号文件提出“健全农业气象服务体系和农村气象灾害防御体系”战略举措后，2012 年党的十八大报告再次提出“加强防灾减灾体系建设，提高气象、地质、地震灾害防御能力”的指导方针，构建农村气象灾害防御体系成为灾害应急管理中的一个重要内容。本文基于气象灾害防御相关的政策文本与具体实践分析农村气象灾害防御的现实困境，并结合气象灾害的问题特性，引入整体性治理理论，构建一个农村气象灾害整体性防御体系，以提高我国农村气象灾害整体性防御能力，充分发挥气象服务“三农”的作用。

当前学界关于气象灾害防御体系的研究主要从空间和内容两个维度展开。从空间维度看，学界对于气象灾害防御体系研究主要有农村和城市两个层面，农村气象灾害防御体系研究较多，城市气象灾害防御体系研究较少，且集中在地县级行政区划，具有兼顾农村气象灾害防御的特征，这与现实中农村生态环境脆弱、气象灾害频发的现实场景相一致。因此，农村气象灾害治理是气象灾害防御体系研究的重点。从内容维度看，学界主要集中在信息技术层面构建一体化农村气象灾害防御体系，具有较强的实践应用性特征。相关研究主要结合气候服务三农的“两个体系”建设进行展开，分析了农村气象灾害防御体系建设的必要性、基本内涵、主要内容与存在的问题。如矫梅燕[1]在《求是》杂志发文提出健全农业气象服务和农村气象灾害防御体系的必要性问题；朱明[2]、李海峰[3]等结合新农村建设分析了农村气象灾害防御体系的基本内涵与主要内容；齐军岐等[4]则对农业气象服务体系和农村气象灾害防御体系建设问题进行了初步分析。还有学者结合个案分析了农村气象灾害防御体系建设对策，如白先达等[5]分析广西地区农村气象灾害防御体系建设；刘咏梅和赵忠福[6]分析了阿拉善盟农村气象灾害防御体系建设现状与对策。较少的学者对农村气象灾害防御体系进行了理论思考，如成秀虎和王卓妮[7]从防灾理论出发，基于气象灾害致灾因子构建了一个以工程防御和应急响应为核心措施的农村气象灾害防御体系理论模型。

---

① 作者简介：曾维和（1974—），管理学博士，副教授，南京信息工程大学公共管理学院副院长，硕士生导师，主要从事政府治理理论与改革研究。本文由南京信息工程大学气候变化与公共政策研究院课题资助。

上述研究成果为本研究提供较好的理论借鉴，但不足之处也很明显，既缺乏具体理论指导下气象灾害防御体系理论模型的构建，也缺乏实践上切实可行的实践方案。具体而言，目前的气象灾害防御体系研究主要有如下三个方面的不足：一是对农村气象灾害防御体系的优势描述过多，对其现实运行中的实践困境分布不够，因此难以提出一个有效的改进措施。二是过于侧重技术层面的设计。技术层面的气象灾害防御难以有效地进行气象灾害综合治理，因为"随着经济社会的快速发展，气象灾害造成的经济损失和社会影响越来越大，气象灾害的社会敏感性越来越高，气象防灾减灾已经不是简单的专业技术性工作，而是成为牵动面不断扩大的社会公共事[8]"。因此，必须从管理、经济、社会多个层面构建农村气象灾害防御体系。三是缺乏一个综合的理论分析框架及实施方案。已有研究主要从管理、政治、社会等视角致力于气象灾害的防御与管理，缺乏对气象灾害管理体系的主体结构、功能整合、外部关系协调等研究，没有一个系统理论框架和有效的实施方案。因此，本文采用政策文本分析法和案例分析法，深入探讨现有农村气象灾害防御体系的实践困境，借鉴当代前沿的整体性治理理论作为分析工具，构建一个农村气象灾害防御体系，并提出相应的政策建议。

一、文本与实践：分割式气象灾害防御体系困境透视

按照职能划分进行条块管理是我国政府构建的主要原则之一，这最终形成了以碎片化为显著特点的分割式管理模式。这种模式具体表现在行政业务之间、政府各部门之间、各地方政府之间、垂直部门与地方政府之间、各行政层级之间的分散与分割。有学者分析了分割式管理模式的主要弊端：分工过细导致了部门林立、职责交叉重复、多头指挥和无所适从；分工过细导致了流程破碎、组织僵化和资源共享程度差；分工过细导致了本位主义、整体效能低下和无人对整体负责；分工过细和专业化劳动导致了行政人员技能单一、适应性差，同时强化管理驱动、局部效率与个体绩效，导致了对社会的服务意识不强、服务效能低下[9]。

在这种分割式管理模式的影响下，当前农村气象灾害防御体系也具有显著的分割式特征。我们从政策文本与实践案例两个方面分析这种分割式特征。

（一）政策文本中的分割式特征

国家层面有关气象灾害防御体系的政策文本主要有：《气象灾害防御条例》(2010)、《中国气象局关于加强农村气象灾害防御体系建设的指导意见》(2010)和《中国气象局关于加强农业气象服务体系建设的指导意见》(2010)。① 地方层面的政策文本以江苏省为例，主要分析《江苏省气象灾害防御条例》(2006)、《江苏省气象灾害评估管理办法》(2013)和《江苏省气象管理办法》(2003)三个政策文本。研读这些政策文本，不难发现，气象灾害防御体系的分割式特征突出地表现在气象灾害防御的主体架构、部门行为和政策协同三个方面。

1. "条状"的政府防御架构

政府成为气象灾害防御的主体，缺乏有效调动社会组织、企业、公众参与气象灾害防御的政策规定，出现了"条状"分割气象灾害防御特征。

---

① 资料来源中国气象网：http://www.cma.gov.cn/；江苏气象局：http://www.jsmb.gov.cn/.

《气象灾害防御条例》(以下简称《条例》)首先在总体上提出了一个“条状”的气象灾害防御架构:“国务院气象主管机构和国务院有关部门应当按照职责分工,共同做好全国气象灾害防御工作。”“地方各级气象主管机构和县级以上地方人民政府有关部门应当按照职责分工,共同做好本行政区域的气象灾害防御工作。”“地方各级人民政府、有关部门应当采取多种形式,向社会宣传普及气象灾害防御知识,提高公众的防灾减灾意识和能力。”这样,就构成了一个从中央到地方政府的线性指挥的气象灾害防御体系。

在这个总体架构下,《气象灾害防御条例》从气象灾害的预防、监测、预报和预警、应急处置、法律责任等方面进一步细化了这种“条状”的预防体系。①在气象灾害的预防上,《条例》提出“县级以上地方人民政府应当组织气象等有关部门对本行政区域内发生的气象灾害的种类、次数、强度和造成的损失等情况开展气象灾害普查,建立气象灾害数据库,按照气象灾害的种类进行气象灾害风险评估,并根据气象灾害分布情况和气象灾害风险评估结果,划定气象灾害风险区域。”“国务院气象主管机构应当会同国务院有关部门,根据气象灾害风险评估结果和气象灾害风险区域,编制国家气象灾害防御规划,报国务院批准后组织实施。”这就构成一个自下而上的条状上报、审批结构。②在气象灾害的监测、预报和预警上,《条例》规定“县级以上地方人民政府应当根据气象灾害防御的需要,建设应急移动气象灾害监测设施,健全应急监测队伍,完善气象灾害监测体系。”“各级气象主管机构及其所属的气象台站应当完善灾害性天气的预报系统,提高灾害性天气预报、警报的准确率和时效性。”“气象灾害预警信号的种类和级别,由国务院气象主管机构规定。”③在气象灾害的应急处置上,《条例》提出“各级气象主管机构所属的气象台站应当及时向本级人民政府和有关部门报告灾害性天气预报、警报情况和气象灾害预警信息。”“县级以上地方人民政府、有关部门应当根据灾害性天气警报、气象灾害预警信号和气象灾害应急预案启动标准,及时做出启动相应应急预案的决定,向社会公布,并报告上一级人民政府;必要时,可以越级上报,并向当地驻军和可能受到危害的毗邻地区的人民政府通报。”“发生跨省、自治区、直辖市大范围的气象灾害,并造成较大危害时,由国务院决定启动国家气象灾害应急预案。”这就构成一个逐级上报,最后由上级部门启动应急预案的“条状”气象灾害应急处置体系。④在气象灾害防御的法规责任上,《条例》规定“违反本条例规定,地方各级人民政府、各级气象主管机构和其他有关部门及其工作人员,有下列行为之一的,由其上级机关或者监察机关责令改正;情节严重的,对直接负责的主管人员和其他直接责任人员依法给予处分;构成犯罪的,依法追究刑事责任。”这就构成了一个“下级政府负责、上级政府问责”的“条状”问责结构。

地方性气象灾害防御条例也明显地具有国家《气象灾害防御条例》的“条状”分割式特征,如《江苏省气象灾害防御条例》在“总则”中规定“县级以上地方人民政府应当加强对气象灾害防御工作的领导,将气象灾害防御工作纳入本地区国民经济和社会发展规划,将地方气象事业基本建设投资和地方气象事业所需经费纳入本级地方财政预算,加大对气象事业的投入,并根据气象防灾减灾的需要和有关规定增加资金的投入。”“县级以上地方人民政府应当组织气象主管机构和有关部门加强气象灾害防御法律、法规和防灾减灾知识的宣传,增强社会公众防御气象灾害的意识,提高防灾减灾能力。”这些规定勾勒出了一个上级地方领导下级地方政府的“条状”领导式气象灾害防御体系。《江苏省气象灾害评估管理办法》也提出了类似的规定:“县级以上地方人民政府应当加强对气象灾害评估管理工作的组织、领导和协调。”“县级以上气象主管机构(以下简称气象主管机构)在上级气象主管机构和本级人民政府领导下,具体负责本行政区域内气象灾害评估的组织和监督管理工作。”“县级以上地方人民政府发展改革、民政、城乡规划、建设、交通运输、农业、水利、安监、海洋渔业等有关部门在各自职责范围内做好气象灾害评估的相关工作。”上级政府对下级政府具有领导作用，下级政府对上级政府负责，“条状”气象灾害防御体系架构表现得尤为明显，从而使得政府、气象部门与社会组织、企业组织分割开来。

2.“忙碌”的部门防御行为

气象部门的气象灾害防御体系除了具有“条状”分割的特征之外，还呈现出较强的“单部门作战”的特征，呈现出“忙碌的”行为特征。这种行为特征无形之中使气象部门从气象灾害防御的相关部门，如环保、交通、林业、水利航空等部门中分割出来，形成了气象部门分割式气象灾害防御体系。

《中国气象局关于加强农村气象灾害防御体系建设的指导意见》(以下简称《意见》)是气象部门构建农村气象灾害防御体系的一个专门性文件，其主要目标就是构建一个“精细化”的气象灾害防御体系，即“用3～5年的时间，形成精细化的农村气象灾害监测预报能力，建成覆盖广的农村气象预警信息发布网络，构建有效联动的农村应急减灾组织体系，健全预防为主的农村气象灾害防御机制，实现防御规划到县、组织机构到乡、精细预报到乡、自动观测到乡、气象服务站到乡、应急预案到村、风险调查到村、科普宣传进村、气象信息员到村、预警信息发布到户、灾害防御责任到人、灾情收集到人，发展适合我国农村基本情况的气象灾害防御体系，全面提高农村气象灾害防御的整体水平。”

这种“精细化”的工作目标定位使得纵向的各级气象部门、横向各职能机构分工明细、职责繁多，把一些社会组织可以提供的灾害防御职能都统揽到气象部门之内，形成了部门防御行为忙碌的状态。这在《意见》中的四大任务里表现得尤为突出(表1)。

表1 农村气象灾害防御体系四大任务中“忙碌”的部门防御行为

四大任务	主要内容(节选与防御主体相关的内容)	社会组织参与*	公众参与	企业参与
形成精细化的气象灾害监测预报能力	建立预报到乡、乡乡有站的农村气象灾害监测预报体系，力争用5年时间实现农村突发气象灾害的监测预报准确率接近城市水平。建成乡镇自动气象站观测网，每个乡镇建设1套2要素以上自动气象站，实现对中小尺度灾害性天气和局地小气候的观测。地市级气象部门利用上级预报产品开展补充、订正和解释应用，并重点开展灾害性天气的监测预警；2010年，组织试点省份开展精细化到乡镇的气象预报业务试验，研究构建集约化的精细化预报业务体系和流程	无	无	无
建设覆盖广的气象预警信息发布网络	县级要建立气象部门和乡镇、行政村、中小学校的双向预警信息传递机制，完善手机短信和电话气象信息发布系统，建设中国天气网县级站和兴农网县级站，利用社会公共媒体和外部门信息发布资源发布气象灾害预警信息。乡镇要建立通知到村气象灾害防御负责人和气象信息员的双向预警信息传递机制。村级要建立通知到户的预警信息传递机制，气象灾害防御负责人和气象信息员通过电子显示屏、高音广播、锣、鼓、信息专栏等方式向居民广播气象预警信息	只利用社会公共媒体和外部门信息发布功能	只有气象信息员参与	无

续表

四大任务	主要内容(节选与防御主体相关的内容)	社会组织参与*	公众参与	企业参与
构建有效联动的应急减灾组织体系	建立形成各地政府统一领导、综合协调,相关部门各负其责、有效联动的农村应急减灾组织体系,实现县乡有分管领导、乡乡有气象信息服务站、村村有气象信息员。县级人民政府成立气象灾害防御领导小组,分管县长任总指挥长,领导小组成员应当包括气象、民政、水利等相关部门负责人,充分发挥气象灾害预警信号在农村气象防灾减灾中的“消息树”作用,建立和完善以气象预警信息为先导的县级各部门应急联动机制,实现各单位预案联动、信息联动、措施联动。乡级人民政府有分管乡长负责气象灾害防御工作,有乡干部担任的气象协理员负责日常工作	无	无	无
完善预防为主的农村气象灾害防御机制	建立两卡发放制度,县级统一制作气象灾害防御工作明白卡和气象防灾减灾明白卡。建立以省、市、县为骨干,街道社区、乡镇村庄为基础的气象灾情调查上报网络。县级气象部门建立灾情上报系统和气象灾情收集热线,灾情信息快报、核报工作机制和灾害信息沟通、会商制度,建立灾害信息管理系统,将气象灾害防御工作机构、气象灾害防御责任人、气象信息员、各村气象灾害隐患点、各级应急预案等信息纳入系统,实现动态管理和共享。乡镇、村屯志愿者和气象信息员承担气象灾害收集上报工作。建立一馆、一站、一栏、一员的农村气象防灾减灾科普宣传体系	无	只有少数村屯志愿者和气象信息员参与	无

注:* 因为当前的村委会组织具有较强的行政化倾向,这里的社会组织主要指除村委会之外的各种行业协会、社团组织、志愿者组织、慈善组织等。

表 1 中的四大任务构成了一个精细化的农村气象灾害防御体系,这个防御体系中防御主体主要是以各级地方政府、各级气象部门为主,除村委会这个具有行政化的自治组织之外,没有任何社会组织、企业组织参与。只有在气象灾害信息发布中,利用了社会公共媒体和外部门信息发布功能,以及农村气象信息员和村屯志愿者参与。这样,在气象灾害防御体系中出现一个“异常忙碌”的气象部门防御行为和一些无法参与进来的社会组织、企业组织和广大人民群众。

《中国气象局关于加强农业气象服务体系建设的指导意见》首先提出了一个“条状”的领导式气象灾害服务体系结构:“加强组织领导。各级气象部门要充分认识建立健全农业气象服务体系的重要性,推动农业气象服务体系纳入农村公共服务体系建设。各级气象部门主要领导要加强组织协调,分管领导要直接负责、具体指导,抽选相关业务部门的工作骨干成立专门小组,及时研究解决农业气象服务体系建设中遇到的新情况和新问题,确保农业气象服务体系建设取得实效。”然后提出由气象部门牵头负责的四大“块状”任务:建设专业化的农业气象监测预报技术系统;开展富有地方特色的现代农业气象服务;强化保障粮食安全的气象防灾减灾服务;加强农业适应气候变化的决策服务。以上四大任务虽然把气象灾害防御置于气象服务这个方位较宽的领域中,但更突出了气象灾害防御的精细化水平，如“建立异常天气气候条件下粮食产量动态监测和综合评估的决策服务业务。发展与我国粮食进出口有关的国外主要粮食作物产量预报。强化国家、省级粮食作物产量预报，拓展产量预报的领域，有选择地开展各地大宗作物、牧草产量与载畜量预报、农业年景预报和地方特色农业的产量与品质预报。”

(二)实践运行中的分割式困境

分割式政策导向下气象灾害防御体系在实践中或多或少地出现了分割式困境。下文以几个地方性实践案例具体分析这一困境。

1.“信息孤岛现象”，灾害防御能力不高

近年来，县级气象灾害防御体系建设取得了长足的发展，其气象灾害监测网络、气象预警信息发布、气象灾害服务内容、气象灾害应急科普宣传等都获得了较好的发展。但是，分割式气象灾害防御体系在实践运行过程中出现了部门合作与信息共享的“信息孤岛”困境，气象灾害综合监测能力和农民防御气象灾害的能力都较为薄弱，亟待提高(见案例1)。

案例1:昌乐县农村气象灾害防御体系建设[10]

昌乐县农村气象灾害防御体系建设现状。该县农村气象灾害防御体系在7个方面取得了较好的成效:①气象灾害监测网络基本形成。全县气象灾害监测系统的完善，天气预测预警水平和服务能力建设取得显著成效，共建设13个自动气象观测站，达到了每10～20千米有1个观测点的要求。②气象预警信息发布能力明显得到增强。先后建成灾害性天气监测预警平台、气象灾害预警决策短信息服务平台、为农服务平台、市—县高清可视化会商系统。③气象服务方式不断创新。成立了由昌乐县气象局、农业局、水利局、林业局、烟草公司、农机局等57名涉农专家组成的为农气象服务专家团。实现气象灾害防御工作由被动型应付向主动型防范转变，由事后应急救援向事前监测预警转变。④部门合作与信息共享能力加强。建立了气象灾害预警服务部门联络员会议制度。由昌乐县气象局牵头，与县农业局、林业局、水利局、农机局、畜牧局、传媒集团、交通局、烟草公司等8个单位和部门签订了联合开展服务协议书，建立了联合开展服务的机制。⑤气象服务内容不断拓宽。开展了面对面、点对点的精细化气象服务。与全县42个规模较大的瓜菜合作社、种养殖大户建立“直通式”联系，通过网络交流、发放明白纸以及手机短信、电话等方式进行服务，服务内容细化到瓜菜不同生育期的气象服务、病虫害预警等。⑥加强人工影响天气工作，为农业减灾增收。⑦气象灾害应急避险科普宣传不断深入。昌乐县气象局通过各种有效方式对气象防灾减灾知识进行宣传，提高农村居民的气象科普知识水平，增强其防灾减灾意识，从而提高避险自救能力。

昌乐县农村气象灾害防御体系主要存在三个方面的问题[10]:一是气象灾害防御的部门合作与信息共享有待加强。灾害发生时，往往涉及多个部门。当突发事件发生时，各类信息都是以部门为单位逐级汇报，缺乏有效整合，预警信息发布渠道分散，覆盖范围远不能满足需要。加之由于部门职能交叉，容易造成职责不明，可能由此失去最佳的抢险救灾时机。因此，加强气象预警信息发布后的部门合作与信息共享显得尤为重要。二是气象灾害综合监测能力有待提高。由于地形、地貌、局地气候条件的影响，目前的自动气象站基本上是每10～20千米设立

1个，气象灾害的敏感地段往往没有自动气象站，不能及时监测到雷电、暴雨、冰雹、大风等易发地段发生灾害性天气，探测精度、范围、时空分辨率等方面尚不能满足气象防灾减灾的需求。此外，区域自动气象站大多数只能监测雨量、温度，对防灾减灾的需要无法满足。三是农民防御气象灾害的能力不强。一方面，农民对气象信息产品的含义理解有偏差，如小、中、大雨的量级标准，雾是不是大雾等，尤其是对气象灾害预警信号知识更是知之甚少，未意识到灾害天气的严重性，往往延误防灾抗灾的最佳时机。另一方面，农民应用气象的能力不强，即使获取了准确的气象信息产品，由于缺乏气象科普知识，有时也会无所适从，达不到趋利避害、防灾减灾的目的。

2."空心化机构"，气象灾害防御长效机制缺乏

当前，各级政府部门都成立了气象防灾减灾机构，但是，在不少地方这些机构的专业人员较少，兼职人员居多，他们的气象防灾减灾的专业化水平不高，出现"空心化机构"的现象。同时，由于气象防灾减灾组织保障体系不健全，投入机制不完善，气象灾害监测、预警、评估水平不够高，导致气象灾害防御长效机制尚未形成（见案例2）。

案例2：防城港市农村气象灾害防御体系建设[11]

防城港市地处广西南部沿海，南临北部湾，北靠十万大山，既是一个气候资源十分丰富的地区，又是一个气象灾害发生频繁的地区。建立健全完善的气象灾害防御体系成为当务之急。自2009年以来，防城港市先后成立了"市—县—乡"三级气象灾害应急机构，各级政府出台了《气象灾害应急预案》。24个乡镇建立了气象信息站，286个村安装了气象信息电子显示屏，聘请了各级气象信息员300多人。辖区内一个区（县）编制出台了《气象防御规划》，10个乡镇通过了气象灾害应急准备认证。事实证明，这些设施和机构在这几年的气象防灾减灾工作中发挥了重要的作用。

防城港市农村气象灾害防御体系存在的主要问题表现在如下三个方面[11]：①气象防灾减灾机构及队伍松散。目前，虽然各级政府部门都成立了气象防灾减灾机构，明确了人员。但大多数为兼职人员，普遍存在着对该项工作不了解、基层工作经验少、知识匮乏等问题。致使在实际工作中常出现人员不到位或到位而不能很好投入工作，或流于形式、敷衍应付等现象，使工作效率大打折扣。②气象防灾减灾投入机制不完善。防城港市各级政府在气象防灾减灾投入方面不同程度地存在"等靠要"思想，觉得这应该是中央和部门投入，地方政府投入较少，还不能保障。没有把气象防灾减灾经费列入政府年度财政预算内，形成稳定完善的投入配套机制。这使得气象防灾减灾设施建设断断续续，没能有效地发挥应有的作用。③气象灾害监测、预警、评估水平有待提高。要做好气象灾害防御工作，重点在对灾害天气的监测、预警预报。防城港市地域范围很广，地形地貌差别很大，所造成的灾害程度也不尽相同。这就要求气象业务人员要有高度的责任心和过硬的技术本领。总而言之，防城港市整体气象业务水平不高，预报准确率低，精细化水平不高，没能满足社会在气象灾害预报的要求。

3."精细化失灵"，气象防灾减灾满意度较低

一些地方气象部门致力于加强气象防灾减灾"精细化"建设，在气象服务队伍建设，部门合作与区域联防，气象服务业务管理、气象科技项目合作，预警信息发布渠道拓展，灾害防御知识

培训与应急演练等方面取得显著的成绩。但是，存在气象防御体系建设“单部门运作”突出，社会组织及广大公众参与较少等问题，导致了“精细化失灵”现象的出现，“最后一公里”问题尚未解决，村民的满意度不高（见案例3）。

案例3：阿拉善盟农村气象灾害防御体系建设[6]

内蒙古阿拉善盟气象部门为社会主义新农村、新牧区建设服务的经验和做法：①加强气象服务队伍建设。成立气象为新农村、新牧区服务专家团队和防灾减灾应急服务队伍、农业专家联盟、农民专家队伍，为气象为农服务和防灾减灾工作建设提供技术支撑。②加强部门合作和区域联防。与农牧业、林业、水利、交通、国土资源、通信等部门签订了合作协议，分别与西部七盟、宁夏等地建立灾害性天气联防，建立联动机制和信息资源共享机制，实现多部门或跨区域气象灾害防御联合会商常态化。③强化服务业务管理。根据服务需求，修订气象为农服务方案，梳理气象服务与应急减灾业务流程，规范会商制度和气象预警信息发布业务流程；印发《农牧业气象服务手册》和《气象灾害防御手册》，并为广大农民发放气象防灾减灾、气象灾害防御明白卡。④加强科技项目合作。阿拉善盟气象与农牧、林业、通信运营等单位合作共同建立了手机短信预警信息发布平台、贺兰山森林草原防火预报预测预警系统，形成“政府出资建设、企业承担通信费、气象部门负责发布”的防灾减灾预警信息发布运行模式，建立了预警信息发布“绿色通道”。⑤拓展预警信息发布渠道。为了推进防灾减灾链条向基层延伸，在苏木镇建立24个气象信息服务站，在苏木镇、社区、学校、市场等人员聚集地建立65块电子显示屏，在村嘎查建立63个大喇叭；与民政、农牧业等部门采取“多员合一”方式建设气象助理员、信息员队伍，总人数达到232人，实现了村嘎查信息员全覆盖。⑥加强灾害防御知识培训与应急演练。利用世界气象日、科技三下乡、防灾减灾日、胡杨旅游节及重大活动，深入苏木镇、社区、学校、工矿企业广泛宣传气象灾害预警和防范避险知识，组织灾害应急演练，增强了公众对气象灾害应急处置和自救互救能力。

阿拉善盟农村气象灾害防御体系存在的主要问题有以下三个方面[6]：①天气预报准确率和精细化程度尚未达到农牧民满意的水平。天气预报和气候预测准确率是搞好气象服务工作的前提，但目前由于缺乏专业技术人员，现代化业务水平不高，致使天气预报预测准确率不高；当出现灾害性天气时，地方党政领导和农牧民很难做出明确的决断，降低了灾害防御能力。②农牧民获取气象服务信息渠道少，“最后一公里”问题尚未解决。目前，气象信息主要通过电视、手机短信、12121声讯电话、显示屏、大喇叭等媒体传播。由于农牧区基础条件差，通信、网络不畅通，导致气象信息无法及时传送到农牧民手中；遇到突发灾害性天气时，预警信息不能第一时间通过有效的途径快速、及时传送到农村、牧区各个角落，不能帮助农牧民有效降低灾害所带来的损失。③农村、牧区气象监测站点少，不能满足农牧业服务需求。由于阿拉善盟在苏木镇、灾害多发地等地建立气象监测站点稀少，村嘎查尚未建立气象监测站点，气象监测网络有待完善。

二、理论与问题：整体性治理引入契合性分析

1. 跨部门协同：整体性治理理论工具概述[12~14]

整体性治理（holistic governance）理论是当代公共管理的一个前沿理论，它是整体政府

(holistic government)理论在治理层面上的拓展和深化。“整体政府”理论于 1997 年由英国前首相布莱尔首先在英国实施,之后迅速被澳大利亚、新西兰等国家采用。英国科学院院士 Bogdanor 教授在《整体政府》(2005)一书中对“整体政府”实践成果进行了系统的理论梳理。在美国,“整体政府”理论是以“协作公共管理”为标签,阿格拉诺夫在《协作性公共管理》(2007)一书中指出,“协作性公共管理”已成为美国地方政府治理的新战略。Christoppher Pollit 在综合相关文献的基础上揭示了“整体政府”的深刻内涵:“整体政府”是指一种通过横向和纵向协调的思想与行动以实现预期利益的政府改革模式,它包括四个方面内容:排除相互破坏与腐蚀的政策情境;更好地联合使用稀缺资源;促使某一政策领域中不同利益主体团结协作;为公民提供无缝隙而非分离的服务[15]。

希克斯对整体政府理论进一步拓展,从宏观上研究跨部门协同问题,把政府与非政府组织、私人组织的协同包括进来,形成了整体治理理论。整体治理是整体政府理论在全球层面的一个扩展。整体治理针对的不是专业主义,而是针对 20 世纪 70 年代末新公共管理改革以来所强化的碎片化治理问题。碎片化治理的主要缺陷在于缺乏良好的冲突管理或是不充分的专业化结构关系。希克斯归纳了碎片化治理的八大问题:让其他机构来承担代价的转嫁问题、冲突性项目、重复、冲突性目标、因缺乏沟通导致不同机构或专业缺乏恰当的干预或干预结果不理想、需求反应中的各自为战、民众服务的不可获取性或对服务内容的困惑、服务供给或干预中的遗漏或裂口。希克斯认为,碎片化治理主要是由治理战略中意想不到的结果和治理系统中的行动者的自利角色所导致的。希克斯指出,整体治理的挑战就是如何在政策、规制、服务供给和监督等层面上取得一致:政策层面包括政策的制定、政策内容的形成和对政策执行的监督;规制层面包括对个人、私人组织和政府内部的机构、内容和影响进行规制;服务供给层面包括服务供给的内容、组织和影响;监督层面包括对政策、规制、服务供给的评估、解释、审计和评价。在这些层面上取得一致是迈向整体治理的关键。希克斯归纳了识别和理解整体治理的层级整合、功能协调和部门整合的三个维度[16](图 1)。

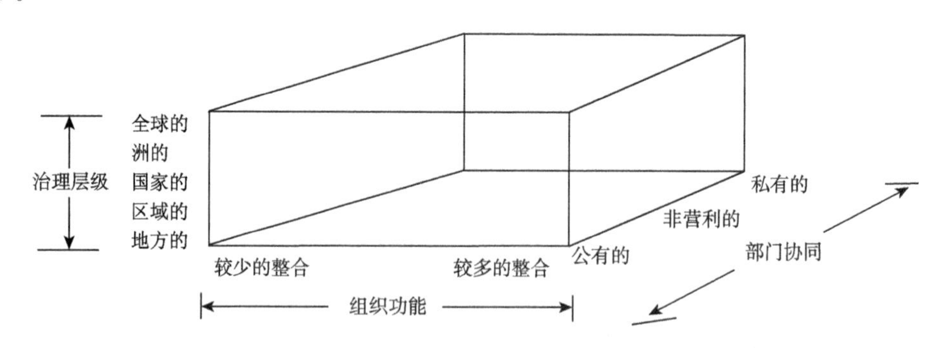

图 1 整体治理三个维度的整合

这三个维度表示三个面向的治理整合:第一个维度是对不同治理层级和同一层级的治理进行整合。这可以在地方政府内部各部门,地方政府与中央政府之间,或地方机构与区域管理机构(如欧盟总指导处等)的具体项目之间,或地方贸易标准的制定官员、国家贸易的管制者和全球贸易标准和贸易机构之间,或在全球环境保护政策制定者之间进行整合。这一个层面的整合属于政府组织间关系的整合。第二个维度是对功能内部进行协调和整合。这既可以在一些功能内部进行协调,如使海陆空三军合作,促使国防部各部门协同工作,也可以在少数功能和许多功能之间进行协调,如保健和社会保障,或城市重建所涉及的诸多部门之间。这一个层次的整合属于部门间合作。第三个维度是部门内部的整合。这可以在公共部门内部,也可以在政府部门与非营利组织之间或和私人组织、控股公司之间进行整合。这一层次的整合属于新生伙伴关系的整合。

2. 气象灾害问题的系统风险性

在全球变暖的大背景下,随着极端天气、气候事件不断增多,气象灾害呈现频发趋势。使得气象灾害问题就有系统风险,清华大学公共管理学院薛澜教授等具体分析了气象灾害的五个方面特征[17]。

(1)影响后果的严重性。随着全球气候变暖,各种气象灾害,如暴雨洪涝、干旱、热带气旋、低温霜冻、风雹、连阴雨、浓雾及沙尘暴等发生得更加频繁,其灾害损失和影响后果不断加重。气候变化不仅会带来“天灾”,还会带来“人祸”,对人们的生命财产安全带来重大的影响,还会导致诸多的流行疾病发生,给人类的健康带来重大威胁。气象灾害等极端气候事件可能会成为威胁未来人类生存的重大问题。

(2)波及范围具有广泛性。气象灾害问题越来越呈现出跨地域扩散传播的特征,无论从问题产生的原因、事态发展变化的过程、所形成的影响,还是解决问题的途径上,都不再局限于一个地区、一个国家等特定的时空范围内。气候变化及气象灾害影响范围极其广泛,不仅对人类赖以生存的自然生态系统产生重大的影响,还会对一个国家的经济、政治、社会等产生重大的影响。有些气象灾害问题在表现上表现为区域性的,但其后果则与国际社会整体紧密相连,已经超出了国家的特征,具有全球性的意义。

(3)发生特点上具有萌发性。各种灾害与风险从事件特性上来划分,可以分为突发性与萌发性两大类。各种群体性事件、极端个体性事件属于突发性的类型,气象灾害则属于萌发性的类型。很多气象灾害及气象风险都是逐步发生的,刚开始各种征兆、信息不明确,存在着信息不对称的现象,事态后果的严重性在初期和短期并不是完全显现,决策者容易对事态进行错误的认识与判断,很多小范围内的事件,可能会引发成危机事件。因此,气象灾害事件属于典型的萌发性危机事件。

(4)时间跨度具有长期性。全球气候变化带来的风险属于蠕变风险(creeping risk),它所造成的影响是随着时空的推移而不断加重和加深,往往要经历一个由量变到质变、最终导致风险爆发为灾害的过程。气候变化的发生、发展及影响是一个长期的持续过程由此引发的气象灾害对人类健康的影响也是一个持续发展的过程。因此,气象灾害是一种蠕变性、渐进性的自然灾害,其带来的灾害风险也就具有长期性的特点。

(5)事件性质具有政治性。当今的气候变化问题已经不仅仅是一般意义上的气候问题和环境问题,已经逐渐演变成为一个带有政治性的政治、经济和外交问题。“气候外交”获得各国日益重视,正成为各国走向国际舞台外交内容的重要组成部分。正如国家气候变化对策协调小组办公室发布的《全球气候变化——人类面临的挑战》报告指出:“全球气候变化一直是国际可持续发展领域的一个焦点问题,围绕气候变化的争论和谈判,表面上看是关于气候变化原因的科学问题和减少温室气体排放的环境问题,但在本质上是一个涉及各国社会、政治、经济和外交的国家利益问题[18]。”

总之,上述五个方面的特征详实地阐述了气象灾害的系统风险特征。这些特征在重大的气象灾害中表现得尤为显著，如 2010 年发生的甘肃舟曲特大泥石流灾害。这些系统风险性与整体性治理理论工具存在高度的契合性，因为气象灾害的系统风险特征使得传统的科层组织及单目标组织出现了功能障碍和组织失灵的状况。因此，气象灾害的系统风险性需要一种跨部门协同的理论模式才能有效地应对。整体性治理理论在治理层级、组织功能和部门协同三个层面与这种系统风险性具有高度契合。

三、模型与方略：气象灾害整体性防御体系构建

学界结合具体的气象灾害防御实践，总结了气象灾害防御体系构架主要存在网络化、信息化和社会化三种理论视角。借鉴这些理论视角，并引入整体性治理理论，可构建一个农村气象灾害整体性防御体系。

（一）三种视角的理论探索

1. 网络化气象灾害防御体系

网络化气象灾害防御体系主要是从组织结构层面建立上下联动的气象灾害防御体系网络。有学者把“百县千乡”①气象服务为农服务灾害防御体系建设总结为网络化气象灾害防御体系（图 2）。该体系主要是“通过综合利用天基、空基、地基相结合的各项综合气象观测系统，温室大棚小气候自动观测仪及高光谱航空遥感监测系统 3 个途径整合扩大农业信息资源，完善信息保障体系建设[19]”。

这是对气象信息技术、气象信息资源的充分整合形成的一种网络化气象灾害防御体系。这个体系有两个方面的网络化气象灾害防御功能：①气象灾害应急管理的总体网络结构。按照气象灾害防御示范区创建的“八有”标准，示范区网络发布总体结构是由气象灾害的监测预报到覆盖广的气象预警信息发布网络，通过农村预警信息传递机制发布到公众，建立完善的上下联动的灾害防御应急保障体系。②气象灾害防御体系的功能实现。通过统一的预警信息发布系统迅速接收、处理自然灾害预警信息，并能在最短的时间内向特定的区域、部门、人群发布预警信息，为防灾减灾服务，使有关部门和社会公众及时获取预警信息，采取相应措施，从而最大限度地保障人民群众的生命财产安全。

网络化气象灾害防御体系主要以气象信息技术为基础，是一种典型的技术型灾害防御体系设计。这种防御体系的优点是能够充分运用现代气象信息技术，但其缺点也较为明显，即对气象灾害防御的组织主体关注不够，难以发挥组织主体的联动作用。它是一种只见技术，而没有制度设计的组织结构设计。

---

① 基于气象为农服务“两个体系”建设成果的基础上，2013 年 5 月 6 日中国气象局启动的“百县千乡”气象为农服务示范区创建工程，中国气象局将在未来两三年里，设 100 个左右的现代农业气象服务示范县和 1000 个左右的气象灾害防御示范乡（镇）。

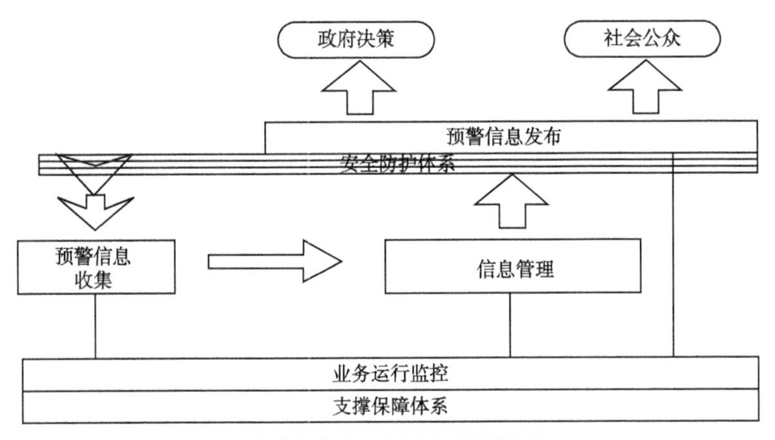

(a)气象灾害应急管理的总体网络结构

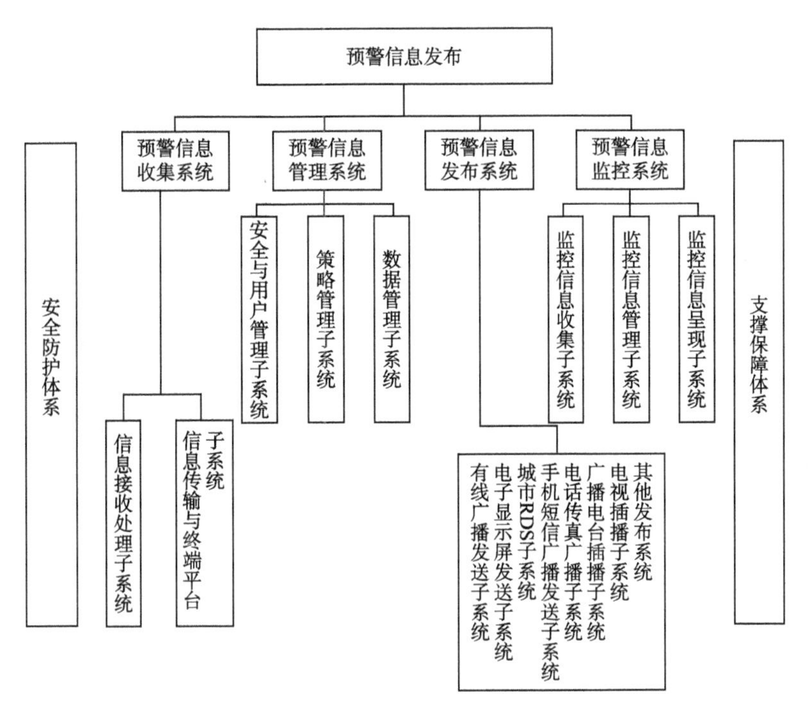

(b)气象灾害防御体系的功能实现

图 2 “百县千乡”气象服务为农服务灾害防御体系[19]

2. 信息化气象灾害防御体系

信息化气象灾害防御体系以信息技术为核心，主要是成立一个信息沟通为运行机制的灾害防御体系。该体系主要包括灾害信息的监测、综合观测资料显示、灾害预警信息发布、灾害信息接收及传播、气象协管员及气象信息员队伍建设等内容(图 3)[20]。

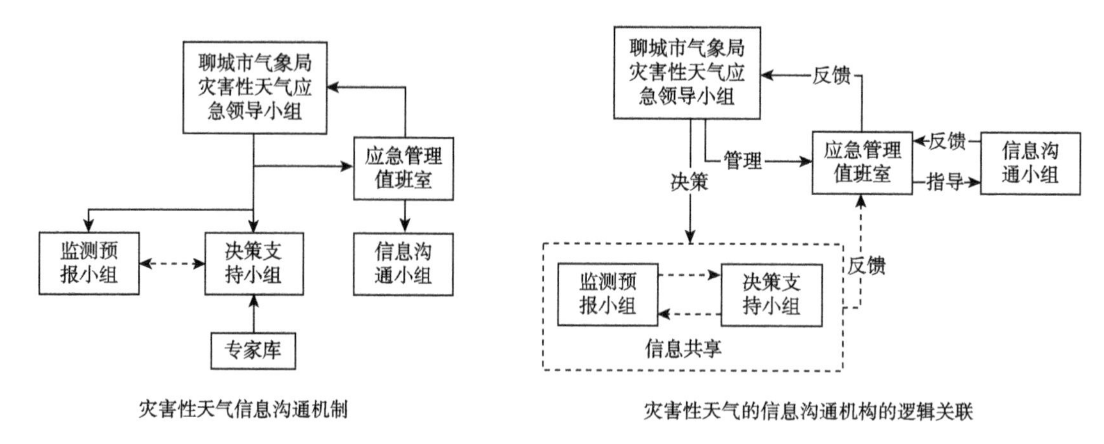

图 3　信息沟通型的聊城市气象灾害防御体系

3. 社会化气象灾害防御体系

这种类型的气象灾害防御体系在实践中还没有形成典型的实践场景。不过在实践中的一些领导者已经开始了实践思考。例如，中国气象局副局长矫海燕[8]在《加强气象防灾减灾的科学管理》一文中认为气象灾害的社会关联度越来越高，应该充分认识到气象防灾减灾的社会属性，坚持气象灾害的风险管理，注重气象防灾减灾的非工程性措施建设："一是要重视气象灾害监测预警在防灾减灾中的基础性和先导性作用，加强监测预警能力建设，提高预报的准确性和预警信息发布的及时性，有效地发挥气象预警'消息树'和'信号枪'的作用。二是要加强气象防灾减灾的应急体系建设，完善气象灾害应急预案及应急管理的机制、体制和法制建设。农村和社区基层是气象防灾减灾的第一线，应作为'一案三制'建设的重点。三是要重视群测群防体系建设，将气象灾害监测预警信息服务网络和应急防御的组织网络延伸到农村和社区基层，构建'纵向到底'的防灾减灾组织体系。要将气象防灾减灾科普教育作为群测群防体系的重要内容，提高基层群众的自我防范意识。"社会化气象灾害防御体系重视气象灾害发生的社会影响，在灾害防御中注重风险管理和综合治理。

(二)农村气象灾害整体性防御体系构建

气象灾害的三种理论视角在农村气象灾害的防御中各具优势，但也都存在各自的不足，这为农村气象灾害防御体系的构建提供了一种整体性思维，即需要构建一种整体性防御体系。在上述三种理论视角的基础上，结合气象灾害发生的三要素(灾害原、灾害载体和承载体)分析江苏农村气象灾害的发生机理，从而构建一个功能整合与关系协调的农村气象灾害整体性防御体系的理论模型(图 4)。

图 4 表明，江苏农村气象灾害整体性防御体系的主要内容包括三大要件：①实质性要件。即"农村气象灾害功能整合的体系创新与关系协调的机制构建"。②主体性要件。这主要包括两大组成部分：第一部分是江苏农村气象灾害的整体性防御体系的研究，包括建立江苏农村气象灾害防御的政策法规体系、行政支撑体系和社会保障体系，实现法治、部门和制度的三大整合；第二部分是江苏气象灾害防御的协同机制研究，包括建立以气象部门为中心，多部门协作的农村气象灾害监测、预报和预警机制；建立农村气象灾害防御规划、工程设施和应急预案的一体化资源整合机制；建立政府主导、部门联动、社会参与的农村气象防灾减灾的长效合作机

制。③目标性要件。通过体系创新和机制构建，增强江苏农村气象防灾减灾能力，发挥气象服务“三农”的功能。

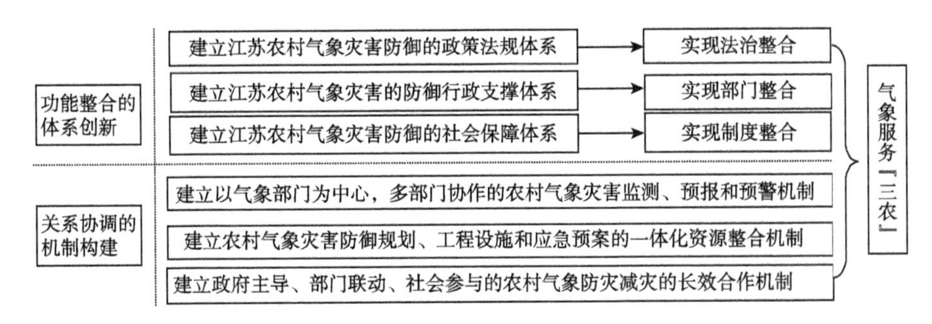

图 4 江苏农村气象灾害整体性防御体系

在农村气象灾害整体性防御体系的具体推进过程中，需要树立一种战略推进的思维：首先，要提高政策协同能力，发挥政策协同效应。政策协同是西方发达国家“公共部门协作治理的新趋势[21]”。马尔福德等[22]把政策协调定义为一个过程：“两个以上的组织创造新规则或利用现有决策规则，共同应对相似的任务环境。”这需要从国家到地方都进行联动协调机制构建，并提出一个具体的、切实可行的联动措施和政策保障。其次，还需要实施一个整体性的推进步骤：①针对近期的气象灾害，以风险管理为切入口，进一步完善气象灾害防御体系，强化应急管理的功能；②针对中期的气象灾害事件，从风险管理推进到危机治理，推动气象灾害风险的政策调整与制度变革，提升风险治理过程的政府形象；③针对远期的气象安全事件，从灾害风险治理推进到社会风险治理，优化社会结构，从根本上降低社会转型中的不确定性。

参考文献

[1] 矫梅燕.健全农业气象服务和农村气象灾害防御体系.求是，2010，**6**：56-57.

[2] 朱明.在新农村建设中加强气象灾害防御体系建设的思考.江西农业学报，2011，**6**：201-206.

[3] 李海锋.扶风县农业气象服务体系和农村气象灾害防御体系建设初探.安徽农学通报，2011，**2**：56-57.

[4] 齐军岐，等.农业气象服务体系和农村气象灾害防御体系建设问题分析.农业与技术，2012，**2**：122.

[5] 白先达，等.农村气象灾害防御体系建设分析研究——以广西地区为例.农业灾害研究，2012，**1**：36-38.

[6] 刘咏梅，赵忠福.阿拉善盟农村气象灾害防御体系建设现状与对策.现代农业科技，2013，**10**：299-300.

[7] 成秀虎，王卓妮.农村气象灾害防御体系理论模型初探.灾害学，2012，**4**：117-121.

[8] 矫梅燕.加强气象防灾减灾的科学管理.学习时报，2011-8-22(007).

[9] 蔡立辉，龚鸣.整体政府：分割模式的一场管理革命.学术研究，2010(5)：33-34.

[10] 张爱玲，马英杰.昌乐县农村气象灾害防御体系建设现状及对策.现代农业科技，2014，3：261-265.

[11] 游发毅.论防城港市农村气象灾害防御体系建设.气象研究与应用，2012，**12**：97-98.

[12] 曾维和."整体政府"论——西方政府改革的新趋向.国外社会科学，2009，**2**：106-112.

[13] 曾维和.评当代西方政府改革的"整体政府"范式.理论与改革，2010，**1**：26-31.

[14] 曾维和.后新公共管理时代的跨部门协同——评希克斯的整体政府理论.社会科学，2012，**5**：36-47.

[15] Pollit C. Joined-up Government：a Survey. *Political Studies Review*，2003，(1)：35.

[16] Perri 6，Leat D，Seltzer K，*et al*. *Towards Holistic Governance*：*The New Reform Agenda*. Basingstoke：Palgrave，2002：29-30.

[17] 薛澜.应对气候变化的风险治理.北京：科学出版社，2014：16-21.

[18] 国家气候变化对策协调小组办公室. 全球气候变化——人类面临的挑战. 北京:商务印书馆,2005.
[19] 王晓丽. "百县千乡"气象为农服务示范区灾害防御体系的网络构建. 农业灾害研究. 2013,**6**:35-37.
[20] 赵晓倩. 聊城市气象灾害防御体系建设介绍. 科技信息,2014,**11**:296-299.
[21] 孙迎春. 公共部门协作治理改革的新趋势——以美国国家海洋政策协同框架为例. 中国行政管理,2011,**11**:96.
[22] Mulford C L, Rogers D L. Definitions and Models//Rogers D L, *et al*. Interorganizational coordination: theory, research, and implementation. Ames: Iowa State University Press, 1982.

基于科技支撑体系建设的突发事件应急能力建设研究①

郭 翔

（南京信息工程大学公共管理学院，南京 210044）

摘 要：目前中国正处于社会转型期，包括气象灾害事件在内的各类突发事件频发，突发事件应急能力提升是一个重大的需求。通过建设完善高效的科技支撑体系以促进应急产业的发展进而推动我国突发事件应急能力的提升是一个可行的发展路径。故而，在分析应急科技支撑能力概念和内涵的基础上，设计了由创新研究能力、成果转化能力、资金保障能力和应用服务能力4大模块共27个指标构成的应急科技支撑能力评价指标体系；利用数据统计软件SPSS 20.0进行主成分分析，对我国除西藏外的30个省（区、市）的应急科技支撑能力现状进行评分、划类和排序，实证分析了我国应急科技支撑能力的发展状况，并据此有针对性地提出切实可行的建设对策，以期为各地的应急能力的健康发展提供可行的建设思路。

关键词：突发事件；应急能力建设；科技支撑体系；评估

一、绪论

（一）研究背景与问题提出

任何理论的缘起都是社会问题。重大的现实社会问题不仅为理论研究提出了新课题，而且为之提供了现实素材和思想源泉。进入21世纪，全球已经进入了突发事件的高发期[1]。以我国为例，各类突发事件呈显著增多趋势，“SARS”事件、禽流感、2008年的雨雪冰冻灾害、“5·12”汶川地震、“4·14”玉树地震、“7·21”暴雨事件等。突发事件不仅造成生命财产的重大损失，而且还严重影响社会稳定，危及国家安全，对经济社会发展产生重大破坏。

各类突发事件的应急管理实践表明，“中国的应急资源匮乏，国内应急产业仍属于灾害推动型产业”[2]。将应急产业作为一个产业发展方向，不断建立和完善应急管理系统以提高国家整体应急能力已成为社会各界的共识。其中，科技支撑体系在应急产业发展中起着关键作用[3]。《“十一五”期间国家突发公共事件应急体系建设规划》明确要求：强化科学技术对应急管理工作的支撑作用，建设一批应急管理技术支撑机构，加强应急关键技术研究与开发，研究制定国家应急管理标准体系，形成较完整的国家应急产业科技支撑体系。

应急处置的关键技术和设施、产品、装备、服务等是应急能力的直接体现。日本、美国、德国等各国都重视应急产业的发展[4]。就中国而言，据预测，中国应急产业市场年容量500亿～1 000亿元，如果包括所带动的相关产业链，年容量近4 000亿元[5]。当前各地应急产业主要

---

① 作者简介：郭翔（1977—），男，湖北武汉人，管理学博士，南京信息工程大学公共管理学院副教授，研究方向为行政管理、公共安全预警与应急管理。Email：guoxiangluck@163.com。本文受到江苏省气候变化与公共政策研究院公开项目资助，项目编号12QHB002。

还停留于部分地方产业发展规划阶段。东莞、合肥、南宁、乐清、合川等地已经着手推动应急产业的初始发展。但总体上看,应急产业发展相对落后于应急需求。鉴于此,从应急产业发展的核心矛盾入手,对应急产业发展的科技支撑体系进行界定,构建应急产业科技支撑体系的系统框架,并对应急产业科技支撑体系进行评估,有助于了解我国应急产业科技支撑现状,为应急产业的发展提供明确的目标,推动因地制宜地发展应急产业;有助于加强应急管理工作的规范性和有效性,明确自身的优势与弱势,突出工作要点,提高管理工作的效率,从而提升我国应对突发事件的应急能力。

(二)研究意义

本文围绕应急产业科技支撑能力而展开,构建我国应急产业科技支撑能力评价模型,有助于丰富我国应急产业科技支撑能力研究的理论内涵,同时,依据所构建评价指标体系,选择我国 30 个省(区、市)进行实证分析,对研究我国应急产业科技支撑能力进而研究我国总体应急能力具有一定的理论意义。

加强应急能力的建设,是加强突发事件应对能力的客观要求,是加快我国社会主义现代化建设的基石,是构建社会主义和谐社会的重要组成部分。在通过应急产业来提升我国应急能力的基本战略思路下,应急产业科技支撑能力评价对于合理规划应急产业布局,发展应急产业,促进我国应急能力的提升具有重要意义。通过对我国各省(区、市)的应急产业科技支撑能力进行分析研究,有助于各地区客观地认识自身在应急产业科技支撑能力发展中存在的问题,明确自身的优势与弱势,突出工作要点,加强相关管理工作的规范性与有效性,提升政府部门管理的科学性,从而提高管理工作的质量与效率。因此,本文对于我国的经济社会发展都具有重大的现实意义。

(三)文献综述

1. 应急产业及其相关文献

目前,理论界关于应急产业的理论研究和实践探索才刚刚起步,其概念、内涵与发展方向等方面的认识还相当不统一,常见的类似概念包括"应急救援产业"、"防灾救灾产业"、"安全产业"以及"应急减灾产业"。"应急产业"这一概念在我国官方正式文献中首次出现,是 2007 年时任国务委员华建敏在全国贯彻实施《突发事件应对法》电视电话会议上的讲话中提出,要"进一步加快发展应急产业"。在 2009 年,工业和信息化部在《关于加强工业应急管理工作的指导意见》中又一次提出,"应急产业是新兴产业,要加快发展"。

在应急产业概念出现之前,有学者对我国产业应急能力建设进行过研究。宋燕等[6]在分析了 2003 年"SARS"事件对我国产业经济的影响后,提出产业应急能力建设的具体措施,主要内容包括:给予相关产业部门自主权、出台财税政策支持产业应急能力建设、加大基础设施建设、进行产业预警与反馈能力建设、增强产业在突发事件中的应变能力、建立突发事件中物流、人流和资金流的合理调配机制。这一研究虽然没有直接涉及应急产业本身,但是也提供一些应急产业发展研究思路。佘廉、郭翔[7]从微观和宏观两个层面设计应急救援产业战略构想:宏观层面上,设想在 10 年时间内分三个阶段实施。第一阶段为基础阶段(第 1~2 年),第二阶段为架构阶段(第 3~5 年),第三阶段为成熟阶段(第 6~10 年),每一阶段工作的侧重点都不相同，是从点到线再到面，从低层次、示范性到高层次、全覆盖的不断发展过程；在微观层面上，明确国家机构和国有企业在应急救援产品提供上的主体性；鼓励所有社会法人与机构进行开发活动，推动产业化过程；区分社会机构与国有企业的职责分工，对于涉及国计民生、国家安全与公共物品等要求由国家机构与国有企业承担。在政策构想上，强调建立强制性政策、支撑性政策和激励性政策的必要性。唐林霞、邹积亮[8]运用自组织理论构建我国应急产业发展的动力机制模型，认为应急产业发展动力机制包括外在动力和内在动力。外在动力具体包括市场需求拉动、技术创新拉动和政府政策扶持；内在动力具体包括经济利益驱动和竞争与协作。并在对该动力机制模型分析的基础上，提出促进应急产业发展的 3 种政策：一是诱导性政策，如财政补贴、税收优惠等；二是管制性政策，如市场准入、法制规则等；三是指导性政策，如经济报告、产业规划等。闪淳昌[9]在基于应急产业或者公共安全产业化的总体目标模式后，提出加强政府领导、充分发挥企业的主体作用、大力培育应急产业的市场、发挥各种类型的专业协会、社会团体或非政府组织的作用和增强科技创新能力 5 条建议来促进应急产业发展。张永理、冯婕[10]回顾了 2003 年以来我国应急体系的发展进程，提出“十二五”期间我国应急产业发展的重点，包括明确“应急产业”的基本概念与法律定位、做好安全需求调研与分析、评估和改进政策环境和完善市场化机制建设。邹积亮[11]认为推动应急产业发展有以下 4 种路径：政府主导应急产业市场、对现有行业资源整合深挖应急产业重点、加强应急产业园区基地建设和发展相关科技推动应急产业创新。申霞[12]认为，应急产品市场不成熟、需求不确定、标准不完善和技术含量不足是制约当前我国应急产业发展的主要因素，政府应从培育应急市场、加强市场监管力度、提高应急产业科技创新能力、加大政策引导力度和鼓励企业参与应急产品的生产与供给等方面来寻求制约因素的突破。肖越[13]在分析我国应急产业发展现状的基础上，认为应该从坚持以政府为主导制定相关政策、加快应急产业基地建设、增强应急创新能力和培养复合型应急人才和专业管理团队等四个方面促进和培育整个应急产业的发展。

2. 科技支撑及其相关文献

陈立辉[14]从科技推动经济社会发展的角度对科技支撑体系的含义、内容和作用进行了界定，并把其分为国家、地方和企业三个级别，强调其是一个由科技资源(或科技投入)、科技组织以及科技产品构成的有机体。徐风君[15]把科技支撑体系界定为一个由科研机构和基层部门相结合的科研支撑体系、技术服务体系和成果推广体系，但是并没有进行更深入的阐释与探讨。郑文范[16]分析东北老工业基地区域科技支撑体系的构成，构筑了以科技创新源支撑、科技创新条件支撑、科技中介支撑、产业创新支撑与创新环境支撑为内容的区域科技支撑体系。刘勇、张郁[17]认为科技支撑体系是由科技资源投入，经过科技组织运作，形成符合经济和社会发展需要的科技产品的有机系统。在结合科技支撑体系与低碳经济特点后将低碳经济科技支撑体系划分为经济知识研究系统、经济技术创新系统、经济知识和技术传播系统、经济科技资金保障系统以及经济科技监督和监测系统 5 个子系统。朱仁崎[18]等从科技创新投入、科技创新资源、科技创新中介服务体系和科技法制建设等四个方面对湖南长沙市的科技创新支撑体系进行了研究分析，并针对存在的主要问题提出了相应的改进措施。瞿志印[19]在分析了广东农业科技支撑体系存在的主要问题后，将广东农业科技支撑体系重构为农业科技创新体系、农业科技成果转化体系、农业科技应用服务体系、农业科技管理体系和农业科技保障体系，据此提出实现该设想的政策建议。陈秀珍[20]在建立科技竞争力的评价体系过程中，强调了科技支撑力对于科技竞争力的作用，认为科技支撑力是反映科技发展潜力的要素，而反映科技支撑力的指标主要从人力、财力、产业和基础设施等四个方面选取的。

3. 应急产业科技支撑能力相关文献

我国目前关于应急产业科技支撑能力的相关研究较为缺乏。

钟书华[21]对应急产业科技支撑体系进行了界定，并从支撑条件、支撑功能、组织隶属关系、支撑体系覆盖范围等角度对国家应急产业科技支撑体系的构成进行了研究。范维澄[22]则调研了国外的公共安全和应急管理科技支撑体系建设的情况，提出依靠建设一批依托于相关领域的国家(重点)实验室、国家工程技术研究中心公共安全和应急管理的基础研究与应用研究基地、公共安全应急技术与装备研发基地、公共安全技术标准及测试基地等，加强技术开发与人才培养来提高应急产业科技支撑能力。黄明解等[23]则从突发事件应急平台建设、应急技术和产品的研发与推广应用、应急技术与管理标准化体系以及评价体系建设、构建应急技术与管理的学科体系、建立应急技术与管理的研究基地五个方面，提出了应急产业科技支撑体系建设的政策保障措施。卢文刚[24]认为科技是实现公共安全的重要支撑，突发公共事件应急管理具有深刻的科技内涵。程芳芳等[25]分析了应急产业科技支撑功能的内部构成，认为应急产业科技支撑体系应该包括决策、研发和服务三部分。张小明、麻名更[3]强调科技支撑体系建设在突发事件应急管理中处于核心地位，发挥关键作用，认为突发事件应急管理的科技支撑体系建设工作应主要围绕群死群伤、巨大财产和经济损失的自然灾害、事故灾害、公共卫生突发事件、社会安全突发事件等四大方面，依靠科技进步来逐步展开。郭翔[26]在回顾以往相关研究的基础上，结合应急产业的特点，认为应急产业科技支撑体系主要由应急创新研究系统、应急技术转移系统、应急成果转化系统、应用服务系统、资金保障系统和政府管理系统组成。

总体而言，应急产业科技支撑的相关研究，主要侧重于应急产业科技支撑体系的概念界定、体系构建以及对策研究，在研究方法上以定性研究为主、多采用文献调查研究的方法，研究方法相对过于单一，相对缺乏说服力。因此，本文试图在已有研究的基础上，将定量与定性研究相结合，构建我国应急产业科技支撑能力指标体系，然后利用原始权威的统计数据，采用主成分分析法对各区域的应急产业科技支撑能力进行实证分析，希望可以为政府提高区域应急产业科技支撑能力提供有益的决策参考。

二、应急产业科技支撑体系的内涵与构成

(一)应急产业科技支撑体系的内涵界定

不同的学者从不同的视角对应急产业科技支撑体系进行了界定。卢文刚[24]依据科技已成为现代生产力中最活跃的因素和最重要的支撑力量的现实，强调应急科技支撑是科技在突发事件的预防预测预警预报的支撑作用。钟书华则认为应急科技支撑体系是指在发生突发性重大灾难时，为及时监测、评估、调动、控制和救助(治理)，政府对科技组织及活动实施的某种制度安排。宋英华[27]把提出了应急管理科技创新体系的构成，认为应急管理科技创新体系是以政府为主导，以参与技术发展和扩散的企业为主体，大学和科研机构参加，并有中介服务组织广泛介入的一个为创造、储备和转让知识、技能和新产品相互作用的创新网络系统。应急管

理科技创新体系包括创新活动的行为主体、创新主体的内部运行机制、创新行为执行者之间的联系、创新政策、市场环境、国际联系等。

上述对应急科技支撑体系的界定都是从应急管理实践需要的角度所提出的。从应急产业发展角度来看，应急产业科技支撑强调科技要素对应急产业发展所起的基础性作用。应急产业科技支撑体系是指在应急产业系统内，围绕科技资源投入，经过科技组织运作，最终形成的符合经济和社会发展需要的应急产品的有机系统。

应急产业科技支撑体系的强弱取决于科技资源投入的数量、科技组织的运行效率及科技与产业的结合程度等。同时，应急产业科技支撑体系又会显著影响应急产业的发展进程。一般而言，科技资源的投入数量越多，科技组织运行越顺利，科技与产业的结合越好，则应急产业科技支撑体系也越强，反之应急产业科技支撑体系则很弱。

(二)应急产业科技支撑体系的核心功能

围绕应急产业科技支撑体系的系统构成，应急产业科技支撑体系具有应急产业科技创新能力培育、应急产业科技人才培养、应急产业科技服务等三大核心功能。

1. 应急产业科技创新能力培育功能

(1)应急产业科技创新能力培育的内容

应急产业科技创新能力是指应急企业利用现代科学技术开发创新性应急技术、应急装备的能力的总和，是应急产业科技创新活动不断深入和延续的支撑，也是应急产业发展的决定性因素。应急产业科技创新能力是企业应急产业科技创新潜力、应急产业科技发展能力、应急产业科技产出能力和应急产业科技贡献能力等因素相互作用和相互影响的结果。

应急产业科技创新能力有 4 个方面的要素构成：①创新活动的行为主体，主要包括企业高层管理团队及企业创新科技人员；②创新资源投入，即科技人员从事应急产业科技创新活动可以运用的内部资源，主要包括技术手段、试验设备、财务资源等；③外部关系网络，应急企业利用该网络可以获得外部资源为企业应急产业科技创新服务；④组织结构，支持企业应急产业科技创新的内部正式的组织管理系统，包括任务责任结构体系、考核奖励与薪酬体系、沟通渠道和其他系统。

应急产业科技创新能力培育需要政府或应急企业从应急产业发展的长远出发，结合应急产业科技发展的内在规律，利用特定的法律法规政策，采用一定的激励措施，推动应急产业科技创新能力不断提升。

应急产业科技创新能力培育，有助于塑造良好的创新精神，形成勇于创新的企业文化，建立激励创新的组织结构，形成一个尊重创新、崇尚创新、协作共享的良好环境；有助于促进高校、科研机构和企业的合作，加强科技创新企业间的技术流动、知识流动，形成应急产业科技创新资源和成果的自由流动，客观上可以整合全社会资源，形成应急产业发展的合力。

(2)应急产业科技创新能力培育的主体

企业应急产业科技创新能力是一个复杂、动态、开放式的能力系统。《国家中长期科学和技术发展规划纲要(2006—2020 年)》明确提出科技创新有三大创新主体，即科研机构、高等院校及企业。作为应急产业科技创新培育的主体，主要由两部分构成：政府与应急企业。其中，政府是培育应急产业科技创新能力的制度主体；应急企业是培育应急产业科技创新能力的行动主体。

作为应急产业科技创新能力培育的制度主体,政府应为应急产业科技创新能力培育创造良好的创新环境,这要求政府加强应急产业发展的法律法规建设,推动应急产业科技创新园区建设,形成集聚经济效应;安排保障性应急产业科技研发资金,确保应急产业科技研发的可持续性;完善政府对应急产业科技创新能力培育的扶持机制;推动产学研相结合,借力于高校科研院所,提升应急产业科技创新能力。

作为应急产业科技创新能力培育的行动主体,应急企业应为企业的科技创新创造良好的基础性条件,这要求企业切实增加应急产业科技研发投入,建立良好的产学研的协同机制,有效推进应急产业科技成果的转化。

(3)应急产业科技创新能力培育模式

调研显示,各地都采取了较为相似的方式来培育应急产业科技创新能力。基本培育模式为采用产业园区建设方式,形成集聚经济效应,以此来培育区域范围内应急产业科技创新能力的提升。该模式能够很好地利用应急产业发展中规模经济与范围经济效应带来的成本优势,促进分工与合作,共享区域与品牌优势。

调研同时也显示国内相关应急产业园区应用该模式时也存在如下问题:①园区建设均以中小企业为主,投资规模小,产品创新能力差,技术含量低,属于劳动密集型产业;②在产业园区的入驻企业遴选、应急产业集聚的过程中,存在"拉郎配"的情形,园区内企业分工协作不明显,规模经济和集聚效应的体现不明显,对企业自身竞争力的提升不足;③园区企业对于企业的战略与管理认识不足,园区企业不关注科技创新能力的提升,存在一定的短期行为;④园区企业的社会化服务体系并不健全,科技创新信息在园区内流动存在障碍。

面对这一困境,近年来逐渐发展起来的创新驿站提供了解决这一困境的新思路。创新驿站(IRC,innovation relay center)是以中小企业,尤其是科技型中小企业为主要服务对象,依靠信息化手段和专业团队,集成各类创新服务资源,旨在增强中小企业技术创新能力和竞争能力的网络化科技中介服务体系[28]。创新驿站的优势与特点在于:不同创新驿站站点共同组成了一个创新网络,其具有多样性和差异性的内部和环境组分能够被整合成为一个系统整体,使互补互利、合作共生成为可能。

2. 应急产业科技人才培养功能

(1)应急产业科技人才培养的内容

应急产业科技人才培养是在一定的教育培养理念指导下,政府职能部门及应急企业通过有计划、有系统的制度安排,实施绩效评估与激励等对应急产业科技人才开展教育和培训以培养其应急产业科技开发与应用能力,提升其创新能力。

应急产业科技人才培养包括应急产业科技人才资源规划和应急产业科技人才教育培训。其中,应急产业科技人才资源规划是建立在宏观层面上,基于对我国现有的应急产业科技人才资源现状的分析,结合应急产业的发展及对应急产业科技人才的需求而对应急产业科技人才资源做出全局性战略规划。应急产业科技人才资源规划是开展应急产业科技人才培养工作,完善应急产业科技人才培养体系的基本前提。应急产业科技人才教育培训是针对应急产业发展的需要,对应急产业科技人员进行有针对性的培养,以提升各类应急产业科技人才的综合素质和业务素质。

从应急技术层面来看，无论是应急产业科技理论的建设、应急技术的研发还是应急科技产品的应用都离不开科技人才。从应急管理所涉及的行政效率来看，从上层的指挥、决策至基层的操作执行都需复合型的人才来协调进行。应急产业科技人才培养指明了推动应急产业发展的方向，有助于满足应急产业发展对应急人才的实际需要。

(2)应急产业科技人才培养模式

应急产业科技人才培养的有效模式是学校教育和实践锻炼相结合、国内培养和国际交流合作相衔接的开放式应急产业科技人才培养模式。

该模式结合我国高等教育的大众化趋势，通过高校提供应急产业科技人才素质养成、理论知识的掌握与充实，应急管理部门提供突发事件应急管理实践平台，应急企业提供应急科技研发平台的“三位一体”的优势，根据应急管理的实践需求来开发应急管理高新技术。

3. 应急产业科技创新服务功能

(1)应急产业科技创新服务的内容

应急产业科技创新服务是政府、科技中介组织为促进应急产业科技成果转化，推动应急企业的创新活动而提供的社会化、专业化的辅助性服务活动。

应急产业科技创新服务是一个多层次、开放式、相互配套的市场化系统，包含技术创新服务的各个中间环节，其主要服务内容是开展与应急产业科技创新直接相关的信息服务、技术开发与推广、新技术交易服务、资金服务、组织创新政策和专业技术培训及其他专业化服务。应急产业科技创新服务能够有效降低创新成本、化解创新风险、加快科技成果转化、提高整体创新功效，对各类创新主体与市场之间的知识流动和技术转移发挥着关键性的促进作用。

科技中介服务是应急产业科技创新服务最核心和重要的环节，是指为科技活动提供社会化服务与管理，在政府、各类科技活动主体与市场之间提供中间服务，主要开展科技信息交流、技术咨询、技术孵化、技术评估和技术鉴定等活动。

就应急产业而言，科技中介服务关系到应急产业科技成果的转化效率及应急产业的发展。调研表明，在应急产业科技中介服务模式中，政府、企业、高校、市场是不可缺少的要素，科技中介组织发挥纽带的作用，将政府、企业、科研机构等要素与市场连接起来。由于我国的应急产业发展程度不够充分，各要素的联系也不充分，而根据应急产业未来发展的趋势，从企业层面来挖掘应急需求，从而发展应急产业是一个基本的发展途径。

(2)应急产业科技创新服务模式

结合科技创新服务活动实践，应急产业科技创新服务模式可分为[29]：①科技咨询型：主要是提供科技信息查询或咨询等业务为主的服务机构提供科技创新服务，如科技创新中心、科技信息中心等；②技术服务型：主要由为企业提供工程化、成果化技术服务等活动的服务机构提供科技创新服务，如各类技术开发中心等；③政府业务型：主要是政府设立的面向社会提供各类公益性活动的、不以盈利为目的的中介机构提供科技创新服务，如生产力促进中心、科技企业孵化器等。

(三)应急产业科技支撑体系构成

1. 应急产业科技支撑体系框架设计

应急产业的发展离不开科技支撑体系。钟书华提出了根据支撑条件、支撑功能、支撑的组织隶属关系等应急产业科技支撑体系分类标准。但是，应急产业发展的科技支撑体系在构成上迥异于应急管理的科技支撑。结合应急产业的特点，应急产业科技支撑体系主要由应急创新研究系统、应急成果转化系统、应用服务系统、资金保障系统等 4 个子系统组成。

2. 应急产业科技支撑体系构成

(1)应急创新研究系统

应急创新研究系统是一个以科研院所为核心，高校、企业研发中心为技术依托，专家、学术和技术带头人为骨干，具有知识创新、技术创新、集成创新能力和协同攻关能力的应急产业科技创新系统。应急创新研究系统是应急产业科技支撑体系的核心和基础。应急技术转移、成果转化等系统都是围绕其所展开的。

(2)应急成果转化系统

应急成果转化系统是指应急技术的需求方利用合法的途径获得所需技术后，通过一定的方法与手段引导应急产业科技成果由应用技术形态推广运用于生产实践的组织体系。

(3)应用服务系统

应用服务系统是科技中介组织在应急技术转移职能之外立足于自身在人才、资源、政策方面的优势，着眼于企业需求为从事应急产业的企业提供各项有偿或无偿服务的综合服务体系。应用服务系统涵盖为企业提供包括创办全程服务、管理咨询服务、企业研究与发展服务、投融资服务等在内的一系列服务，同时涵盖综合信息平台、投融资平台等实体平台。

(4)资金保障系统

资金保障系统是指以政府主导社会参与的形式设立的为应急产业科技创新研究、应急技术转移、应急产业科技成果转化提供必要资金融通的综合保障体系。应急产业科技支撑体系的资金保障系统的作用在于：通过制度创新，为应急产业科技企业提供良好的资金融通平台和渠道，为吸引社会资本进入应急产业做舆论宣传。

(四)应急产业科技支撑能力构成

前文指出，应急产业科技支撑体系是指在应急产业系统内，围绕科技资源投入，经过科技组织运作，最终形成的符合经济和社会发展需要的应急产品的有机系统。据此，对于应急产业科技支撑体系的评估主要可以围绕创新研究能力、成果转化能力、资金保障能力和应用服务能力等 4 个方面的能力展开评价(图 1)。

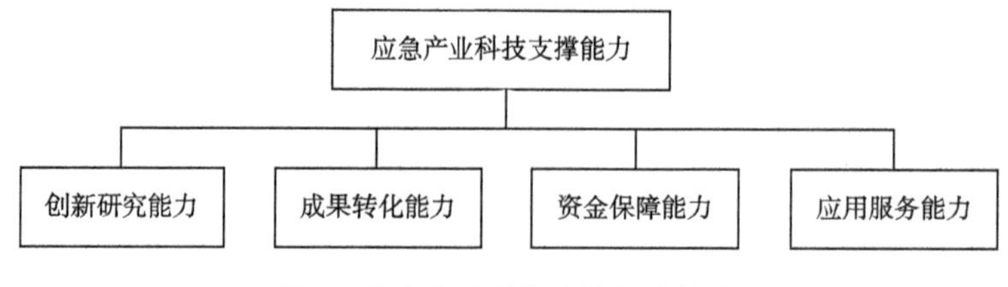

图 1　应急产业科技支撑能力构成

1. 创新研究能力

创新研究能力是指区域内科技研究人员依托包括科研院所、企业研发中心与高校研发中心等创新研究载体进行技术创新、成果优化等科研活动的能力。

技术创新直接决定着应急产业的生命力，没有技术的突破，应急产业就难以满足日益增长的国家安全与民生安全的需要。时任国务院总理温家宝在2010年的《政府工作报告》中明确指出：科技资源在科技发展过程中具有重要作用。美国学者M·马尔认为科技资源应该包括科技人力资源、科技财力资源、科技物力资源和科技信息资源四种要素。周寄中[30]则从广义和狭义两个方面对科技资源进行定义：广义上，科技资源是人力、财力、物力设备和信息组织四个方面的综合体；狭义上，科技资源则只是包括人力和财力资源两个方面。本文中采用狭义科技资源定义，从科技资源投入与产出的角度来对区域创新研究能力进行评价。

2. 成果转化能力

成果转化能力是指区域内科研成果供求双方在市场供求关系与政府政策指导下，通过企业孵化器、科技中介服务机构等科技服务机构的作用，进行知识、技术、专利等资源的交换，推动科研成果实用化与商品化的能力。

一般来讲，一项成熟的或成功的新技术成果应用于社会生产生活，必须经历实验室成果、中间应用放大试验、工业化或产业化三个阶段。只有真正到达工业化或是产业化的阶段，科技投入才能真正得到回报，起到应有的作用。工业和信息化部在《关于加强工业应急管理工作的指导意见》中强调，要“实施应急工业产品应用示范工程，促进应急工业产品推广。加快应急创新成果产业化，推动形成一批应急产业发展聚集园区”。科技中介服务机构在降低创新风险、加速成果转化过程中发挥着不可替代的作用。2002年国家科技部召开了全国科技中介机构工作会议，发布了《关于大力发展科技中介机构的若干意见》，并将2003年确定为“科技中介机构建设年”，充分显示了国家对科技中介服务机构的重视。

3. 资金保障能力

资金保障能力是指区域内为创新研究、成果转化和应用服务等一系列活动提供必要经济支持与保障的能力。

社会经济发展水平往往决定着区域科技投资水平，是区域科技与产业发展的基础性条件。一个地区的发展程度，某种程度上取决于该地区对科技在人力、物力、财力与信息资源的投入程度和对科技资源进行投入的意愿，这些投入需要雄厚的经济实力作为保障，而科技投入又受制于该地区的社会经济发展水平，二者相辅相成、相互促进。

4. 应用服务能力

应用服务能力是指区域内为提高各项科技活动特别是成果转化活动效率而提供所必需的基础设施、资金支持和信息服务的能力。

瑞典技术经济学家本特阿克·伦德瓦尔在国家创新理论中强调一个区域内科技资源生产、扩散与流动效率对于推动区域科技发展的重要作用。美国竞争战略之父迈克尔·波特认为，一个区域内完备的基础设施是区域获得竞争优势的关键因素。良好的基础设施建设能够加速资源的流动，降低时间成本，提高资源利用效率，加快科技创新，最终推动区域整体实力的提升。在这里基础设施不仅仅包括传统意义上的铁路、公路、水路等交通设施，而且包括通信传输、生产力促进中心以及工程技术研究中心等辅助设施。

三、应急产业科技支撑能力评价指标和方法

(一)应急产业科技支撑能力评价指标体系的构建

1. 指标选取的原则

(1)科学性原则

在确定应急产业科技支撑能力评价指标体系的过程中,要充分考虑评价指标及体系整体结构的合理性,采用科学适当的评价方法,使得评价指标尽可能地从不同侧面客观、真实地反映应急产业科技支撑能力的状况。应急产业科技支撑能力评价指标体系的建立,通过充分借鉴应急管理、复杂系统、经济学和科技创新等相关理论,全面地考虑应急产业科技支撑能力内涵,充分体现了建立指标体系所需要的科学性原则。

(2)系统性原则

应急产业科技支撑能力是一个复杂的大系统,评价指标体系必须从系统的角度做到层次结构合理,指标匹配协调统一,能够比较全面地反映我国应急产业科技支撑能力的现状,为我国应急产业科技支撑能力建设发展的政策制定提供必要的决策依据。

(3)代表性原则

探讨应急产业科技支撑能力,必然涉及人力资源、物力资源和财力资源等多方面要素。如果选择所有的因素作为评价指标,既不现实,也没必要。只能选择少数指标来说明问题。因此,所选的指标必须具有代表性,以便能全面地反映我国各区域应急产业科技支撑能力的客观情况。

(4)可操作性原则

建立应急产业科技支撑能力评估体系的目的是对我国各区域的应急产业科技支撑能力进行具体的评价,以达到明确存在问题、提高管理水平的目的。因此,指标体系必须思路清晰、层次分明,能够较为准确地反映实际问题。此外,考虑到权威统计数据的可获取性,必须要求所建立的指标体系具有较强的可操作性。

2. 指标体系的建立

应急产业科技支撑能力,是一个涵盖自然要素与社会要素、硬件条件与软件条件、人力资源与体制资源、工程能力与组织能力等多方面要素的复合概念。对应急产业科技支撑能力评价是对一个复杂系统的评价,其涉及的因素较多,考虑的指标因素也较广泛。建立的评价指标体系是否科学、合理,直接关系到评价工作的质量。因此,在反映应急产业科技支撑能力内涵的基础上,遵循科学性、系统性、代表性、可操作性原则,借鉴相关学者的分析指标结合专家意见调查法,确立应急产业科技支撑能力评价指标体系如表 1 所示。

表 1　应急产业科技支撑能力评价指标体系

一级指标	二级指标	三级指标	变量
应急产业科技支撑能力	创新研究能力	应急产业科技 R&D 全时当量	$X1$
		应急产业科技 R&D 项目(课题)数(项)	$X2$
		发明专利授权量	$X3$
		国家重点实验室	$X4$
		应急产业科技 R&D 经费支出	$X5$
		地方财政应急产业科技支出	$X6$
		应急产业科技 R&D 经费支出占 GDP 比重	$X7$
	成果转化能力	项目建成投产率	$X8$
		技术改造经费	$X9$
		用于消化吸收的经费	$X10$
		国家级科技企业孵化器数量	$X11$
		新产品产值占工业总产值比重	$X12$
		新产品产值	$X13$
		应急产业科技高技术产业总产值	$X14$
		全部技术收入	$X15$
	资金保障能力	国民经济生产总值(GDP)	$X16$
		政府财政收入	$X17$
		固定资产投资	$X18$
	应用服务能力	公路网密度	$X19$
		电话普及率	$X20$
		互联网普及率	$X21$
		应急产业总产值	$X22$
		技术市场成交额	$X23$
		引进技术经费支出	$X24$
		国家工程技术研究中心	$X25$
		生产力促进中心	$X26$
		工程咨询机构	$X27$

本文所使用的评价指标分为四层。

第一层是创新研究能力评价指标体系，该层是对应急产业科技支撑中的创新研究能力起到重要影响因素的指标。大量研究表明，R&D 经费支出和 R&D 经费支出占 GDP 的比例是衡量科技投入水平最重要和最常用的指标。一般来说，发达国家的科技财政支出占地区生产总值的比例为 2%～3%，而发展中国家的比例一般仅为 0.5%～1.5%。本文从科技资源投入和产出两个方面来衡量创新研究能力。科技资源投入方面，包括应急产业科技 R&D 经费支出、地方财政应急产业科技支出、应急产业科技 R&D 经费支出占 GDP 比重和国家重点实验室数量；科技资源产出方面，包括应急产业科技 R&D 全时当量、应急产业科技 R&D 项目数和发明专利授权量。

第二层是成果转化能力评价指标体系，可以分为转化投入和转化效果两个方面。用于消化吸收的经费是指对引进技术掌握、应用的支出；企业孵化器则由于资源、政策等多方面的优势而成为区域成果转化的主要载体。因而，依据量与质两个方面，在转化投入方面，包括用于消化吸收的经费和国家级企业孵化器数量；在转化效果方面，包括项目建成投产率、新产品产值、新产品产值占工业总产值比重、全部技术收入和应急产业科技高技术产业总产值。

第三层是资金保障能力评价指标体系。表征地区经济实力的指标体系比较简单，目前学术界常用的包括国民经济生产总值（GDP）、政府财政收入和固定资产投资。

第四层是应用服务能力评价指标体系，可以分为基础设施条件、技术市场活跃程度和中介服务机构三个方面。描述基础设施条件的指标包括公路网密度、电话普及率和互联网普及率；描述技术市场活跃程度的指标包括技术市场成交额、引进技术经费支出和应急产业总产值；描述中介服务机构的指标包括国家工程技术研究中心、生产力促进中心和工程咨询机构。

3. 数据采集与处理

根据前述构建的应急产业科技支撑能力评价指标体系，选取除香港、台湾、澳门和西藏（数据极度缺乏，无法用以分析）之外的我国内地 30 个省（区、市）为样本。

研究数据主要来自于《中国科技统计年鉴 2012》、《中国统计年鉴 2012》、《中国火炬统计年鉴 2012》、《中国工业经济统计年鉴 2012》、《中国高技术产业统计年鉴 2012》以及《国家科技计划年度报告 2012》，部分数据整理自《国家发展改革委批准的 2011 年工程咨询单位资格名单》。因为，目前我国应急产业发展仍然处于起步阶段，尚无详实的应急产业产值统计，文中出现的应急产业产值等指标数据是在参考工业和信息化部《应急产业类别（暂定）》与《国民经济行业分类（GB/T 4754—2011）》的基础上结合相关统计年鉴整理而成。

评价指标是由多个指标构成，为了避免量纲和数量级的影响，必须先对数据进行标准化处理，即将它们都转化成无量纲数据。常见的标准化方法有标准差标准化、极差标准化、总和标准化和极大值标准化四种方法。此处采用标准差标准化方法进行标准化处理，公式为：

$$Y_i = \frac{X_i - \overline{X}}{S}$$

$$\overline{X} = \frac{1}{n}\sum_{i=1}^{n} X_i, S = \sqrt{\frac{1}{n-1}\sum_{i=1}^{1}(X_i - \overline{X})^2}$$

上式中，Y_i 为指标标准化值，X_i 为指标初始值，$\overline{X}$为指标初始平均值，S 为指标初始标准差值，n 为指标样本数。

（二）应急产业科技支撑能力评价方法

目前，能力评价的主要方法有 G1 法、层次分析法、模糊数学法、集对分析法、熵值法、人工神经网络法、因子分析法和主成分分析法等。

其中 G1 法、层次分析法和集对分析法都采用主观赋权的方法，特别容易受到人为主观因素的影响，所以对使用者本身素质要求很高；熵值法根据指标观测值提供信息的大小来确定权重，是一种客观赋权法，可以避免人为主观因素的影响，但是其忽略了指标本身的重要程度，有时导致指标赋值与真实情况相差甚远；模糊数学法计算复杂，指标权重的确定同样存在着主观因素，同时在一定条件下会出现超模糊现象，使得区分度低，导致评判失败；人工神经网络法则使用领域有限，通用性较差，掌握难度高。

综上所述，为使评价尽量客观，克服指标信息重叠、权重的主观性以及基于难度的考虑，决定采用具有客观性的因子分析法和主成分分析法来对我国应急产业科技支撑能力进行评价。

四、我国应急产业科技支撑能力分析与评价

(一)应急产业科技支撑能力子部分评价

1. 数据适用性检验

KMO(Kaiser-Meyer-Olkin)和 Bartlett 的球形度检验结果(表 2)显示,KMO 值分别为 0.779,0.689,0.547 和 0.646 均大于 0.5;而 Bartlett 的球形度检验值分别为 366.533,165.687,103.148 和 256.252,P 值均为 0.000<0.05,达到显著性要求,代表母群体的相关矩阵之间有共同因素存在,适合做因子分析(表 2)。

表 2 子部分评价的 KMO 和 Bartlett 的检验

分组情况		创新研究能力	成果转化能力	资金保障能力	应用服务能力
取样足够度的 KMO 度量		0.779	0.689	0.547	0.646
Bartlett 的球形度检验	近似卡方	366.533	165.687	103.148	256.252
	df	21	28	3	36
	Sig.	0.000	0.000	0.000	0.000

2. 特征值与方差贡献率

表 3 子部分评价的特征值及其累积方差贡献率

分组	成分	初始特征值			提取平方和载入		
		合计	方差贡献率(%)	累积方差(%)	合计	方差贡献率(%)	累积方差(%)
创新研究能力	1	5.832	83.317	83.317	5.832	83.317	83.317
成果转化能力	1	4.229	52.864	52.864	4.229	50.417	50.417
	2	1.850	23.122	75.985	1.850	25.568	75.985
资金保障能力	1	2.689	89.632	89.632	2.689	89.632	89.632
应用服务能力	1	4.289	47.659	47.659	2.860	31.775	31.775
	2	2.300	25.557	73.216	2.767	30.746	62.521
	3	1.028	11.427	84.643	1.991	22.122	84.643

3. 因子得分计算

以我国内地 30 个省(区、市)为样本,采用 SPSS 20.0 统计分析软件进行数据处理,通过计算机运算得出矩阵的特征根和相应的方差贡献率(表 3),根据特征根的方差贡献率和累积方差贡献率选择主成分并得到因子提取结果和因子回归系数。用所选主成分的方差贡献率与累积方差贡献率之比作为权数,将各个因子得分进行综合,得出我国各个省(区、市)应急产业科技支撑子部分的综合因子得分,然后根据综合因子得分对各个省(区、市)的单项能力进行排序。①

① 篇幅所限,主成分提取、因子得分计算以及精度测算的具体过程不再提供,仅提供因子得分。

4. 创新研究能力评价

在创新研究能力方面，全国大致可以分为四类。其中，北京、广东为第一类，样本的因子得分都超过 2 分；江苏、上海和浙江为第二类，因子得分均超过 1 分；山东、湖北、辽宁和天津为第三类，因子得分均大于 0；其他省（区、市）为第四类，因子得分低于 0（图 2）。这是因为，北京、广东、江苏、上海与浙江是我国高等院校和科研机构最为密集的地区，国家重点实验室的数量占据全国总数的 58.962%，本科院校的数量占全国总数的 27.400%，发明专利授权量占据全国前 5 位，科研实力雄厚。

5. 成果转化能力评价

在成果转化能力方面，根据因子得分情况总体上可以划分为四类。江苏为第一类，成果转化能力最强，以 2.262 的因子得分位居全国首位；广东、北京、上海的成果转化能力紧随江苏之后，属于第二类，其成果转化能力次强，样本因子得分都在 1 分以上；浙江、山东、天津、湖南、辽宁为第三类，成果转化能力相对较强，因子得分都大于 0；其他省（区、市）归为第四类，它们的成果转化能力相对较弱，其因子得分都在 0 分以下（图 3）。江苏在技术改造经费投入、用于消化吸收的经费以及国家级科技企业孵化器数量方面分居全国首位，在项目建成投产率方面居全国第 2 位，成果转化的平台众多、资金雄厚，远远领先全国平均水平。

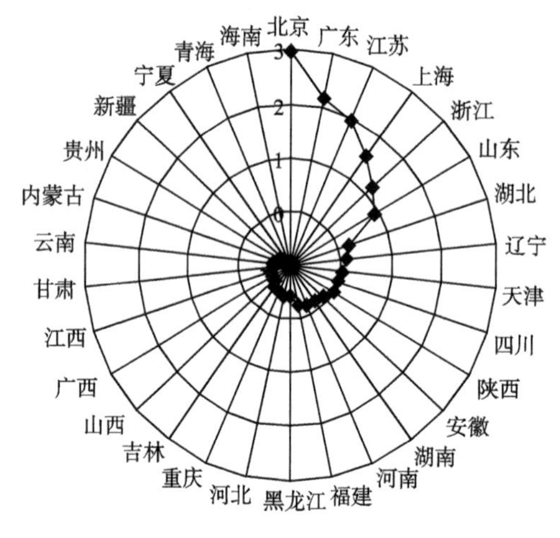

图 2 创新研究能力评价得分雷达图

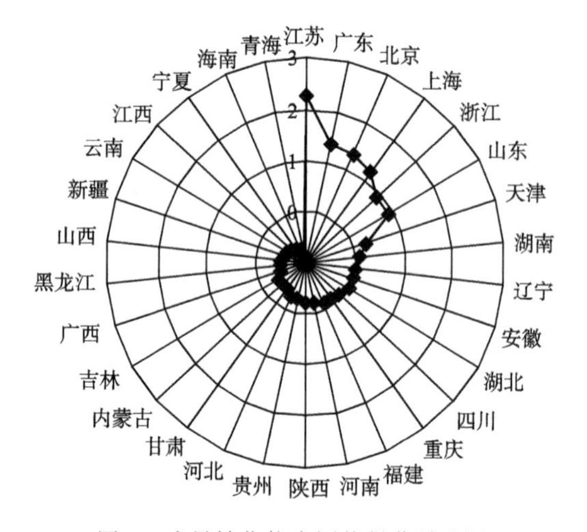

图 3 成果转化能力评价得分雷达图

6. 资金保障能力评价

在资金保障能力方面，总体上可以划分为五类，不同省（区、市）的资金保障能力因子得分未出现剧烈跳跃现象，而呈现出逐步下降的特点，但是相对差距很大，最高得分为江苏的 2.651，最低的青海得分仅为 −1.319。江苏、广东、山东的资金保障能力最强，为第一类，样本因子得分都超过 2 分；浙江、辽宁、河南、河北、四川、上海、湖北、湖南、北京的资金保障能力也较强，为第二类，因子得分均在 1 分以上；安徽、福建、内蒙古、陕西、江西、天津、重庆、黑龙江、山西和广西资金保障能力紧随其后，为第三类，因子得分都大于 −0.5；吉林、云南、新疆和贵州为第四类，因子得分都大于 −1；其他省（区、市）资金保障能力相对较弱，归为第五类（图 4）。究其原因，江苏、广东与山东的 GDP、政府财政收入两个指标排在全国前 3 位，在固定资产投资方面，分列第2、第1与第5位，区域经济实力强大。

7. 应用服务能力评价

在应用服务能力方面，区域间因子得分并未出现剧烈跳动，相对差距也较小，大致可以分为四类。在生产力促进中心数量以及应急产业产值的影响下，应用服务能力区域分布情况较为特殊，上海的因子得分仅排在全国第8位，而天津仅排在第20位，与现实有一定出入。北京、广东、山东、江苏四个省(市)的应用服务能力，明显强于其他地区，因子得分都大于1，为第一类；浙江、四川、湖北、上海、辽宁、河北和河南为第二类，因子得分均大于0；福建、重庆、黑龙江、山西、陕西、安徽、湖南、江西、天津、广西、内蒙古、新疆、云南、吉林、甘肃和贵州归为第三类，因子得分都大于−0.5；其他省(区、市)应用服务能力较弱，归为第四类(图5)。北京、广东、山东与江苏，在应用服务能力方面各个指标的表现都居于全国前列，因为这四个省(市)的国家工程技术研究中心数量占全国总数的43.506%，工程咨询机构的数量占全国总数的28.581%。

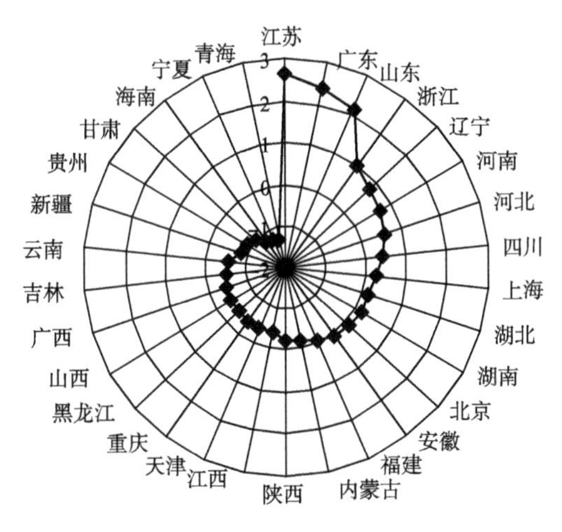

图4 资金保障能力评价得分雷达图

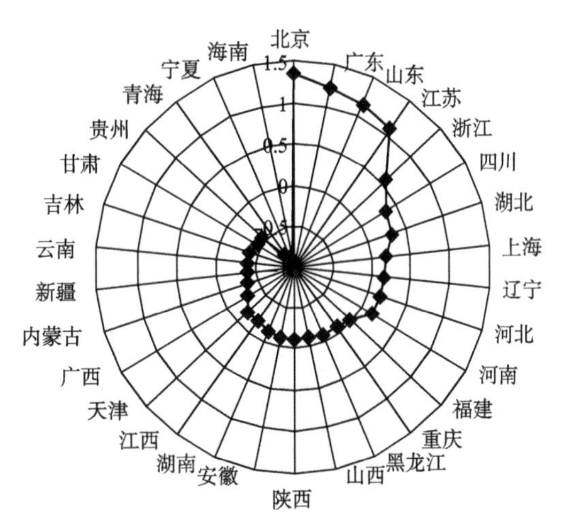

图5 应用服务能力评价得分雷达图

(二)应急产业科技支撑能力综合评价

依据应急产业科技支撑能力指标体系中的指标值，运用SPSS 20.0中的主成分分析法，对我国各地区应急产业科技支撑进行总体评价，其评价过程如下。

1. 数据适用性检验

KMO和Bartlett的球形度检验结果(表4)显示，KMO值达到0.709>0.5，数据适合主成分分析；而Bartlett的球形度检验值为1 489.035，自由度为351，P值0.000<0.05，达到显著，代表母群体的相关矩阵之间有共同因素存在，适合做主成分分析。

表 4　综合评价的 KMO 和 Bartlett 的检验

取样足够度的 KMO 度量		0.709
Bartlett 的球形度检验	近似卡方	1 489.035
	df	351
	Sig.	0.000

2. 特征值与方差贡献率

根据主成分分析的原理,运用统计软件 SPSS 20.0 可计算出各因子所对应的特征值、方差贡献率、累计方差贡献率和各指标变量正交旋转后的因子载荷矩阵等。

表 5　综合评价的特征值及其累计方差贡献率

成分	初始特征值			旋转平方和载入		
	合计	方差贡献率(%)	累积方差贡献率(%)	合计	方差贡献率(%)	累积方差贡献率(%)
1	15.493	57.383	57.383	12.121	44.893	44.893
2	5.410	20.037	77.419	7.720	28.591	73.484
3	1.819	6.735	84.154	2.157	7.991	81.474
4	1.055	3.906	88.061	1.778	6.586	88.061

主成分分析首先要确定变量指标,收集数据,并用标准差方法对量纲不同的原始变量数据进行标准化处理;然后,按特征根和累积方差贡献率选出 m 个主成分;最后,用所选主成分的方差贡献率作为权数 λ,将各主成分得分进行综合,得出各行业综合得分并进行排序。根据经验,主成分的累计贡献率达到 85%及以上时,主成分数目 m 即可。

从表 5 可以看到每个主成分的方差,即特征值,它的大小表示了对应成分能够描述原有信息的多少,按照累计贡献率达到 85%的原则,前 4 个特征值大于 1 的主成分,其累计贡献率已达到 88.061%,得出只需提取 4 个主成分已能概括出绝大部分信息的结论,因此,这里提取前 4 个成分分别作为第一主成分、第二主成分、第三主成分和第四主成分。

为得到 4 个主成分对应急产业科技支撑能力影响的大小,将 4 个主成分的方差贡献率归一化,得到以下数据(表 6)。

表 6　各主成分方差贡献率归一化权重

成分	第一主成分	第二主成分	第三主成分	第四主成分
权重	0.501	0.325	0.091	0.075

表 7　主成分载荷矩阵

变量	第一主成分 F_1	第二主成分 F_2	第三主成分 F_3	第三主成分 F_4
$X1$	0.889	0.349	0.123	0.189
$X2$	0.683	0.691	0.057	0.144
$X3$	0.688	0.611	0.266	0.121
$X4$	0.123	0.955	0.100	−0.128

续表

变量	第一主成分 F_1	第二主成分 F_2	第三主成分 F_3	第三主成分 F_4
$X5$	0.833	0.531	0.060	0.068
$X6$	0.780	0.521	0.224	−0.083
$X7$	0.277	0.914	0.169	−0.057
$X8$	0.260	−0.454	−0.452	−0.169
$X9$	0.810	0.076	−0.408	−0.051
$X10$	0.683	0.148	−0.038	−0.517
$X11$	0.824	0.387	−0.173	−0.070
$X12$	0.379	0.684	0.322	−0.124
$X13$	0.946	0.160	0.148	0.083
$X14$	0.891	0.096	0.168	0.034
$X15$	0.092	0.958	0.161	0.058
$X16$	0.943	0.108	−0.095	0.260
$X17$	0.917	0.335	0.089	0.098
$X18$	0.811	−0.017	−0.427	0.257
$X19$	0.236	−0.232	−0.618	0.548
$X20$	0.419	0.542	0.642	−0.129
$X21$	0.364	0.597	0.576	−0.249
$X22$	0.976	0.081	−0.103	0.023
$X23$	0.083	0.967	0.090	−0.089
$X24$	0.851	0.199	0.158	−0.316
$X25$	0.358	0.896	−0.112	0.038
$X26$	0.301	−0.017	−0.100	0.794
$X27$	0.795	0.172	0.059	0.290

3. 主成分的解释与讨论

通过主成分分析，采用 Kaiser 标准化的正交旋转法提取出 4 个主成分作为我国应急产业科技支撑能力的分析指标(表 7)。

第一主成分在应急产业科技 R&D 全时当量(0.889)、应急产业科技 R&D 经费支出(0.833)、地方财政应急产业科技支出(0.780)、技术改造经费(0.810)、新产品产值(0.946)、应急产业科技高技术产业总产值(0.891)、GDP(0.943)、政府财政收入(0.917)、固定资产投资(0.811)等指标的载荷量较大。其中，GDP、政府财政收入和固定资产投资是资金保障能力指标，反映了区域的经济发展实力；应急产业科技 R&D 全时当量、应急产业科技 R&D 经费支出、地方财政应急产业科技支出、技术改造经费、新产品产值和应急产业科技高技术产业总产值主要是创新研究能力指标，反映了区域的应急产业科技实力现状。因此，第一主成分 F_1 主要反映区域的经济实力与科技实力现状。江苏、广东、山东、浙江、上海和河北在经济实力和科技实力表现最好，其他地区与这些省份存在较大差距。其中，江苏表现为最优，得分为 3.253

领先优势明显。

现阶段对我国应急产业科技支撑能力发展影响最大的因素是反映区域经济实力与科技实力的第一主成分 F_1(权重为 0.501),无论是反映区域的经济实力的 GDP、政府财政收入和固定资产投资是资金保障能力指标,还是反映区域科技实力的应急产业科技 R&D 全时当量、应急产业科技 R&D 经费支出、地方财政应急产业科技支出、技术改造经费、新产品产值和应急产业科技高技术产业总产值指标都具有较大的载荷,说明这些指标对应急产业科技支撑能力的发展具有重要的影响,毕竟雄厚的经济实力和科技实力是应急产业科技支撑能力发展的重要保障与有力支撑。

第二主成分在国家重点实验室(0.955)、应急产业科技 R&D 经费支出占 GDP 比重(0.914)、全部技术收入(0.958)、技术市场成交额(0.967)、国家工程技术研究中心(0.896)等指标的载荷量较大。其中,国家重点实验室、国家工程技术研究中心反映了区域的科研基础设施现状;应急产业科技 R&D 经费支出占 GDP 比重、全部技术收入和技术市场成交额反映了技术市场的活跃度。因此,第二主成分 F_2 主要反映区域的科研基础设施和技术市场活跃程度等现状。北京、上海、湖北、四川、陕西、天津和江苏在科研基础设施和技术市场活跃程度上的表现要优于其他地区。其中,北京在这一方面表现最好,得分为 4.923,远远高于其他省(区、市)。

对我国应急产业科技支撑能力发展影响次大的因素是反映区域科研基础设施和技术市场活跃程度的第二主成分 F_2(权重为 0.325)。首先,包括国家重点实验室与国家工程技术研究中心在内的科研基础设施能够提供应急产业科技支撑能力发展所必需智力资源,同时也是相关技术发展的重要载体。其次,通过高度活跃的技术市场,应急产业企业可以重组资源,发挥自己的比较优势,提高效率。技术市场不但能提高经济的配置效率,充分利用已有的技术,更重要的是促进技术商品的流通与交换,而且能够促进我国科技与经济发展的相互结合,实现我国科技系统运行机制的重大变革和突破[31]。

第三主成分在项目建成投产率(−0.452)、电话普及率(0.642)和互联网普及率(0.576)等指标的载荷量绝对值较大。其中,电话普及率和互联网普及率反映了地区信息通达程度,可以体现出地区的基础设施建设状况;项目建成投产率主要体现了区域成果转化能力,反映了区域的科研成果转化情况。因此,第三主成分 F_3 主要反映区域的基础设施建设和科研成果转化情况等的发展现状。广东、上海、福建、浙江和天津的基础设施条件和科研成果转化情况要优于其他地区。其中,广东表现最优,得分为 2.252,优势明显。

反映区域基础设施建设和科研成果转化情况的第三主成分 F_3 也是影响应急产业科技支撑能力发展的主要因素,然而其作用并不明显,权重为 0.091。但是并不能就此认为基础设施建设与科研成果转化情况对应急产业科技支撑能力的发展不重要,因为有以下 3 点原因:①目前随着我国经济实力的不断提高,社会的不断发展,全国范围内基础设施建设已处于相对完备的状态,地区差异较小;②在项目建成投产率方面,通过计算 2012 年数据,全国在这一指标上的变异系数 CV 为 0.272,东部地区为 0.295,中部地区为 0.174,西部地区为 0.319,各地变异系数总体上接近全国平均水平并且中部地区最小,说明就全国而言在项目建成投产率上地区间差异很小;③在技术改造经费方面,统计年鉴指标介绍中认为该指标指本企业在报告年度进行技术改造而发生的费用支出,而技术改造指企业在坚持科技进步的前提下,将科技成果应用于生产的各个领域,用先进技术改造落后技术,用先进工艺代替落后工艺、设备,实现以内涵为主的扩大再生产,从而提高产品质量、促进产品更新换代、节约能源、降低消耗,全面提高综合经济效益[32]。自然,这样指标的真实作用也难以忽视。

第四主成分在用于消化吸收的经费(-0.517)、公路网密度(0.548)、生产力促进中心(0.749)等指标的载荷量绝对值较大。这些指标主要是应用服务能力指标,因此,第四主成分 F_4 主要反映区域的中介服务能力与条件的发展现状。在这方面,广东、四川和浙江排名靠前,广东表现最优,得分为1.872。

反映区域中介服务能力与条件的第四主成分 F_4 在本文中对应急产业科技支撑能力发展的影响因素最小,权重仅为0.075,一方面说明现阶段我国区域的经济和科技才是主导应急产业科技支撑能力发展的重要因素的现状;另一方面也反映我国科技中介机构发展的严重不足。从现实看,科技中介以专业知识、专门技能为基础,为科技创新活动提供重要的支撑性服务,在有效降低创新风险、加速科技成果产业化进程中发挥着不可替代的关键作用[33]。然而目前我国的科技中介在提升应急产业科技支撑能力方面的作用却没有得到应有的发挥,处于可有可无的尴尬境地。

4. 应急产业科技支撑能力评价

为综合考察区域应急产业科技支撑能力的大小,需要进行以下分析。

依据SPSS 20.0分析结果中的因子矩阵,可计算出各因子得分,计算公式略。从因子的协方差矩阵(表8)可知,旋转后4个因子仍是正交的,表明其主成分相关系数不大,对主成分的选择是合适的。因子评分以各因子的解释方差贡献率作为权重计算各地区的综合测评得分,据此构建地区应急产业科技支撑能力综合评价模型为:

$$F = \lambda_1 F_1 + \lambda_2 F_2 + \lambda_3 F_3 + \lambda_4 F_4 + \varepsilon$$

然后将4个主成分的方差贡献率归一化,得到 λ 值,即有 $\lambda_1 = 0.510$,$\lambda_2 = 0.325$,$\lambda_3 = 0.091$,$\lambda_4 = 0.075$,以此为权重,计算综合得分 F,然后根据综合得分进行排序(表9)。

$$F = 0.510F_1 + 0.325F_2 + 0.091F_3 + 0.075F_4$$

表8 成分得分协方差矩阵

成分	F_1	F_2	F_3	F_4
F_1	1.000	0.000	0.000	0.000
F_2	0.000	1.000	0.000	0.000
F_3	0.000	0.000	1.000	0.000
F_4	0.000	0.000	0.000	1.000

表9 各省(区、市)综合得分排序

地区	F_1	F_2	F_3	F_4	F	排序
北京	-0.722	4.923	0.06464	-0.04707	1.241	3
天津	-0.178	0.146	1.32124	-0.46409	0.044	9
河北	0.108	-0.501	-0.20972	0.8354	-0.066	13
山西	-0.393	-0.522	0.232	0.645	-0.297	19
内蒙古	0.040	-0.750	-0.708	-2.021	-0.439	23
辽宁	0.324	0.001	-0.099	0.093	0.160	7
吉林	-0.437	-0.317	0.051	-0.478	-0.353	20
黑龙江	-0.566	-0.187	0.015	0.948	-0.272	18

续表

地区	F_1	F_2	F_3	F_4	F	排序
上海	0.819	0.927	1.918	−2.143	0.725	6
江苏	3.253	0.125	−1.672	−2.010	1.367	2
浙江	1.166	0.094	1.366	1.063	0.819	4
安徽	−0.072	−0.117	−0.639	0.040	−0.129	14
福建	0.066	−0.503	1.553	0.200	0.026	10
江西	−0.498	−0.412	−0.714	0.516	−0.410	22
山东	1.765	0.032	−1.318	0.456	0.809	5
河南	0.098	−0.222	−1.234	0.941	−0.065	12
湖北	−0.166	0.488	−0.837	0.859	0.064	8
湖南	−0.078	0.035	−1.285	−0.070	−0.150	16
广东	2.534	−0.287	2.252	1.872	1.522	1
广西	−0.503	−0.454	−0.136	0.410	−0.381	21
海南	−0.826	−0.629	0.560	−1.293	−0.664	28
重庆	−0.319	−0.166	0.248	0.043	−0.188	17
四川	−0.125	0.350	−1.564	1.370	0.012	11
贵州	−0.845	−0.236	0.110	0.366	−0.463	25
云南	−0.618	−0.342	−0.663	−0.132	−0.491	27
陕西	−0.441	0.255	−0.159	0.192	−0.138	15
甘肃	−0.778	−0.224	−0.00027	−0.328	−0.487	26
青海	−0.857	−0.609	0.314	−1.094	−0.681	30
宁夏	−0.871	−0.530	0.377	−1.259	−0.668	29
新疆	−0.880	−0.368	0.854	0.492	−0.446	24

表 10　各地区应急产业科技支撑能力分布

分类	东部地区	中部地区	西部地区
I 型地区($F>1$)	广东、江苏、北京	—	—
II 型地区($0<F<1$)	浙江、山东、上海、辽宁、天津、福建	湖北	四川
III 型地区($-0.5<F<0$)	河北、广西	河南、安徽、湖南、黑龙江、山西、吉林、江西	陕西、重庆
IV 型地区($F<-0.5$)	海南	内蒙古	新疆、贵州、甘肃、云南、宁夏、青海

分析表 9 与表 10 可以得出以下结论。

(1)区域应急产业科技支撑能力与区域经济发展水平呈很强的正相关关系。从排名上看，前 3 名是广东、江苏和北京，它们也是我国经济发展水平最高的区域；最后 3 名是海南、宁夏和青海，也是我国经济发展水平欠发达的区域。

(2)广东应急产业科技支撑能力远远领先于国内其他省(区、市)，应急产业科技支撑能力位居全国首位。2011 年，广东应急产业科技支撑能力得分为 1.522，排名第 2 的江苏应急产业科技支撑能力得分为 1.367，领先水平不明显；排在第 3 的北京市应急产业科技支撑能力得分为 1.241。三个省(市)明显领先的应急产业科技支撑能力主要得益于区域内资源丰富的科技资源以及活跃的创新活动。

(3)我国应急产业科技支撑能力总体呈现出由东向西逐步递减的特点。2011 年,广东应急产业科技支撑能力得分高达 1.522,而中部地区得分最高的湖北得分只有 0.064,同时西部地区得分最高的四川得分仅为 0.012,区域间应急产业科技支撑能力相差悬殊。从区域应急产业科技支撑能力得分空间分布情况看,总体可以划分为三个梯队,第一梯队主要由东部省(市)组成,第二梯队以中部省(区、市)为主,而第三梯队西部省(区、市)占多数。

(4)局部范围内有些省(区、市)应急产业科技支撑能力表现不凡,而有些省(区、市)表现则很差。在东部省(市)中,河北和海南应急产业科技支撑能力相对较低,其中河北排在第 13 位,而海南仅排在第 28 位;在中部和西部省(区、市)中,湖北、四川和河南的应急产业科技支撑能力表现较为突出。

五、基于应急产业发展的我国突发事件应急能力建设的对策建议

(一)研究结论

本文的基本思路在于通过应急科技支撑体系的发展来提升应急产业,从而来实现国家的应急能力的提升。因此,首先通过运用主成分分析法对应急产业科技支撑能力的影响因素进行了分析,得出以下 2 点结论:

(1)应急产业科技支撑能力受到一系列因素的影响,这些因素包括区域经济实力与科技实力现状、区域科研基础设施和技术市场活跃程度、区域基础设施建设和科研成果转化情况以及区域中介服务能力与条件的发展现状。

(2)影响应急产业科技支撑能力发展因素从大到小排序分别为区域经济实力与科技实力现状、区域科研基础设施和技术市场活跃程度、区域基础设施建设和科研成果转化情况以及区域中介服务能力与条件的发展现状。其中,区域经济实力与科技实力现状是影响应急产业科技支撑能力发展的最主要因素,区域科研基础设施和技术市场活跃程度是影响应急产业科技支撑能力发展的次要因素。

在前述研究的基本结论的基础上,根据应急产业科技支撑能力主成分分析的综合得分,按照应急产业科技支撑能力强弱的排序,可将全国内地各省(区、市)分为 4 类。应急产业科技支撑能力 I 型地区:广东、江苏、北京;应急产业科技支撑能力 II 型地区:浙江、山东、上海、辽宁、湖北、天津、福建、四川;应急产业科技支撑能力 III 型地区:河南、河北、安徽、陕西、湖南、重庆、黑龙江、山西、吉林、广西、江西;应急产业科技支撑能力 IV 型地区:内蒙古、新疆、贵州、甘肃、云南、海南、宁夏、青海。

(二)基于应急产业发展的我国突发事件应急能力建设的对策建议

科技支撑体系建设对于推动应急能力的提升具有非常重要的作用[3]。应急产业科技支撑体系引导着应急产业发展方向,有助于培育新的经济增长点,推进经济增长方式的根本性改变;有助于优化产业结构,增加产品的科技含量和附加值。应急产业科技支撑体系建设对于推动应急产业较好地适应经济社会变革带来的应急挑战和要求具有重要意义。当前应急能力建

设可以围绕科技支撑体系的系统构成有针对性地开展。

(1)推动应急产业的核心技术研发,强化关键应急技术攻关。

工业和信息化部颁布的《产业结构调整指导目录(2011年)》提出了43类公共安全与应急产品,因此,应急创新研究系统应选取其中带有方向性、基础性的关键应急技术难题,运用创新驿站模式,开展联合科技攻关和集成创新,加速培育知识源、技术源,并重点突破技术瓶颈,为推动应急产业科技进步提供知识和技术储备。

(2)加强应急产业的创新人才培养与输出。

应急产业的发展在很大程度上取决于创新人才的质量与规模。应急创新研究系统可以依托教育资源密集、人才密集、知识密集的优势,加强产学研的紧密结合,在应急产业的研发过程中促进应急产业创新人才的培养与输出。

(3)加快应急技术转移的机制建设,形成符合应急产业发展规律的技术转移模式。

应从主体要素、实体要素、智能因素等三方面来建立应急产业的技术转移模式,即建立对于应急研发人员的技术知识存量的技术转移模式;建立内含于应急设备、工装、模具、产品的技术知识的技术转移模式;建立应急技术人员的经验、工艺流程、管理体系和流程的知识转移模式。

(4)以创新驿站为基本形式,形成完善的应急产业科技创新的保障体系。

运用创新驿站为从事应急产业的企业提供应急技术创新的情报、金融分析和预测等技术和产品信息服务;为从事应急产业的企业提供相关应急产品的市场及用户调研、公共关系服务;为从事应急产业的企业提供管理系统集成和技术咨询服务、管理咨询以及战略规划服务。

(5)着力解决应急产业科技成果转化中的信息不对称问题,优化应急产业科技成果转化系统。

以提升应急产业科技成果转化率为中心,依托应急产业科技示范园区和科技信息网络建设,拓展创新驿站的功能,加强应急产业科技的中介服务建设,通过分布式信息网络建设,解决应急产业科技成果转化的市场需求预测难、应急技术成果的成熟与否定性难等问题。建立和完善应急产业科技成果转化的长效机制,优化应急产业科技成果的转化模式。

(三)提升我国应急产业的科技支撑能力政策建议

研究我国应急产业科技支撑能力同其他任何研究工作一样,绝不是为了研究而研究,研究的目的是为了更好地提升我国区域应急产业科技支撑能力。由于我国各省(区、市)经济发展水平、基础设施状况、科技创新能力、中介服务机构以及资源禀赋和要素不一,所面对的实际问题也不同,因此,对于不同水平及发展阶段上的地区来说,应急产业科技支撑能力的发展侧重点和方向也不应完全一致,应立足现实,结合自身的特点,采取分类指导的原则,选择和制定合理的发展目标。也只有这样,才能促进各个区域应急产业科技支撑能力的可持续发展,切实提升区域应急产业科技支撑能力。

1. 应急产业科技支撑能力Ⅰ型地区

广东、江苏、北京排位均处于全国前列,表明在应急产业科技支撑能力建设中已经具备领先于国内其他省(区、市)的基础条件和其他优势。它们或科技资源密集,研发实力雄厚,如北京;或市场完善,开放程度高,经济基础雄厚以及数量众多的高新技术开发区以及企业孵化器,如广东、江苏。以广东为例，成立了我国首个应急产业协会，并在东莞筹建了中国紧急救援产业支持中心，打造应急救援产业园。这极大地支撑了广东的应急产业发展。总而言之，该区域在创新研究能力、成果转化能力、资金保障能力和应用服务能力等方面都具有很大的优势。这类区域应是未来我国应急产业发展的重点支持地区。

具体来说，在推动经济与科技不断发展进步的同时，这一区域应急产业科技支撑能力的发展重点是：

(1)加强应急核心技术研发与攻关，实现高端发展。目前，我国应急产业发展尚处于起步阶段，严重滞后于时代要求，很多关键性的设备与服务高度依赖进口，与发达国家相比有着巨大的差距，严重制约着我国应急救援发展。针对这一现象，应深入挖掘《产业结构调整指导目录(2011年)》提出的43类公共安全与应急产品内涵，积极依托区域内现有科研力量，充分发挥科技优势，建立区域应急产业技术创新合作机制，在对市场需求调研的基础上，选择基础性、关键性技术难题，集中力量研发国内所急需的应急产品。

(2)促进科技中介服务机构的发展，以提高科技成果转化能力。科技中介服务机构是科技成果产业化的关键，加强科技中介机构建设是提升应急产业科技支撑能力的一项重要任务。现阶段我国科技中介机构普遍规模小，服务功能单一，交易手段落后，服务水平不高，对技术了解不深，只起到联络和沟通的作用。所以为推动应急产业科技支撑能力的可持续发展，要着力打造高质量、市场化的中介服务机构，重点支持有市场活力的技术转移中介机构的发展。积极探索建立中介机构社会信用体系和信誉评价体系，建立和完善科技中介执业制度，制定服务标准，创新服务方式、手段和形式。推出一批能够提供优质中介服务、能提供研究决策与咨询、科技资产评估与风险投资服务的中介公司，做到组织网络化、功能社会化、服务专业化，形成品牌效应。

2. 应急产业科技支撑能力II型地区

这些地区总体实力仍显薄弱，特别是在某些领域存在薄弱点。然而，这些地区在应急产业的发展上走在全国的前列，比如浙江乐清、四川绵阳。相关数据表明，乐清在2003年“非典”之后就介入应急产业，截至2009年，乐清应急产业相关产品的产值约100亿元；绵阳的防震减灾科技产业园开发建设模式将参照成都建设工业集中区模式，通过3～5年建设成为产业集聚、园区设施一流、项目效益优良的绵阳新型工业集中发展区。初步测算将实现工业总产值超过200亿元。这对地区应急产业科技支撑能力的发展无疑会产生很大的推动作用。

具体来说，发展这一地区的应急产业科技支撑能力有以下措施：

(1)加强区域合作，实现互利共赢。同类型的省(区、市)由于相似的科研基础、发展背景与区位条件，其应急产业科技支撑能力具有相似的发展状况。因此，首先可以通过树立省域间的战略联盟意识，建立省域间的科研合作网络机制，开展科研合作与科研基础设施共享等区域性合作[34]，使各区域在充分发挥自身科研优势与自主性的基础之上，打破区域壁垒，实现共赢。其次，要充分利用长三角洲经济圈、环渤海经济圈和武汉城市圈的区位优势，构建多边科研合作框架，推动区域间的优势融合，促进各区域的错位互补。

(2)切实巩固优势，努力填补劣势。首先，应加快乐清和绵阳应急产业园区建设，提升入驻企业遴选的科学性，注重园区内企业的分工协作，推进应急产业集聚和产业升级，凸显应有的规模经济与集聚效应，也发挥了应急产业园区的辐射与示范作用；在政策上则应给予人才、技术、税费等方面的优惠。其次，要认识到，评价指标体系中的各项指标是应急产业科技支撑能力在不同方面、不同层次的体现，彼此间存在密切的联系。并且，由于不同评价指标所处的位置不同，在不同条件下对外部产生的影响也就有所不同。因此，应急产业科技支撑能力的提升要善于从制约因素入手，着力突破限制，才能形成全面、持续、有力的应急产业科技支撑能力。

3. 应急产业科技支撑能力 III 型地区

这些地区主要指标数据均处于较弱的位置，应急产业科技支撑能力相对不足，在全国平均水平之下。无论是创新研究、成果转化、资金保障还是应用服务方面基础均相对薄弱。因此，就需要在提高应急产业科技支撑能力的过程中，采取更加有力的战略措施，强化政府主导和制度创新，充分利用现有资源，提高地区开放水平，激发地区创新活力，提高地区发展的综合应急产业科技支撑水平。表明这些地区要建设好良好的应急产业科技支撑能力，需要在地区整体实力上有较大的提升。

具体来说，发展这一地区的应急产业科技支撑能力有以下措施：

(1)充分利用东部地区的涓滴效应，抓住发展战略机遇。涓滴效应(trickling-down effect)是指落后地区从与发达地区的相互交流中受益，从而加快其自身发展的正向效应[35]。从目前东部地区对其他三大地域的经济影响来看，涓滴效应的作用正日益胜出极化效应所带来的不利影响。而且，国家四大区域经济战略政策的出台，为缩小差距提供有力的政策保证。如中部崛起战略的实施，为中部各省(区、市)经济发展和技术创新能力提升提供了绝好的机遇。

(2)加大科技投入，提高区域科技创新能力。应急产业科技支撑能力的发展离不开科技资源的大力投入。所以需要建立健全多元化的财政科技投入稳定增长机制与投入体系；需要创新科技财政的投入管理机制，提高研发与成果转化比例；需要积极引导和激励社会各类资源参与投入，使社会资金得以有效进入科技领域，并对国家财政经费的使用全过程进行有效的监管，对科技经费的使用效果进行科学公正的评价，合理配置科技资源，使财政资源与社会资源能良性互动；积极加大对中西部地区高校科技投入力度，逐步提高它们在国家高校科技投入中所占比例，鼓励高校积极参与国家和地方经济社会建设，发挥高校在区域经济社会发展和科技进步中的促进作用[36]。

4. 应急产业科技支撑能力 IV 型地区

在这一类地区中，8 个省(区)其中有 7 个省(区)属于西部地区，西部地区在经济、文化以及科技方面的弱势地位显露无遗。其中，内蒙古的应急产业科技支撑能力排在第 1，但是与东、中部发达省(区、市)仍有较大差距。总而言之，如何选准发展重点、做好创新规划、明确发展思路、夯实经济基础，尽快建立与完善应急产业科技支撑体系不仅是必要的，而且是十分迫切的。应急产业科技支撑能力建设任重而道远。

具体来说，这一区域发展应急产业科技支撑能力的重点是：

(1)加速经济增长，调整与优化区域产业结构。经济增长是影响应急产业科技支撑能力发展的最重要因素，也是推动应急产业科技支撑能力发展的主要动力，各地应借助地区优势充分挖掘地区发展机遇，建设外向型经济平台，以外向型制造业、外资企业、现代物流业促进经济发展；加快第二产业的发展，因为它是决定地区经济发展的主要因素之一；加快发展第三产业，尤其是现代服务业，主要是旅游、金融业，增加非农产业的比重，促进地区的产业结构优化，加快地区经济增长，增强地区经济实力。

(2)加强区域基础设施建设。基础设施是社会以及经济发展的必要基础和必备条件，基础设施的不断完备可以为发展提供动力与能量，而建设滞后则会成为制约发展的瓶颈。应急产业科技支撑能力的发展同样离不开基础设施建设的助推，因而需要加强地区交通运输、邮电通信以及生产力促进中心等基础设施的完备。这样，一方面便于区域间人力、物力等的交流与合作，为经济的增长奠定坚实的基础，为实现又好又快发展提供有效的支撑；另一方面，有利于共同应对区域间应急事件，便于应急物资的调配。

参考文献

[1] 张纪海，杨婧，刘建昌. 中国应急产业发展的现状分析及对策建议. 北京理工大学学报，2013，**15**(1)：93-98.

[2] 眢慧昉，朱汐，陈曦，等. 危城. 中国企业家，2012(16)：86.

[3] 张小明，麻名更. 突发事件应急管理科技支撑体系建设. 行政管理改革，2013：57-63.

[4] 刘艺，李从东. 应急产业管理体系构建与完善：国际经验及启示. 改革，2012，(6)：32-36.

[5] 郑胜利. 我国应急产业发展现状与展望. 经济研究参考，2010，(28)：10-17.

[6] 宋燕，任朝江，牛冲槐. 从"非典"影响透析我国产业应急能力的建设. 太原理工大学学报(社会科学版)，2004，**22**(2)：52-54.

[7] 佘廉，郭翔. 从汶川地震救援看我国应急救援产业化发展. 华中科技大学学报(社会科学版)，2008，**22**(4)：65-71.

[8] 唐林霞，邹积亮. 应急产业发展的动力机制及政策激励分析. 中国行政管理，2010(3)：80-83.

[9] 闪淳昌. 大力发展应急产业. 中国应急管理，2011(3)：17-19.

[10] 张永理，冯婕. "十二五"时期我国应急产业发展的重点. 经济，2011(7)：75.

[11] 邹积亮. 当前应急产业发展的突出问题与路径探讨. 经济研究参考，2012(31)：47-51.

[12] 申霞. 应急产业发展的制约因素与突破途径. 北京行政学院学报，2012(3)：93-95.

[13] 肖越. 我国应急产业发展的现状及对策建议. 产业与科技论坛，2013，**12**(20)：19-20.

[14] 陈立辉. 科技支撑体系及其作用与功能. 改革与战略. 2002(1)：20-26.

[15] 徐凤君. 内蒙古草地退化原因分析及其恢复治理的科技支撑. 科学管理研究，2002，**20**(6)：1-6.

[16] 郑文范. 论东北老工业基地改造的科技支撑体系. 科学学与科学技术管理，2004(12)：99-101.

[17] 刘勇，张郁. 低碳经济的科技支撑体系初探. 科学管理研究，2011，**29**(2)，75-79.

[18] 朱仁崎，彭黎明，孙多勇. 长沙科技创新支撑体系研究. 求实，2006(2)，196-197.

[19] 瞿志印. 创新广东农业科技支撑体系的思考. 科技管理研究，2009(8)：85-88.

[20] 陈秀珍. 城市科技竞争力评价体系研究——以深圳为例. 开放导报，2011(2)：76-80.

[21] 钟书华. 国家应急科技支撑体系框架构想. 中国科技论坛，2004(5)：32-35.

[22] 范维澄. 国家公共安全和应急管理科技支撑体系建设的思考和建议. 科学时报，2008-04-14(12).

[23] 黄明解，梁竞艳，陈汉梅，等. 湖北省突发公共事件应急科技支撑体系建设研究. 科技创业月刊，2008(1)：12-14.

[24] 卢文刚. 广东突发公共事件应急管理科技支撑体系建设对策建议. 科技管理研究，2010(12)：32-36.

[25] 程芳芳. 突发事件应急管理科技支撑体系的研究. 河南理工大学学报(社会科学版)，2011(1)：58-62.

[26] 郭翔. 应急产业科技支撑体系构成与功能设计研究. 科技进步与对策，2014：1-5.

[27] 宋英华. 应急管理科技创新体系构建研究. 科学学与科学技术管理，2009，(4)：87-90.

[28] 贺莹，钟书华. 创新驿站的综合服务. 科技进步与对策，2013，(2)：13-18.

[29] 李树军. 试论科技创新服务体系及其社会价值. 维实，2004，(4)：90-92.

[30] 周寄中. 科技资源论. 西安:陕西人民出版社,1999:43-115.
[31] 马永红,郭韬,孙冰. 哈尔滨市技术市场存在的问题及对策建议. 商业研究,2006(14):116-118.
[32] 国家统计局. 中国统计年鉴. 北京:中国统计出版社,2000-2004.
[33] 周正. 我国战略性新兴产业科技中介服务体系探讨. 经营管理者,2013(2):20-21.
[34] 赵刚,蒋天文. 我国软科学研究机构资源共享机制与措施. 中国软科学,2006,(8):22-30.
[35] 陈艳艳. 基于因子分析模型的区域技术创新能力体系评价及地域差异化研究——兼议中西部地区技术创新能力的提升. 软科学,2006,20(3):92-96.
[36] 刘伟,曹建国,郑林昌,等. 基于主成分分析的中国高校科技创新能力评价. 研究与发展管理,2010,(12):121-127.

跨区域性气象灾害应急调配优化研究[①]

朱 莉

(南京信息工程大学经济管理学院,南京 210044)

摘 要:针对跨区域性气象灾害,从微观调配网络角度入手,研究跨区域应急管理优化问题。一方面,针对气象灾害所涉及的跨区域可按灾情大小分为重、中、轻度受灾区及未受灾区,构建基于受灾差异性、以需求满足率最大化为目标的跨区域协调应急资源调配模型;另一方面,运用衰减系数刻画应急资源配送速度受跨区域气象条件实时影响的关系,构建以满足时间限制和需求量要求为前提的跨区域应急配送路径选择模型,探讨如何利用气象服务信息制定更合理的跨区域应急决策方案。

关键词:跨区域;应急管理;气象灾害;调配优化

一、基于受灾差异性的跨区域应急调配网络优化

(一)研究背景与意义

2012 年 6 月 24 日,云南省丽江市宁蒗彝族自治县与四川省凉山彝族自治州盐源县交界发生 5.7 级地震。造成 10 个乡镇 63 782 人受灾,3 人死亡,86 人受伤。尽管当地及省政府做出快速应急反应,但灾区仍出现 4 000 顶帐篷、12 000 床棉被、130 万斤[②]救灾粮、2 万米编织布、5 000 件军大衣的巨大物资差。

2012 年 8 月 4—6 日,受台风“苏拉”低压外围气流影响,湖北省自东向西遭受强劲暴雨袭击,此次暴雨洪涝灾害造成襄阳、十堰、咸宁、宜昌、荆州等地 18 县(市、区)107.25 万人受灾,因灾死亡 18 人、失踪 7 人。湖北安排亿元财政资金支持襄阳、十堰暴雨应急救灾。

2012 年 9 月 7 日,云南昭通连发两次超五级地震,81 人罹难,其中 24 名学生伤亡,紧接着的暴雨袭击共致 10 万余人受灾。9 月 8 日,云南紧急下拨应急救灾资金 1 000 万元;9 月 10 日,国家发改委紧急下达中央预算投资 1 亿元,用于地震受灾地区供水、道路等生命线工程的应急抢修以及学校、医院等公共服务设施恢复重建工程。

---

① 作者简介:朱莉(1983—),博士,南京信息工程大学副教授,主要从事气象灾害应急研究。本文由南京信息工程大学气候变化与公共政策研究院资助。

② 1 斤=0.5 千克,下同。

表 1　2008—2011 年气象灾害损失表

损失(亿元)　气象灾害 年份	洪涝、滑坡、泥石流灾害	干旱灾害	海洋灾害	低温冷冻和雪灾	地震	总计
2008	635	307	206	1 595	8 523	11 266
2009	655	1 099	100	172	27.4	2 053.4
2010	3 505	757	149.4	318	235.7	4 965.1
2011	1 260	928	60.5	290	60.1	2 598.6

通过上述新闻消息及表 1 中的数据不难发现，随着世界经济的高速发展，人类日益面对着各种灾害及突发事件挑战，尤其是在世界经济出现衰落和中国经济下行压力日趋明显的今天，这些灾难对人民生命财产和经济社会发展造成了巨大影响。

就目前应急物流救灾而言，多数时候是处于临场发挥状态，理论与实践难以结合。在灾害带来不可避免的损失时，如何使受灾者在第一时间得到紧急救助是首要思考的问题。在突发灾害事件发生以后，需要大量的救灾物资对事件进行紧急处理，如何科学地应对这些突发自然灾害、如何在短时间内快速及时地满足灾区所需，高效的应急物资配送能力十分关键。事实上，应急配送体系的构建与优化在自然灾害应急防御中具有重要作用，它直接关系着国家、社会对各种突发自然灾害事件的有效应急响应。应急物流不仅需要政府的迅速响应支持，还需要周密的部署与科学的调度。良好的应急物资配送体系能够源源不断地将国民经济力量输送到灾区，补充救灾物资消耗、恢复救灾力量，成为应急管理成功的倍增器。因此，需要高度重视应急物资配送体系研究，充分发挥应急物流为应对突发自然灾害事件提供物资保障的作用，使应急救灾活动得以有效顺利地进行。本文拟从微观应急物资调配层面进行研究，探讨面向气象灾害的跨区域应急物资合理优化配送以及配送过程中路径的选择，尤其在面对不同影响参数的变化时如何在应急响应与联动中做出科学的决策。

(二)相关研究综述

1. 国内研究

面对应急物资配送问题，国内有丰富的研究成果。刘春林、何建敏等人是最早对应急系统线路规划问题进行研究的：1999—2001 年，他们先后针对应急系统的特点，提出了基于“时间最短”、“出救点数目最少”的多目标数学[1]；针对应急系统多点出救问题的特点，提出了以最早应急开始时间为目标的数学模型及相应的求解算法[2]；讨论了不确定条件下多出救点应急系统最优方案的选取，给出了“使得应急开始时间不迟于限制期 t 的可能度最大的方案”的求解算法[3]；引入了路径满意度函数的概念，将给定限制期条件下的应急系统模糊路径问题演变成，寻找一条从起点到终点的通路，使应急车辆经过此路的时间不超过限制期 t 的满意度最大[4]；针对应急系统的特点，提出了基于单目标、多目标、两阶段问题且有资源数量约束的组合优化模型及快速求解算法，并且根据连续应急问题的特点，构建了应急时间最早前提下出救点数目最少以及限制期条件下出救点数目最少的应急模型[5]。傅克俊[6]对突发事件下物流配送过程建模提出详细的构想。尹凤春[7]对提高公路交通气象保障服务质量提出了若干思考建议。李阳[8]进行大规模灾害救灾物流系统研究。计国君和朱彩虹[9]基于综合考虑后续一定时间内灾情发展状况及对抗灾物资的需求情况，利用机会成本的思想，建立了整数规划模型，为实现应急物流配送系统资源调度的最优方案提供了依据。黄雁飞[10]在其硕士论文中重点分析了我国重大气象灾害应急管理体系。陈达强等[11]强调对应急物流体系中最少出救点数量的研究。唐伟勤、张敏和张隐[12]结合我国近年来几起大规模突发事件，对应急物资的调度准备、调度实施、调度评估 3 个阶段进行设计并提出了大规模突发事件应急物资调度的全过程模型。唐伟勤等[13]通过建立 0—1 混合整数规划模型，讨论了在大规模突发事件应急中如何调度使应急成本最小的问题。柴秀荣[14]、甘勇[15]、王胜[16]均分别在 2010 年、2011 年、2012 年研究了关于多出救点多物资调度问题。高啸峰[17]对多配送中心应急物资配送车辆调度模型与算法进行分析。李进[18]探讨了灾害链中多资源应急调度模型与算法。何泽能[19]和陈曦[20]对气象灾害中应急物流与气象保障服务关系进行了深入的探讨。陈伟[21]对灾害天气下高速公路车速及间距控制进行了优化研究。代颖等[22]应用了模糊动态定位—路径优化方法对震后应急物资配送问题进行了研究。陈钢铁和帅斌[23]、郑丽[24]关注震后道路抢修和应急物资配送优化调度问题。王海军和王婧[25]构建了需求模糊条件下，以单位物资运输时间最小和中转站数量最少为目标的多物资多目标应急物资配送网络模型。

2. 国外研究

20 世纪 80 年代初期，国外学者 Kembell Cook 和 Stephenson 第一次指出可以通过对物流优化管理来提高救援物资运输效率后，灾害下应急物资的调配问题就成了众多学者研究的重点。Barbarosoglu 和 Arda[26]基于地震发生范围和震级的预测概率，构建了一个两阶段、多运输方式、多品种的运输网络模型，实现应急物资调配路径的优化。Yi 和 Özdamar[27]通过建立一个集成的两阶段选定址—路径优化模型，分析车辆路径规划和多物资流派发，以协调应急物流活动中救助物资的最优分配和伤员救治的优化运送问题。Tzeng 等[28]考虑最小化救援成本和时间以及最大化救援满意度，构建了多目标应急救助调配路径优化模型。Mete 和 Zabinsky[29]建立了一个两阶段随机规划模型来解决应急药品储存和供应分配的问题，其中第二阶段是对具有不同装载量的车辆进行路径规划。Chiu 和 Hong[30]针对突发灾害，建立了目的地动员、交通分配和出发时间确定的大规模网络优化线性规划模型。Sheu[31]利用一种混合模糊聚簇优化方法对在应急物流的关键救援期做出响应的物资调度问题进行了优化。

3. 文献总结

总结来看，目前大多数研究都是从单个区域应急救助出发，很少涉及或者突出跨区域应急这一特色，故本文选取从城市群这一角度切入，既可符合灾害情况下跨区域城市之间救急联动的现状，又可体现各不同区域间应急能力不同的特征差异。并且在路径选择建模时，本文拟选择与气象灾害相结合，形成了基于气象信息的路径选择模型。再者，本文在调配网络建模时尤其突出动态优化，既突出了气象灾害动态变化特征，又力求体现跨区域城市群协调应急的特点。

(三)跨区域调配网络模型的构建

1. 跨区域典范——城市群

城市群从字面上来解释即多个城市组成的群体，至少有两个及其以上。法国地理学者戈德认为，城市群是城市发展到成熟阶段的最高空间组织形式，是在地域上集中分布的若干城市和特大城市集聚而成的庞大的、多核心、多层次城市集团，是大都市的联合体[32]。简而言之，就是在一定区域内，以一个特大城市为中心，以 1～3 个城市为副中心的相当数量的城市的集合。目前我国共有九大城市群（表 2），其中长江三角洲城市群已经被列为世界六大城市群之一。

表 2　我国城市群的构成表

城市群名称	城市群构成	地理位置
长江三角洲城市群	上海、南京、苏州、无锡、杭州、宁波、常州、镇江、扬州、南通、泰州、淮安、盐城、徐州、连云港、宿迁、嘉兴、湖州、绍兴、台州、金华、温州、丽水、衢州、舟山、合肥、马鞍山、芜湖、滁州、淮南	华东地区、长江下游
珠三角城市群	广州、深圳、香港、珠海、惠州、东莞、清远、肇庆、佛山、中山、江门、澳门	毗邻港澳，面临南海
京津冀城市群	北京、天津、石家庄、唐山、保定、秦皇岛、廊坊、沧州、承德、张家口	
山东半岛城市群	济南、青岛、烟台、淄博、潍坊、东营、日照、威海、章丘、青州、寿光、高密、龙口、荣成、乳山、邹平、济阳、桓台、广饶、昌乐、昌邑、安丘、胶州、胶南、诸城、平度、莱西、莱州、招远、莱阳、文登、利津、垦利、莒县	山东省
中原城市群	郑州、洛阳、开封、新乡、焦作、许昌、平顶山、漯河、济源	河南省中部
海峡西岸城市群	福州、厦门、泉州、漳州、莆田、宁德、龙岩、三明、南平、温州、丽水、衢州、上饶、鹰潭、抚州、赣州、汕头、梅州、潮州、揭阳	东南地区
关中城市群	西安、临潼、长安、咸阳、三原、渭南、铜川、杨陵、宝鸡、彬县、黄陵、韩城、华阴	西北地区
巴蜀城市群	成都、重庆、南充、绵阳、德阳、雅安、眉山、乐山、资阳、宜宾、泸州、内江、自贡、达州、遂宁、广元、巴中、广安、汉中、安康、万州、施恩、宜昌、遵义、昭通、攀枝花、西昌、康定、马尔康、陇南	大西部巴蜀地区
长江中游城市群	武汉、长沙、南昌、合肥、黄石、黄冈、鄂州、孝感、咸宁、仙桃、天门、潜江、岳阳、常德、益阳、株洲、湘潭、衡阳、娄底、九江、景德镇、鹰潭、上饶、新余、抚州、宜春、吉安、芜湖、马鞍山、铜陵、安庆、池州、巢湖、滁州、宣城、六安、淮南、蚌埠	长江中游、下游地区

城市群具有以下特点：首先，城市群具有完整的城市等级体制，有且只有一个中心城市，少量的副中心城市，各城市产业分工清晰。例如长江三角洲城市群，是以上海为中心城市，南京、杭州、苏州、无锡、宁波 5 个城市为副中心，其余 24 个城市为普通成员。完整的等级制度，能使城市群中的城市分工明确，地位作用显而易见，同时，中心城市与副中心城市的辐射范围之和可以涵盖整个城市群。其次，各城市之间优势互补或者扬优避劣，这样有助于将各城市的优点放大，共同发展进步。例如珠三角城市群，已经形成了鲜明的前店后场模式。另外，城市群的构成，本身就已存在地理位置上的优势，相同区域内的城市进行联动发展，有利于资源共同利用和信息快速分享。同样因为地理位置的优势，交通枢纽有了较大的整合统一，在长江三角洲城市群中，两个地级市之间的行车时间可以控制在 4 小时以下，伴随高铁的贯通，以上海为中心的 3 小时城市群已初步形成。并且，城市群中各个大小城市都具有与其本身经济相协调的辐射范围以及吸引力，有助于城市群整体的影响以及部分城市群的扩张，带动城市的发展。

2. 调配模型的构建

本文所研究的调配网络如图 1 所示，在一个跨区域城市群中，分别对受灾区按灾害损害度分类,有重灾区、中度受灾区以及轻度受灾区,未受灾的城市可以作为一个配送中心。当灾害发生时,灾区在保障自身物资需求量的前提下,如果有多余物资可以考虑向临近的灾区进行配送。其中,轻度受灾区、中度受灾区可以向重灾区提供物资,而重灾区只能接受其他地区的应急物资配送。由于各灾区的受灾程度不同,道路情况存在差别,过多的车辆通行容易造成道路堵塞,故本文中讨论以如何在最少次数内将救灾物资运到需求点以满足网络内所有受灾点的需求为模型的优化目标。

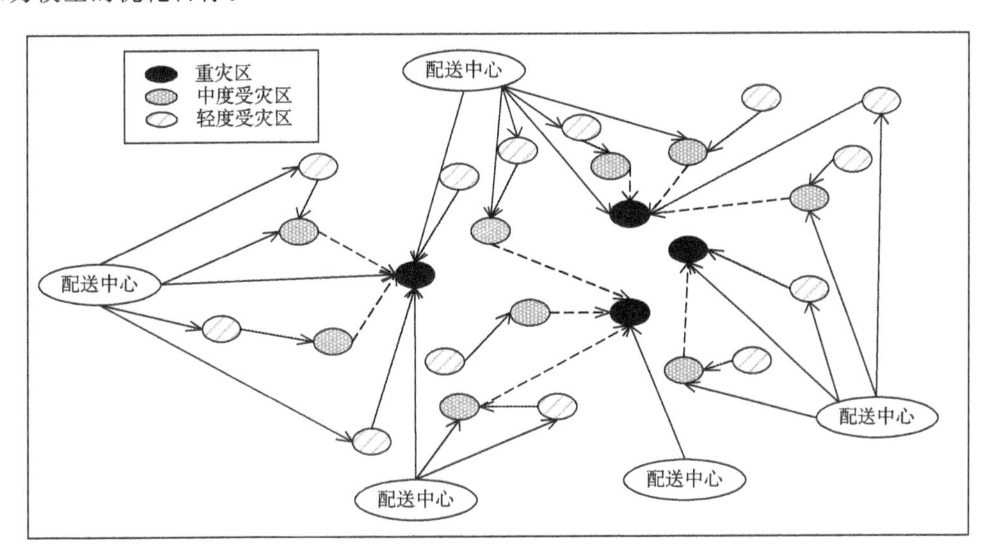

图 1 面向灾害的跨区域城市群应急物资配送网络图

模型具有以下假设条件:①配送中心向轻度、中度受灾区和重灾区提供物资救助,轻度受灾区可以向中度受灾区及重灾区配送救灾物资,中度受灾区可向重灾区配送救灾物资;②受灾区在满足自身需求量的前提下再向其他临近地区提供物资配送;③轻度受灾区与中度受灾区的物资需求量可以为负数,即该地区原本的物资库存量足够此地区应对灾害;④配送中心、轻度受灾区、中度受灾区向目的地援助时所有车辆是同时出发;⑤应急配送网络中相邻节点间的天气状况和车流量稳定,即运输车辆在两节点间通常情况下做匀速运动,速度仅受灾害强度与灾害衰减系数的影响;⑥车辆一经开出不可回头,所运物资中途不发生质量和数量的变化。

模型的优化目标是使整个配送网络最终完成应急救助任务时所实现配送次数最小的优化问题。

$$\min N = \max \sum_{j=\alpha+1}^{\delta} \sum_{i=1}^{\gamma} \left(\left[\frac{x_{ij}}{z} \right] + 1 \right) \cdot \tau_{ij} \tag{1}$$

式(1)中:N 为配送次数;x_{ij} 是指 i 地配送至 j 地的物资量;z 为车的载重量;$\left[\frac{x_{ij}}{z}\right]$为小于或等于$\frac{x_{ij}}{z}$的最大整数;$\tau_{ij}$ 是 0—1 决策变量:若 i 地到 j 地形成配送路径,记 $\tau_{ij}=1$,否则记 $\tau_{ij}=0$。

(1)需求量约束

①各节点间需求量的平衡

首先,配送中心输出物资量不得超过该配送中心原有的库存量。其次,各灾区所接受物资、原有库存及部分输出物资之后的剩余量,必须大于本地救灾所需的物资量,即在满足本地救灾需求的前提下再对其他地区进行救援输出。

根据各节点之间的物资调配情况，得出需求量的约束条件(不包括重灾区)，需注意轻度受灾区与中度受灾区的物资输出量不能大于其库存量，见式(2)：

$$\begin{cases}\sum_{j=\alpha+1}^{\delta} x_{ij} \leqslant S_i \cdot \sigma_i \quad i \in (1,\alpha) \\ \sum_{i=1}^{\alpha} x_{ij} - \sum_{j=\alpha+1}^{\delta} x_{ij} + S_i \cdot \sigma_i \geqslant d_1 \quad i \in (\alpha+1,\beta) \\ S_i \cdot \sigma_1 \geqslant \sum_{j=\beta+1}^{\delta} x_{ij} \quad i \in (\alpha+1,\gamma)\end{cases} \tag{2}$$

式(2)中 x_{ij} 为节点 i 到节点 j 的物资配送量，S_i 为物资发出地 i 的仓储量，σ_i 则为该地的物资保全率，d_i 为需求量。

②需求量的函数表达式

对于受灾区来说，需求量为平均每人单位时间的消耗量 w 与当地人口数 I_j、地区系数 K_j 以及接收到最后一批物资为止所用时间 t_j 的乘积，即 $d_j = w \cdot I_j \cdot K_j \cdot t_j$。其中的地区系数 K_j 与该地人口密度、财产密度、政治影响力及经济地位等要素有关。

(2)配送速度表达式

模型考虑相邻两节点间车辆均匀行驶速度受不同气象条件的影响。具体地，它与 i，j 相邻两节点间路段在正常状态即未遭遇灾害时的最大配送速度 v_{ij}^0、刻画灾害影响的衰减系数 θ 以及路段灾害强度 r_{ij} 有关，见式(3)：

$$v_{ij} = v_{ij}^0 - \theta \cdot r_{ij} \tag{3}$$

式(3)表示灾害强度的增大使得路段通行速度不断衰减。

(3)时间限制约束

配送物资车辆由节点 i 至节点 j 所耗费的时间记为 t_{ij}，其计算表达式如式(4)：

$$t_{ij} = \frac{l_{ij}}{v_{ij}}(1 + \varphi_{ij}) \tag{4}$$

式(4)中的 φ_{ij} 为拖延时间率，与配送区域的交通发达度、道路的地理环境、易发生次生灾害、承载量等因素有关。

(4)决策变量约束

①当两节点之间有物资配送，即 $x_{ij} \neq 0$ 时，决策变量 τ_{ij} 为 1，代表 i 节点至 j 节点之间形成通路；反之，当 i 节点与 j 节点之间不存在物资配送时，决策变量 τ_{ij} 为 0。

$$\tau_{ij} = \begin{cases}0 & x_{ij} = 0 \\ 1 & x_{ij} \neq 0\end{cases} \tag{5}$$

②因为 i 节点的车辆数一定，所以从 i 节点派出的车辆数不能大于该地总车辆数，即所形成两节点之间的通路数不能多于派送物资点所拥有的车辆数 n_i，关系如式(6)：

$$\begin{cases}\sum_{j=\alpha+1}^{\delta} \tau_{ij} \leqslant n_i \quad i \in (1,\alpha) \\ \sum_{j=\beta+1}^{\delta} \tau_{ij} \leqslant n_i \quad i \in (\alpha+1,\beta) \\ \sum_{j=\gamma+1}^{\delta} \tau_{ij} \leqslant n_i \quad i \in (\beta+1,\gamma)\end{cases} \tag{6}$$

(四)跨区域调配网络模型的求解

1. 仿真算例描述

成都平原城市群是四川省四大城市群之一(图 2),其中包括成都市、德阳市、绵阳市、眉山市、资阳市以及雅安的市中区、名山区,乐山市的主城区(4 个区)、峨眉山市和夹江县,共 51 个区(市、县)[33]。其中的雅安市位于成都平原城市群的西缘,面积 1.53 万平方千米,有 151.71

图 2 成都平原城市群示意图

万人口，辖雨城区、名山区、芦山县、宝兴县、天全县、荥经县、汉源县、石棉县等六县两区（图3）。2013 年 4 月 20 日 8 时 02 分，雅安市发生了 7.0 级地震，雅安全市八个区（县）皆受到影响（表 3）。就雅安所处的城市群来看，其中成都市建有中央级救灾物资储备库，是目前全国占地面积最大、设施最完备、自动化程度最高的救灾物资储备库[34]。所以，在此模型仿真求解中只将成都市、眉山市、乐山市、夹江县作为配送中心。用 1～12 将成都市、眉山市、乐山市、夹江县以及雅安各区（县）标号，其中的连线表示有路可行（图 4）。由于康定县不属于该城市群，虽至宝兴县、天全县距离近，但鉴于山路难行，时间是正常行驶的 1.5～2 倍，故不做考虑。

表 3　雅安各县受灾情况

	土地面积（km^2）	死亡人数（人）	失踪人数（人）	受伤人数（人）	总人口数量（万）
雨城区	1 066.99	15	0	1 109	32
名山区	614.27	2	0	607	25.85
荥经县	1 781	2	0	341	14
汉源县	2 349	1	0	30	35
石棉县	2 678	0	0	36	12
天全县	2 394	5	0	811	13.8
芦山县	1 364	117	3	5 537	12
宝兴县	3 114	26	20	2 500	6

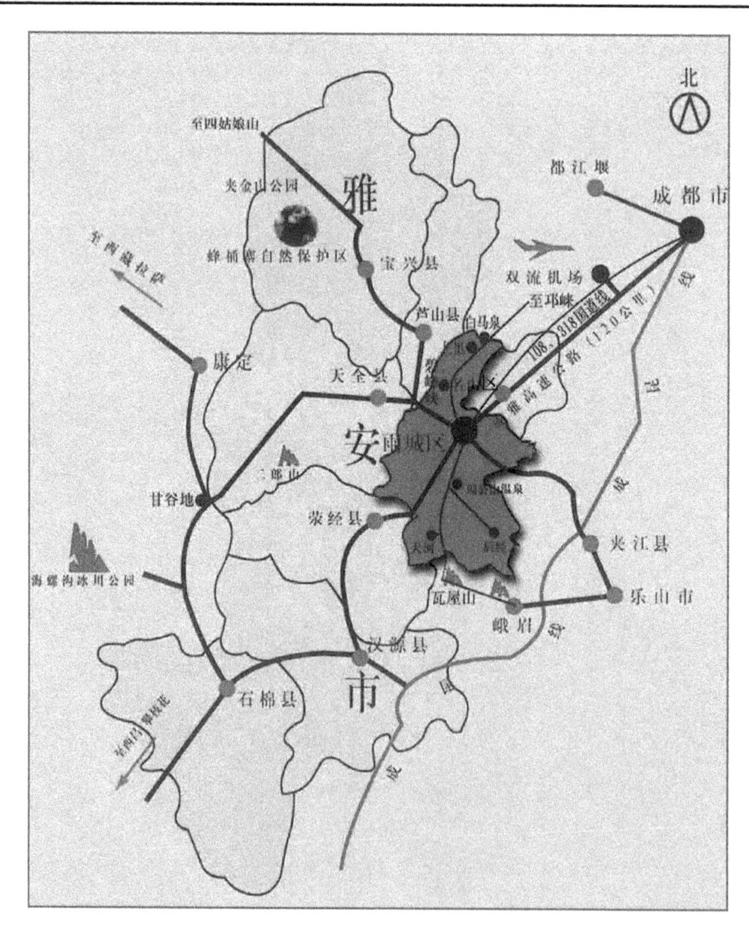

图 3　雅安市示意图

通过对各类新闻数据的收集整理，得到如表3、表4的各类数据。表3中，根据中国地震灾害等级划分，将死亡人数在0～9的名山区、荥经县、汉源县、石棉县、天全县划为轻度受灾区；将死亡人数在10～99的宝兴县划为中度受灾区；由于雨城区的地理位置及政治影响，所以划为轻度受灾区；将死亡人数在100～999的芦山县划为重灾区。表4是正常情况下两点之间的参数，其中T^0为正常情况下通过两节点所需要的时间。

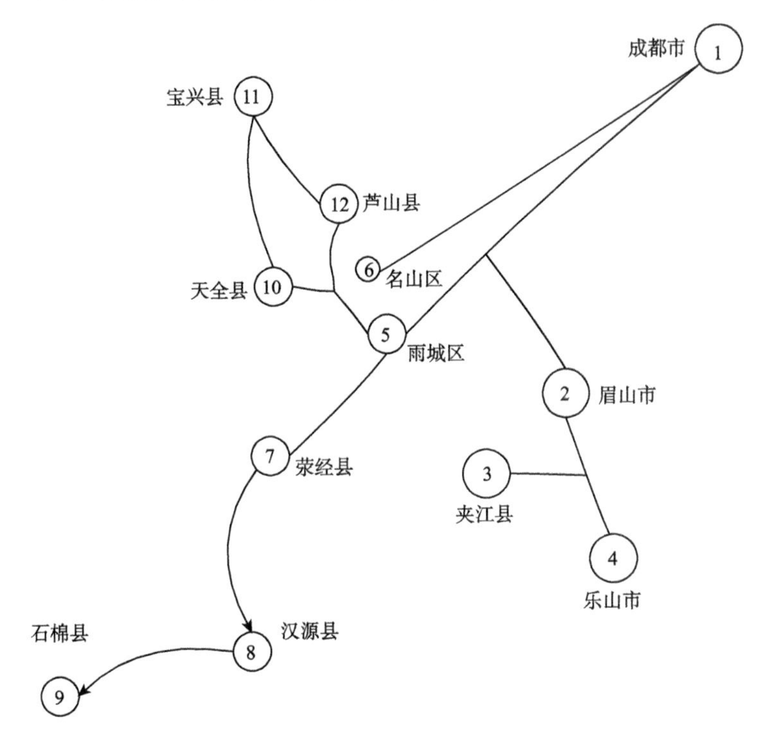

图4 配送网络仿真结构图

表4 节点之间正常情况下参数表

$[i,j]$	l_{ij}(km)	T^0(min)	v_{ij}^0(m/s)
[1,5]	137	118	19.35
[1,6]	127	107	19.78
[2,5]	122	98	20.75
[5,7]	44	47	15.60
[5,8]	108	102	17.65
[5,9]	136	132	17.17
[7,8]	71	67	17.66
[7,9]	98	90	18.15
[8,9]	45	57	13.16
[5,10]	41	58	11.78
[5,11]	77	117	10.97
[5,12]	35	51	11.44
[10,11]	53	90	9.81
[10,12]	39	54	12.04
[11,12]	42	67	10.45

注：表格中数据整理自百度地图。

从图 4 的配送网络仿真结构图可以看出，并不是两两节点之间一定有路，所以将模型中的节点 2,3,4 合并为一个配送点。再者，由配送中心运往灾区必定经过节点 5，故节点 5 也可视为一个配送点。接下来便是灾区内部的调度。节点 5 至节点 7,8,9 在同一路径上，只存在物资量的问题。假设节点 5 至节点 9 中途可卸物资满足节点 7 和 8 的需求。

2. 算例计算

设衰减系数 $\theta=2$，灾害强度 r_{ij} 根据受灾的严重度用 rang(0,1)进行随机模拟。并根据表 3 中各节点受灾情况，对时间拖延系数 φ_{ij}、地区系数 K_j、保全系数 σ_j 进行赋值。用 R_j 表示 j 地物资的实际剩余量，$R_j=S_j\cdot\sigma_j-d_j$，负数表示该地缺少物资量。其中地区系数可通过对当地经济人口位置全方位的分析获得。灾害强度可根据相关部门的灾情预估获得，而时间拖延系数 φ_{ij}、保全系数 σ_j 可随着人为因素增或减。

表 5 算例中各路段已知参数及计算变量

已知参数					计算变量	
[i,j]	l_{ij}(km)	v_{ij}^0(m/s)	r_{ij}	φ_{ij}	v_{ij}(m/s)	t_{ij}(min)
[1,5]	137	19.35	0	0	19.35	118
[1,6]	127	19.78	0	0	19.78	107
[2,5]	122	20.75	0	0	20.75	98
[5,7]	44	15.60	0.49	0.19	10.70	59.68
[5,8]	108	17.65	0.42	0.12	13.45	119.95
[5,9]	136	17.17	0.35	0.05	13.67	144.49
[7,8]	71	17.66	0.34	0.04	14.26	72.47
[7,9]	98	18.15	0.27	0.03	15.45	95.54
[8,9]	45	13.16	0.23	0.07	10.86	63.20
[5,10]	41	11.78	0.75	0.45	4.28	96.37
[5,11]	77	10.97	0.86	0.56	2.37	216.46
[5,12]	35	11.44	0.78	0.48	3.64	87.40
[10,11]	53	9.81	0.92	0.62	0.61	179.44
[10,12]	39	12.04	0.77	0.47	4.34	91.03
[11,12]	42	10.45	0.98	0.68	0.65	138.55

算例求解结果列于表 6 和表 7。从表 6 可知，节点 8,9,11,12 需要进行物资输入，而节点 5,6,7,10 均有物资剩余。考虑到节点 6 只有一条路径前往节点 5，故可将节点 6 的物资与节点 5 进行合并运算。

表 6 算例中各节点已知参数及计算变量

已知参数						计算变量	
j	w_j[单位/(万人·min)]	I_j(万人)	K_j	S_j	σ_j	d_j(单位)	R_j
5	1	32	0.16	5 000	0.96	604	4 196
6	1	25.85	0.16	2 500	0.90	443	1 807
7	2	14	0.22	1 800	0.87	368	1 198
8	2	35	0.18	1 200	0.69	1 511	−683
9	2	12	0.23	1 000	0.70	798	−98
10	3	13.8	0.26	1 800	0.70	1 037	223
11	5	12	0.35	1 500	0.52	4 546	−3 766
12	10	6	0.35	1 200	0.46	2 910	−2 358

对各节点之间物资量的调整，运用表上作业法[35]进行最优方案的求解。表上作业法是指用列表的方式求解线性规划问题中运输模型的计算方法。针对本文算例中的线路规划问题，先将各元素列成相关表作为初始方案，然后采用检验数来验证，接着使用闭合回路法与位势法进行调整，直至得到最优解。

表 7　表上作业法下的最优配送方案

	8		9		11		12		S
5	108		136		77	3 543	35	2 358	6 003
7	71	683	98	98	121		79		1 198
10	159		177		53	223	39		223
d	683		98		3 766		2 358		

表 8　调整后的配送方案

	8		9		11		12		S
5	108		136		77	3 600	35	2 358	6 003
7	71	683	98	98	121		79		1 198
10	159		177		53	166	39		223
d	683		98		3 766		2 358		

运用表上作业法，求得如表 7 所示的最优配送方案。假设每辆车的载重为 $z=200$ 单位，在最优配送方案中得 $N=\sum_{j=\alpha+1}^{\delta}\sum_{i=1}^{\gamma}\left(\left[\frac{x_{ij}}{z}\right]+1\right)\cdot\tau_{ij}=37$。对最优方案最终进行调整，得到如表 8 的配送方案，此时 $N=36$。

3. 参数分析

(1)灾害相关系数分析

灾害强度系数 r_{ij} 与衰减系数 θ 均是与灾害强度相关的系数，可以通过相关部门(如气象部门)的预测获得。灾害强度系数 r_{ij} 与衰减系数 θ 都是影响物资配送速度的因子，由速度公式 $v_{ij}=v_{ij}^0-\theta\cdot r_{ij}$ 与时间公式 $t_{ij}=\frac{l_{ij}}{v_{ij}}(1+\varphi_{ij})$ 可知，r_{ij}、θ 的变化会引起物资在途时间的变化，从而影响灾区物资需求量。当 θ 或 r_{ij} 越来越大时，所消耗的时间越长、灾区物资需求量就越大。

表 9　路段灾害强度的变化对应急物资配送方案的影响

已知参数		计算变量		配送数量		
$[i,j]$	r_{ij}	v_{ij}(m/s)	t_{ij}(min)	j	d_j(单位)	R_j
[1,5]	0	19.35	118	5	604	4 196
[1,6]	0	19.78	107	6	443	1 807
[2,5]	0	20.75	98	7	355	1 211
[5,7]	0.23	15.14	57.63	8	1 488	−660
[5,8]	0.29	17.07	118.12	9	795	−95
[5,9]	0.32	16.53	143.97	10	982	278

续表

已知参数		计算变量		配送数量		
$[i,j]$	r_{ij}	v_{ij}(m/s)	t_{ij}(min)	j	d_j(单位)	R_j
[7,8]	0.41	16.84	73.07	11	4 243	−3 463
[7,9]	0.56	17.03	98.80	12	1 803	−1 251
[8,9]	0.61	11.94	67.22			
[5,10]	0.46	10.86	91.22			
[5,11]	0.53	9.91	202.05			
[5,12]	0.69	10.06	85.84			
[10,11]	0.53	8.75	163.45			
[10,12]	0.65	10.74	88.99			
[11,12]	0.81	8.83	133.22			

1)r_{ij} 的变化

随着灾害强度 r_{ij} 的变化，得到表 9 的参数数据，根据表上作业法得到最优方案，见表 10，此时 $N=30$，已为次数最少方案。

表 10　最优配送方案

	8		9		11		12		S
5	108		136		77	3 185	35	1 251	6 003
7	71	660	98	95	121		79		1 211
10	159		177		53	278	39		278
d	660		95		3 463		1 251		

2)θ 的变化

①当 $\theta=5$ 时，根据表上作业法可得最优方案，见表 11，此时 $N=56$，经调整后得到最小次数方案，见表 12，得最小次数 $N=55$。

表 11　$\theta=5$ 时应急物资最优配送方案

	8		9		10		11		12		S
2	230		258		163		199	3 290	157		
5	108		136		41	68	77	2 035	35	3 900	6 003
7	71	806	98	152	85		121	199	79		1 157
d	806		152		68		5 524		3 900		

表 12　调整后的配送次数最小方案

	8		9		10		11		12		S
2	230		258		163		199		157	3 900	
5	108		136		41		77	5 524	35		6 003
7	71	806	98	152	85	68	121		79		1 157
d	806		152		68		5 524		3 900		

②当 $\theta=8$ 时，根据表上作业法可得最优方案，见表 13，此时 $N=74$，经调整后得到最小次数方案，见表 14，得最小次数 $N=73$。

表 13 时应急物资最优配送方案

	8		9		10		11		12		S
2	230		258	58	163		199	7 021	157		
5	108		136		41	585	77	2 482	35	2 936	6 003
7	71	950	98	156	85		121		79		1 106
d	950		214		585		9 503		2 936		

表 14 调整后的配送次数最小方案

	8		9		10		11		12		S
2	230		258	214	163	585	199	3 503	157	2 936	
5	108		136		41		77	6 000	35		6 003
7	71	950	98		85		121		79		1 106
d	950		214		585		9 503		2 936		

(2)人为相关系数分析

拖延率系数 φ 与保全率系数 σ 是可以通过平时的人为因素进行相应的增减调整。

①拖延率系数 φ 分析

对于拖延率系数 φ 来说，在 $t_{ij}=\frac{l_{ij}}{v_{ij}}(1+\varphi_{ij})$ 中，随着拖延率的降低，时间也会随之减少，对于配送方案的影响与灾害强度、衰减系数相似。对于跨区域城市群之间的调度，交通相对畅通发达，拖延率应该较低，可就 4 · 20 雅安地震来看，道路交通的不堪一击，大量物资滞留在公路上，成都平原城市群的交通发达度不容乐观。

②保全率系数 σ 分析

保全率系数 σ 与灾害强度、储备物资库的抗震度有关。灾害是无法避免，但储备库的抗震效果是可以人为控制。保持其他参数不变，将保全率全部提升 10%，得到表 15，根据其中数据，得到最优配送方案，见表 16，此时 $N=35$，已经达到最小次数，对比原始数据，减少了 2 次运输。

表 15 保全率增加后的物资量

已知参数		配送数量	
j	σ	d_j(单位)	R_j
5	1	604	4 396
6	0.99	443	2 032
7	0.96	368	1 360
8	0.76	1 511	−599
9	0.77	798	−28
10	0.77	1 037	349
11	0.57	4 546	−3 691
12	0.51	2 910	−2 298

表 16　最优配送方案

	8		9		11		12		S
5	108		136	28	77	3 342	35	2 298	6 428
7	71	599	98		121		79		1 360
10	159		177		53	349	39		349
d	599		28		3 691		2 298		

（五）结论与展望

本节研究构建了基于最小次数的应急物资配送模型，以雅安地震为例进行仿真求解分析和参数分析，结果表明，在考虑配送方案时，首要考虑的是时间效率，在将物资最快、最安全、最可靠的运往需求地，与此同时也考虑最近原则，这体现在表上作业法所得出的最优方案中。但当考虑到道路交通问题时，表上作业法所求得的最优配送方案不一定是配送次数最少的方案，而一些灾害因子对优化方案的影响非常大，针对灾情的掌握程度对设计应急物资配送方案也至关重要。所以在突发灾害发生后，首先，需强调第一时间响应，对于应急物资的配送，必须以第一手的灾害资料为基础。同时，对于该地区的地形、道路交通、次生灾害应有大概的了解，尽量避免选择那些拖延时间较长的路径。其次，不仅是在灾害发生时思考如何配送，在平时建立应急储备仓库时就可以考虑到保全率的问题。最后，作为四川平原城市群，交通不发达是一大弊病，很大程度阻碍了灾害来临时应急物资跨区域联动的速度，城市群的协调发展亟待完善。

未来研究中，可考虑面向随灾害强度改变而不断变化需求量的应急物资动态配送方案研究，另外也需注意应急物流不仅是灾害来临时的物资救助，也应重视减灾的职责，即不仅强调灾害来临时的方案优化，更应该注重灾前物资的优化储备。

二、基于跨区域气象服务信息的应急调配路径选择

（一）研究背景与意义

我国是世界上自然灾害最严重的国家之一，时常会有极端自然灾害事件发生（如 2008 年四川汶川大地震和南方低温雨雪冰冻灾害、2010 年甘肃舟曲特大山洪泥石流、2011 年长江中下游罕见旱情），对人民生命财产和经济社会发展造成了巨大危害。如何科学地应对这些突发自然灾害、如何在短时间内快速及时地满足灾区所需，高效的应急物资配送能力十分关键。事实上，应急配送体系的构建与优化在自然灾害应急防御中具有重要作用，它直接关系着国家、社会对各种突发自然灾害事件的有效应急响应[36]。良好的应急物资配送体系能够源源不断地将国民经济力量输送到灾区，补充救灾物资消耗、恢复救灾力量，成为应急管理成功的倍增器。因此，需要高度重视应急物资配送体系研究，充分发挥应急物流为应对突发自然灾害事件提供物资保障的作用，使应急救灾活动得以有效顺利地进行。

国内外在应急物资配送研究领域的成果颇丰，主要包括物资的合理分配和物资配送路径的选择[37]。本节研究关注应急场景下合理选择物资配送路径的相关文献，涉及应急多目标规

划的路径选择和不确定灾情影响下的动态路径选择等方面。Barbarosoglu 和 Arda[26] 基于地震发生范围和震级的预测概率，构建了一个两阶段、多运输方式、多品种的运输网络模型，实现应急物资调配路径的优化。何建敏等引入路径满意度函数，探讨应急网络边为三角模糊数时的最大满意度路径的选取问题。Yi 和 Özdamar[27] 通过建立一个集成的两阶段选定址—路径优化模型，分析车辆路径规划和多物资流派发，以协调应急物流活动中救助物资的最优分配和伤员救治的优化运送问题。Tzeng 等[28] 考虑最小化救援成本和时间以及最大化救援满意度，构建了多目标应急救助调配路径优化模型。缪成[38] 针对应急物流中的优化运输问题，系统地从救援物资运输、车辆调度以及可靠路径选择等方面开展研究。刘扬等[39] 对应急救援路径的多目标属性进行量化，构建了一个多目标规划模型来分析应急救援车辆出行前路径的选择问题。袁媛和汪定伟[40] 考虑灾害扩散对应急疏散网络通行状况的实时影响，建立了动态应急疏散方案下路径选择的优化模型。Mete 和 Zabinsky[41] 建立了一个两阶段随机规划模型来解决应急药品储存和供应分配的问题，其中第二阶段是对具有不同装载量的车辆进行路径规划。代颖等[42] 以应急救援的总时间和总成本最小为目标，构建了应急物流系统中选定址—运输路线安排的多目标优化模型。

这些相关研究大多讨论在不确定灾害影响下以不同目标进行路径优化问题，很少考虑应急场景下官方信息服务对路径选择的影响。而在突发自然灾害事件爆发时，气象部门往往会及时为应急活动提供气象保障服务，决策者可以从气象服务中获知运输途径地不同的受灾情况、气象条件等，从而正确选择应急物资运输线路，确保救援物资快速安全地到达灾区。本节以此为立足点展开研究：首先，通过分析气象服务对应急物流的保障作用，来描述建模背景；其次，在满足时间限制和需求量要求的前提下，构建基于气象服务信息的应急物资配送路径选择模型；最后，设计仿真算例对所构模型实施数值求解，将模型结果与最短路径法所选路径做比较，并以参数分析的形式讨论气象服务信息对最优应急路径选择的影响，为灾害下高效的应急响应决策提供有益思考。

(二)建模背景

突发性重大自然灾害往往造成巨大的人员伤亡和财产损失，必然需要大量的应急物资来解决伤者救助、卫生防疫、灾后重建、恢复生产生活秩序等。为保证应急物资快速、及时、准确地到达灾区，建立有效的应急物流保障机制显得非常重要。而自然灾害的发生常与天气过程密切相关，且应急物资的准备和配送时常基于气象部门所提供的信息，因此气象服务是保障应急物流顺利进行的关键必要条件之一。

面向灾害的应急救援全过程实际都离不开气象服务[43]：灾前需要依靠气象部门的公共天气预报在各地配备应急物资进行防御；灾中尤其需要依靠气象部门定地点、定设施、定区域的相关气象预报来进行应急物资配送方案的选择和调整；灾后仍然需要依靠气象部门对各种天气指标（降水量、温度、风级、影响范围、持续时间等）的正确估计，来修正应急恢复重建计划。

本节研究问题的背景是：面对突发自然灾害，将跨区域应急救援系统抽象为简单的单出救点、单受灾点网络结构（图 5），应急决策者调配救援物资从出救点 1 出发、送至受灾点 n，途中经过所有节点均为中转点（即作临时休整所用）。在应急救援物资配送过程中，气象部门对受灾点以及途径所有区域的天气状况做实时播报。决策者基于这些气象服务信息，在满足应急时间和需求量要求的前提下，寻求从出救点至受灾点的物资配送最优路径。

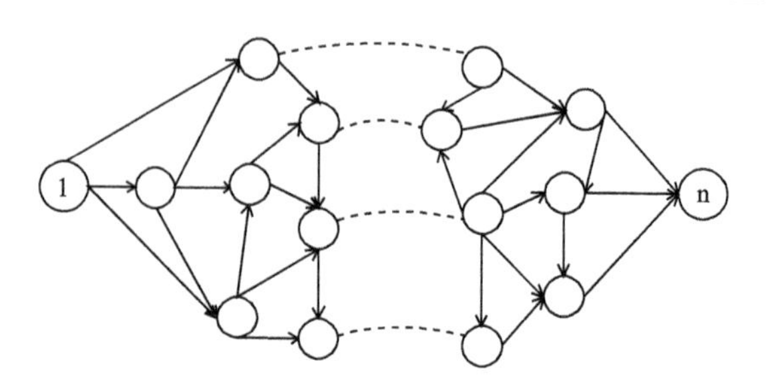

图 5　跨区域应急物资配送路径示意图

为便于建模分析，做如下假设：①不考虑自然灾害的连锁反应及次生灾害的发生；②仅考虑从一个出救点配送物资至一个受灾点，其余皆为中转点，且应急物资配送车辆一经开出不可回头；③车辆在整个配送过程所载的物资为定量，途中不会增加或减少任何物资；④应急网络中相邻两节点间天气状况稳定，致使配送车辆在两节点之间基本做匀速直线运动；⑤决策者是理性的应急主体，在满足物资性需求和符合应急时间限制的前提下，选择最优路径（如以间接体现行驶时间最短的最短行驶路程为优化目标）配送应急物资。

（三）跨区域路径选择模型的构建

在应急救援物资配送过程中，时间是最主要关注的因素。与传统最短路问题不同，本节研究所建模型考虑应急配送网络中相邻区域两节点间车辆的均匀行驶速度受气象条件实时影响而变化，导致通过临近两节点所花费的时间不断改变，并且受灾点处的需求受应急物资到达时间和气象因素综合影响而动态变化。基于气象服务的应急物资配送路径选择，就是要确定一条从出救点经各中转点最终至受灾点的、符合应急时间限制且满足需求量的最短路径，这在某些情形意味着在应急活动成功的前提下最小化应急时间和成本。

1. 符号说明

(1)节点 i 与其相邻节点 j 间的距离为 l_{ij}，经过此段距离所需时间为 t_{ij}。

(2)x_{ij} 是 0－1 决策变量：若物资配送车辆途径 i,j 两节点，则记 $x_{ij}=1$，否则记为 $x_{ij}=0$。即 $x_{ij}=1$ 表示选择经过含 i,j 两节点的路段，$x_{ij}=0$ 则表示不选此路段。

(3)应急物资从出救点被配送至受灾点所经历的总路程为 L，$L=\sum_{i=1}^{n}\sum_{j=1}^{n}l_{ij}\cdot x_{ij}$；历经整个路程所花费的总时间为 T，$T=\sum_{i=1}^{n}\sum_{j=1}^{n}t_{ij}\cdot x_{ij}$。

(4)v_{ij} 表示 i,j 两节点间的物资配送速度（路段$[i,j]$代表应急配送路程中所途经的某个区（城）域），它与路段$[i,j]$正常状态（未遭遇灾害时）的最大配送速度 v_{ij}^{0}、反映灾害影响的衰减系数 θ 和路段$[i,j]$上气象致灾因子的危险性 r_{ij}（均可由气象部门提供）有关，满足关系式：$v_{ij}=v_{ij}^{0}-\theta\cdot r_{ij}$。

(5)T^{0} 表示应急物资配送所允许的最大行程限定时间，借鉴美国联邦公路局的路阻函数（BPR 函数）[44]来计算：$T^{0}=t_{0}[1+\alpha(Q/C)^{\beta}]$。其中，$t_{0}$ 是自由行驶历经最短路径所耗费的时间，Q 代表路径当前机动车交通量，C 代表路径实际通行能力，α,β 是路阻函数参数。

(6)配送物资途经各路段所花费的时间为 $t_{ij}=\dfrac{l_{ij}\cdot x_{ij}}{v_{ij}}$，它与路段气象致灾因子的危险性

r_{ij}（代表所经区域的灾害强度）、路段孕灾环境的敏感性 s_{ij}（反映所经区域的地形地貌等）、路段防灾减灾能力 p_{ij}（体现为所经区域的应急管理能力、减灾投入资源准备等）有关。

(7) D 为受灾点处的应急物资需求量，它与配送物资途经各路段的时间 t_{ij}（体现应急救援效率）、灾害袭击受灾点的强度 R、受灾点的易损性 F（受灾区域的人口、财产密度等）有关。需求函数表达式为：

$$D = D(t_{ij},R,F) = \sum_{i=1}^{n}\sum_{j=1}^{n} a \cdot r_{ij} \cdot x_{ij} + \sum_{i=1}^{n}\sum_{j=1}^{n} b \cdot s_{ij} \cdot x_{ij} - \sum_{i=1}^{n}\sum_{j=1}^{n} c \cdot p_{ij} \cdot x_{ij} + d \cdot R + e \cdot F$$

2. 路径选择模型

基于上述各符号变量的说明，以最短路径为优化目标，建立考虑气象服务的应急物资配送路径选择问题的数学模型如下：

$$\min L = \sum_{i=1}^{n}\sum_{j=1}^{n} l_{ij} \cdot x_{ij} \tag{7}$$

$$\text{s. t.} \quad \sum_{i=1}^{n}\sum_{j=1}^{n} t_{ij} \cdot x_{ij} \leqslant t_0[1 + \alpha(Q/C)^{\beta}] \tag{8}$$

$$t_{ij} = \frac{l_{ij} \cdot x_{ij}}{v_{ij}} \tag{9}$$

$$v_{ij} = v_{ij}^{0} - \theta \cdot r_{ij} \tag{10}$$

$$D = \sum_{i=1}^{n}\sum_{j=1}^{n} a \cdot r_{ij} \cdot x_{ij} + \sum_{i=1}^{n}\sum_{j=1}^{n} b \cdot s_{ij} \cdot x_{ij} - \sum_{i=1}^{n}\sum_{j=1}^{n} c \cdot p_{ij} \cdot x_{ij} + d \cdot R + e \cdot F \tag{11}$$

$$\sum_{\substack{j=1\\ j\neq i}}^{n} x_{ij} - \sum_{\substack{j=1\\ j\neq i}}^{n} x_{ji} = \begin{cases} 1 & i = 1 \\ -1 & i = n \\ 0 & \text{其他} \end{cases} \tag{12}$$

$$\sum_{\substack{j=1\\ j\neq i}}^{n} x_{ij} \begin{cases} \leqslant 1 & i \neq n \\ = 0 & i = n \end{cases} \tag{13}$$

$$x_{ij} = 0,1; i = 1,2,\cdots,n; j = 1,2,\cdots,n \tag{14}$$

模型的目标函数(7)直观上是最短路径问题，实际由假设条件④（邻近两节点间的应急物资配送速度是一定的，即每个区（城）域内受灾害影响相同，在每个城域内部的配送车辆做匀速运动），此最短路径目标函数就等同于将整个应急物资配送所耗时间最短作为优化目标，这符合应急救援场景下时间第一位的原则。

模型的约束条件式(8)表示配送物资经过整条路径所耗费的总时间必须小于要求的应急限定时间；式(9)是通过路段 $[i,j]$ 所用的时间；式(10)是配送车辆通过路段 $[i,j]$ 的行驶速度，其含义表示灾害强度的增大使得路段通行速度不断衰减；式(11)表示受灾点处需求量是途经各路段灾害强度、各路段敏感性、各路段应急能力，以及受灾点处灾害强度和脆弱性的关系函数；式(12)表示 x_{ij} 的取值构成从起始出救点 i 到目的地受灾点 j 的一条可行物资配送路径；式(13)意味着可行配送路径中不含回路；式(14)是决策变量 x_{ij} 的类型约束。

（四）跨区域路径选择模型的求解

考虑一个具有 5 个节点的应急物资配送网络，假设节点 1 是出救点，5 是受灾点，2，3，4 均为中转点（图 6）。应急物资由节点 1 被配送至节点 5，所途经的各路段距离在图 6 中标注。另设车辆行驶的最大配送速度为 $v_{ij}^{0}=60\ \text{km/h}, \forall i,j$。应急限定时间表达式中取典型参数值 $\alpha=0.15, \beta=4$，且令 $Q/C=1$。需求量表达式(11)中设 $a=100, b=100, c=10$。

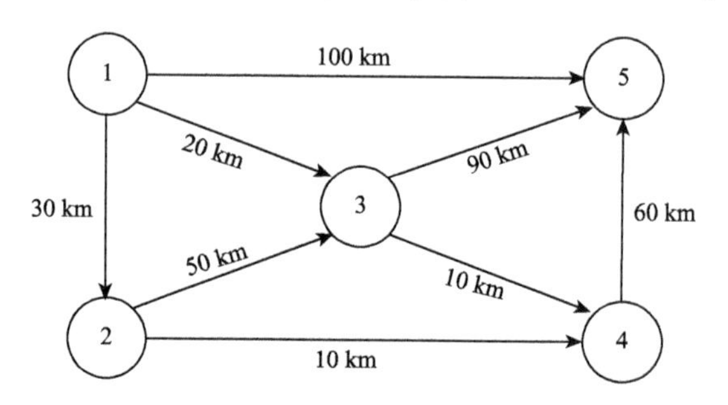

图 6　跨区域应急物资配送网络结构算例

1. 算例求解

首先考虑任何受灾点在遭受突发自然灾害袭击后的相当一段时间里，自身所遇灾害强度和易损性因素均稳定，即 $d\cdot R+e\cdot F$ 可被简单地视为一般常量，其对需求量的影响暂不计入对路径的选择比较中。假设决定配送车辆通行速度变化程度的衰减系数为 $\theta=20$。现对 r_{ij}，s_{ij}，p_{ij} 在[0,1]范围内采用 Excel 中随机数进行赋值(表 17)，求解气象服务下应急物资配送的最优路径选择问题。现实中，r_{ij} 的值可由权威气象部门监测并播报，而 s_{ij}，p_{ij} 是各区域的自然或社会客观属性、其值可从应急管理部门获知。将计算结果列于表 17 和表 18，其中用 d_{ij} 表示在配送车辆经过路段[i,j]这段时间里受灾点处所增加的应急物资需求量。

表 17　跨区域应急物资配送网络中各路段已知参数及计算变量

已知参数					计算变量		
路段[i,j]	l_{ij}(km)	r_{ij}	s_{ij}	p_{ij}	v_{ij}(km/h)	t_{ij}(min)	d_{ij}
[1,2]	30.00	0.79	0.94	0.21	44.13	40.78	171.58
[1,3]	20.00	0.69	0.84	0.31	46.16	25.99	150.27
[1,5]	100.00	0.83	0.98	0.17	43.30	138.56	180.33
[2,3]	50.00	0.83	0.98	0.17	43.48	69.01	178.51
[2,4]	10.00	0.45	0.60	0.55	50.92	11.78	100.38
[3,4]	10.00	0.60	0.75	0.40	48.04	12.49	130.54
[3,5]	90.00	0.62	0.77	0.38	47.63	113.38	134.92
[4,5]	60.00	0.17	0.32	0.83	56.54	63.67	41.34

表 18　各配送路径及对应的总路程、总时间和需求量

路径	L(km)	T(min)	D
1→2→3→5	170.00	223.17	485.02
1→2→3→4→5	150.00	185.95	521.97
1→2→4→5	100.00	116.24	313.30
1→3→4→5	90.00	102.15	322.15
1→3→5	110.00	139.38	285.19
1→5	100.00	138.56	180.33

由表 18 可知 $t_0=102.15$，故可计算出此算例情形下应急配送限定时间为 $T^0=117.47$。因此，满足模型约束条件式(8)的可行配送路径有：1→2→4→5 和 1→3→4→5。而通过进一步比较表 18 中的需求量可知(选取不同路径会导致车辆最终至受灾点时物资的需求量不同)，选择路径 1→2→4→5 更能保证在规定时间内从出救点配送的应急物资数量满足受灾点的需求。

2. 结果分析

如上所述，在准确获知气象部门所提供信息的情形下，决策者将会选择的应急物资最优配送路径为 1→2→4→5，总路程为 100 km。现对比分析，若不考虑气象服务功能，即在无任何辅助信息提供的前提下，应急物资配送路径的选择退化为一般最短路问题，应用 Dijkstra 算法进行计算。

(1)同样以图 6 结构为算例，首先从起始出救点 1 开始，令 $P(1)=0$ 为永久标号，其余各点赋予 T 标号：$T(i)=+\infty \quad (i=2,3,4,5)$

(2)第一次迭代。考虑以永久标号点 1 为始点的路段[1,2]、[1,3]、[1,5]，因与点 1 相连的点 2,3,5 均为 T 标号点，修改这三点的 T 标号如下：

$$T(2)=\min[T(2),P(1)+l_{12}]=\min[+\infty,0+30]=30$$

$$T(3)=\min[T(3),P(1)+l_{13}]=\min[+\infty,0+20]=20$$

$$T(5)=\min[T(5),P(1)+l_{15}]=\min[+\infty,0+100]=100$$

比较现有 T 标号，$T(3)=20$ 最小。

(3)第二次迭代。令 $P(3)=20$，考虑新的 P 标号点 3 为始点的路段[3,4]、[3,5]，此时与点 3 相连的点 4,5 均为 T 标号点，对这两点的 T 标号修改如下：

$$T(4)=\min[T(4),P(3)+l_{34}]=\min[+\infty,20+10]=30$$

$$T(5)=\min[T(5),P(3)+l_{35}]=\min[+\infty,20+90]=110$$

比较现有 T 标号，$T(4)=30$ 最小。

(4)第三次迭代。令 $P(4)=30$，考虑与点 4 相连的点 5 为 T 标号点，对其做如下修改：

$$T(5)=\min[T(5),P(4)+l_{45}]=\min[+\infty,30+60]=90$$

此时，网络中只有一个 T 标号，令 $P(5)=90$。至此受灾点 5 已获得 P 标号，运算结束。从出救点 1 到受灾点 5 的最短路程为 90 km，其最短路径为 1→3→4→5。

通过两种情形分析比较可知，虽然 1→3→4→5 是图 6 算例的最短路径，但在应急气象保障服务提供信息的指导下，决策者会转而选择风险性更小的路径 1→2→4→5，此条路径更能够保障在限定时间内快速、及时、安全地将应急物资配送至受灾点。

3. 参数的敏感性

所构建的气象服务下应急物资配送路径选择模型，与气象部门提供的衰减系数 θ(刻画灾害影响)、路段区域灾害强度 r_{ij} 等关键参数有关，现对相关参数做敏感性分析，观察其变化对整个最优配送路径方案的影响。

(1)衰减系数 θ 的变化

表 19　θ 变化对应急物资配送最优路径选择的影响

θ	路径选择	L(km)	T(min)	D
0	1→5	100.00	100.00	179.30
10	1→2→4→5	100.00	107.11	311.10
20	**1→2→4→5**	**100.00**	**116.09**	**311.10**
30	1→3→4→5	90.00	110.39	321.60
40	1→3→4→5	90.00	121.37	321.60
50	1→3→4→5	90.00	136.96	321.60
60	1→3→4→5	90.00	161.81	321.60
70	1→3→4→5	90.00	210.74	321.60

衰减系数 θ 直接刻画的是灾害对应急物资配送速度的影响。由式 $v_{ij}=v_{ij}^{0}-\theta\cdot r_{ij}$ 和 $t_{ij}=\frac{l_{ij}\cdot x_{ij}}{v_{ij}}$ 可知,θ 的改变引起物资途经各不同路段$[i,j]$行驶速度和所耗时间的变化趋势是相似的:衰减系数越大,各路段行驶速度越小(呈负线性相关),途经路段行驶时间越长(呈反比例函数关系)。由 $v_{ij}\geqslant 0$ 可得 $\theta\leqslant v_{ij}^{0}/r_{ij}$,现将 θ 从 0 变化到 70 时不同配送路径的选择方案列于表 19 中。从表 19 中,我们发现 θ 的变化的确会对路径选择结果产生影响:$\theta=0$ 代表无灾害情形,此时最优配送方案为从出救点 1 直接配送至受灾点 5;当 $0<\theta<30$ 时,1→2→4→5 为最优路径;而 $30\leqslant\theta\leqslant 70$ 时,路径选择方案变为 1→3→4→5。

(2)路段灾害强度 r_{ij} 的变化

表 20　r_{ij} 变化对跨区域应急物资配送最优路径选择的影响(1)

已知参数				计算变量			路径选择		
$[i,j]$	r_{ij}	s_{ij}	p_{ij}	v_{ij}(km/h)	t_{ij}(min)	d_{ij}	路径	T(min)	D
[1,2]	0.36	0.51	0.64	52.82	34.08	80.43	1→2→3→5	224.30	421.26
[1,3]	0.53	0.68	0.47	49.38	24.30	116.53	1→2→3→4→5	173.06	303.95
[1,5]	0.35	0.50	0.65	53.00	113.21	78.49	1→2→4→5	108.03	243.15
[2,3]	0.77	0.92	0.23	44.54	69.35	167.28	1→3→4→5	95.93	172.76
[2,4]	0.68	0.83	0.32	46.47	12.91	147.05	1→3→5	147.17	290.07
[3,4]	0.17	0.32	0.83	56.61	10.60	40.56	1→5	113.21	78.49
[3,5]	0.80	0.95	0.20	43.95	122.87	173.54			
[4,5]	0.05	0.20	0.95	58.98	61.03	15.67			

r_{ij} 是各路段气象致灾因子的危险性,r_{ij} 体现所经区域的灾害强度。同样利用 Excel 在[0,1]范围内另取一些随机数对 r_{ij},s_{ij},p_{ij} 赋值,发现气象保障服务提供的各路段灾害强度信息的变化会使决策者做出不同路径选择的决定(表 20 和表 21)。

表 21 r_{ij} 变化对跨区域应急物资配送最优路径选择的影响(2)

已知参数				计算变量			路径选择		
[i,j]	r_{ij}	s_{ij}	p_{ij}	v_{ij}(km/h)	t_{ij}(min)	d_{ij}	路径	T(min)	D
[1,2]	0.04	0.19	0.96	59.29	30.36	12.44	1→2→3→5	191.52	210.66
[1,3]	0.36	0.51	0.64	52.74	22.75	81.19	1→2→3→4→5	192.94	501.28
[1,5]	0.36	0.51	0.64	52.75	113.74	81.11	1→2→4→5	122.08	205.32
[2,3]	0.80	0.95	0.20	43.93	68.30	173.78	1→3→4→5	117.04	396.24
[2,4]	0.08	0.23	0.92	58.38	10.28	21.98	1→3→5	115.62	105.62
[3,4]	0.66	0.81	0.34	46.75	12.83	144.15	1→5	113.74	81.11
[3,5]	0.09	0.24	0.91	58.15	92.86	24.43			
[4,5]	0.79	0.94	0.21	44.20	81.45	170.91			

表 20 中,由 $t_0=95.93$ 可得 $T^0=110.32$,故符合条件的路径有 1→2→4→5 与 1→3→4→5。对比两种方案所导致的受灾点需求量,得此算例情形的最优选择路径为 1→3→4→5。由表 21 可知 $t_0=113.74$,从而计算出应急时长限制为 $T^0=130.80$,故可行路径包括 1→2→4→5、1→3→4→5、1→3→5 与 1→5。同理,通过比较四种方案所致需求量的大小,能够得出此算例情形下最优配送方案为直达型路径 1→5。

(五)结论与展望

本节关注气象部门应急气象服务的及时开展对灾害救援中应急物流的保障作用,构建了基于气象服务的跨区域应急物资配送路径选择模型,设计典型算例对模型进行仿真求解和参数分析,实验结果表明,气象部门提供的衰减系数、途经区域的灾害强度等关键参数信息都不同程度地影响着应急物资配送方案的优化设计。这些结论对突发自然灾害下有效制定相关应急政策具有指导意义,为不同情形下应急物资配送的科学决策提供有益思考。

未来研究中,将进一步放宽忽略灾害连锁反应及次生灾害的前提假设,并将考虑应急情景中气象服务信息模糊对物资配送路径选择的影响,还将探讨灾害事件变化时气象服务实时播报下应急路径的动态优化过程。

参考文献

[1] 刘春林,何建敏,盛昭瀚. 应急系统多出救点选择问题的模糊规划方法. 管理工程学报,1999,**13**(4):21-24.

[2] 刘春林,盛昭瀚,何建敏. 基于连续消耗应急系统的多出救点选择问题. 管理工程学报,1999,**13**(3):13-16.

[3] 刘春林,何建敏,盛昭瀚. 多出救点应急系统最优方案的选取. 管理工程学报,2000,**14**(1):13-15.

[4] 刘春林,何建敏,盛昭瀚. 应急模糊网络系统最大满意度路径的选取. 自动化学报,2000,**26**(5):609-615.

[5] 何建敏,刘春林,尤海燕. 应急系统多出救点的选择问题. 系统工程理论与实践,2001,**21**(11):89-93.

[6] 傅克俊,王旭坪,胡祥培. 基于突发事件的物流配送过程建模构想. 物流技术,2005,**9**(10):263-266.

[7] 尹凤春,朱锦萍. 对提高公路交通气象保障服务质量的若干思考. 湖北气象,2005,(4):10-12.

[8] 李阳,李聚轩,滕立新. 大规模灾害救灾物流系统研究. 资源与环境,2005,**23**(7):64-67.

[9] 计国君,朱彩虹.突发事件应急物流中资源配送优化问题研究.中国流通经济,2007,(3):18-21.
[10] 黄雁飞.我国重大气象灾害应急管理体系的研究.上海:上海交通大学,2007.
[11] 陈达强,刘南,廖亚萍.基于成本修正的应急物流物资响应决策模型.东南大学学报(哲学社会科学版),2009,**11**(1):67-70.
[12] 唐伟勤,张敏,张隐.大规模突发事件应急物资调度的过程模型.中国安全科学学报,2009,**19**(1):34-37.
[13] 唐伟勤,陈荣秋,赵曼,等.大规模突发事件快速消费品的应急调度.科研管理,2010,**31**(2):121-125.
[14] 柴秀荣,王儒敬.多出救点、多物资应急调度算法研究.计算机工程与应用,2010,**46**(6):224-226.
[15] 甘勇,吕书林,李金旭,等.考虑成本的多出救点多物资应急调度研究.中国安全科学学报,2011,**21**(9):172-176.
[16] 王胜,刘勇.考虑连续消耗的多出救点、多物资的应急调度问题的研究.三峡大学学报(自然科学版),2012,**34**(1):78-81.
[17] 高啸峰.多配送中心应急物资配送车辆调度模型与算法研究.北京:首都师范大学,2011.
[18] 李进,张江华,朱道立.灾害链中多资源应急调度模型与算法.系统工程理论与实践,2011,**31**(3):488-495.
[19] 何泽能,左雄,官昌贵,等.浅议突发气象灾害中应急物流的气象保障服务.科技管理研究,2010,(46):110-111,115.
[20] 陈曦,于大江.突发气象灾害中应急物流的气象保障服务探析.科技资讯,2012(8):232-232.
[21] 陈伟.灾害天气下高速公路车速及间距控制研究.新西部,2011,**9**(3):78-80.
[22] 代颖,马祖军,朱道立,等.震后应急物资配送的模糊动态定位—路径问题.管理科学学报,2012,**15**(7):60-70.
[23] 陈钢铁,帅斌.震后道路抢修和应急物资配送优化调度研究.中国安全科学学报,2012,(9):166-171;
[24] 郑丽.震后应急物资配送与道路抢修集成优化研究.西安:西南交通大学,2012.
[25] 王海军,王婧.应急物资配送网络构建研究.技术经济与管理研究,2013,(2):51-54.
[26] Barbarosoglu G,Arda Y. A two-stage stochastic programming framework for transportation planning in disaster response. *Journal of the Operational Research Society*,2004,**55**(1):43-53.
[27] Yi W,Özdamar L. A dynamic logistics coordination model for evacuation and support in disaster response activities. *European Journal of Operational Research*,2007,**179**(3):1177-1193.
[28] Tzeng G H,Cheng H J,Huang T D. Multi-objective optimal planning for designing relief delivery systems. *Transportation Research Part E*,2007,**43**(6):673-686.
[29] Mete H O,Zabinsky Z B. Stochastic optimization of medical supply location and distribution in disaster management. *International Journal of Production Economics*,2010,**126**(1):76-84.
[30] Chiu Y C,Hong. Real-time decisions for emergency and mobilization evacuation groups:formulation and solution. *Transportation Research Part E*,2007,**43**(1):710-736.
[31] Sheu J B. An emergency logistics distribution approach for quick response to urgent relief demand in disasters. *Transportation Research Part E*,2007,**43**(1),687-709.
[32] 百度百科.城市群.http://baike.baidu.com/view/237508.htm.[2014-10-07].
[33] 四川省人民政府网站.成都平原城市群发展规划.http://www.sc.gov.cn/zwgk/zwdt/szdt/200908/t20090813_800580.shtml.[2009-08-13].
[34] 中国质量新闻网.四川成都建成中央级救灾物资储备库.http://www.cqn.com.cn/news/zgzlb/dier/411056.html.[2011-05-16].
[35] 宁宣熙.运筹学实用教程.北京:科学出版社,2010.
[36] 何建敏,刘春林,曹杰,等.应急管理与应急系统——选址、调度与算法.北京:科学出版社,2005.
[37] Balcik B,Beamon B M,Krejci C C,*et al*. Coordination in humanitarian relief chains:Practices,challenges

and opportunities. *International Journal of Production Economics*, 2010, **126**(1): 22-34.

[38] 缪成. 突发公共事件下应急物流中的优化运输问题的研究. 上海：同济大学，2007.

[39] 刘扬，云美萍，彭国雄. 应急车辆出行前救援路径选择的多目标规划模型. 公路交通科技，2009, **26**(8): 135-139.

[40] Yuan Yuan, Dingwei Wang. Path selection model and algorithm for emergency logistics management. *Computers & Industrial Engineering*. 2009, **56**(3): 1081-1094.

[41] Mete H O, Zabinsky Z B. Stochastic optimization of medical supply location and distribution in disaster management. *International Journal of Production Economics*, 2010, **126**(1): 76-84.

[42] 代颖，马祖军，郑斌. 突发公共事件应急系统中的模糊多目标定位——路径问题研究. 管理评论，2010, **22**(1): 121-128.

[43] 左雄. 突发气象灾害应急管理研究与实践. 北京：气象出版社，2011.

[44] Lam W H K, Shao H, Sumalee A. Modeling impacts of adverse weather conditions on a road network with uncertainties in demand and supply. *Transportation Research Part B*, 2008, **42**(10): 890-910.